AF383864

ENSEIGNEMENT SECONDAIRE

CLASSE DE SECONDE

(Sections C et D et Sections A et B)

COURS DE PHYSIQUE

RÉDIGÉ

conformément aux nouveaux programmes

(31 mai 1902)

PAR

E. DRINCOURT

Ancien élève de l'École normale supérieure,
Agrégé des sciences physiques et naturelles,
Professeur au Collège Rollin.

Librairie Armand Colin

5, rue de Mézières, Paris

Prix : 3 fr. 50

ENSEIGNEMENT SECONDAIRE

CLASSE DE SECONDE

(Sections C et D et sections A et B)

COURS DE PHYSIQUE

A LA MÊME LIBRAIRIE

—

Cours de Chimie (CLASSE DE SECONDE, sections C. et D),
par M. E. DRINCOURT. 1 vol. in-18 jésus, cartonné....   **2 50**

Coulommiers. — Imp. PAUL BRODARD. — 574-1902.

ENSEIGNEMENT SECONDAIRE

CLASSE DE SECONDE

(Sections C et D et sections A et B)

COURS DE PHYSIQUE

RÉDIGÉ

conformément aux nouveaux programmes (31 mai 1902)

PAR

E. DRINCOURT

Ancien élève de l'École normale supérieure,
Agrégé des sciences physiques et naturelles,
Professeur au Collège Rollin.

PARIS

LIBRAIRIE ARMAND COLIN

5, RUE DE MÉZIÈRES, 5

1902

CLASSE DE SECONDE

SECTIONS C ET D

PHYSIQUE

Programme du 31 mai 1902.

(Les numéros correspondent aux paragraphes du livre.)

Divers états de la matière (1). Exemples familiers de solides, de liquides et de gaz; un même corps peut prendre les trois états (3).

Notions très élémentaires sur la déformation et la résistance des matériaux usuels; sur la viscosité et le frottement (4).

Notion expérimentale du travail, de la force et de la puissance; exemples familiers et données numériques (9).

Unités usuelles et unités C. G. S. de travail, de force et de puissance (21).

Étude élémentaire des machines simples (15).

Énoncé, sans démonstration, des règles et composition des forces concourantes et parallèles (10 et 11).

. Direction de la pesanteur (23).

Centre de gravité (25); poids (32); usage de la balance (33).

Poids spécifique et densités (67); méthode du flacon (68).

Indiquer que le poids d'un corps varie avec le lieu (39); notion de masse (39).

Équilibre des liquides et des gaz.

Force exercée sur une portion de paroi (41); pression (41); unités usuelles de pression (41).

Principe de Pascal et variation de la pression avec la profondeur; applications et exemples (42).

Pression atmosphérique (86); baromètre (96); idée de son application à la mesure des hauteurs (97).

Manomètre à air libre (115); manomètre métallique (114); instruments enregistreurs (96).

Principe d'Archimède (57); application à la mesure des poids spécifiques (67).

Corps flottants (61).

Aréomètres à poids constant (74).

Correction de la poussée de l'air dans les pesées de précision (135).

Aérostats (136).

Principe des pompes à gaz et à liquides, trompes (116, 120, 122).

Existence des phénomènes de tension superficielle, d'adhérence et de teinture (77, 78 et 79).

Chaleur.

Définition de la température; principe du thermomètre à gaz à volume constant (181).

Thermomètre à mercure (147); détermination des points fixes (148); déplacements du zéro (150).

Notion de la quantité de chaleur; mesure des quantités de chaleur d'origine quelconque (257); méthode des mélanges (259); calorimètre de Bunsen (264).

Chaleurs spécifiques (258).

Dilatation linéaire (159); principe du comparateur (161).

Dilatation des liquides (167); dilatation absolue du mercure (170).

Existence du maximum de densité de l'eau (173).

Courbes de dilatation (175bis); usage des coefficients de dilatation (164); correction barométrique (175).

Compressibilité des gaz (101); la loi de Mariotte donnée comme une première approximation (101).

Mélange des gaz (106).

Dilatation des gaz à pression constante (176); variation de pression à volume constant (179); relation $\dfrac{P\,v}{1+\alpha\,t}$ constante (180).

Densité des corps gazeux (183).

Fusion pâteuse et fusion brusque (189); point de fusion (190); chaleur de fusion (191).

Notions élémentaires sur la vaporisation des liquides et la liquéfaction des gaz (224).

Existence d'une température critique (230).

Pression maxima des vapeurs (207); variation avec la température (208); ébullition (217); distillation (225). Chaleur de vaporisation (268). Appareil de Berthelot (268).

Vapeur d'eau dans l'atmosphère (241); point de rosée (243); nuages (247) et brouillards (246); pluie (248); neige (249). Mouvements généraux de l'atmosphère (281).

Notions très sommaires sur la conduction (270); l'émission et l'absorption de la chaleur, au point de vue des applications usuelles (277); procédés de chauffage (280) et d'isolement thermique (279).

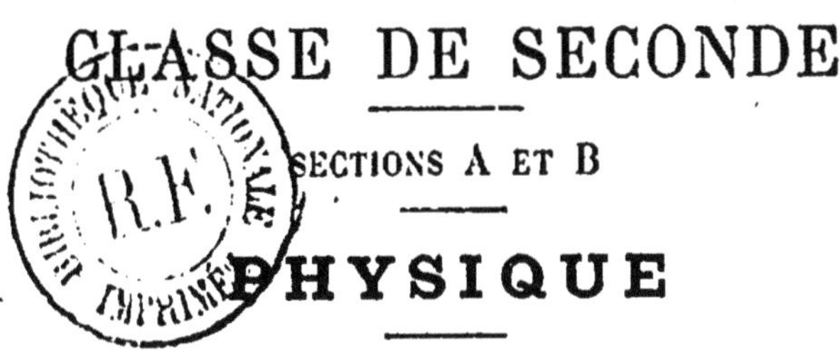

CLASSE DE SECONDE

SECTIONS A ET B

PHYSIQUE

Programme du 31 mai 1902
(Les numéros correspondent aux paragraphes du livre.)

Pesanteur

Notion de la force; direction, point d'application, intensité (9).

Direction de la pesanteur (23); centre de gravité (25); poids (32). Indiquer que le poids d'un corps varie avec le lieu (39); notion de masse (39).

Usage de la balance (32); double pesée (33); poids spécifiques (68).

Équilibre des liquides et des gaz.

Force exercée sur une portion de paroi (41); variation de pression avec la profondeur (42); applications et exemples (43 et suivants).

Pression atmosphérique (86).

Baromètre (96); idée de son application à la mesure des hauteurs (97).

Manomètres usuels (114).

Principe d'Archimède (57); application à la mesure des volumes (60); corps flottants (61); aérostats (136).

Compressibilité des gaz (101).

Mélange des gaz (106); principe des pompes à gaz et à liquides (116).

Chaleur.

Thermomètre à mercure (147); détermination des points fixes (148); notions élémentaires sur la dilatation des corps (157).

Notion de la quantité de chaleur (257); principe de la méthode des mélanges comme méthode générale de mesure des quantités de chaleur d'origine quelconque (259); définition des chaleurs spécifiques (258).

Fusion et solidification (189); point de fusion (190); chaleur de fusion (191).

Notions élémentaires sur la vaporisation des liquides (207); pression maxima des vapeurs (207); variation avec la température (208).

Représentation graphique (304).

Température critique (230); continuité de l'état liquide et de l'état gazeux (230); liquéfaction des gaz (221).

Ebullition (217).

Chaleur de vaporisation (268).

Principe de la machine à vapeur (290).

Vapeur d'eau dans l'atmosphère (211).

Point de rosée (243); brouillard (246); nuages (247).

PRÉFACE

Cet ouvrage a été rédigé *spécialement* pour les sections C et D de la classe de seconde. Il comprend des notions générales très simples sur les propriétés générales des corps, la pesanteur, l'hydrostatique, la statique des gaz et la chaleur, conformément au programme de la classe de seconde (sections C et D) arrêté le 31 mai 1902.

Les matières inscrites au programme de la classe de seconde (sections A et B) sont les mêmes que les matières inscrites au programme des sections C et D, avec moins d'extension donnée à l'étude de chacune d'elles; l'ordre et l'esprit du programme sont les mêmes pour les quatre sections.

Le cours de Physique que nous publions ici peut donc être mis entre les mains des élèves des sections A et B; nous avons, à la fin de l'ouvrage, fait l'étude simple des machines à vapeur dans un chapitre exclusivement rédigé pour les sections A et B.

Pour satisfaire aux programmes des quatre sec-

tions, nous nous sommes proposé d'étudier les phénomènes physiques que les élèves voient se produire
journellement sous leurs yeux; nous en avons
donné une explication nette mise à la portée de
l'âge de nos lecteurs. Nous n'avons négligé aucune
application industrielle, aucun phénomène naturel;
en un mot, nous avons fait tous nos efforts pour
conserver à l'enseignement de la Physique son
caractère pratique.

Les instruments usuels, baromètres, thermomètres, hygromètres, ont été décrits très scrupu-
leusement; on en a fait connaître l'emploi, sans
entrer cependant dans des détails trop minutieux.

Nous avons employé le plus souvent possible les
unités du système C. G. S.

Nous avons mis tous nos soins à ce que cet
ouvrage soit clair et à la portée des commençants;
nous espérons avoir réussi à venir en aide à l'enseignement du professeur.

E. DRINCOURT.

COURS DE PHYSIQUE

A L'USAGE

de la classe de Seconde

SECTIONS C ET D

NOTIONS PRÉLIMINAIRES

CHAPITRE PREMIER

PROPRIÉTÉS GÉNÉRALES DES CORPS

Sommaire. — 1. Les corps se présentent à nous sous divers états : *solide, liquide, gazeux.*

2. Les corps sont formés par l'agrégation de *molécules.*

3. Les solides opposent une résistance plus ou moins grande à la rupture.

4. Les liquides sont des fluides incompressibles, dénués de forme propre, mais ayant un volume déterminé.

5. Les gaz n'ont ni forme ni volume propres. Ce sont des fluides élastiques, éminemment compressibles. Un gaz se répartit uniformément dans le récipient qui le contient.

1. Corps. — La matière se présente à nous sous la forme d'objets auxquels on donne le nom de **corps**, caractérisés par leur *masse*, leur *étendue*, leur *impénétrabilité*.

Chaque corps occupe une portion déterminée de l'espace que l'on appelle son *volume* : cette propriété des corps a reçu le nom d'**étendue**.

Enfin, les corps sont **impénétrables**, c'est-à-dire que deux corps ne peuvent *coexister* dans une même portion de l'espace.

2. Molécules. — Tout corps peut être *divisé* en parties dont la petitesse échappe à nos procédés de mesure.

Au point de vue géométrique, la divisibilité de la matière paraît être illimitée; mais les lois de la chimie ne nous permettent pas d'admettre qu'elle soit *infinie*. On admet, dans la science actuelle, que les corps sont formés par l'agrégation de particules qu'on appelle des **molécules**, que l'on considère comme *indivisibles, incompressibles, indilatables* et *invariables* dans leur forme et dans leur volume.

Les molécules d'un même corps sont séparées par des intervalles, appelés **intervalles intermoléculaires**, d'un ordre de petitesse identique à celui des molécules. On peut se faire une idée exacte de la constitution d'un corps en regardant une pile de boulets. Les boulets représenteront les molécules, et les intervalles que les boulets laissent entre eux représenteront les intervalles intermoléculaires.

L'existence des intervalles intermoléculaires rend compte de la diffusion du vin dans l'eau et de certains phénomènes tels que la dilatation d'une barre de fer par la chaleur, la diminution de volume que présentent les corps par la compression, etc.

3. Divers états physiques de la matière. — La matière se présente à nous sous trois états physiques différents : l'*état solide*, dont une *pierre* nous offre l'exemple; l'*état liquide*, manifesté par l'*eau* de nos lacs et de nos rivières; l'*état gazeux*, dont l'*air atmosphérique* caractérise la nature.

1° A l'**état solide**, les corps ont une forme et un volume déterminés; ils offrent une résistance plus ou moins grande à la rupture; on ne peut modifier la position respective des molécules qu'en exerçant sur le corps des efforts énergiques.

2° A l'**état liquide**, les corps ont encore un volume déterminé, mais ils n'ont plus de forme propre; ils prennent la forme des vases qui les contiennent : les molécules d'un liquide peuvent glisser les unes sur les autres avec la plus grande facilité.

3° A l'**état gazeux**, les corps n'ont plus ni forme ni volume propres. Les molécules d'un gaz peuvent se déplacer sans le moindre effort; elles se répandent dans l'espace qui leur est offert, en s'y répartissant d'une manière uniforme. Les gaz tendent toujours à augmenter de volume et celui qu'ils occupent ne peut être limité que par une résistance extérieure, telle que celle d'une paroi.

On considère les *gaz* comme constitués par des molécules

indépendantes animées de mouvements rectilignes de translation très rapides dans une direction quelconque variant de molécule à molécule de manière qu'il n'y ait aucune direction favorisée.

Il suit de là qu'un gaz se répartit uniformément dans toute la capacité du récipient qui le renferme; ce qu'on exprime en disant que le récipient est rempli de gaz.

Il suit encore de là que les gaz sont *expansibles;* on le vérifie de la façon suivante :

Sous le récipient d'une machine pneumatique (*fig.* 1) on place une vessie dégonflée et fermée à l'aide d'un robinet;

Fig. 1.

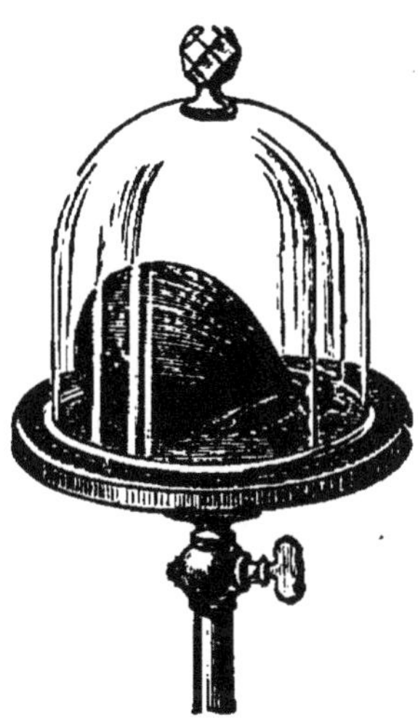

Fig. 2.

on fait le vide, et on voit la vessie se gonfler peu à peu par l'expansion de la petite quantité d'air qu'elle renfermait encore (*fig.* 2).

Une autre conséquence de l'état continuel de mouvement des molécules d'un gaz est la pression qu'il exerce sur les parois de son récipient, pression à laquelle on a donné le nom de *force élastique* du gaz. L'expérience précédente montre l'existence de la force élastique de l'air : la vessie se gonfle; et même, si elle était assez mince, elle pourrait éclater sous l'action de la pression que l'air intérieur exerce sur ses parois.

4° Un même corps peut prendre les trois états : l'*eau* est solide à l'état de glace; l'*eau* est liquide dans les lacs, les rivières, les mers; l'*eau* est à l'état gazeux quand elle est, comme l'on dit vulgairement, à l'état de *vapeur* d'eau.

Le *plomb*, solide à la température ordinaire, devient liquide quand on le chauffe suffisamment : on dit alors que le plomb est fondu.

4° **État fluide.** — On désigne souvent l'état liquide et l'état gazeux sous la dénomination d'*état fluide*, pour rappeler la mobilité des molécules et la facilité avec laquelle les liquides et les gaz peuvent être modifiés dans leur forme extérieure.

4. Résistance. — Viscosité. — Frottement. — 1° Résistance. — Le caractère essentiel de l'état solide est la *résistance* au changement de forme. Tout corps solide peut subir, sans se briser, des déformations permanentes plus ou moins étendues : s'aplatir sous le marteau, s'étendre au laminoir, s'allonger à la filière, etc.

La résistance d'un solide à la rupture par *écrasement* a été surtout étudiée pour les *matériaux de construction ;* voici les coefficients de rupture exprimés en *kilogrammes* par *millimètre carré.*

Porphyre	25	Fonte	80
Granit	18	Chêne	7
Pierre à bâtir	5	Sapin	5
Brique	2	Peuplier	3

Le bois sert à construire des poutres qui doivent résister à la flexion ; le sapin est le moins résistant ; le chêne et le frêne sont les plus résistants. La résistance à la flexion est d'autant plus grande que la matière est distribuée plus loin de l'axe de la pièce considérée ; la solidité d'un tube est supérieure à celle d'un cylindre massif de même diamètre ; on trouve une application de cette propriété dans les os longs des animaux, les plumes des oiseaux, etc. ; on en fait usage dans les constructions en fer : fer à T, ponts tubulaires, colonnes de fonte creuses, etc.

2° **Viscosité.** — La fluidité parfaite des liquides ne se trouve jamais réalisée dans les liquides usuels ; les liquides présentent toujours plus ou moins de *viscosité.* On en a des exemples remarquables dans les sirops, les huiles, les vernis, les gouttelettes de mercure, l'acide sulfurique, etc. Au contraire, l'alcool, l'éther, le chloroforme, le sulfure de carbone sont dits être des liquides très *mobiles.*

3° **Adhérence.** — Deux corps solides en contact manifestent souvent une *adhérence* marquée. Les poussières s'attachent à tous les corps, le crayon se fixe au papier, la craie adhère au tableau. Deux moitiés d'une balle de plomb coupée au rasoir et rapprochées adhèrent fortement. Deux morceaux de fer chauffés à la forge se soudent par le martelage ou le corroyage.

L'*adhérence* est une sorte d'engrènement réciproque des saillies et des creux des corps en contact; le poli des surfaces augmente l'adhésion. Deux lames de verre superposées adhèrent assez fortement l'une à l'autre pour qu'on ne puisse les séparer sans les briser.

4° **Frottement.** — Le *frottement* est une adhérence particulière qui est caractérisée par la difficulté que l'on éprouve à faire glisser l'un sur l'autre deux solides en contact par deux surfaces planes. Le poli des surfaces diminue le frottement. Quand on veut faire glisser un bloc de pierre sur le sol, on éprouve une difficulté d'autant plus grande à faire mouvoir la pierre que le sol est plus rugueux; on dit alors qu'il y a *frottement* entre la pierre et le sol; on diminue la difficulté en plaçant des rouleaux de bois entre la pierre et le sol; le frottement de roulement est beaucoup moindre que le frottement de glissement. On diminue les effets du frottement en enduisant les surfaces en contact avec de l'huile, du savon, du talc, etc. On diminue le frottement par le graissage des roues d'une voiture, par le graissage des engrenages, des pièces articulées ou des pièces mobiles d'une machine, etc.

5. **Compressibilité.** — On appelle **compressibilité** la propriété qu'ont tous les corps de diminuer

Fig. 3. — Briquet à air.

de volume quand on les soumet à une action mécanique. La compressibilité est la conséquence de l'existence des pores intermoléculaires. La compressibilité des solides et des liquides est très faible; les gaz, au contraire, sont *éminemment compressibles*. On le démontre aisément à l'aide du **briquet à air** (*fig.* 3).

On prend un tube de verre suffisamment résistant, fermé à son extrémité inférieure : on y introduit un piston qui le ferme hermétiquement et on exerce avec la main sur la tige du piston un effort mécanique progressif. Le piston s'enfonce peu à peu et le volume de la masse d'air confinée dans le tube diminue successivement, en se réduisant à la moitié, au tiers, au quart du volume primitif [1]. L'air contenu dans le tube est donc très compressible.

6. Élasticité. — L'élasticité est la propriété que possèdent les corps comprimés ou déformés de reprendre leur forme et leur volume primitifs quand on cesse d'exercer sur eux l'action qui produisait la compression ou la déformation.

Les *gaz* sont des *fluides* essentiellement *élastiques*.

Dans les corps solides, on distingue l'*élasticité de flexion*, qui se manifeste dans les ressorts et les verges en acier; l'*élasticité de torsion* dans les fils métalliques et dans les fibres textiles; l'*élasticité de tension* dans les cordes de piano, les cordes à violon, le caoutchouc, etc.

Les *liquides* sont doués aussi d'élasticité; un liquide comprimé reprend son volume primitif quand la compression cesse.

7. Objet de la physique. — Les *sciences physiques* comprennent la **physique** et la **chimie**. Elles ont pour objet l'étude des phénomènes dont les corps sont le siège; à cet effet, on *observe* les phénomènes naturels et on détermine les lois qui les régissent; ou bien, par l'*expérience*, on provoque, dans des conditions simples et définies, la production des phénomènes observés.

CHAPITRE II

FORCE. — TRAVAIL. — PUISSANCE.

Sommaire. — **1.** Un mouvement est *uniforme* lorsque l'espace parcouru est *proportionnel* à la durée du déplacement. La vitesse

---

1. Lorsque la compression s'effectue brusquement, elle est accompagnée d'un dégagement de chaleur suffisant pour enflammer un petit morceau d'amadou placé à la base du piston : de là, le nom de *briquet à air* donné à l'appareil.

du mouvement est exprimée en mètres-seconde ou en kilomètres-heure.

2. La matière est *inerte*, c'est-à-dire qu'elle ne peut modifier par elle-même ni son état de repos ni son état de mouvement. Pour modifier cet état, il faut qu'une *force* intervienne.

3. On appelle *force, toute cause capable de produire ou de modifier le mouvement d'un corps.*

4. L'unité de force est le *kilogramme-force.*

5. On peut remplacer plusieurs forces *appliquées* à un même point par une seule produisant le même effet que toutes les forces ensemble; cette force unique est appelée la *résultante*, les autres sont des *composantes.*

6. Le travail d'une force a pour mesure le produit de la mesure de l'intensité de la force par la mesure du déplacement du mobile sollicité par la force. L'unité de travail est le *kilogrammètre.*

7. On appelle *puissance* d'une machine le travail effectué par la machine en une seconde. L'unité pratique de puissance est le *cheval-vapeur*, qui vaut 75 kilogrammètres par seconde.

8. Les unités du système C. G. S. sont le *centimètre*, la *seconde*, la *dyne*, l'*erg* et l'*erg-seconde*. Les unités pratiques sont la *mégadyne*, le *joule* et le *watt.*

8. Mouvement. — Un corps est en *mouvement* quand il occupe sucessivement différentes positions dans l'espace en décrivant une ligne, droite ou courbe, qu'on appelle sa *trajectoire*. Le déplacement d'un corps se mesure en *mètres* ou en *kilomètres* et la durée de son mouvement s'évalue en *secondes* ou en *heures.*

Le plus simple des mouvements est le mouvement *uniforme*, dans lequel l'espace parcouru est **proportionnel** à la *durée* du déplacement. La *vitesse* d'un mobile animé d'un mouvement uniforme est le *rapport de la mesure* du déplacement à la *mesure* de la durée du déplacement.

Les vitesses s'évaluent, soit en *mètres-seconde*, soit en *kilomètres-heure.*

Tout mouvement qui n'est pas uniforme est dit *varié*; tel est le mouvement d'une pierre qui tombe, d'un train de chemin de fer, d'un automobile, etc. Dans un mouvement varié, on ne considère que la *vitesse moyenne*; ainsi, quand on dit qu'un train a une vitesse de *60 kilomètres-heure*, cela veut dire que, si le train marchait uniformément entre la station de départ et celle d'arrivée, la vitesse de ce mouvement uniforme serait *60 kilomètres-heure.*

9. Forces. — Un corps ne peut, de lui-même, ni se mettre en mouvement, ni modifier son état de mouvement; donc, pour *faire mouvoir* un corps qui est au repos ou pour *modifier* le mouvement d'un mobile, il faut le soumettre à des *actions extérieures*, auxquelles on a donné le nom de **forces**.

Une force est caractérisée par trois éléments : son *point d'application*, sa *direction*, son *intensité*. Prenons pour exemple un traîneau glissant sur le sol et sollicité par la traction d'un cheval. L'effort musculaire de l'animal représentera la *force;* le point d'attache des traits sur le traîneau sera le *point d'application* de la force; la ligne droite décrite par le traîneau sera la *direction* de la force; enfin, la grandeur de l'effort musculaire accompli par le cheval représentera l'*intensité* de la force.

Deux forces sont **égales** lorsque, s'exerçant dans les *mêmes conditions*, elles produisent le *même effet*. Une force est 2, 3, 4... fois plus grande qu'une autre force, lorsqu'elle produit un effet égal à l'effet produit par 2, 3, 4... forces égales à la première.

10. Mesure des forces. — Mesurer l'intensité d'une force, c'est la comparer à une autre force prise pour unité.

Cette unité sera par exemple le *kilogramme*, c'est-à-dire le poids, *à Paris*, d'un litre d'eau à 4°.

Pour faire cette comparaison, on peut se servir d'appareils, appelés *dynamomètres*, qui sont fondés sur la flexion qu'une force fait éprouver à un ressort.

L'un des plus simples, connu sous le nom de peson à

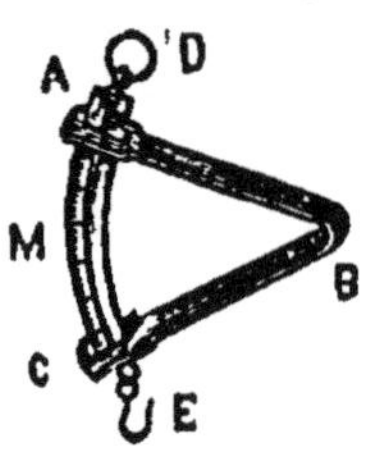

Fig. 4.

ressort (*fig.* 4 et 5), se compose essentiellement d'une lame d'acier ABC recourbée en forme de V. De chacune de ses extrémités A et C part un arc métallique qui traverse une ouverture pratiquée près de l'autre extrémité. L'un de ces arcs se termine par un anneau D qui sert à soutenir l'instrument; l'autre, par un crochet E auquel on peut suspendre des poids ou appliquer les forces qu'on se propose de comparer. On suspend successivement au crochet des poids marqués 1, 2, 3, 4 kilogrammes et le ressort s'infléchit de plus en plus, et l'on marque, à chaque fois, le point de l'arc extérieur MD (*fig.* 5) qui correspond à l'ouverture de la branche C qu'il traverse.

Une fois le dynamomètre gradué, il suffit de le suspendre par l'anneau D à un support résistant, puis d'appliquer au crochet E une force quelconque : le dynamomètre fléchira et la lame A s'arrêtera devant une des divisions de l'arc M. Si cette division est par exemple la division 4, la force considérée produit le même effet qu'un poids marqué 4 kilogrammes suspendu au dynamomètre.

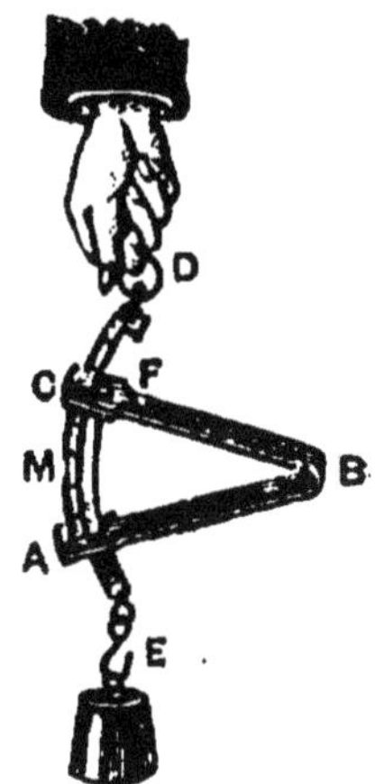

11. Composition des forces. — Lorsque plusieurs forces sont appliquées en un même point on peut toujours les remplacer par une force unique, appelée leur *résultante*, et produisant le même effet que le système des forces considérées.

1° **Forces concourantes.** — *La résultante de deux forces concourantes est représentée en grandeur et en direction par la diagonale du parallélogramme construit sur ces deux forces.* Soit OF et OF' les deux forces (*fig.* 6); construisons le parallélogramme OFRF';

FIG. 5.

la diagonale OR de ce parallélogramme représente en grandeur et en direction la résultante des deux forces OF et OF'.

Inversement, étant donné une force OF (*fig.* 7), pour la décomposer en deux autres suivant deux directions don-

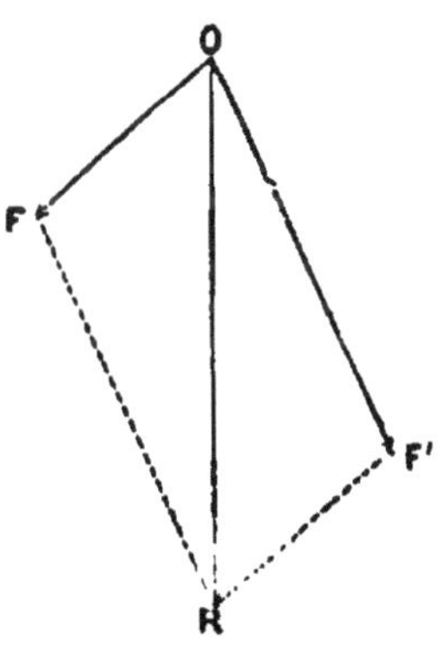

FIG. 6.

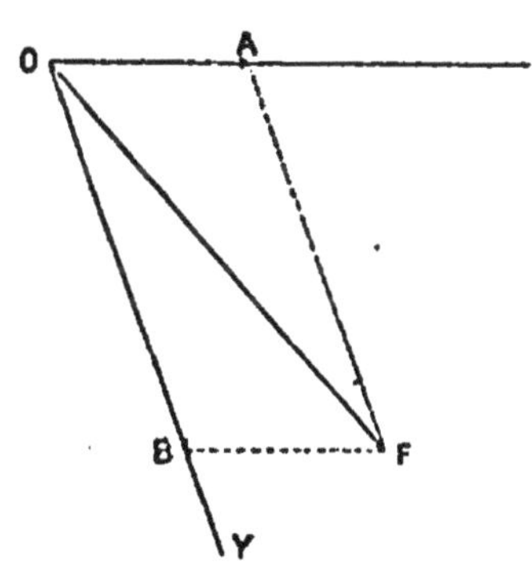

FIG. 7.

nées OX et OY, on construira le parallélogramme dont OF est la diagonale, les deux composantes seront OA et OB.

2° **Forces parallèles et de même sens.** — *Deux forces parallèles F et F' (fig. 8) et de même sens, appliquées aux deux extrémités d'une droite rigide AB, ont une résultante R égale à leur somme, de même direction et de même sens, appliquée*

1.

en un point O qui partage la droite AB en deux segments OA et OB inversement proportionnels aux intensités de ces forces.

$$\frac{OA}{OB} = \frac{F'}{F}$$

3° Forces parallèles et de sens contraire. — *Deux forces parallèles et de sens contraire appliquées aux deux extrémités d'une droite rigide AB ont une résultante égale à leur différence, parallèle aux forces données, de même sens que la plus grande et appliquée en dehors de AB de façon à partager AB en deux segments soustractifs inversement proportionnels aux forces.*

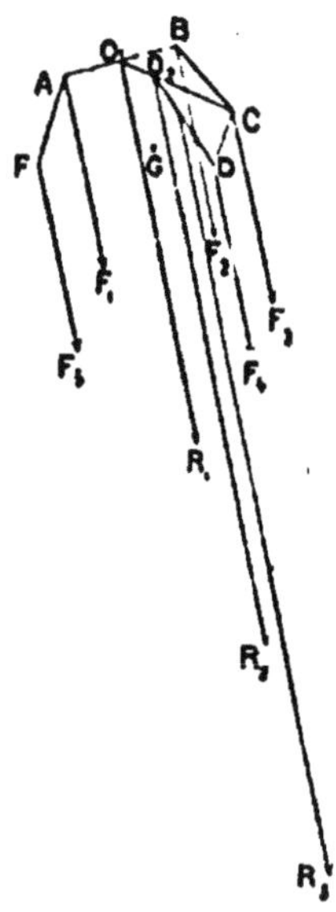

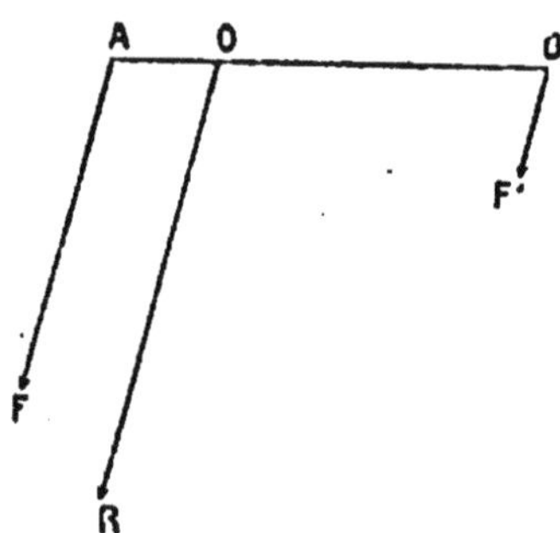

Fig. 8.   Fig. 9.

4° Centre des forces parallèles. — Pour obtenir la résultante d'un nombre quelconque de forces parallèles et de même sens F_1, F_2, F_3, F_4... *(fig. 9)* appliquées en divers points fixes A, B, C, D... d'un corps solide, il suffira de composer d'abord deux de ces forces F_1 et F_2 en une seule R_1, puis cette résultante partielle avec une troisième force F_3, et ainsi de suite jusqu'à ce qu'on ait réduit toutes les forces à une seule qui sera appliquée en un certain point G. Ce point d'application G s'appelle le *centre des forces parallèles*. Lorsque les forces sont égales entre elles, le point G devient le *centre de gravité* du corps.

12. Conditions d'équilibre d'un système de forces. — **1° Forces concourantes.** — Il faut et il suffit que l'une quelconque d'entre elles soit égale et directement opposée à la résultante de toutes les autres.

2° Forces appliquées en des points différents d'un corps solide. — Un pareil système n'est généralement pas en équilibre; on étudiera plus tard qu'elles sont les conditions très complexes d'équilibre.

3° Le corps est assujetti à tourner autour d'un axe fixe. — Il faut et il suffit que le système des forces ait une résultante unique et que cette résultante prolongée rencontre l'axe fixe.

4° Un des points du corps est fixe. — Il faut et il suffit que le système des forces ait une résultante et que cette résultante passe par le point fixe.

TRAVAIL ET PUISSANCE.

13. Travail. — Pour qu'une force ait un effet utile, il faut qu'elle fasse éprouver au corps auquel elle est appliquée un certain déplacement : on dit alors que la force **travaille.** Le travail d'une force dépend évidemment de l'intensité de la force et du déplacement subi par le corps. Supposons que l'on veuille élever verticalement un fardeau; l'ouvrier chargé de le transporter aura d'autant plus de peine que le fardeau sera plus pesant et que la hauteur à laquelle il l'élève sera plus grande; aussi sera-t-il d'autant plus rémunéré que le fardeau sera plus lourd et qu'il faudra l'élever plus haut. S'il élève un poids de 1 kilogramme à 1 mètre de hauteur, il effectuera un certain travail; s'il élève un poids de 2, 3, 4 kilogrammes à 1 mètre de hauteur, il effectuera un travail double, triple, quadruple du travail précédent. De même, s'il élève un poids de 1 kilogramme à 2, 3, 4 mètres, etc., de hauteur, le travail effectué sera double, triple, quadruple du travail primitif.

En un mot, le travail de l'ouvrier sera proportionnel au poids du fardeau et à la hauteur à laquelle celui-ci a été élevé.

Prenons pour **unité de travail** le travail nécessaire pour élever à 1 mètre de hauteur un poids de 1 kilogramme, et donnons à cette unité de travail le nom de *kilogrammètre;* pour élever un poids de 6 kilogrammes à 5 mètres de hauteur, il faudra effectuer un travail de 30 kilogrammètres.

14. Travail d'une force constante. — Soit une force de 10 kilogrammes agissant sur un point matériel A et lui faisant éprouver un déplacement de 12 mètres suivant la direction de la force, le travail effectué par la force sera, *par définition*, égal à (10×12) ou à 120 kilogrammètres.

Par conséquent, si F est l'intensité de la force en kilogrammes, si h est la mesure en mètres de l'espace parcouru par le point d'application de la force, le travail T aura pour mesure le produit Fh (kilogrammètres).

$$T = F \times h.$$

Lorsque le point A se meut suivant une direction différente de celle de la force, on projette le déplacement sur la direction de la force; le travail est alors exprimé par le produit de l'intensité de la force par la projection du déplacement. Il résulte de là que le *travail* est d'autant plus petit que les directions de la force et du déplacement font un angle plus grand. Si la force est *normale* au déplacement le travail est *nul*.

Le travail est complètement indépendant du temps employé par le corps pour effectuer son déplacement; c'est exactement comme si un ouvrier travaillait à *ses pièces* : le salaire de l'ouvrier dépend du travail effectué, sans tenir compte du temps qu'a duré le travail.

15. Travail dans les machines simples. — On appelle **machine** tout système matériel renfermant un ou plusieurs points fixes et destiné à transmettre le travail des forces. Parmi les forces qui agissent sur une machine, les unes, appelées **forces motrices**, sont dirigées dans le sens du déplacement de leur point d'application ou font un *angle aigu* avec la direction du déplacement; les autres, appelées **forces résistantes**, sont opposées au mouvement de leur point d'application ou font un *angle obtus* avec la direction du déplacement. Le travail effectué par les forces motrices est appelé **travail moteur**; le travail effectué par les forces résistantes est appelé **travail résistant**.

1er *exemple* : Élevons un corps pesant 10 kilogrammes à 5 mètres de hauteur; nous produisons un travail moteur de 50 kilogrammètres; en même temps, la pesanteur produit un travail résistant aussi égal à $10 \times 5 = 50$ kilogrammètres.

2e *exemple* : Supposons qu'il s'agisse de déplacer de 20 mètres une pierre de taille et que le travail correspondant à ce déplacement soit égal à 1 200 kilogrammètres, sur un plan de marbre parfaitement poli; si, au contraire, la pierre de taille est placée sur un sol rugueux, nous constaterons expérimentalement que le travail moteur doit être *supérieur* à 1 200 kilogrammètres. Pourquoi cette différence? C'est qu'il faut tenir compte du frottement de la pierre sur le sol; ce frottement doit compter comme force résistante, on dit que c'est une **résistance passive**, et le travail correspondant est appelé **travail passif** ou **travail perdu**, tandis que le travail correspondant au déplacement de la pierre est appelé **travail utile**.

Le *travail résistant* se compose donc du *travail utile* et du *travail passif*.

16. Conservation du travail. — Le principe de la conservation du travail est le suivant : dans toute machine animée d'un mouvement uniforme le *travail moteur est égal au travail résistant*. Mais comme, d'autre part, il y a toujours des résistances passives qui consomment de l'énergie, le *travail utile d'une machine* est toujours inférieur au travail moteur.

Une machine *rend moins de travail qu'elle n'en reçoit*.

On appelle *rendement d'une machine* le rapport entre le travail utile et le travail moteur; le rendement d'une machine ne dépasse guère 0,7; il est presque toujours inférieur à cette limite.

Il résulte de là que le *mouvement perpétuel est impossible*, car, si perfectionnée que soit une machine, son travail *utile* est toujours inférieur au travail *moteur* à cause du travail passif ou perdu occasionné par les résistances passives de la machine.

Pour que le rendement d'une machine soit le plus grand possible, il faut utiliser au mieux le travail des moteurs en évitant les chocs et les changements brusques de vitesse et en diminuant le plus possible les résistances passives. On arrive à ce dernier résultat en graissant les différentes pièces de la machine pour diminuer le frottement.

Nous allons appliquer la conservation du travail à quelques machines simples.

17. Levier. — Un *levier* est une barre rigide mobile autour d'un point fixe, appelé *point d'appui*, et sollicitée par deux forces appliquées aux extrémités du levier et tendant à le faire tourner en sens contraire.

L'une des deux forces s'appelle la *force motrice* et l'autre la *résistance*.

Supposons que l'on veuille tenir en équilibre une pierre

M (*fig. 9 bis*). On introduira une barre de fer sous la pierre en A; on fera reposer cette barre sur un caillou C qui servira de point d'appui et on exercera avec la main une pesée sur l'extrémité B de la barre.

La barre AB est un levier; le point d'appui est en C; la *résistance* appliquée en A est le poids de la pierre; la *force motrice* est l'effort musculaire appliqué en B.

Dans ce levier, le point d'appui est situé entre la force motrice et la résistance : c'est *un levier du premier genre*. Cherchons quelles sont les conditions d'équilibre de ce levier.

Fɪɢ. 9 *bis*. — Levier du premier genre.

La force motrice et la résistance sont deux forces parallèles et de même sens appliquées aux extrémités de la droite AB; pour que le levier soit en équilibre, il faut et il suffît que la résultante des deux forces passe par le point C. Le point C partage alors la droite AB en deux segments inversement proportionnels aux forces (§ 11).

On aura donc : $\dfrac{R}{P} = \dfrac{CB}{CA}$.

Les longueurs CA et CB s'appellent les *bras de levier* de la résistance et de la force motrice.

Pour que le levier soit en équilibre, il faut et il suffît que la *force motrice* et la *résistance soient inversement proportionnelles à leurs bras de levier*.

On le vérifie expérimentalement à l'aide du *levier arithmétique;* cet instrument se compose d'une lame rigide AB (*fig.* 10), mobile autour d'un axe horizontal formé par l'arête O d'un couteau triangulaire en acier passant par le centre de gravité de la barre.

Les deux moitiés de la barre AB sont divisées à partir du point de suspension O en un même nombre de parties égales, et on peut, en chaque point, accrocher un poids.

Si du côté de OA, au troisième point de division C, on suspend huit poids égaux, et que, du côté de OB, au hui-

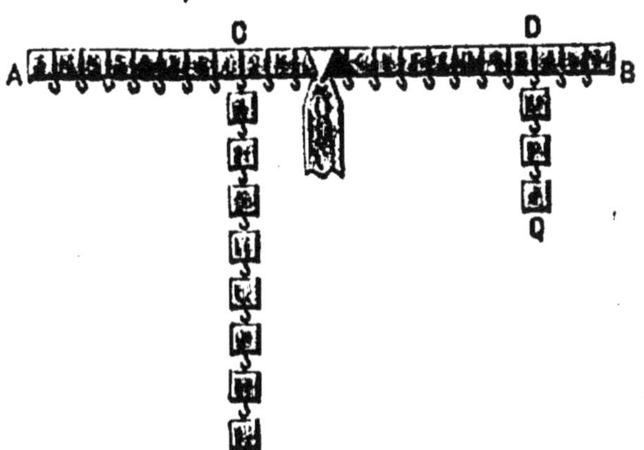

Fig. 10. -- Levier arithmétique.

tième point de division D, on suspende trois poids égaux aux précédents, on voit *qu'il y a équilibre*.

Dans le *levier du second genre*, le point d'appui est à l'une des extrémités du levier, la force motrice P est à l'autre

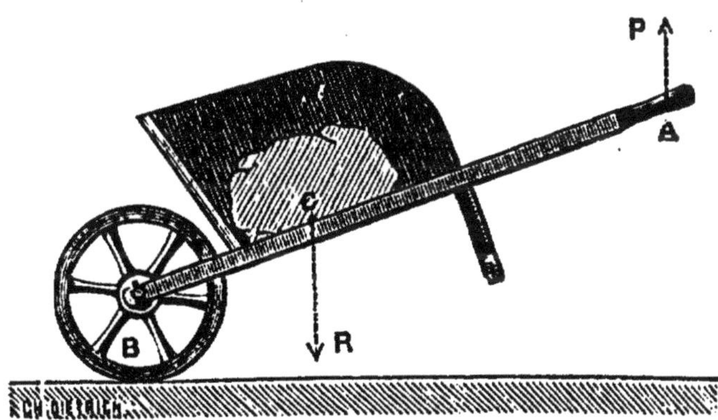

Fig. 10 *bis*. — Brouette.

extrémité A et la résistance est au point C entre A et B (*fig.* 10 *bis*).

Comme le bras de levier de la force motrice est plus grand que le bras de levier de la résistance, ce levier favorise la force motrice; avec une force motrice faible on pourra faire équilibre à une résistance considérable.

La brouette est un exemple de levier de second genre

(*fig.* 10 *bis*); le casse-noisette en est un autre. Les avirons d'un bateau constituent des leviers du second genre.

Dans le *levier du troisième genre*, la résistance serait en A, la force motrice en C et le point d'appui en B.

Ce levier favorise la résistance; il ne paraît pas avantageux, parce que la force motrice doit être plus grande que la résistance; nous verrons plus tard quelle peut être son utilité; on en trouve une application dans les pédales du rémouleur.

Travail. — Dans les leviers, les arcs décrits par les points d'application sont proportionnels aux bras de levier des forces correspondantes; d'autre part, la force motrice et la résistance sont inversement proportionnelles à leurs bras de levier; **le travail moteur est égal au travail résistant.**

Prenons par exemple le levier du 3° genre (*fig.* 11) dans lequel on a $BC = \dfrac{BA}{4}$; on a $P = 4\,R$.

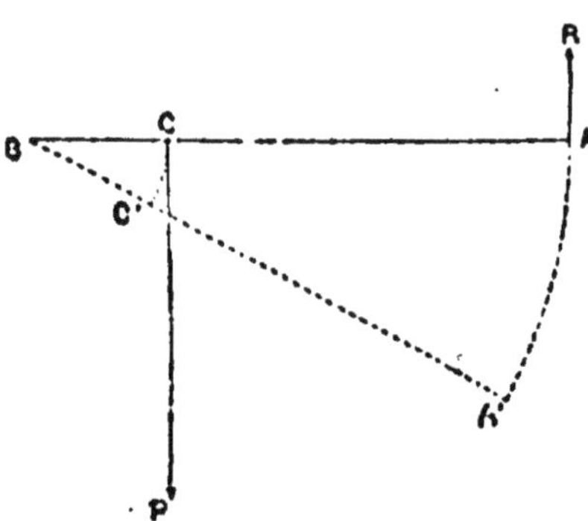

Fig. 11. — Travail dans le levier du troisième genre.

Supposons que le levier vienne en BC'A'; le point A s'est déplacé de l'arc AA'; le point C s'est déplacé de l'arc CC' et l'on a : arc AA' = 4 × arc CC'. Le travail de la force motrice est égal à P × arc CC'; le travail de la résistance est égal à R × arc AA'; je dis que l'on a :

$$P \times \text{arc } CC' = R \times \text{arc } AA'.$$

En effet, remplaçons P par 4 R et remplaçons arc AA' par 4 × arc CC', nous aurons l'identité

$$4 \times R \times \text{arc } CC' = R \times 4 \times \text{arc } CC'.$$

Le travail moteur est encore égal au travail résistant. Ce levier devra être employé, lorsque l'on désire donner un grand déplacement au point d'application de la résistance, en ne donnant au point d'application de la force motrice qu'un faible déplacement : ce cas se présente dans la pédale du rémouleur et dans le déplacement de l'avant-bras; la contraction des fibres musculaires du bras est relativement très faible et pourtant le déplacement de la main peut être considérable.

18. Treuil. — Un *treuil* (*fig* 11 *bis*) se compose d'un cylindre en bois C, sur lequel est enroulée une corde B. A cette corde est appliqué le poids Q que l'on veut soulever. Le cylindre C repose, par deux *tourillons tt*, sur deux supports concaves AA, appelés *coussinets*. Le cylindre porte une grande manivelle M en bois ou en fer, à laquelle est appliquée la *force motrice*. Pour l'équilibre, il faut que *la force motrice soit au poids à soulever comme le rayon du cylindre est au rayon de la manivelle*. Donc, avec une manivelle dont le rayon est égal à 10 fois celui du cylindre, on pourra faire équilibre à un poids de 100 kilogrammes, en appliquant à la manivelle une force égale à 10 kilogrammes seulement.

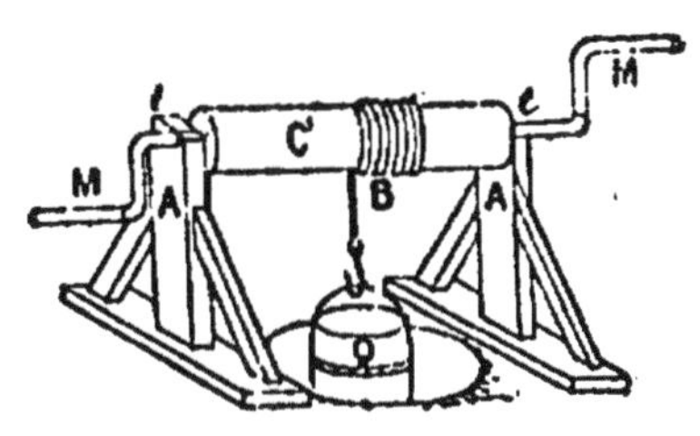

Fig. 11 *bis*. — Treuil.

Mais le déplacement du fardeau est une fraction du chemin circulaire parcouru par la manivelle égal au rapport du rayon du treuil au rayon de la manivelle. Dans l'exemple donné, les déplacements du fardeau et de la manivelle sont dans le rapport de 1 à 10; mais, comme le poids du fardeau est aussi 10 fois plus grand que la force motrice, le *travail moteur est encore égal au travail résistant*.

19. Plan incliné. — Quand on fait monter un fardeau le long d'un *plan incliné*, par suite de la conservation du travail, le travail nécessaire pour élever le corps jusqu'en haut du plan est le même que si on avait élevé le corps verticalement depuis la base jusqu'au sommet du plan incliné. En effet, d'une part, pour élever le fardeau, il faut lutter contre le poids du fardeau qui est une force verticale dirigée de haut en bas, le travail résistant sera donc égal à Ph kilogrammètres, en appelant h la hauteur du plan incliné; par conséquent, le travail moteur devant être égal au travail résistant, le travail effectué par l'homme qui fait monter le fardeau sera le même que si le fardeau avait été élevé verticalement de toute la hauteur du plan incliné; seulement l'effort à exercer sera d'autant moindre que le plan fera un plus petit angle avec le plan horizontal, et le déplacement à donner au fardeau sera d'autant plus grand, pour une même hauteur, que le plan incliné fera un plus petit angle avec le plan horizontal.

Résumé. — Dans toute machine simple, **le travail moteur est égal au travail résistant.** La considération des machines précédentes montre que : **ce qu'on gagne en force, on le perd en déplacement, et réciproquement.**

Avec une quantité de travail donnée, on pourra vaincre une résistance considérable en donnant à cette résistance un très petit déplacement; au contraire, on pourra encore faire parcourir un chemin très long à une résistance faible.

20. Puissance. — On appelle **puissance** d'une machine le travail effectué par cette machine en **une seconde.** L'unité de puissance est le **kilogrammètre par seconde.**

Pour les machines à vapeur et pour toutes les machines industrielles (*moteurs à gaz ou à pétrole, moteurs électriques*, etc.), on emploie comme *unité pratique de puissance* le **cheval-vapeur,** qui vaut 75 *kilogrammètres-seconde.*

21. Système C. G. S. — Les progrès de l'électricité industrielle ont exigé l'emploi d'un système d'unités mécaniques spécial, qu'on appelle le *système* C. G. S.

1° **Unité de longueur.** — L'unité de longueur est le **centimètre,** c'est-à-dire la *centième partie du mètre étalon* déposé aux Archives nationales.

2° **Unité de temps.** — L'unité de temps est la **seconde.**

3° **Unité de vitesse.** — L'unité de vitesse est le *centimètre-seconde.*

4° **Unité de force.** — L'unité de force est la **dyne;** le *kilogramme-force* vaut 981 000 *dynes.*

5° **Unité de travail.** — L'unité de travail est le travail correspondant au travail d'une dyne déplaçant son point d'application de 1 centimètre dans sa direction : elle a reçu le nom d'**erg.**

6° **Unité de puissance.** — L'unité de puissance est le travail d'un *erg* par seconde : elle a reçu le nom d'**erg-seconde.**

7° **Unités pratiques.** — L'unité pratique de force est la **mégadyne,** qui vaut 1 000 000 de *dynes,* ou un peu moins d'un kilogramme-force.

L'unité pratique de *travail* est le **joule,** qui vaut 107 *ergs.* Le kilogrammètre vaut 9,81 joules.

L'unité pratique de *puissance* est le **Watt**, qui vaut un *joule-seconde*. — Le cheval-vapeur vaut $75 \times 9,81$ Watts.

Exercices. — **1.** Une force de 10 kilogrammes déplace son point d'application de 3 mètres dans sa direction. Quel est le travail correspondant évalué en kilogrammètres?

2. Une force de 4000 dynes déplace son point d'application de 300 centimètres dans sa direction. Quel est le travail correspondant évalué en joules?

3. Une machine à vapeur effectue en une heure un travail de 4 000 000 de kilogrammètres. Quelle est sa puissance exprimée en watts?

4. Dans un treuil le fardeau pèse 1000 kilogrammes; le rayon du treuil est de 15 centimètres; le rayon de la manivelle est de 75 centimètres, le fardeau s'est élevé de 3 mètres. Quelle est l'intensité de la force motrice? Quel est le travail effectué? On évaluera les inconnues demandées dans le système métrique et dans le système C. G. S.

LIVRE PREMIER

PESANTEUR

CHAPITRE PREMIER

DIRECTION DE LA PESANTEUR. — CENTRE DE GRAVITÉ

Sommaire. — **1.** La *pesanteur* est l'attraction qu'exerce la terre sur tous les corps qui sont à sa surface.

2. La direction de la pesanteur, donnée par le *fil à plomb*, est appelée *verticale;* elle est perpendiculaire à la surface libre des liquides en équilibre.

3. Le *poids* d'un corps est la résultante des actions exercées par la terre sur chacune des molécules de ce corps, et le point d'application de cette résultante est le *centre de gravité* de ce corps.

4. Un corps pouvant tourner autour d'un axe horizontal est en équilibre quand la verticale passant par son centre de gravité rencontre l'axe fixe; l'équilibre est *stable, instable* ou *indifférent*, suivant que le centre de gravité est au-dessous de l'axe, au-dessus ou sur l'axe même.

5. Un corps reposant sur un plan horizontal est en équilibre quand la verticale du centre de gravité rencontre la *base de sustentation*.

6. *Dans le vide tous les corps tombent également vite.*

7. *Les espaces parcourus par un corps tombant librement dans le vide, et partant du repos, sont proportionnels aux carrés des temps employés à les parcourir :* $e = \frac{1}{2} \times 081 \ t^2$.

22. Pesanteur. — Une pierre tombe du haut d'une maison; pour expliquer la chute de cette pierre, il faut s'imaginer que cette pierre est sollicitée par une force *invisible* qui tirerait de haut en bas sur elle pour la faire tomber. La force qui agit ainsi sur la pierre est l'attraction que la terre exerce sur elle, attraction à laquelle on a donné le nom de **pesanteur**; si la terre n'exerçait aucune attraction sur les corps extérieurs, les corps ne tomberaient pas et n'auraient pas de poids.

La pesanteur se manifeste par les effets suivants : c'est sous l'action de la pesanteur qu'un corps abandonné à lui-même tombe en se dirigeant verticalement vers le sol; l'effort que l'on fait pour empêcher un corps de tomber, la flexion que subit un dynamomètre quand on y suspend une pierre, sont autant de manifestations de la pesanteur.

La pesanteur n'est, du reste, qu'un cas particulier de *l'attraction universelle* dont l'hypothèse est due à *Newton*[1].

Newton, voyant un jour une pomme se détacher d'un pommier et tomber sur le sol, se demanda si la force qui précipite tous les corps vers la terre est particulière à la terre ou si elle n'est qu'un cas particulier d'une attraction plus générale entre tous les corps célestes. Il arriva ainsi à l'hypothèse que deux points matériels s'attirent en raison directe du produit de leurs masses et en raison inverse du carré de leur distance. En particulier, la terre attire un point extérieur comme si la masse entière de la terre était concentrée au centre de la terre.

23. Direction de la pesanteur. — Pour obtenir la direction de la pesanteur, nous allons faire agir cette force à l'une des extrémités d'un fil flexible dont l'autre extrémité sera fixe, le fil se tendra sous l'influence de la pesanteur et *suivant sa direction* quand l'équilibre sera établi.

A cet effet, prenons une balle de plomb et suspendons-la à l'extrémité d'un fil tenu à la main, nous aurons construit l'intrument appelé *fil à plomb* (*fig*. 12); quand le fil sera en repos, la direction du fil, sera évidemment celle de la pesanteur; cette direction est appelée la *verticale* du lieu. *Elle est perpendiculaire à la surface libre des liquides en équilibre.*

Pour le vérifier, prenons un vase renfermant de l'eau ou

1. Newton, savant anglais, vécut de 1642 à 1727. Il découvrit les principales lois de l'*optique* et la loi de la *gravitation universelle* qui explique le mouvement des planètes autour du soleil, etc.

du mercure en équilibre, suspendons un fil à plomb au-dessus du liquide, et, quand le fil à plomb sera en repos, plaçons le petit côté d'une équerre bien dressée en contact

avec la surface de l'eau puis observons le grand côté de l'équerre que nous aurons approché du fil, nous constaterons qu'il lui est rigoureusement parallèle, et cela, quelle que soit la position que l'on donne à l'équerre, donc le fil à plomb est bien perpendiculaire à la surface de l'eau tranquille.

On appelle *plan horizontal* d'un lieu, *ligne horizontale*, le plan ou la droite perpendiculaire à la verticale de ce lieu.

Fig. 12.

D'après l'expérience précédente, la surface libre d'un liquide en équilibre est un plan horizontal ; on l'appelle aussi *surface de niveau*.

Si l'on considère une vaste étendue d'eau, telle qu'une mer ou un océan, sa surface n'est pas un plan, mais bien une surface courbe, à peu près sphérique, celle du globe terrestre lui-même.

Par suite la verticale, pour chaque point de la terre, a la direction du rayon passant par ce point et aboutit par conséquent au centre de la terre.

D'où il résulte que les verticales passant par divers points de la terre font entre elles des angles d'autant plus grands que ces points sont plus éloignés les uns des autres : ainsi la verticale de Paris fait un angle de 7° 28' avec la verticale de Barcelone. Mais, étant donnée l'énorme distance où ces verticales vont se rencontrer, plus de 6 000 kilomètres, *on peut considérer les verticales de points voisins comme sensiblement parallèles.*

24. Usages du fil à plomb. — Le fil à plomb est très employé par les ouvriers du bâtiment : maçons, charpentiers, etc.; il leur permet de s'assurer de la verticalité des murs ou des pièces qu'ils montent (*fig.* 13).

Il fait partie aussi, comme pièce essentielle, d'un instrument appelé *niveau de maçon* et dont se servent les mêmes ouvriers pour s'assurer de l'horizontalité d'une assise de pierre, d'une poutre, d'un plancher, etc. Cet appareil (*fig.* 14) est formé d'un triangle isocèle en bois dont les deux côtés égaux sont prolongés d'une même quantité au delà de

FIG. 13. — **Emploi du fil à plomb** pour reconnaître si un mur est bien vertical.

la base A B. Cette dernière porte, en son milieu M, un trait ou une entaille par laquelle doit passer un fil à plomb accroché au sommet C, lorsque l'instrument est posé sur un plan horizontal. Quand le plan est incliné, le fil passe en dehors de l'entaille et du côté le plus bas.

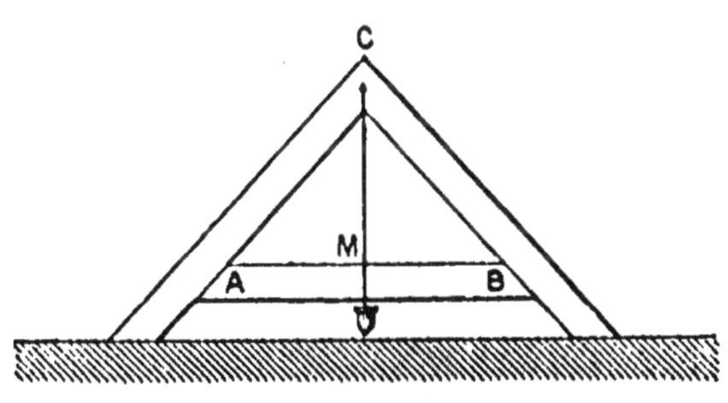

FIG. 14. — **Niveau de maçon.**

25. Poids des corps. — Centre de gravité. — Prenons un morceau de craie, divisons-le en un très grand nombre de fragments de plus en plus petits, puis abandonnons-les à eux-mêmes, on constate que tous *tombent*, et il en est ainsi de tous les corps. Nous en concluons que la pesanteur se fait sentir sur toutes les parties d'un corps, quelque petites qu'on puisse les imaginer, et chaque molécule peut être considérée comme étant le point d'application d'une petite force verticale agissant de haut en bas.

Dans les corps de dimensions peu considérables, ces forces sont parallèles et sont égales si toutes les molécules sont identiques : leur résultante sera une force verticale P, égale à leur somme (*fig.* 15), dirigée vers le centre de la terre et appliquée en un point C, qui est un centre de forces parallèles.

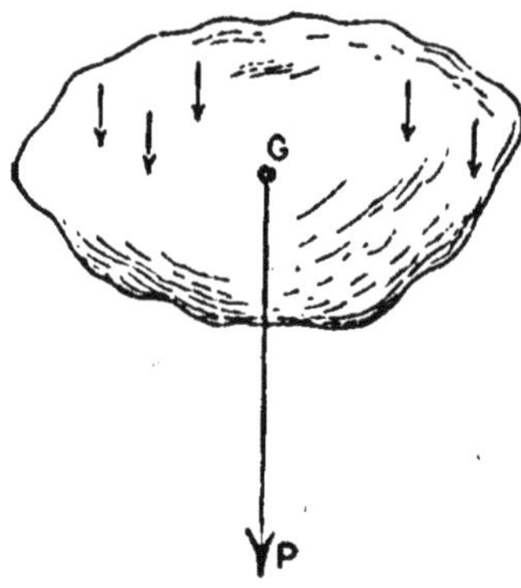

Fig. 15. — G, Centre de gravité d'un corps.

Cette résultante P n'est autre chose que le *poids* du corps et son point d'application G s'appelle le *centre de gravité* du corps.

Quand on vient à changer la position d'un corps, l'action de la pesanteur sur chacune de ses parties ne variant pas, son poids, qui est égal à leur somme, reste le même.

Et si, pendant le changement de position de ce corps, sa forme reste invariable, le centre de gravité conserve la même position par rapport à l'objet, puisque c'est un centre de forces parallèles (§ 22).

Dans toutes les questions où l'on devra tenir compte de l'action de la pesanteur sur un corps solide, on pourra donc considérer ce corps comme soumis à l'action d'une force unique, *son poids*, et supposer cette force appliquée en *son centre de gravité*.

Remarque. — Il peut arriver que le centre de gravité d'un corps ne soit pas à l'intérieur du corps ; par exemple, le centre de gravité d'un anneau est au milieu de cet anneau, celui d'une sphère creuse est au centre de cette sphère, etc. Dans ce cas, pour que le poids, qui y est appliqué, puisse produire le même effet que l'ensemble des forces provenant de l'action de la pesanteur sur toutes les parties du corps, il faut supposer que ce point est relié au corps lui-même d'une façon immuable.

26. Détermination du centre de gravité. — Lorsqu'un corps a une forme régulière et qu'il est homogène, c'est-à-dire lorsque ses différentes parties ont, sous le même volume, des poids égaux, la recherche de son centre de gravité se réduit à une question de géométrie. Ainsi le centre de gravité :

D'une sphère est en son centre ;

D'un *cylindre à base circulaire :* au milieu de la droite qui joint les centres des deux bases ;

D'un *cône* à base circulaire : sur l'axe du cône et au quart à partir de la base.

On a étendu la notion du centre de gravité aux surfaces et aux lignes.

Le centre de gravité est placé :

Pour une droite : en son milieu ;

Pour une circonférence, un cercle : au centre ;

Pour un triangle : au point de concours des médianes ;

Pour un parallélogramme : au point de concours des diagonales.

Lorsque le corps n'a pas de forme régulière, on peut quelquefois déterminer son centre de gravité par le procédé suivant : on suspend le corps par un fil attaché en un point quelconque A de la surface (*fig.* 16) ; dans la position d'équilibre, la résistance du fil est égale et directement opposée à la résultante des actions dues à la pesanteur, il faut donc que son prolongement AB passe par le centre de gravité. En suspendant le corps par un autre point C, on aura une seconde ligne CD jouissant de la même propriété et dont le point d'intersection G avec la première sera nécessairement le point cherché.

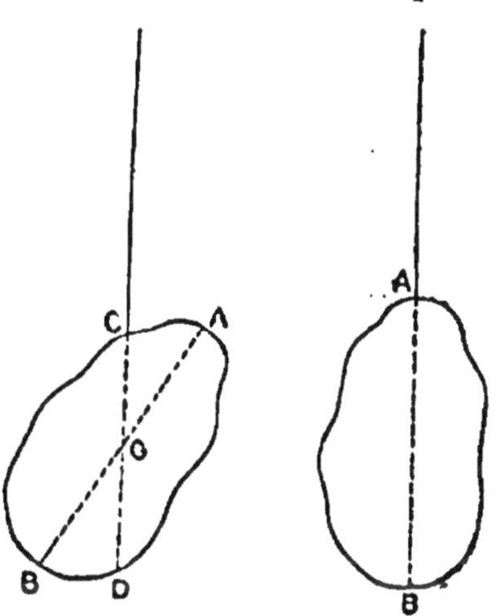

Fig. 16. — Détermination expérimentale du centre de gravité.

La connaissance du centre de gravité permet de rechercher les conditions dans lesquelles un corps peut se trouver en équilibre.

27. Conditions d'équilibre d'un corps pesant pouvant tourner autour d'un axe horizontal. — Soit A, la trace de cet axe sur le plan de la figure ; le corps est soumis à son poids P (*fig.* 17), force verticale appliquée au centre de gravité G ; pour que le corps soit en équilibre, il faut et il suffit que la verticale menée par le point G rencontre l'axe. Il faut donc que la ligne AG soit verticale.

1er cas. Le centre de gravité est situé au dessous de l'axe. — Écartons le corps de sa position d'équilibre ; le centre de gravité vient en G' ; alors son poids P' ramènera le corps à sa position d'équilibre : on dit dans ce cas que l'équilibre est stable. Exemple : le fil à plomb.

2ᵉ cas. Le centre de gravité est situé sur l'axe. — Soit A la trace de l'axe ; soit G le centre de gravité du corps (*fig.* 18).

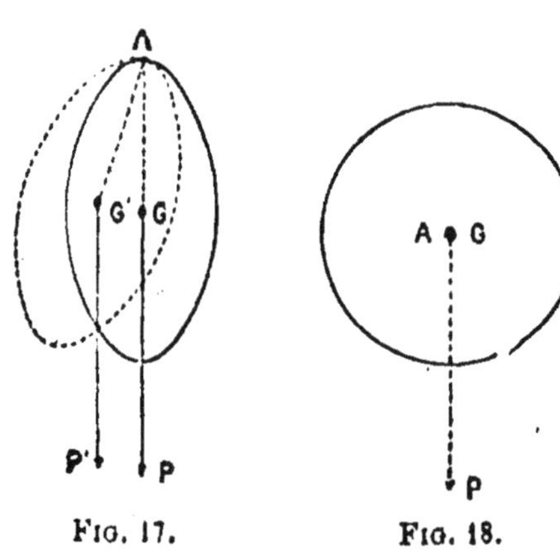

FIG. 17.   FIG. 18.

Quelle que soit la position du corps, son poids sera toujours détruit par la résistance de l'axe ; le corps est en équilibre dans toutes les positions : *l'équilibre est dit alors indifférent.* Exemple : une sphère de bois pouvant tourner autour d'un axe horizontal passant par son centre est en équilibre indifférent.

3ᵉ cas. Le centre de gravité est situé au-dessus de l'axe. — Soit A la trace de l'axe (*fig.* 19) ; soit G le centre de gravité du corps ; celui-ci est en équilibre, lorsque la ligne AG est verticale. Derangeons le corps de sa position d'équilibre le centre de gravité viendra en G′ ; sous l'action de son poids P, il continuera à tourner jusqu'à ce que son centre de gravité vienne se placer en G″ le plus bas possible. Dans sa position première, le corps était en *équilibre instable.*

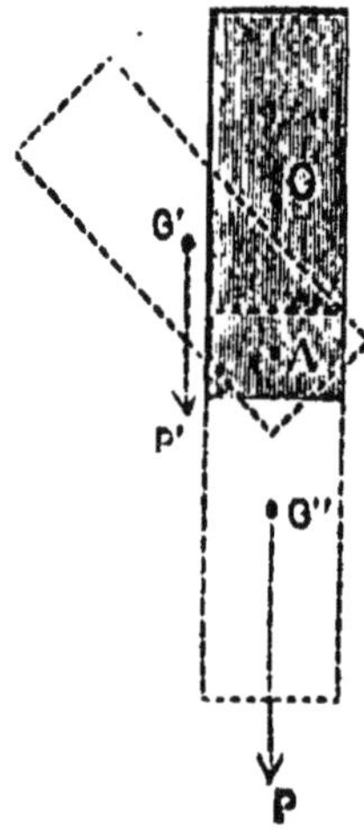

FIG. 19.

Principe. — *D'une manière générale, l'équilibre est stable lorsque le centre de gravité du corps est placé le plus bas possible.*

28. Équilibre d'un corps reposant sur un plan horizontal. — On sait que lorsqu'un corps repose sur un plan, ce corps exerce par son poids une pression aux points de contact, laquelle tend à déformer le plan, mais les points du plan exercent à leur tour sur le corps des réactions élastiques dirigées de bas en haut. Pour qu'il y ait équilibre les actions du plan doivent avoir une résultante égale et opposée au poids du corps qu'on peut regarder comme appliqué au centre de gravité, cette résultante passera nécessairement à l'intérieur de la figure formée par les points d'appui et qu'on appelle *polygone de sustentation*, et, pour que cette résultante puisse être égale et opposée au poids du corps, il faut que la *verticale du centre de gravité passe à l'intérieur* de ce polygone. C'est ainsi que, pour qu'une table soit en équilibre, il faut que la verticale de son centre de gravité passe entre ses pieds (*fig.* 20).

Fig. 20. — Équilibre d'une table.

L'équilibre cesse d'exister si la verticale du centre de gravité tombe en dehors du polygone de sustentation ; la pesanteur tend alors à faire basculer le corps autour d'un des côtés de ce polygone. Ce cas se présente fréquemment avec des guéridons dont les pieds sont près du centre et peu écartés ; il suffit, pour les faire basculer, de placer sur eux un poids un peu lourd, qui se projette en dehors de la surface dessinée par les pieds.

L'équilibre d'un corps reposant sur un plan peut être instable, stable ou indifférent.

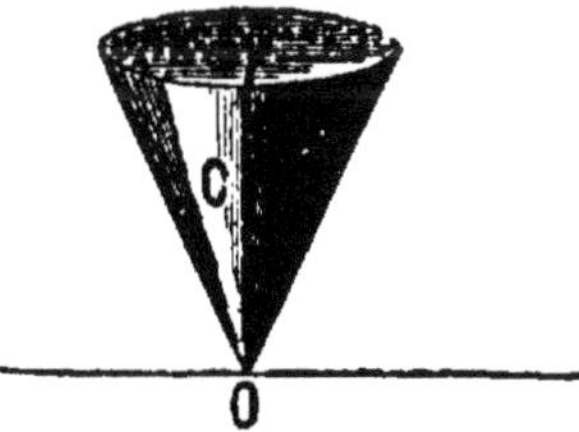

Fig. 21. — Équilibre instable d'un cône reposant par sa pointe sur un plan horizontal.

Fig. 22. — Équilibre d'un corps n'ayant qu'un point d'appui.

1° L'équilibre est *instable* quand, après un léger déplacement, le corps s'écarte, pour ne plus y revenir, de sa première position ; pratiquement, cet équilibre n'est guère réalisable ; ce serait, par exemple, l'équilibre d'un cône reposant sur sa pointe (*fig.* 21) ou encore le jeu qui consiste à tenir une canne sur le bout du doigt (*fig.* 22).

2° L'équilibre est *stable* quand le corps, légèrement écarté de sa position, y revient de lui-même (*fig.* 23).

3° L'équilibre est *indifférent* quand le corps reste en équilibre, quelle que soit la position qu'on lui donne (*fig.* 24).

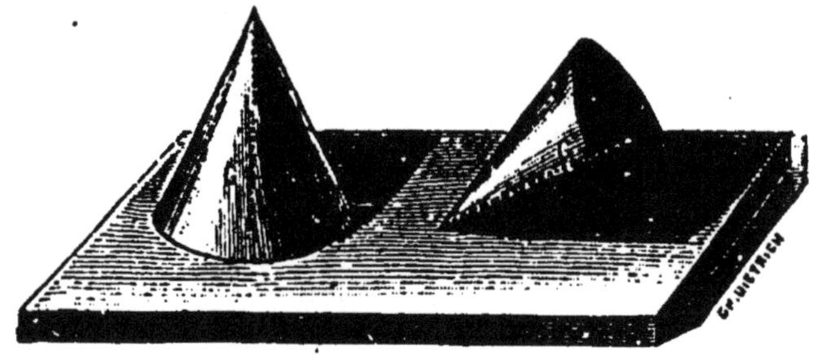

FIG. 23 et 24. — Exemples d'équilibre stable et d'équilibre indifférent.

Il résulte de ce qui précède que l'équilibre est d'autant plus stable que la base de sustentation a une superficie plus grande et que le centre de gravité est placé plus bas. C'est cette dernière condition qu'on exprime quelquefois en disant que le centre de gravité a de la tendance à descendre le plus bas possible.

Certains jouets, les équilibristes (*fig.* 25), les culbuteurs, les poussahs, les bouteilles inversables, etc., sont basés sur ce principe.

Il est facile de faire un jouet de cette sorte en enfonçant un clou à pointe courte et à grosse tête dans le bout d'un bâton de moelle de sureau ou d'un bouchon (*fig.* 26). Le corps est en équilibre,

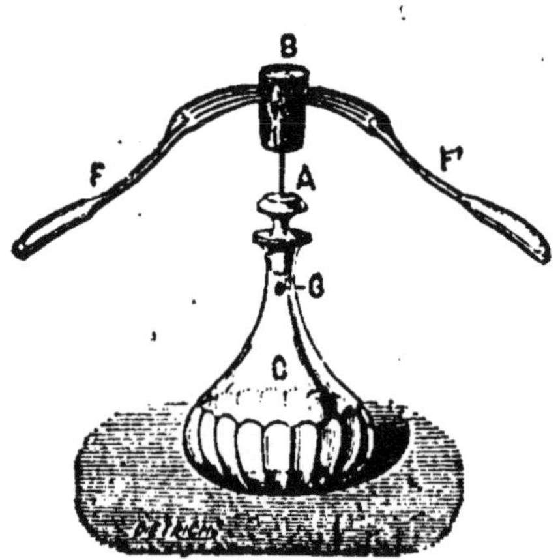

FIG. 25. — Équilibriste. — On plante dans un bouchon une aiguille A ; latéralement on pique deux fourchettes ou deux canifs F et F' on fait reposer la pointe de l'aiguille sur le bouchon d'une carafe par exemple : le système est en équilibre stable parce que son centre de gravité O est très bas placé.

lorsque le bouchon est vertical. Inclinons l'appareil et abandonnons-le à lui-même, il se redressera verticalement, parce que le centre de gravité tend à se placer le plus bas possible et qu'il est placé le plus bas possible quand l'axe du bouchon est vertical.

Applications. — Les meubles, les chandeliers doivent leur stabilité à l'étendue de leurs bases.

Un homme est d'autant plus solide sur ses pieds que ceux-ci sont plus écartés, d'où l'habitude des marins de marcher les jambes très écartées.

Si l'homme porte un fardeau, il devra se pencher du côté opposé au fardeau, afin que la verticale, passant par le centre de gravité du système formé par l'homme et son fardeau, tombe encore dans l'intérieur de la base de sustentation.

Lorsque l'on charge une voiture, on doit prendre la précaution de placer le plus bas possible les matériaux les plus lourds pour que, dans le cas où la voiture est inclinée, la verticale du centre

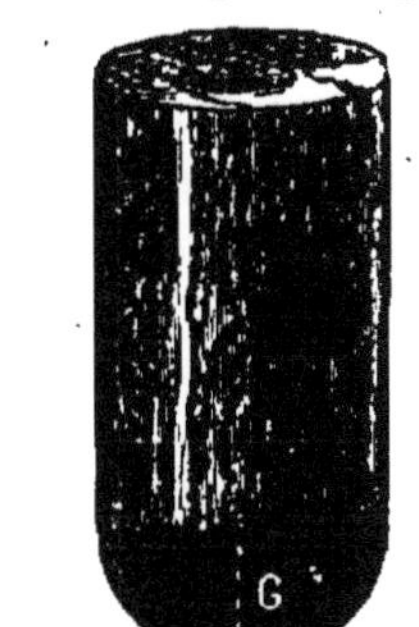

Fig. 26. — Le centre de gravité tend à se placer le plus bas possible ; ce qui a lieu, quand le bouchon est vertical.

de gravité rencontre le sol entre les roues. C'est pour la même raison que les roues de ces voitures ont une très faible hauteur.

La tour inclinée de Pise (*fig. 27*) est en équilibre, parce que la verticale de son centre de gravité tombe dans l'intérieur de la base de la tour.

29. Chute des corps. — Si on laisse tomber d'une même hauteur, et en même temps, divers corps : une pièce de monnaie, un morceau de liège et une feuille de papier ; la pièce de monnaie arrivera au sol la première, puis le liège et enfin la feuille de papier. Ce résultat semblerait prouver que la pesanteur n'agit pas avec la même intensité sur tous les corps. Mais ces différences de vitesse tiennent à une action étrangère à la pesanteur, à la résistance de l'air. Le corps qui tombe pousse devant lui les couches d'air qu'il

Fig. 27. — Tour penchée de Pise.

rencontre et les écarte pour les traverser ; il les met donc en mouvement en leur communiquant une partie de la force que la pesanteur exerce sur lui, et sa vitesse devient moindre. Il est facile de montrer que cette résistance de l'air est d'autant plus grande que la surface du corps est plus étendue : on laisse tomber en même temps et de la même hauteur deux feuilles de papier dont l'une a été roulée en boule, cette dernière arrivera à terre bien plus vite que l'autre.

On peut aussi mettre en évidence l'influence de l'air sur la chute des corps au moyen d'une pièce de monnaie et d'un disque de papier de même diamètre : en les laissant tomber séparément d'une même hauteur, ils tombent inégalement vite ; mais si l'on place le papier sur la pièce, puis qu'on laisse tomber le tout après avoir placé la pièce horizontalement pour que le papier n'ait pas à déplacer l'air en tombant, les deux corps atteindront le sol en même temps.

Si on laisse tomber des corps dans un espace complètement vide, on constate que tous tombent alors également vite, et que par conséquent la pesanteur agit également sur tous, qu'ils soient lourds ou légers.

Newton a imaginé un appareil pour réaliser cette expérience. C'est un large tube de verre d'environ 2 mètres de longueur, fermé à une de ses extrémités et dont l'autre est munie d'une monture à robinet (*fig.* 28). Ce tube contient divers corps : des grains de plomb, des morceaux de liège, du papier, des barbes de plume, dont les vitesses de chute dans l'air sont très différentes.

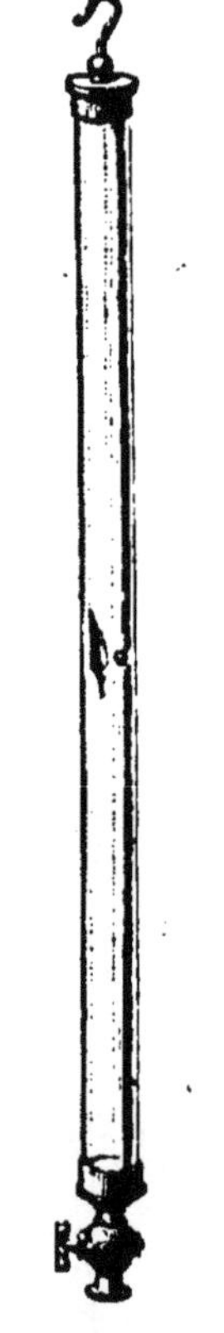

On fait le vide dans le tube et on ferme le robinet. Puis on retourne brusquement le tube et on voit tous les corps arriver en même temps à l'extrémité inférieure. On en conclut que :

Dans le vide, tous les corps tombent également vite; telle est la première loi de la chute des corps.

30. Effets de la résistance de l'air. — La résistance que l'air oppose au mouvement d'un corps qui tombe, ou, plus généralement se déplace, est d'autant plus grande que la vitesse est plus grande : on sait en effet qu'en mettant sa main à la portière d'un wagon, on sent une pression d'autant plus forte que le train va plus vite.

Certaines formes éprouvent, à vitesses égales, moins de résistance que d'autres de la part de l'air; c'est pour cette raison que l'on donne aux projectiles de guerre la forme cylindro-conique. Au contraire, un parachute éprouve une résistance tellement grande qu'il ne peut tomber qu'avec une extrême lenteur.

L'influence de l'air se fait sentir sur les liquides comme sur les solides. Les différentes parties d'un jet liquide se séparent en effet, sous l'action de l'air, et mettent des temps inégaux pour parcourir la même distance. Mais si l'on introduit un liquide dans un tube, que l'on en chasse l'air par l'ébullition, puis qu'on ferme le tube à la lampe, on constatera qu'en retournant brusquement le tube, toutes les parties du liquide viendront frapper en même temps le fond, en produisant un bruit analogue au choc d'un corps solide. C'est l'expérience du marteau d'eau (*fig.* 29).

Fig. 29. — Marteau d'eau.

31. Loi de la chute des corps. — L'expérience montre que, si un corps tombe dans le vide, d'une faible hauteur, en partant du repos, les espaces qu'il parcourt, de seconde en seconde, sont :

$$1^{re} \text{ seconde} : \frac{981}{2} \times 1 \text{ centimètre}$$

$$2^e \text{ seconde} : \frac{981}{2} \times 3 \text{ centimètres}$$

$$3^e \text{ seconde} : \frac{981}{2} \times 5 \text{ centimètres}$$

$$4^e \text{ seconde} : \frac{981}{2} \times 7 \text{ centimètres.}$$

$$\text{Or, } 1 + 3 = 4 = 2^2$$
$$1 + 3 + 5 = 9 = 3^2$$
$$1 + 3 + 5 + 7 = 16 = 4^2, \text{ etc.}$$

On dit alors que :

Les espaces parcourus par un corps tombant librement dans le vide et partant du repos sont proportionnels aux carrés des temps employés à les parcourir.

Cette loi est représentée par la formule $e = \frac{1}{2}\gamma t^2$ dans laquelle $\gamma = 981$; pour $t = 10$, le résultat sera donc :

$$e = \frac{1}{2} \times 981 \times 10^2 = 49\,050 \; centimètres.$$

Exercices. — **1.** Un corps tombe d'une hauteur de 100 mètres. On demande quelle est la durée de sa chute.

2. Un corps pesant, partant du repos, tombe d'une hauteur de 100 mètres; on demande quel est le chemin parcouru pendant la dernière seconde de sa chute?

3. Un corps pesant parcourt 2043 centimètres pendant la dernière seconde de sa chute. Quelle est la durée de sa chute?

4. Une personne désirant connaître approximativement la profondeur d'un puits, y laisse tomber une pierre en notant exactement le moment précis du commencement de la chute. Elle voit la pierre toucher l'eau au bout de quatre secondes. Quelle est la profondeur du puits?

5. On laisse tomber une pierre du sommet de la tour Eiffel dont la hauteur est de 300 mètres. On demande le temps que met la pierre pour arriver au sol et quel est le travail accompli? On ne tient pas compte de la résistance de l'air.

6. Un corps pesant parcourt le tiers de sa hauteur de chute pendant la dernière seconde de sa chute; quelle est la durée de la chute?

7. Une personne désire connaître approximativement la profondeur d'un puits. Elle laisse tomber une pierre et elle entend le bruit que produit le choc de la pierre sur l'eau *quatre* secondes après avoir lâché la pierre. Quelle est la profondeur du puits sachant que le son parcourt 340 mètres par seconde d'un mouvement uniforme?

CHAPITRE II

POIDS. — BALANCE. — POIDS SPÉCIFIQUE

Sommaire. — **1.** Le poids absolu d'un corps est l'intensité de la résultante des actions de la pesanteur sur toutes les molécules du corps.

2. Le *poids relatif* d'un corps est le rapport qui existe entre le poids absolu de ce corps et le poids absolu d'un *litre d'eau à* 4°.

3. La balance est un instrument destiné à déterminer le poids relatif des corps. Elle doit être *juste* et *sensible*.

4. La double pesée de Borda est employée pour avoir exactement le poids d'un corps avec une balance soupçonnée fausse.

5. Il y a plusieurs balances : la balance ordinaire, la balance de Roberval, la balance de Quintenz, etc.

6. Le poids spécifique d'un corps est le poids relatif de l'unité de volume de ce corps.

32. Poids d'un corps. — Nous avons dit (§ 25) que le *poids absolu* d'un corps est la résultante des actions que la pesanteur exerce sur toutes les molécules du corps. Or, l'intensité de la pesanteur n'est pas la même en tous les points de la terre, elle diminue un peu en allant des pôles à l'équateur ainsi qu'en s'élevant sur les montagnes ; aussi le poids absolu d'un corps n'est-il pas constant; il est facile de le vérifier au moyen d'un dynamomètre très sensible : on constatera que, en différents points de la terre, la flexion de l'appareil sous l'influence d'un même corps ne sera pas rigoureusement constante.

On ne peut donc faire usage dans les relations commerciales du poids absolu des corps; et, ce qu'il importe de connaître, c'est leur *poids relatif.*

On appelle **poids relatif** d'un corps ou simplement, en langage ordinaire, **poids** d'un corps, le rapport entre le poids de ce corps et le poids d'un **litre** d'eau à la température de 4 degrés centigrades.

Ce rapport est indépendant du lieu d'observation, car les causes qui agissent pour diminuer le poids du corps de sa millionième partie par exemple diminuent également de un millionième le poids du litre d'eau, en sorte que le rapport reste le même.

On construit d'ailleurs des lingots en laiton ou en fonte, dont les poids sont égaux à ceux de 1 litre d'eau, 2 litres d'eau, 5 litres d'eau; ces lingots sont échantillonnés : **1 kilogramme, 2 kilogrammes, 5 kilogrammes,** etc.; de même, on construit des lingots représentant tous les multiples ou sous-multiples du **gramme,** conformément au système métrique.

Ces lingots, ou **poids marqués,** servent à déterminer le poids relatif des corps. Ainsi, dans le langage vulgaire, quand on dit que le poids relatif d'un corps est égal à 5 kilogrammes, cela veut dire que le corps considéré a le même poids que le lingot marqué 5 kilogrammes; ou bien cela veut dire que le corps pèse autant que 5 litres d'eau à 4°.

33. Balance. — La *balance* est un instrument destiné à déterminer le poids relatif d'un corps par une opération appelée *pesée.*

La balance ordinaire se compose d'une barre rigide ou

fléau, AB, traversée en *son milieu* C par un prisme triangulaire en acier trempé, appelé *couteau*, dont l'arête inférieure repose sur deux petits plans d'acier placés en avant et en arrière du fléau et situés dans un même plan horizontal (*fig.* 30). L'arête du couteau est l'axe d'oscillation du fléau. Aux deux extrémités du fléau sont deux couteaux A, B, tournant leurs arêtes vers le haut, de manière que les trois arêtes A, C, B, soient dans un même plan. Sur les couteaux A et B s'appuient les crochets qui supportent les *plateaux* de la balance.

Le fléau porte en outre en son milieu une aiguille perpendiculaire au fléau et dont l'extrémité peut se déplacer devant un petit arc de cercle gradué M; quand le fléau est horizontal, l'aiguille coïncide avec le zéro de la graduation. Les plans d'acier sont supportés par une colonne verticale, dont la position est réglée à l'aide de vis calantes.

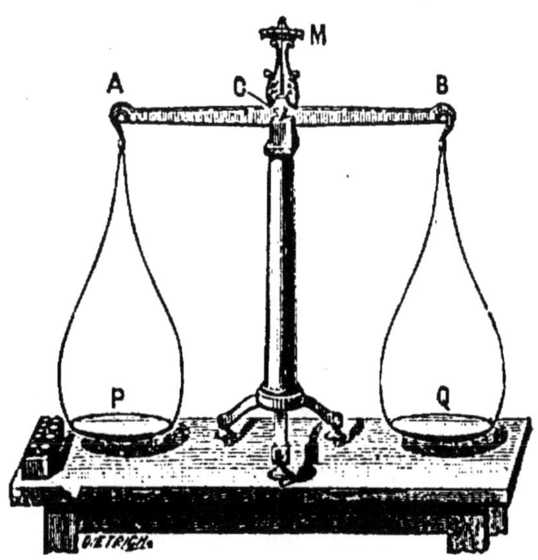

Fig. 30. — Balance.

Le fléau est construit de telle sorte que son *centre de gravité* est situé au-dessous de l'arête du couteau, dans le plan vertical passant par cette arête, quand le fléau est horizontal.

Il suit de là que : 1° Quand le fléau est horizontal, son poids est neutralisé par la résistance de l'axe d'oscillation, et le fléau, dépourvu des plateaux, est en *équilibre* stable.

2° Si les deux plateaux de la balance sont bien identiques, et si l'on met des poids égaux dans les deux plateaux, le fléau doit encore être en *équilibre* stable dans la position horizontale.

Ce sont les conséquences de l'égalité des deux bras du fléau.

Pour peser un corps, il suffit de le placer dans un des plateaux de la balance et de déposer des poids marqués dans l'autre plateau, de manière que l'aiguille revienne au zéro après quelques oscillations. En faisant la somme des poids marqués, on a le poids relatif du corps.

En opérant ainsi, nous supposons que la balance est **juste** et **sensible**.

Une balance est **juste**, si le fléau se maintient horizontal quand les plateaux sont chargés de poids égaux.

Une balance est **sensible**, lorsque le fléau s'incline notablement pour une faible différence de poids dans les deux plateaux. Si, par exemple, l'addition d'un poids de 1 milligramme dans un plateau suffit pour écarter visiblement l'aiguille du zéro, on dit que la balance est *sensible au milligramme*.

34. Conditions de justesse. — Pour qu'une balance soit juste, il faut que :

1° *Le centre de gravité du fléau se trouve dans le plan vertical passant par l'arête du couteau, quand celui-ci est horizontal.*

2° *Les deux bras du fléau soient rigoureusement égaux ;* ou, pour mieux dire, la balance doit être rigoureusement symétrique par rapport au plan mené par l'arête du couteau et le centre de gravité du fléau.

La première condition peut toujours être satisfaite ; la seconde ne l'est jamais rigoureusement ; il n'y a donc pas de balance juste dans la véritable acception du mot.

35. Vérification d'une balance. — Pour vérifier si une balance est juste, on abandonne à lui-même le fléau dépourvu des plateaux ; si l'aiguille vient se placer au zéro, la première condition de justesse est remplie.

On suspend ensuite les plateaux; l'aiguille doit encore se placer au zéro.

On place dans les plateaux deux poids tels que l'aiguille se maintienne au zéro, quand l'équilibre du fléau est établi; puis, on transpose les poids d'un plateau dans l'autre ; si l'aiguille revient au zéro, les deux bras du fléau sont égaux et la balance est définitivement juste.

36. Conditions de sensibilité. — Dans la pratique, on construit des balances sensibles dont la sensibilité est indépendante de la charge. Pour cela, il faut que :

1° *Les trois points de suspension du fléau et des plateaux soient en ligne droite;*

2° *Le centre de gravité du fléau soit placé au-dessous de l'arête du couteau et le plus près possible de cette arête;*

3° *Le rapport de la longueur du fléau à son poids soit aussi grand que possible.*

Pour réaliser la troisième condition dans les balances de précision, on construira des balances à *fléau court* en aluminium ; on évidera intérieurement le fléau et alors la condition précédemment énoncée pourra être satisfaite sans que la sensibilité de la balance ait cessé d'être indépendante de la charge.

On peut d'ailleurs faire varier, dans une certaine mesure, la sensibilité de ces balances au moyen d'un petit écrou qu'on peut faire monter ou descendre à volonté sur une petite tige taraudée placée au sommet du fléau. On peut ainsi rapprocher ou éloigner quelque peu le centre de gravité de l'arête du couteau et augmenter ou diminuer par conséquent la sensibilité.

En outre, les balances de précision sont munies d'une longue aiguille descendante dont la pointe, se mouvant devant un arc divisé, permet d'apprécier facilement les inclinaisons très faibles du fléau.

37. Méthode de la double pesée. — Borda[1] a imaginé une méthode permettant de déterminer exactement le poids relatif d'un corps avec une balance dépourvue de justesse.

Le corps à peser étant placé dans un des plateaux, on lui fait équilibre en mettant dans l'autre plateau de la grenaille de plomb ou du sable, formant **tare**, de telle façon que l'aiguille s'arrête au zéro de la graduation. On enlève le corps et l'on met à sa place *dans le même plateau* des poids marqués, jusqu'à ce que l'aiguille revienne au zéro. La somme de ces poids représente exactement le poids du corps ; en effet, ce dernier d'abord, et les poids marqués ensuite, ont fait équilibre à la tare dans des conditions absolument identiques : ils sont donc équivalents.

Cette méthode ne suppose pas que la balance soit juste, mais pour qu'on obtienne un résultat précis, il faut qu'elle soit sensible. Comme les conditions de justesse sont difficiles à réaliser, on suppose, même dans les balances les mieux construites, qu'elles ne sont pas remplies, et l'on a toujours recours pour des expériences précises à la méthode de la double pesée.

38. Balance de Roberval. — On emploie souvent dans le commerce la *balance de Roberval*[2] (*fig.* 31), dont les plateaux sont placés au-dessus du fléau.

1. Borda, savant français, né à Dax (1733-1799).
2. Roberval, géomètre contemporain de Descartes avec lequel il eut de vives contestations ; vécut de 1602 à 1675.

Elle est plus commode, étant dépourvue des cordons ou des tiges qui soutiennent les plateaux de la balance ordinaire. Pour obtenir que le centre de gravité soit au-dessous du fléau, condition indispensable à l'équilibre, la balance est formée de deux fléaux superposés et joints au-dessous des plateaux

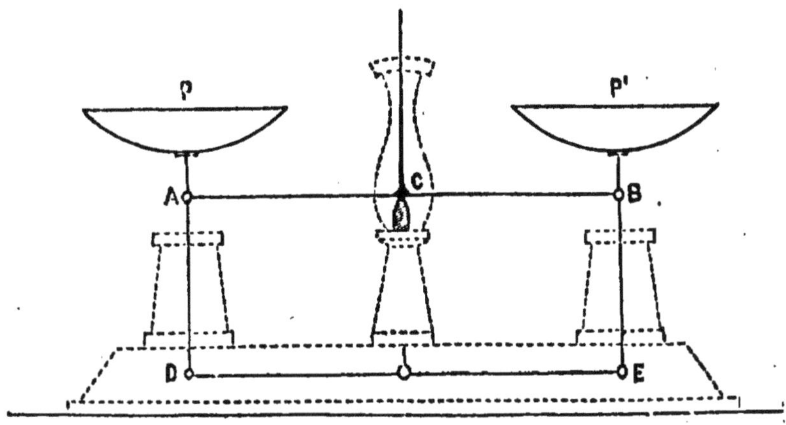

Fig. 31. — Balance de Roberval.

par deux tiges de fer, de façon à former un parallélogramme articulé.

Cette balance manque de justesse et de précision ; elle exige que le corps à peser et les poids marqués soient placés rigoureusement aux centres des plateaux correspondants.

39. Poids spécifique et densité des corps. — Si l'on détermine successivement les poids de volumes égaux de corps différents, par exemple, de cylindres égaux de bois, de cuivre, de fer, de cire, etc., on trouvera pour chacun de ces corps des poids différents ; c'est ce que l'on exprime en disant que les corps sont plus ou moins *denses* ou encore qu'ils possèdent un *poids spécifique* particulier, c'est-à-dire, par unité de volume, un poids qui les caractérise et permet de les distinguer les uns des autres.

Le poids spécifique d'un corps est le poids de l'unité de volume de ce corps.

Il résulte de cette définition que le poids spécifique de l'eau à 4° est exprimé par le nombre 1, puisque l'on a pris pour unité de poids le poids de l'unité de volume d'eau à 4°.

L'eau augmentant un peu de volume en passant de 4° à 0, il en résulte que son poids spécifique à 0° sera un peu plus petit que 1 ; il est alors : 0,9998.

Dire que le poids spécifique du mercure est 13,6, c'est dire que l'unité de volume de mercure pèse 13,6 ou qu'un centimètre cube de mercure par exemple pèse 13ᵍʳ,6. Si l'on prenait comme unité de volume le décimètre cube, le poids devrait être exprimé en kilogrammes.

En général, quand on parle du poids spécifique d'un solide ou d'un liquide, sans spécifier la température, on entend le poids spécifique à la température de la glace fondante c'est-à-dire à 0°.

La relation fondamentale est la suivante :

$$P = V \times d$$

dans laquelle d représente le poids spécifique du corps. Or le poids spécifique peut aussi s'exprimer en *dynes*; à Paris, le poids spécifique du mercure est 13,6 × 981 *dynes* par centimètre cube. En un lieu, pour lequel l'intensité de la pesanteur serait 972, le poids spécifique du mercure serait : 13,6 × 972 *dynes* : *le poids spécifique est variable avec le lieu d'observation.*

Notion de masse. — Quand on veut mettre un corps en mouvement, on constate qu'on éprouve plus ou moins de difficulté à faire mouvoir les différents corps : ainsi, par exemple, une pierre de taille sera plus difficile à faire mouvoir que le serait un bloc de bois de mêmes dimensions. On dit alors que la pierre de taille a une **masse** plus grande que celle du bloc de bois. Sans entrer dans de plus longs détails sur la masse des corps, nous pouvons toujours dire que la masse d'un corps est d'autant plus grande que le corps considéré se meut avec plus de difficulté; nous pouvons aussi, sans donner de définition précise de la masse, définir l'égalité de deux masses, définir le rapport de deux masses, et, par suite, arriver à la mesure des masses.

On dit que deux corps ont la *même masse*, lorsque leurs poids relatifs, déterminés à l'aide de la balance, sont égaux entre eux. On dit aussi que le *rapport des masses de deux corps est égal au rapport de leurs poids relatifs donnés par la balance.* En réalité, la balance fait connaître la mesure de la masse d'un corps en fonction de la masse d'un autre corps prise comme unité de masse.

L'*unité* de masse est la *masse du gramme*, c'est-à-dire la masse de la millième partie du kilogramme étalon déposé aux archives nationales; cette unité a reçu le nom de **gramme-masse**; c'est approximativement la masse d'un centimètre cube d'eau distillée à 4° *centigrades*.

La masse d'un corps est, d'après le choix de l'unité de masse, représentée par le même nombre que son poids relatif en grammes; *la masse d'un corps est indépendante du lieu d'observation*. On appelle *densité absolue* ou *masse spécifique* d'un corps la masse d'un centimètre cube de ce corps; la formule fondamentale est :

$$M = V\rho$$

dans laquelle ρ représente la masse spécifique du corps.

Exercices. — **1.** On demande quelle est la masse d'un bloc de marbre prismatique, ayant 40 centimètres carrés de base et 75 centimètres de hauteur, sachant que la densité du marbre est 2,7.

2. Une pièce de bois pèse 350 grammes. On y creuse un trou et en la pesant de nouveau on trouve 320 gr. Quel est le volume du trou sachant que le poids spécifique du bois est 0,6.

3. On veut fabriquer une enclume de fonte dont le volume sera de 2^{mc},8; la densité de la fonte est 7,21. Quelle masse de fonte faut-il employer?

4. On remplit d'huile, dont la densité est 0,92, une tourie qui renfermait 70 kilogrammes d'acide sulfurique dont la densité est 1,84. Quelle est la masse de l'huile?

5. Un corps a pour densité 5 et pour volume 50 cent. cubes. Quelle est sa masse? Quel est son poids en dynes à Paris?

LIVRE II

HYDROSTATIQUE

CHAPITRE PREMIER

ÉTAT LIQUIDE. — PRINCIPE DE PASCAL ET SES CONSÉQUENCES

Sommaire. — **1.** On considère les liquides comme des fluides *incompressibles*, dont les molécules peuvent glisser les unes sur les autres sans adhérence ni frottement.

2. Dans un liquide en équilibre, la pression sur un élément est *normale* à cet élément.

3. Le principe de Pascal s'énonce ainsi : *les liquides transmettent intégralement et dans tous les sens les pressions qu'on leur fait subir.* La presse hydraulique est une application extrêmement importante de ce principe.

4. Dans un liquide en équilibre, la pression est la même *dans tous les sens* autour d'un point.

5. Dans un liquide pesant, homogène, en équilibre, la pression est la même en *tous les points d'un même plan horizontal.*

6. La surface libre d'un liquide homogène pesant en équilibre est *horizontale.*

7. La différence des pressions supportées par deux éléments horizontaux situés à des niveaux différents est égale au *poids* d'une colonne cylindrique de liquide ayant pour base l'aire commune aux deux éléments et pour hauteur la différence verticale de niveau des deux éléments.

8. Les surfaces libres d'un *même* liquide contenu dans des vases communicants sont sur un *même plan horizontal.*

9. La pression exercée par un liquide pesant sur le fond horizontal du vase qui le renferme est *indépendante* de la forme du vase; elle est égale au *poids d'une colonne cylindrique de liquide, ayant pour base l'aire du fond et pour hauteur la distance verticale du fond à la surface libre du liquide.*

10. La pression sur un élément de paroi plane est égale au *poids d'une colonne liquide ayant pour base l'aire de la paroi et pour hauteur la distance de son centre de gravité à la surface libre du liquide.*

11. Le niveau d'eau, le niveau à bulle d'air, les jets d'eau, les sources, les puits ordinaires et artésiens, la distribution de l'eau dans les villes, les canaux, les écluses sont des applications du principe des vases communicants.

40. Équilibre des liquides et des gaz. — 1° Liquides. — On dit qu'un liquide est en équilibre lorsque sa forme et son volume restent invariables, en même temps que les positions respectives de ses molécules restent également invariables soit par rapport les unes aux autres, soit par rapport au milieu extérieur. Ainsi, par exemple, une masse d'eau immobile dans un vase est en équilibre; la colonne de mercure contenue dans le tube d'un baromètre est en équilibre.

2° Gaz. — On dit qu'un gaz est en équilibre dans un récipient clos, lorsque le volume occupé par la masse gazeuse demeure invariable et qu'en même temps le récipient conserve sa forme et sa capacité. Mais ici, les molécules du gaz sont toujours en mouvement (§ 3) et viennent, chacune à leur tour, exercer un choc sur les parois du récipient.

Dans ce chapitre, nous étudierons seulement les propriétés des *liquides en équilibre*; cette étude porte le nom d'*hydrostatique*.

41. Force exercée par un liquide en équilibre. — Pression. — Unités usuelles. — 1° Pression au sein d'un liquide. — Un liquide est pesant; par conséquent, il doit exercer une certaine *force* sur toute surface qui y est plongée. Pour le montrer, prenons un bocal en verre A (*fig.* 32), dont le fond est percé d'un trou où s'engage un verre de lampe B. Ce verre de lampe est fermé à sa partie supérieure par un fragment de vessie V, lié avec une ficelle. Versons de l'eau dans le bocal jusqu'en MN; aussitôt la vessie, dont *la face supérieure seule* est en contact avec l'eau, se déprime dans l'intérieur du verre de lampe, indiquant ainsi qu'elle subit de la part de l'eau une action dirigée de haut en bas. De plus, la dépression de la vessie sera d'autant plus grande que la distance de la vessie à la surface libre du liquide sera plus considérable; donc, *au sein* d'un liquide en équilibre, *la force exercée par le liquide croît avec la profondeur*.

Faisons une autre expérience : prenons une membrane

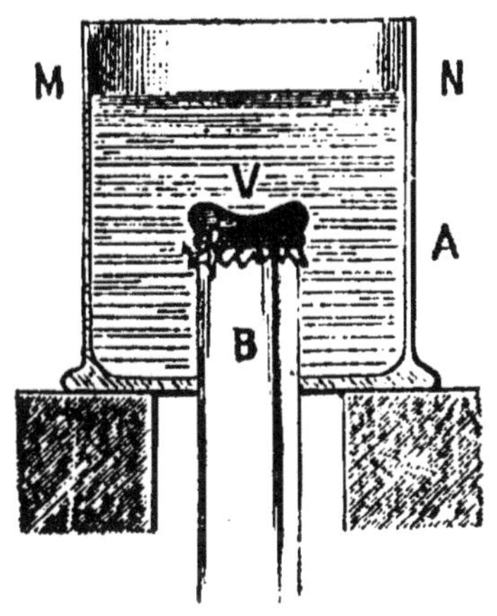

Fig. 32.

tendue sur un cadre de cuivre et, à l'aide d'un fil tenu à la main, faisons descendre la membrane au sein d'un liquide : la membrane dont les *deux faces* sont en contact avec le liquide, restera tendue et ne s'infléchira ni dans un sens ni dans un autre; par conséquent, *elle supporte sur chacune de ses faces des actions égales et opposées.*

Il résulte de la *fluidité parfaite* du liquide que la force exercée par le liquide sur la surface de la membrane est **normale** à la surface pressée; nous admettrons cette proposition comme un fait d'expérience.

Plaçons au sein du liquide, en un point O, une petite surface plane MN (*fig.* 33); cette surface subit, de la part du liquide, sur chacune de ses faces, des actions normales égales et opposées P et P'; par définition nous appellerons **pression** au point O le rapport $\frac{P}{S}$, en appelant S l'aire de MN en centimètres carrés; nous désignerons cette pression par p. On peut dire, aussi, que la *pression au point O est la pression* moyenne par unité de surface sur l'élément de surface MN passant par le point O.

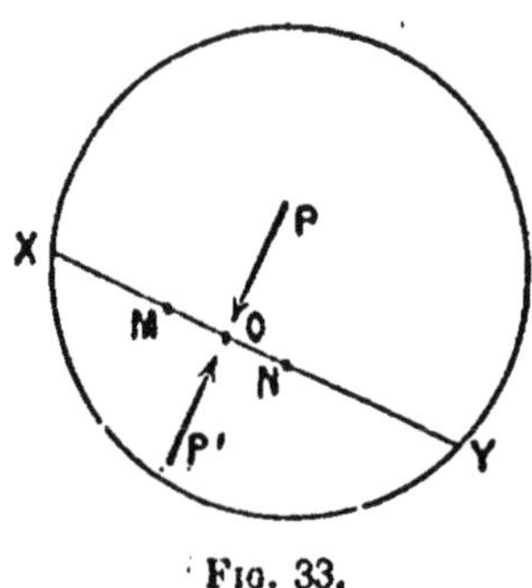

Fig. 33.

Si l'élément de surface tourne autour du point O, nous admettrons sans démonstration que la *pression au point O est indépendante de l'orientation de l'élément de surface.*

2° **Pression sur la paroi du vase.** — De même, quand un liquide est en équilibre dans un vase, chaque élément de surface de la paroi du vase subit de la part du liquide une force *dirigée vers l'extérieur*; nous appellerons **pression** en un point P de la paroi du vase le rapport $\frac{P}{S}$ et nous admettons que la pression est *normale* à la paroi au point O.

3° **Unités usuelles de pression.** — Dans le système métrique, la pression est évaluée en *kilogramme-force par centimètre carré*; dans le système C. G. S. la pression est évaluée en *dynes par centimètre carré*. On passera du premier système au second en multipliant la mesure de la pression en kilogrammes par le nombre 981 000.

4° **Principe de Pascal.** — Le principe de Pascal résulte de l'incompressibilité des liquides et de la conservation du travail. *Les liquides transmettent intégralement dans tous les sens les pressions qu'on leur fait subir.*

Prenons deux cylindres verticaux A, B, de sections très différentes, communiquant par un tube CD (*fig. 34-35*). Dans chacun de ces cylindres est placé un piston fermant hermétiquement. Les deux cylindres sont remplis d'eau qui est en contact avec chacun des deux pistons. Supposons que ces deux pistons P et p aient leurs bases inférieures sur un même plan horizontal et que le piston P ait une section 100 fois plus grande que celle du piston p. Si on place un poids de 1 kilog. sur le piston p, il faudra, pour maintenir le piston P en équilibre, placer sur ce piston P un poids de 100 kilogrammes : donc, sur la surface du piston P la pression par unité de surface est égale à 10 kilog. comme sur la surface du piston p. L'eau a transmis intégralement sur la base du piston P une pression de bas en haut égale, par unité de surface, à la pression par unité de surface exercée sur le piston p.

Fig. 34-35.

Le principe de Pascal s'applique aussi bien à un élément pris dans l'intérieur du liquide qu'à un élément de la paroi de l'enveloppe. En effet, considérons un élément MN pris au sein du liquide (*fig. 33*) et concevons le plan XY mené par cet élément; nous ne changerons en rien l'équilibre en supposant le plan XY solidifié sans modifier les distances et les positions de ses molécules; l'élément MN fait alors partie d'une enveloppe fermée; par conséquent, le liquide lui transmettra normalement une pression P proportionnelle à sa surface; il en est de même quand on restitue à toutes les molécules du plan XY leur mobilité première. Remarquons maintenant que, puisque l'élément MN est en équilibre, il supporte une pression P', égale à P, normale à l'élément et s'exerçant sur la face de cet élément opposée à la première.

42. Principe fondamental de l'hydrostatique. — Quand un liquide est en équilibre dans un vase, les conditions d'équilibre de ce liquide se déterminent par l'application du principe fondamental énoncé ci-après.

Principe fondamental. — *Dans un liquide pesant, homogène, en équilibre, la pression est la même sur tous les éléments égaux situés dans un même plan horizontal.* — Soit un liquide pesant en équilibre; coupons ce liquide par un plan horizontal xy (*fig.* 36) et considérons un élément MN pris sur ce plan; il supportera de haut en bas une certaine pression P, normale à MN, c'est-à-dire verticale; il est en équilibre, donc il supporte de bas en haut une certaine pression P′ égale à la pression P. Proposons-nous de mesurer la pression P′. A cet effet, introduisons (*fig.* 37) au sein du liquide un manchon de verre fermé intérieurement par un fil. Lorsque l'obturateur par un obturateur maintenu est arrivé au niveau du plan XY, lâchons le fil; l'obturateur soumis à la pression P′ seule ne tombe pas. Supposons qu'il faille placer sur l'obturateur un poids de 100 grammes pour le faire tomber et que l'obturateur pèse 10 grammes. La pression P′ sur un élément horizontal de XY égal à la section de l'obturateur est égale au poids de 110 grammes; déplaçons le manchon de manière que la base BC de l'obturateur reste dans le plan XY; l'expérience montre qu'il faudra toujours exactement placer 100 grammes sur l'obturateur pour le faire tomber. Donc, tout le long du plan horizontal XY, la pression P′ de bas en haut sur

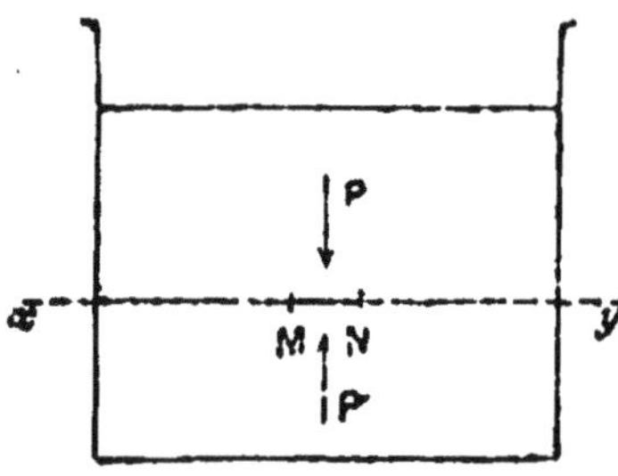

Fig. 36. — L'élément MN horizontal *en équilibre* supporte de bas en haut et de haut en bas la même pression.

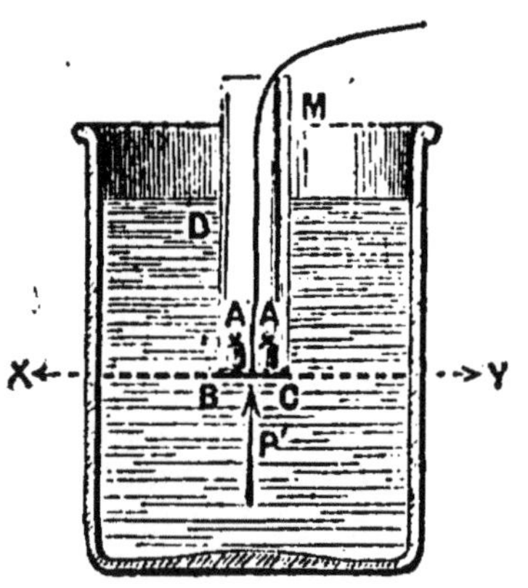

Fig. 37. — M, manchon de verre; BC, obturateur; AA, deux poids de 50 grammes nécessaires pour faire tomber l'obturateur. — Tout le long du plan XY, il faudra placer 100 grammes sur l'obturateur pour le faire tomber.

des éléments égaux est constante; il en est de même de la pression P dirigée de haut en bas.

Le principe est vrai, quelque petite que soit l'aire de l'élément considéré.

Donc, *dans un liquide pesant homogène en équilibre, la pres-*

sion *est la même en tous les points d'un même plan horizontal.*

Si on appelle **surface de niveau** une surface telle qu'en tous ses points la *pression soit constante,* on voit que *toute section horizontale d'un liquide pesant, homogène, en équilibre, est une surface de niveau et réciproquement.*

43. La surface libre d'un liquide homogène pesant en équilibre est horizontale. — En effet, tous les points de la surface libre du liquide supportent la pression atmosphérique qui est *la même* pour tous. La surface libre du liquide est donc une **surface de niveau**; par conséquent elle est *horizontale.* Si le liquide était placé dans le vide, la pression en chacun des points de la surface serait nulle; la surface libre serait encore une surface de niveau; elle serait toujours horizontale [1].

Vérification. — Il suffit de déplacer un fil à plomb le long de la surface libre d'un liquide; on constatera que le fil à plomb est toujours perpendiculaire à cette surface.

Dans tout ce qui suivra, nous ferons abstraction de la pression atmosphérique, nous supposerons que le liquide est placé dans le vide : en tous les points de la surface libre, la pression sera considérée comme nulle.

1. En réalité, la surface libre d'un liquide en équilibre est, en chacun de ses points, normale à la direction de la pesanteur en ce point. La surface des mers sera donc sensiblement sphérique; seulement, en un point de l'Océan, le plan tangent se confondra sensiblement sur une grande étendue avec la surface liquide, qui, sur une petite surface, pourra être considérée comme plane et horizontale; ce cas se présente pour un liquide en équilibre dans un vase dont la section est très faible par rapport à la surface totale de la terre.

La courbure de la surface des mers est d'ailleurs mise en évidence par ce fait, que, si l'on mène le plan horizontal passant par la position d'un navire (*fig.* 38) qui porte un observateur, il semblera toujours à ce dernier que les

Fig. 38. — Courbure de la surface des mers.

objets éloignés sont plongés au-dessous de ce plan. Ainsi le sommet éloigné d'un phare élevé paraîtra seulement au niveau de la mer, et il semblera que la côte est au-dessous de ce niveau; de même pour les mâts d'un navire éloigné dont les extrémités peuvent être seules visibles.

3.

44. Dans un liquide homogène pesant en équilibre, la pression croît avec la profondeur. — Reprenons le manchon de verre et l'obturateur qui nous ont servi précédemment. Introduisons l'appareil bien verticalement dans l'eau à une certaine profondeur et supposons qu'il faille ajouter 100 grammes sur l'obturateur pour le faire tomber : donc, sur la base inférieure de l'obturateur la pression de bas en haut et la pression de haut en bas sont égales chacune à 110 grammes. Enfonçons l'instrument plus profondément ; nous verrons qu'il faut ajouter sur l'obturateur un poids d'autant plus considérable que la base inférieure de l'obturateur est plus éloignée de la surface libre du liquide : donc, **la pression sur une surface horizontale donnée croît avec la profondeur.**

Soit XY le plan horizontal (*fig.* 37) pour lequel la pression est égale à 110 grammes ; supposons que la surface de l'obturateur soit représentée par 10 centimètres carrés ; mesurons la distance BD de la base inférieure de l'obturateur à la surface libre de l'eau ; nous trouverons que l'on a exactement BD = 11 centimètres. Or, le poids d'une colonne cylindrique d'eau ayant 10 centimètres de base et 11 centimètres de hauteur est justement égal à 110 grammes ; on en conclut que la pression sur BC est égale au poids d'une

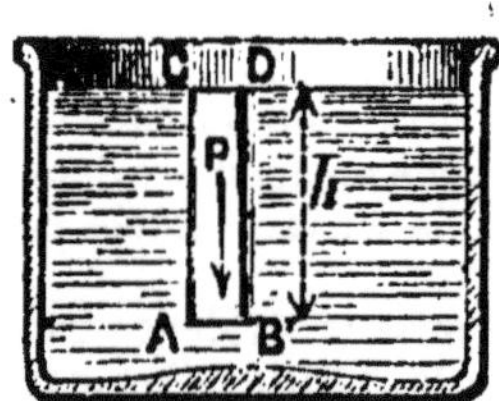

FIG. 39. — La pression sur un élément horizontal est proportionnelle à la distance de l'élément à la surface libre du liquide.

colonne cylindrique d'eau ayant pour base BC et pour hauteur la distance de BC à la surface libre du liquide ; il en serait de même à une profondeur quelconque.

Il en serait de même aussi pour un liquide quelconque. En résumé, la pression sur un élément horizontal de surface AB que nous appellerons s (*fig.* 39), situé à une distance AC = h de la surface libre du liquide a pour expression : $P = shd$

d étant le poids spécifique du liquide.

45. Pression de bas en haut. — Soit MN un élément horizontal pris au sein d'un liquide homogène pesant en équilibre (*fig.* 36) ; cet élément est en équilibre. Or il supporte de haut en bas une pression P normale à sa surface. Donc il faut qu'il supporte de bas en haut une pression P' aussi normale à sa surface et égale à P.

Vérification expérimentale. — Pour vérifier expérimentalement les deux propositions 44 et 45, prenons un tube cylindrique de verre ouvert aux deux bouts (*fig.* 40); un obturateur ab de poids négligeable peut fermer le tube a son extrémité inférieure. Maintenons cet obturateur en place à l'aide d'un fil et plongeons le tout dans l'eau. Si on lâche le fil, l'obturateur ne tombe pas : ce qui prouve l'existence d'une pression de bas en haut. Versons de l'eau dans l'intérieur du cylindre ; l'expérience montre que l'obturateur tombe au moment précis où le niveau de l'eau est le même dans le cylindre et dans le vase extérieur. Or, l'obturateur supporte alors une pression de haut en bas égale au poids de l'eau contenue dans le tube, c'est-à-dire au poids d'une colonne de liquide de section s et de hauteur h. La pression de haut en bas et la pression de bas en haut sont donc égales entre elles.

Fɪɢ. 40.— Pression de bas en haut.— L'obturateur tombe lorsque le niveau de l'eau est le même dans le tube et dans le vase extérieur.

46. Différence des pressions supportées par deux éléments égaux horizontaux situés à des niveaux différents. — *Elle est égale au poids d'une colonne cylindrique de liquide ayant pour base l'aire commune aux deux éléments et pour hauteur la différence verticale z de niveau des deux éléments*[1]. En effet, soit h la distance de l'élément AB à la surface libre du liquide (*fig.* 41); la pression supportée par A B sera :

$$P = s h d.$$

Fɪɢ. 41. — La différence des pressions supportées par AB et A′B′ est *szd*.

Soit h' la distance de l'élément A′ B′ à la surface libre du liquide ; la pression supportée par A′ B′ sera :

$$P' = s h' d.$$

D'où :
$$P - P' = s d (h - h') = s z d.$$

[1]. Ce principe est indépendant de la pression supportée par la surface libre du liquide.

47. Vases communicants. — Soit deux vases communicants renfermant un même liquide en équilibre. Coupons le liquide par un plan horizontal XY ; cette section est une surface de niveau pour le liquide dans les deux vases. Deux éléments égaux AB et A'B' (*fig. 42*) pris sur XY doivent supporter la même pression ; ce qui exige que les distances des surfaces libres MN et M'N' au plan horizontal XY soient égales entre elles. Par conséquent, **les surfaces libres MN et M'N' d'un même liquide contenu** dans des vases communicants sont sur un même plan horizontal.

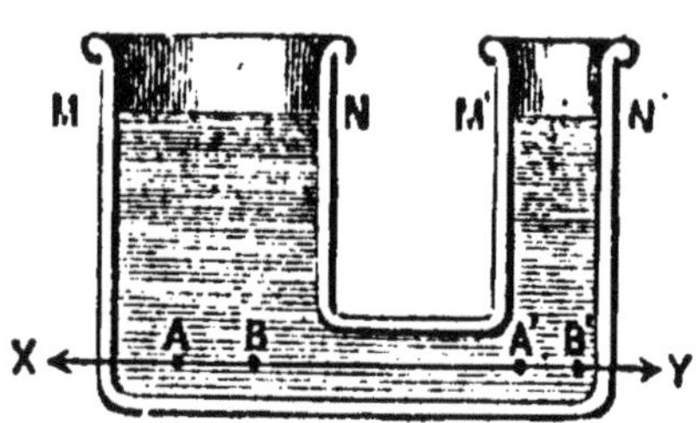

Fig. 42. — Dans deux vases communicants, les surfaces libres d'un même liquide en équilibre sont sur un même plan horizontal.

Vérification expérimentale. — On le vérifie à l'aide de l'appareil représenté par la figure 43.

Le réservoir V, contenant de l'eau, communique par un

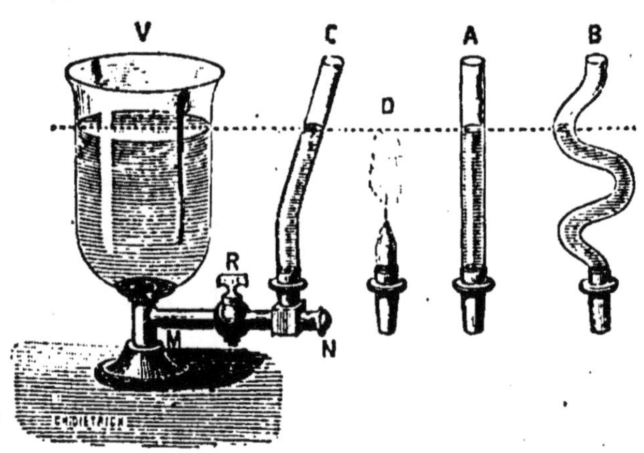

Fig. 43. — Vases communicants.

conduit M avec le tube droit A, qu'on peut remplacer à volonté, soit par le tube sinueux B, soit par le tube incliné C; un robinet R permet d'intercepter ou de rétablir la communication, de manière à faciliter la substitution d'un tube à un autre. Le liquide s'élève, dans chacun de ces tubes, jusqu'à ce qu'il atteigne le niveau de la surface libre dans le réservoir.

Si l'un des tubes est interrompu au-dessus du plan de cette surface, ou, en d'autres termes, si l'on fait communiquer avec le vase V un petit tube tel que D, on voit, au moment où l'on ouvre le robinet R, l'eau jaillir à peu près jusqu'au niveau de la surface libre du liquide dans le réservoir V. — Cependant l'expérience montre que le jet n'atteint jamais tout à fait cette hauteur ; la différence doit être attribuée au frottement de l'eau contre les parois et aussi à ce que les gouttes de liquide qui tombent, rencontrant celles qui s'élèvent, produisent des chocs qui diminuent la vitesse d'ascension : les jets d'eau de nos jardins sont fondés sur le principe des vases communicants.

48. Pression sur le fond horizontal d'un vase. — Soit BC le fond horizontal d'un vase refermant un liquide

pesant en équilibre, dont la surface libre est AD (*fig. 44*). Le fond du vase est une surface de niveau ; prenons un élément mn situé sur le fond ; la pression supportée par mn est égale au poids d'une colonne de liquide ayant pour base mn et pour hauteur la distance mm' du fond à la surface libre du liquide. Il en sera de même pour tous les éléments pris sur le fond

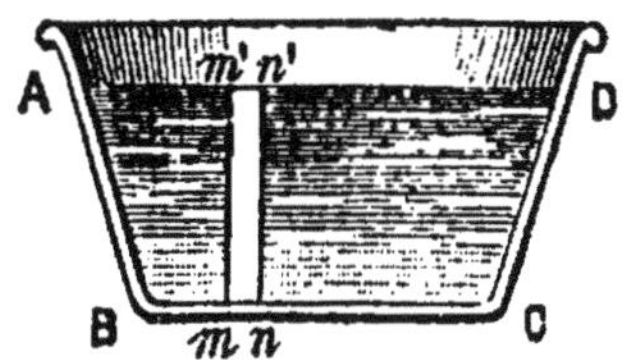

FIG. 44. — Tous les éléments égaux du fond supportent la même pression. La pression sur le fond est indépendante de la forme du vase.

du vase : les pressions supportées par ces éléments auront une résultante égale à leur somme et représentée par le poids d'une colonne liquide ayant pour base la surface du fond et pour hauteur la distance du fond à la surface libre du liquide.

Le raisonnement précédent est indépendant de la forme du vase : il en est de même de la pression supportée par le fond.

Principe. — La pression exercée par un liquide pesant sur le fond horizontal du vase qui le renferme est indépendante de la forme du vase ; elle est égale au poids d'une colonne cylindrique de liquide, ayant pour base l'aire du fond et pour hauteur la distance verticale du fond à la surface libre du liquide.

Vérification expérimentale. — On vérifie ce principe à l'aide de l'appareil de Masson (*fig. 45*).

Trois vases A, B, C, sans fond, de formes différentes, mais de *sections égales à leur partie inférieure*, peuvent se visser sur un trépied métallique ; on visse par exemple le vase A sur le trépied ; on applique contre son ouverture inférieure un obturateur suspendu par un fil à l'extrémité de l'un des bras d'une balance ; on place ensuite des corps pesants dans le plateau qui est à l'extrémité de l'autre bras, de manière à appliquer assez fortement l'obturateur sur le bord de l'ouverture. On verse alors de l'eau avec précaution dans le

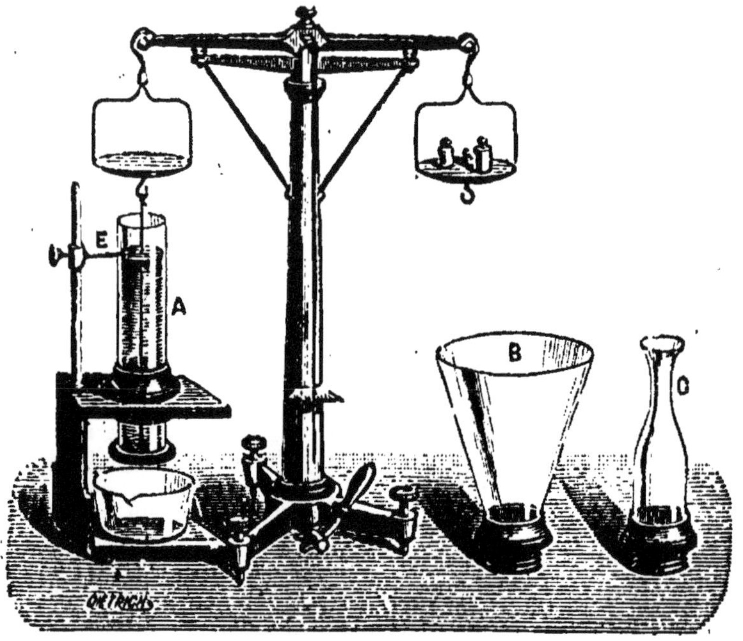

Fig. 45. — Appareil de Masson.

vase, jusqu'à ce que l'obturateur se détache et laisse échapper quelques gouttes de liquide ; à ce moment, la pression exercée de haut en bas sur ce fond mobile est égale en grandeur à la force avec laquelle il est maintenu contre les bords de l'ouverture ; on marque le niveau de l'eau au moyen du petit index E, mobile le long d'une tige verticale — On remplace alors successivement le vase A par les vases B et C, sans toucher à l'index : l'expérience montre que l'obturateur se détache toujours au moment où le liquide atteint le même niveau.

La pression est donc *la même sur le fond des trois vases ;* quant à sa valeur absolue, on peut la déterminer, au moins grossièrement, en plaçant sur l'obturateur, au lieu d'eau, des poids marqués : on trouve que la somme des poids nécessaires pour le détacher est précisément égale au poids total de l'eau qu'on avait dû verser dans le vase cylindrique A. Il en résulte que, pour le vase élargi B, la pression exercée sur le fond est inférieure au poids de l'eau que contient le vase; dans un vase rétréci tel que C, elle est supérieure au poids total de l'eau.

49. Pression sur le fond des mers. — D'après le principe précédent, on peut facilement calculer les pressions exercées sur le fond des mers. La pression sera égale au poids d'une colonne d'eau ayant pour base la surface pressée et pour hauteur la distance du fond à la surface de la mer augmentée de la pression exercée par l'atmosphère. Nous verrons que la pression atmosphérique est égale au poids d'une colonne d'eau de 10 mètres de hauteur. Or, les plus hauts fonds ont au moins 4 000 mètres. Sur de tels fonds la pression serait égale à plus de 400 fois celle de l'atmosphère.

50. Pression sur les parois latérales. — Les liquides exercent des pressions sur les parois latérales des vases qui les renferment, ces pressions sont normales aux surfaces pressées. On peut mettre en évidence ces pressions latérales en pratiquant un orifice à la paroi d'un vase contenant un liquide. Ce dernier s'échappe alors avec d'autant plus de force que l'ouverture est plus éloignée de la surface libre; on constate en outre que le jet est dirigé normalement à la paroi.

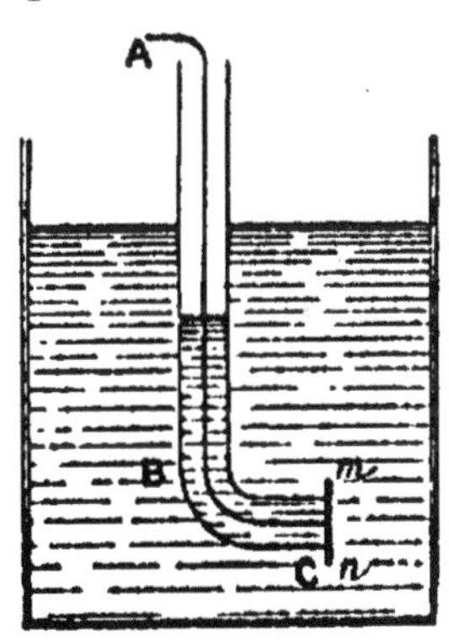

Fig. 46.

On peut aussi montrer les pressions latérales au moyen d'un tube coudé (*fig.* 46) ABC dont on ferme l'extrémité C avec un obturateur *mn* maintenu momentanément au moyen d'un fil. Lorsqu'on plonge le tube dans l'eau, on peut lâcher le fil sans que l'obturateur tombe, la pression du liquide maintenant l'obturateur contre le tube. On verse de l'eau dans l'intérieur du tube et l'obturateur ne se détache que lorsque le niveau est le même à l'intérieur qu'à l'extérieur du tube.

On démontre que :

La pression sur un élément de paroi plane est égale au poids d'une colonne liquide ayant pour base l'aire de l'élément de la paroi et pour hauteur la distance de son centre de gravité à la surface libre du liquide.

Le point d'application de la force représentant cette pression s'appelle le **centre de pression**; il est facile de voir que les pressions élémentaires qui composent la pression totale augmentant de valeur depuis la surface libre jusqu'au fond du vase, le centre de pression ne se confond pas avec le centre de gravité de la surface pressée; il est toujours situé au-dessous.

51. Effets des pressions sur les parois des vases. — 1° **Crève-tonneau de Pascal.** — Par l'expérience du crève-tonneau, Pascal a mis nettement en évidence que la valeur des pressions exercées par les liquides sur les parois des vases est indépendante de la quantité de liquide que ces vases contiennent et ne dépend

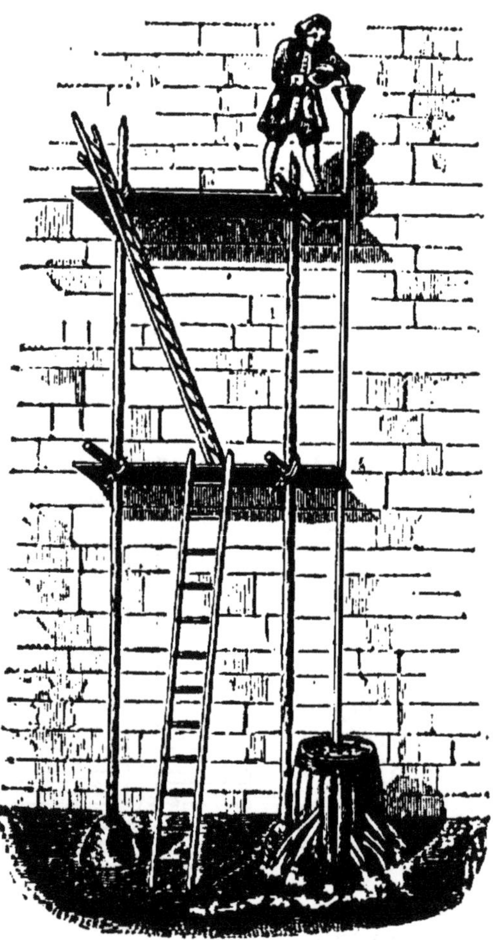

Fig. 47. — **Expérience du crève-tonneau.**

que des dimensions de la surface pressée et de la hauteur de la surface libre du liquide au-dessus de la paroi considérée.

Un tonneau, posé debout, est placé sur le sol et rempli d'eau : on assujettit dans le fond supérieur (*fig. 47*) un tube vertical, de plusieurs mètres de hauteur, d'une section très petite, et dans lequel on continue à verser de l'eau par la partie supérieure. Bientôt, le niveau libre étant à une grande

distance des parois du tonneau, la pression sur ces parois
devient tellement considérable que le tonneau éclate.

2° **Vases à réaction.** — **Tourniquet hydraulique. Turbine.**
— On utilise dans ces appa-
reils les pressions qu'exercent
les liquides sur les parois latérales des vases.

Prenons un vase cylindri-
que ou rectangulaire monté
sur des roues très mobiles ou
sur un flotteur (*fig.* 48) remplissons-le d'eau ; les pressions horizontales telles que p
et p' se détruisent deux à
deux, le vase est en équilibre ;
mais si l'on vient à déboucher une ouverture O, vers la partie
inférieure de ce vase, le liquide jaillit et l'appareil se met

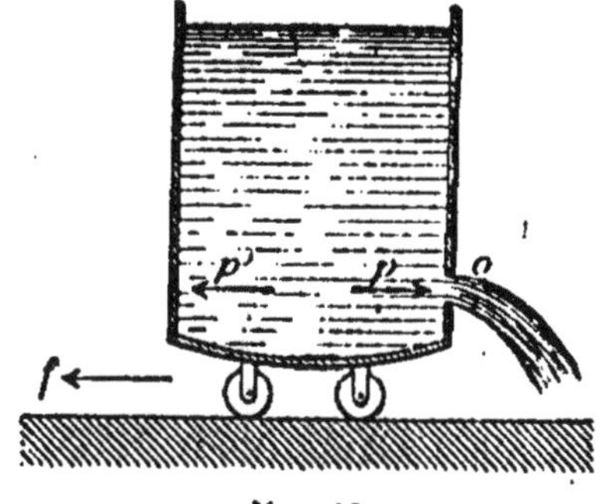

Fig. 48.

aussitôt en mouve-
ment dans la direc-
tion de la flèche f,
c'est-à-dire en sens
inverse de l'écoule-
ment. L'explication
de ce mouvement est
très simple : en dé-
couvrant l'orifice de
la paroi, la pression
qui s'exerçait sur
cette partie cesse de
se faire sentir, de
sorte que la pression
correspondante sur
la paroi opposée n'é-
tant plus équilibrée
produit le mouve-
ment.

Le *tourniquet hy-
draulique* (*fig.* 49) est
fondé sur le même

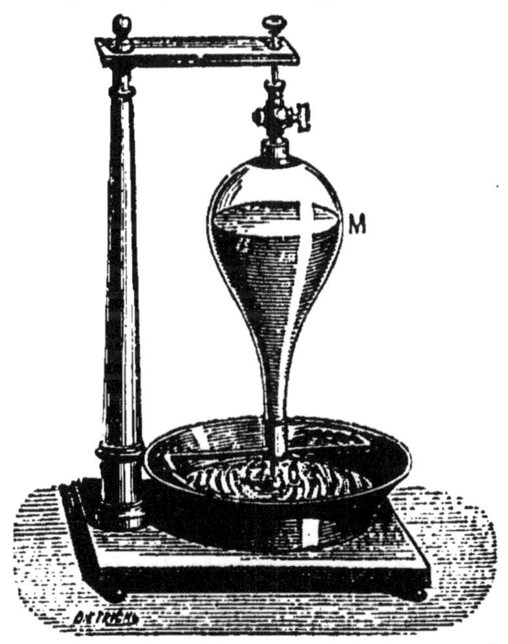

Fig. 49. — **Tourniquet hydraulique.** — Le
vase tourne en sens contraire de l'écoulement du
liquide.

principe. Il se compose d'un vase de verre M plein d'eau
portant à sa partie inférieure un tube C deux fois recourbé
en forme de Z. Le vase peut tourner autour d'un axe
vertical.

Le liquide s'écoule par les deux branches du Z et l'appareil tourne en sens inverse de l'écoulement du liquide.

Les *turbines* sont une application de cette expérience ; le recul d'un canon ou d'une arme à feu est aussi une conséquence des pressions latérales exercées par les fluides sur les parois des vases qui les renferment ; tant que le projectile reste dans l'arme, il y a égalité de pression sur le projectile et sur la culasse ; mais, dès que le projectile est sorti, la pression sur la culasse subsiste seule et l'arme recule.

52. Pression sur l'ensemble des parois d'un vase. — **La résultante des pressions exercées par un liquide sur l'ensemble des parois du vase qui le contient est égale au poids du liquide contenu dans le vase.** — Soit un liquide pesant, en équilibre dans un vase. Chaque élément s de la paroi (*fig.* 50), supporte une pression normale p,

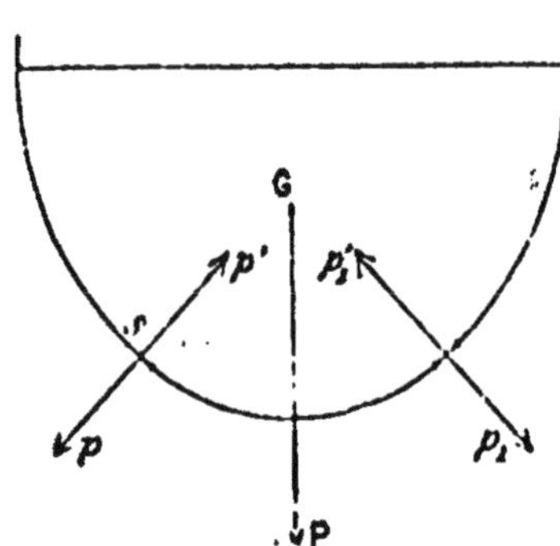

Fig. 50. — **Pression sur l'ensemble des parois du vase.**

variable avec la profondeur à laquelle se trouve l'élément s. En vertu de l'égalité de l'action et de la réaction, le liquide supporte de la part de la paroi une pression p' égale et directement opposée à p. Le liquide est donc soumis à l'ensemble des pressions telles que p' et à son poids P appliqué en son centre de gravité G. Or, le liquide est en équilibre : l'une quelconque des forces qui le sollicitent est égale et directement opposée à la résultante de toutes les autres. En particulier, le poids P du liquide est une force égale et directement opposée à la résultante des forces telles que p'. Mais la résultante des forces p' est égale et directement opposée à la résultante des forces p. Donc, la résultante des forces p est égale au poids P du liquide contenu dans le vase. On peut le vérifier facilement en plaçant le vase successivement vide et plein d'eau sur le plateau d'une balance : la balance accuse une augmentation de poids égale au poids du liquide contenu dans le vase, quelle que soit la forme du vase.

53. Niveau d'eau. — Cet instrument d'arpentage est fondé sur le principe des vases communicants. Il se compose d'un tube de laiton coudé à angle droit à ses deux extrémités (*fig.* 51); à celles-ci sont mastiquées deux fioles en verre A et B. On verse de l'eau colorée dans l'appareil; la ligne XY passant par les surfaces libres de l'eau dans les deux fioles est une ligne horizontale. Si l'arpenteur place

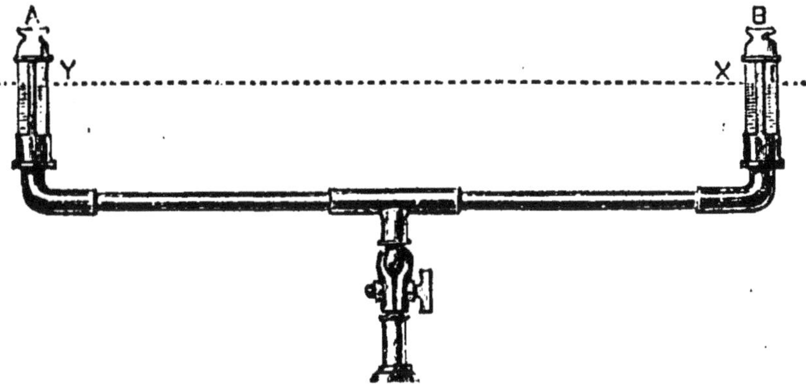

Fio. 51. — Niveau d'eau.

l'œil de manière que le rayon visuel passe par les surfaces X et Y, ce rayon visuel sera horizontal. Le niveau d'eau est complété par une mire M : c'est une règle de bois formée de deux tiges à coulisse, munie d'une plaque mobile de

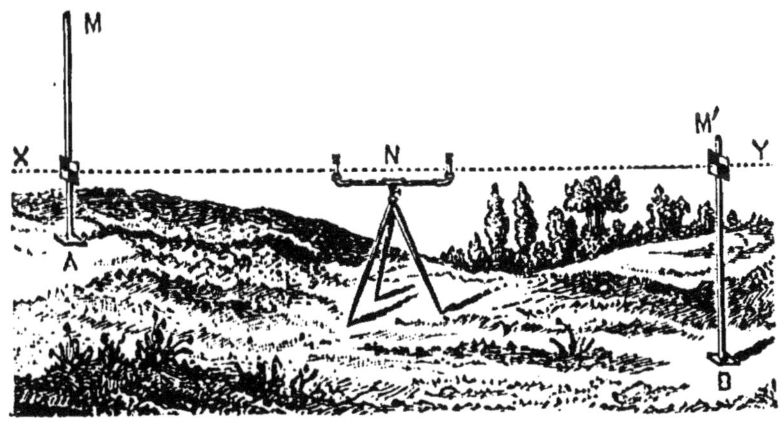

Fio. 52. — Usage du niveau d'eau.

fer-blanc qu'on appelle le *voyant*, et qui porte à son centre un point de repère.

Proposons-nous de déterminer la différence de niveau entre deux points A et B du sol (*fig.* 52). La mire étant placée verticalement au point A, l'arpenteur dirige suivant les surfaces X et Y un rayon visuel vers la mire et fait signe à un aide, qui la tient, de hausser ou de baisser le voyant jusqu'à ce que le point de repère se trouve sur le prolongement de la ligne XY. Transportant alors la mire au point B, on répète la même opération. La distance entre la deuxième position et la première position du *voyant* mesure la distance verticale des points A et B.

54. Niveau à bulle d'air. — Le niveau à bulle d'air (*fig.* 53), se compose d'un tube de verre très légèrement courbé, fermé à ses deux extrémités et renfermant un liquide

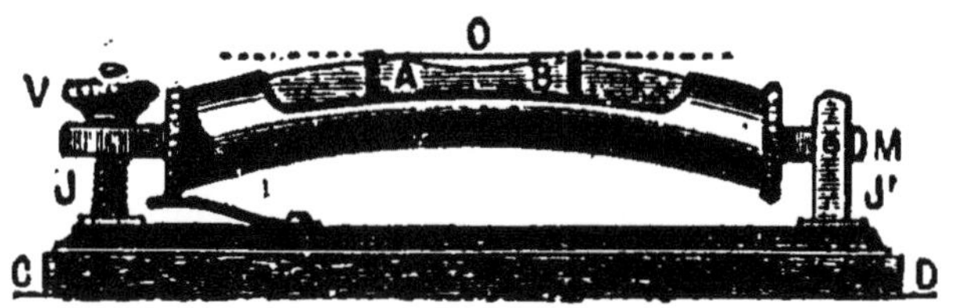

Fig. 53. — Niveau à bulle d'air.

très mobile, alcool ou éther, qui ne le remplit pas entièrement. Au milieu du tube est tracée une division marquée 0, de part et d'autre de laquelle partent des divisions équidistantes. Une règle plate CD de cuivre, ou *base du niveau*, supporte le tube; le raccordement est constitué en M par une articulation, et en V par une vis fixe, dont l'écrou est mobile. Le niveau est donc soutenu par deux jambes, l'une J. de longueur variable, l'autre J', de longueur fixe.

Une bulle d'air peut se mouvoir dans le tube; la surface libre du liquide est horizontale et située au niveau le plus élevé.

Il faut d'abord régler le niveau; un niveau est réglé lorsque le plan tangent au tube mené par le zéro de la graduation est parallèle à la base du niveau.

Pour régler un niveau, on le place sur un *plan quelconque* et on lit à quelle division s'arrête l'extrémité droite B de la bulle : soit 12 cette division. On retourne le niveau bout pour bout; on lit de nouveau à quelle division s'arrête l'extrémité *droite* de la bulle; si cette division est encore 12, le niveau est réglé. Supposons que la division lue dans la seconde expérience soit 10 : le niveau n'est pas réglé. On agit alors sur la vis V de manière à ramener la bulle à la division 14 : le niveau est alors réglé : en retournant plusieurs fois le niveau bout pour bout, on constatera que l'extrémité droite de la bulle correspondra toujours à la division 14.

En plaçant le niveau réglé sur *un plan horizontal*, la bulle se placera de manière que les deux extrémités A et B correspondent à des divisions équidistantes du zéro; on marquera sur le tube les deux points A et B correspondants, appelés *points de repère* de la bulle.

Usage du niveau à bulle d'air. — *Rendre un plan horizontal.* — On place le niveau sur le plan, et, à l'aide de vis calantes *portées par* le plan, on amène la bulle entre les repères; on place le niveau perpendiculairement à sa direction première; à l'aide d'une nouvelle vis calante on amène la bulle entre les repères : le plan est alors rendu horizontal.

55. Sources. — Puits ordinaires. — Puits artésiens. — Jets d'eau. — Distribution de l'eau dans les villes. — Écluses. — Les terrains qui composent l'écorce du globe sont, les uns perméables aux eaux, comme les sables, les graviers, les autres imperméables, comme

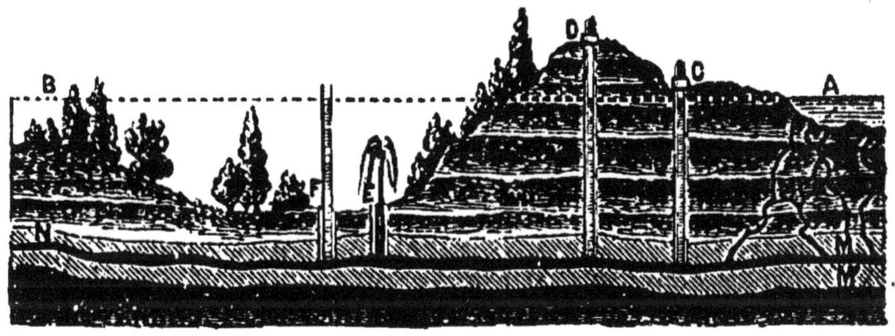

Fig. 54. — A, niveau supérieur de l'eau ; M, M', couches imperméables ; C, D, puits ordinaires ; E, source jaillissante ; F, puits artésien.

les argiles. Cela posé, soit un bassin géographique, plus ou moins étendu, au-dessous duquel gisent deux couches imperméables M, M' (*fig.* 54), comprenant entre elles une couche perméable. Supposons cette dernière en communication avec des terrains plus élevés A, à travers lesquels s'infiltrent les eaux des pluies. Ces eaux suivent la pente naturelle du terrain à travers la couche perméable et se rendent au-dessous du bassin géographique. Là, elles s'accumulent, sans pouvoir communiquer avec la couche superficielle, dont elles sont séparées par la couche imperméable MN.

Si une fissure vient à se produire dans le sol en un point D, situé à un niveau plus élevé qu'en A, l'eau s'élèvera dans la fissure jusqu'au plan horizontal AB : on aura alors un *puits ordinaire;* si la fissure se produit en E, à un niveau situé au-dessous de AB, l'eau jaillira au-dessus du sol et on aura une *source naturelle.*

Si maintenant on pratique un trou très étroit, foré à la sonde et pénétrant jusqu'à la nappe d'eau souterraine, en un point du sol dont le niveau est inférieur à AB, l'eau jaillira encore et l'on aura un *puits artésien.* On adapte à l'ouverture du puits un tube F, duquel on fait partir des conduits pour distribuer l'eau aux environs.

Les *puits artésiens* ont été pratiqués pour la première fois dans la province *d'Artois.* Les eaux qui les alimentent proviennent de couches dont la profondeur varie suivant les localités. Ainsi, par exemple, le puits artésien de Grenelle, à Paris, a 548 mètres de profondeur; il débite 2400 litres d'eau à la minute; cette eau est à la température de 27 degrés centigrades en toute saison. Le puits artésien de Passy a 587 mètres de profondeur; son débit est un peu supérieur à celui du puits de Grenelle; la température de l'eau est de 28 degrés.

Les jets d'eau des jardins et des promenades publiques sont fondés sur le principe des vases communicants. L'eau vient d'un réservoir situé à un niveau plus élevé que celui du bassin, et elle jaillit sous la pression d'une colonne d'eau dont la hauteur est égale à la différence de niveau du réservoir et du bassin.

La distribution de l'eau dans les villes est une application

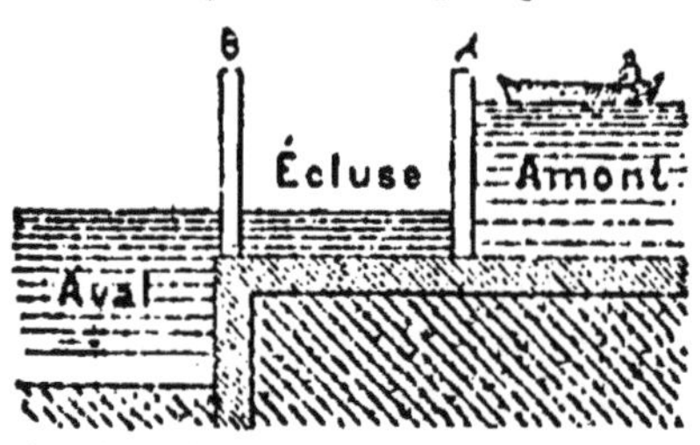

Fig. 1. — Le bateau se présente à l'entrée de l'écluse dont les portes A et B sont fermées.

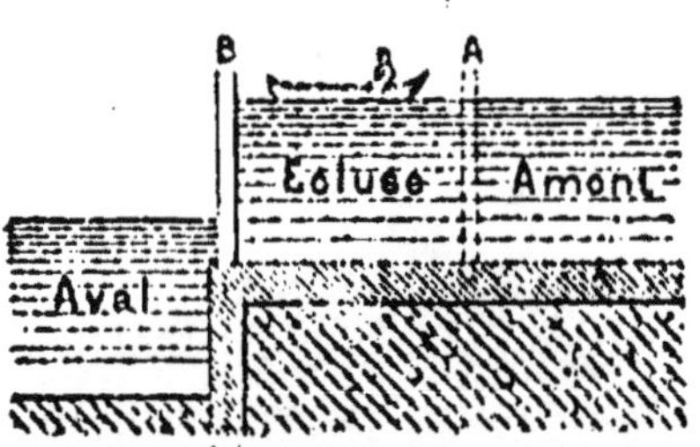

Fig. 2. — Les vannes de la porte A ont été ouvertes, l'écluse s'est remplie, on a ouvert la porte A et le bateau a pu entrer. Le bateau entré on a fermé la porte A.

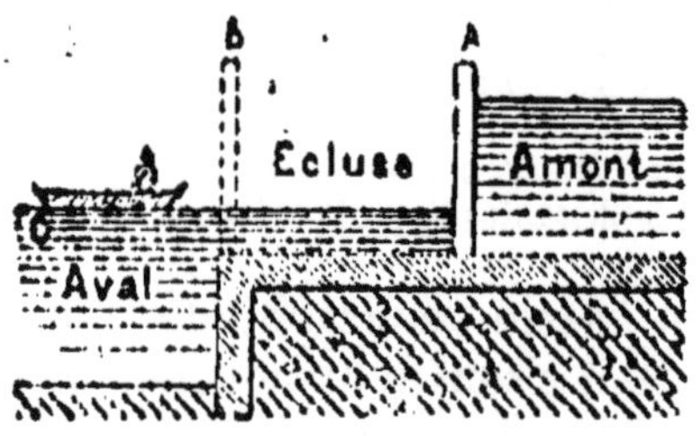

Fig. 3. — On a ouvert les vannes de la porte B. L'eau de l'écluse s'est abaissée au niveau de C. A ce moment on a ouvert la porte B, et le bateau a pu continuer sa marche.

Fig. 55. — Écluses.

des vases communicants. L'eau est amenée dans de vastes réservoirs placés à la partie la plus élevée de la ville; cette eau est distribuée par l'intermédiaire de tuyaux de conduite, dans lesquels le liquide tend à reprendre son niveau et peut s'élever de lui-même jusqu'aux étages supérieurs des habitations.

Les *canaux* font communiquer deux rivières dont les lits sont situés à des altitudes différentes; dans ce but, le canal est formé de portions successives, dans lesquelles le niveau de l'eau s'abaisse progressivement. Deux portions consécutives d'un même canal sont séparées par une écluse. L'écluse (*fig.* 55) est un canal très court fermé à ses deux extrémités par des portes. On ouvre d'abord les portes d'*amont*; le niveau de l'eau dans l'écluse est le même que dans le *bief* d'amont; le bateau s'engage dans l'écluse; on ferme les portes d'amont et on ouvre les portes d'*aval**; le niveau de l'eau dans l'écluse est alors le même que dans le *bief d'aval;* le bateau passe alors dans le bief d'aval et continue sa route jusqu'à l'écluse suivante.

L'établissement d'une *écluse* a pour but de faire passer les bateaux dans des bassins dont les niveaux sont différents (*fig.* 55, 1-2-3).

Exercices. — **1.** Les deux cylindres d'une presse hydraulique ont des sections de $0^{dm2}2$ et de 3^{dm2}. De l'eau se trouvant en équilibre dans l'appareil, on pose sur la surface du liquide dans le grand cylindre un piston du poids de 200 kilogrammes. Avec quelle force faudra-t-il presser la surface du liquide dans le petit cylindre pour empêcher le piston de descendre.

2. Le petit piston d'une presse hydraulique a 3 centimètres, et le grand, 40 centimètres de diamètre. La course du petit piston étant de 2 décimètres, on demande de combien de millimètres s'élèvera le grand piston après quinze coups du petit?

3. Quelle est la pression supportée par le fond d'un vase renfermant de l'eau, sachant que la superficie du fond est égale à 12 centimètres carrés et que la surface libre du liquide est à 6 décimètres au-dessus du fond.

4. Un vase cylindrique renferme du mercure qui exerce sur le fond une pression de 2 kilogrammes; la surface de base est de 25 centimètres carrés; le poids spécifique du mercure est 13,6. On demande quelle est la distance du fond du vase au niveau du liquide.

5. On veut construire un réservoir qui contienne 5 mètres cubes d'eau. La charge du fond ne doit pas dépasser 1000 kilogrammes. Le fond a la forme d'un cercle, dont le rayon est de $0^m,60$. Quelle forme géométrique pourra-t-on donner au vase pour remplir cette condition?

6. Un vase renferme 2 hectolitres d'huile dont la densité est de 0,961. Il a la forme d'un tronc de cône. La base est un cercle qui a $0^m,80$ de diamètre. La surface de l'huile forme un second cercle dont le diamètre est de $0^m,60$. On demande quel est le poids de l'huile et quelle est la charge que supporte le fond du vase?

7. Une vanne verticale a la forme d'un carré de $0^m,70$ de côté. Elle est complètement immergée et son côté horizontal supérieur est à $0^m,50$ du niveau de l'eau. On demande quelle est la pression latérale que cette vanne supporte.

8. Une porte d'écluse sépare deux masses d'eau qui ont des niveaux différents. La distance des deux niveaux est de $1^m,55$. Les portions immergées de la porte ont la forme de rectangles qui ont une largeur commune de 6 mètres. La distance du niveau le plus élevé à la base de la porte est de $2^m,15$. On demande : 1° Quelles sont les deux pressions que l'eau exerce sur chacune des deux faces de la porte ; 2° Quelle force on devrait employer pour ouvrir la porte, en la poussant du côté le plus élevé.

9. Un tonneau plein d'eau a pour fond un cercle de $0^m,80$ de diamètre. On installe dans la bonde un tube étroit plein d'eau. On demande : 1° de combien de kilogrammes la pression sur le fond augmente, lorsqu'on verse assez d'eau dans le tube pour que le niveau s'élève de deux mètres.

2° De combien de kilogrammes augmentera la pression sur le fond lorsqu'on versera dans le tube deux litres d'eau en supposant que le tube soit cylindrique et ait pour section un cercle de 1 centimètre de diamètre.

10. Un vase plein d'eau est percé d'une ouverture circulaire pratiquée dans une des parois latérales. Cet orifice a une surface de 25 millimètres carrés, son centre est à $1^m,65$ du niveau de l'eau. Quelle est en grammes, la mesure de la force qui fera reculer le vase, si celui-ci est parfaitement mobile?

CHAPITRE II

PRINCIPE D'ARCHIMÈDE. — CORPS FLOTTANTS. — LIQUIDES SUPERPOSÉS

Sommaire. — **1.** Le principe d'Archimède s'énonce ainsi : *tout corps plongé dans un liquide en équilibre subit une poussée verticale, dirigée de bas en haut, égale au poids du liquide qu'il déplace.*

2. Lorsque le poids spécifique d'un corps plongé dans un liquide est *supérieur* à celui du liquide, le corps gagne le fond du vase ; s'il lui est *égal*, le corps reste en *équilibre au sein du liquide* ; s'il lui est *inférieur*, le corps remonte à la surface et flotte.

.3. Pour qu'un corps flottant soit en équilibre, il faut que: 1° *le poids du liquide déplacé soit égal au poids total du corps; 2° le centre de gravité et le centre de poussée soient sur une même verticale.*

4. Lorsque plusieurs liquides non miscibles sont placés dans un même vase, ils se superposent par ordre de poids spécifique croissant à partir de la surface libre du liquide supérieur, et la surface de séparation de deux liquides consécutifs est horizontale.

5. Quand deux liquides sont en équilibre dans deux vases communicants, les hauteurs auxquelles ils s'élèvent au-dessus de leur plan de séparation sont en raison inverse de leur poids spécifique.

56. Pressions exercées par les liquides sur les corps qui y sont plongés. — On sait qu'un corps solide plongé, entièrement ou en partie, dans un liquide, éprouve, de la part du liquide environnant, des pressions sur toute sa surface immergée; il est facile de le vérifier en enfonçant dans l'eau un verre ou tout autre récipient, en ayant soin que l'ouverture soit en haut; on sent, à l'effort qu'il faut faire, les pressions que le liquide exerce. C'est d'ailleurs en vertu de cette pression que l'eau jaillit à l'intérieur d'un bateau quand une ouverture vient à se produire en un point de la paroi immergée.

Les pressions qui se font ainsi sentir en chaque point du corps plongé sont évidemment d'autant plus fortes que ces points sont situés à une distance plus considérable de la surface libre du liquide: elles ont d'ailleurs une résultante, dirigée verticalement, de bas en haut, et qu'on appelle la **poussée verticale** du liquide; c'est Archimède le premier qui formula la valeur de cette pression.

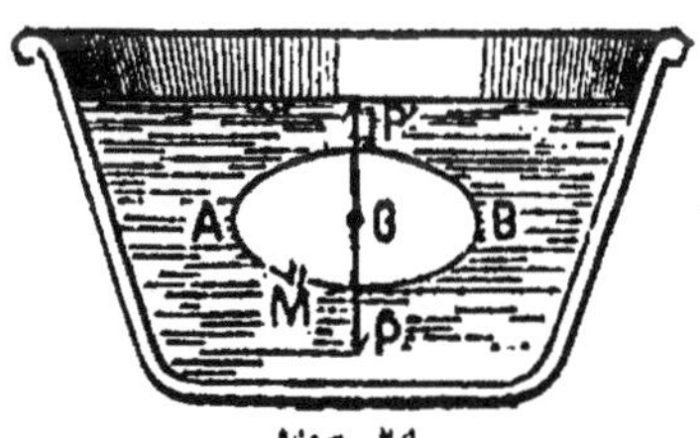

Fig. 56.

57. Principe d'Archimède[1]. — Considérons un corps AB (*fig.* 56) plongé entièrement dans un liquide en équilibre. La pression qui s'exerce sur un élément M de sa surface ne dépend que de l'aire de l'élément et de sa distance à la surface libre du liquide : donc, les pressions supportées par les différents points de la surface du corps sont indépendantes de sa nature et seront les mêmes sur tout

1. Archimède, né à Syracuse, en 287 avant Jésus-Christ, mort en 212, l'un des plus grands savants de l'antiquité, il inventa plusieurs machines, entre autres la vis d'Archimède.

autre corps ayant la même forme et mis à la même place.
Remplaçons le corps solide AB par une masse liquide de
même nature que le liquide ambiant ; elle sera évidemment
en équilibre. Or, cette masse liquide est soumise :

1° A son poids P appliqué en son centre de gravité G ;

2° Aux pressions exercées normalement par le liquide
ambiant sur les éléments de la surface AB.

Ces pressions qui s'exercent sur la masse liquide ont donc

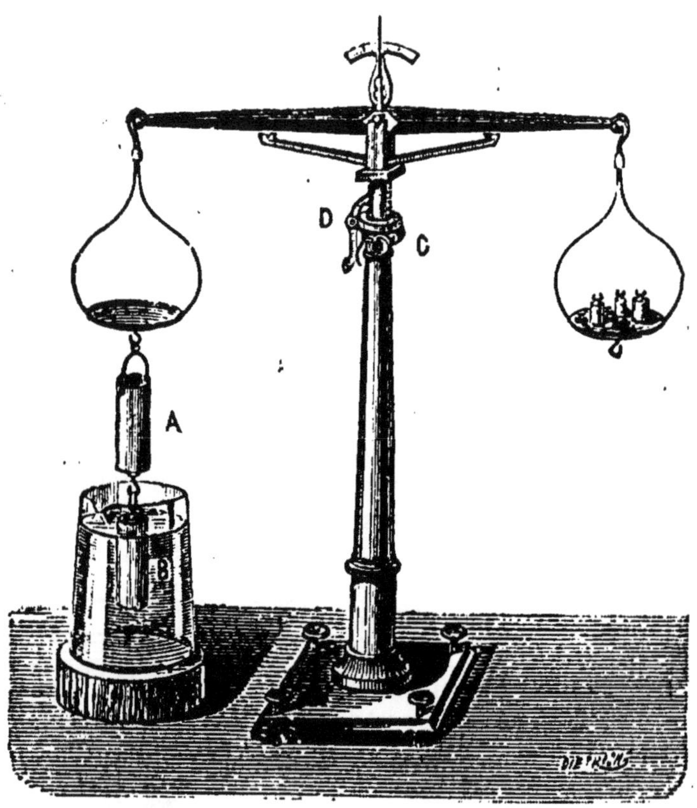

Fɪɢ. 57. — A, cylindre creux ; B, cylindre massif. Le volume de B est égal à la
capacité de A. Si l'on plonge B dans l'eau, la poussée qu'il subit est égale au poids
de l'eau contenue dans A.

une résultante P' égale et opposée aux poids du liquide
limité par la surface AB ; elle passe par le centre de gravité G
du liquide considéré, qui prend le nom de **centre de
poussée**.

Le corps solide qui occupera la place de AB supportera de
la part du liquide ambiant exactement la même poussée.

Donc, **tout corps plongé dans un liquide en équilibre**

subit une poussée verticale, dirigée de bas en haut, égale au poids du liquide qu'il déplace. Ce principe porte le nom de principe d'Archimède.

Vérification expérimentale. — On se sert de la *balance hydrostatique* (*fig.* 57). C'est une balance ordinaire dont les plateaux sont munis inférieurement de crochets et dont le fléau peut être élevé ou abaissé à l'aide d'une crémaillère mue par un pignon C et retenue par un encliquetage D.

Prenons un cylindre massif B en laiton et un cylindre creux A, aussi en laiton, dont la capacité est égale au volume du cylindre B. Suspendons le cylindre creux au-dessous de l'un des plateaux de la balance et au-dessous du cylindre creux suspendons le cylindre plein ; établissons l'horizontalité du fléau à l'aide d'une tare convenable placée dans l'autre plateau. Plongeons ensuite le cylindre B dans l'eau de façon qu'il soit entièrement immergé ; dès l'immersion, l'équilibre est détruit et le fléau s'incline du côté de la tare, tandis que le bras du fléau qui soutient les cylindres se relève : *donc le cylindre plein subit une poussée de bas en haut.*

Pour mesurer cette poussée, remplissons exactement d'eau la capacité du cylindre A ; aussitôt le fléau redevient horizontal et en équilibre ; la poussée subie par le cylindre B est donc égale au poids de l'eau qui remplit le cylindre A, *elle est donc égale au poids de l'eau déplacée par le cylindre B.*

58. Conséquences du principe d'Archimède. — Il résulte du principe d'Archimède que tout corps plongé dans un liquide est soumis à deux forces : son poids P dirigé de haut en bas et la poussée du liquide P' dirigée de bas en haut. Si le corps est homogène, le

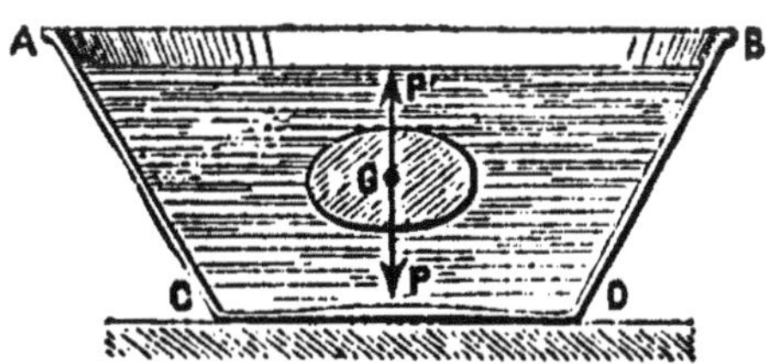

Fig. 58. — P, poids du corps solide ; P', poussée exercée par le liquide ambiant.

centre de poussée et le centre de gravité du corps coïncident.

Soit un corps homogène plongé dans un liquide : le centre de poussée et le centre de gravité sont confondus en G (*fig.* 58). Le corps est soumis à son poids $P = VD$, V étant le volume du corps solide et D son poids spécifique. Il subit de la part du liquide une poussée verticale, dirigée de bas en haut, $P' = Vd$, d étant le poids spécifique du liquide. Le résultante de ces deux forces est égale à leur différence et dirigée dans le sens de la plus grande.

1er CAS. $D > d$, alors P est $> P'$. La résultante est

$$R = P - P' = V(D - d).$$

Le corps gagne le fond du vase en tombant d'un mouvement uniformément accéléré sous l'action de la force constante $P - P'$. On réalise ce cas particulier en plongeant un morceau de fer dans l'eau ou un morceau de platine dans du mercure.

2e CAS. $D = d$, alors $P = P'$. Le corps reste en équilibre au sein du liquide. *Exemple :* un œuf plongé dans une dissolution de sel marin dans l'eau en proportions convenables.

3e CAS. $D < d$, alors $P < P'$. La résultante est une force verticale dirigée de *bas en haut* et dont la valeur absolue est $R = P' - P = V(d - D)$.

Le corps, abandonné à lui-même, remonte vers la surface du liquide d'un mouvement uniformément accéléré. *Exemple :* un morceau de bois abandonné à lui-même au fond d'un vase plein d'eau remonte à la surface.

59. Poids apparent d'un corps. — La différence $P - P'$ s'appelle le *poids apparent* du corps plongé dans le liquide. Cherchons par exemple le poids apparent dans l'eau d'une masse de fer de 10 centimètres cubes de volume : 1 centimètre cube de fer pèse 7 grammes environ ; 10 centimètres cubes de fer pèseront 70 grammes. La masse de fer déplace 10 centimètres cubes d'eau dont le poids est 10 grammes. Le poids apparent de la masse de fer dans l'eau est (70 — 10) ou 60 grammes.

60. Déterminer le volume d'un corps. — On suspend le corps à l'aide d'un fil de platine très fin au-dessous de l'un des plateaux d'une balance hydrostatique ; on amène l'horizontalité du fléau à l'aide d'une tare convenable placée dans l'autre plateau. On plonge entièrement le corps solide dans de l'eau à 4° centigrades. Pour ramener le fléau à l'horizontale, il faut placer des poids marqués dans le plateau qui supporte le corps. Soit 42 grammes ces poids marqués. Ils représentent le poids d'un volume d'eau égal au volume du corps, d'après le principe d'Archimède. Or 42 grammes d'eau à 4° centigrades ont pour volume : 42 centimètres cubes. Il en est de même du corps solide soumis à l'expérience : son volume est égal à 42 centimètres cubes à la température de 4°.

Si le corps était soluble dans l'eau, on opérerait avec un autre liquide dans lequel le corps solide serait insoluble et dont le poids spécifique serait connu.

Le principe d'Archimède est encore applicable au cas où le corps n'est pas complètement immergé dans le liquide : le corps subit toujours une poussée verticale de bas en haut égale au poids du liquide qu'il déplace et par conséquent proportionnelle au volume de la portion immergée du corps solide.

61. Corps flottants. — Considérons un corps solide complètement immergé dans un liquide plus dense que lui et abandonné ensuite à lui-même ; la poussée est supérieure au poids du corps solide ; celui-ci s'élèvera alors et arrivera bientôt à affleurer la surface libre du liquide : il émergera peu à peu. Mais, au fur et à mesure qu'il émerge, la poussée du liquide diminue progressivement, tandis que le poids du corps solide reste constant : il arrivera donc un moment où la poussée sera égale au poids du corps solide : celui-ci sera alors en équilibre ; on dit alors que le **corps solide flotte à** la surface du liquide.

Quand un corps flotte, le poids du liquide déplacé est égal au poids du corps flottant.

Pour le vérifier, prenons un vase de verre (*fig.* 59) muni d'une tubulure latérale A ; remplissons le vase d'eau et attendons que l'excès d'eau soit sorti par la tubulure. Introduisons dans le vase une sphère de bois B ; celle-ci flotte à la surface du liquide et une certaine quantité d'eau s'écoule par la tubulure. Recueillons cette eau dans une capsule C préalablement tarée ; l'excès du poids de la capsule donnera le poids de l'eau recueillie et on constatera que le poids de cette eau est rigoureusement égal au poids de la sphère de bois.

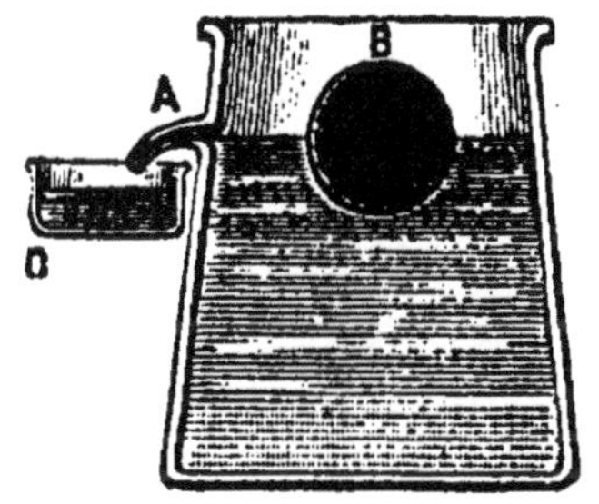

Fɪɢ. 59. — Quand un corps flotte, le poids du corps flottant est égal au poids du liquide déplacé.

62. Équilibre des corps flottants. — Pour qu'un corps flottant soit en équilibre, il faut que :

1° *Le poids du liquide déplacé soit égal au poids total du corps flottant.*

2° *Le centre de gravité et le centre de poussée soient sur une même verticale.*

4.

En effet, si la première condition n'était pas satisfaite, le corps s'enfoncerait davantage ou il remonterait vers la surface libre du liquide jusqu'à ce que la poussée soit égale au poids du corps solide.

Quand la première condition est remplie, le corps flottant est soumis à son poids P appliqué en son centre de gravité G et à la poussée Q appliquée au centre de poussée C (*fig.* 60); les deux forces forment un couple; et le corps flottant ne peut être en équilibre que si la ligne GC est verticale.

L'équilibre sera stable, si, le corps flottant étant dérangé tant soit peu de sa position d'équilibre, la poussée du liquide

Fig. 60. — Équilibre d'un corps flottant. — G, centre de gravité ; C, centre de poussée.

tend à l'y ramener. La figure 60 nous offre un exemple d'équilibre stable : le navire est dérangé de sa position d'équilibre; mais les forces P et Q auront pour effet de relever le navire, jusqu'à ce qu'il prenne la position indiquée par la seconde figure.

L'équilibre d'un navire est d'autant plus stable que le centre de gravité G est plus bas placé; il y a avantage à placer les objets les plus lourds à fond de cale ou à lester le navire avec des cailloux ou avec des morceaux de fonte.

Une sphère de bois flottant sur l'eau est en équilibre indifférent, parce que, dans toutes les positions le centre de gravité et le centre de poussée sont sur une même verticale.

63. Réciproque du principe d'Archimède. — Sur le plateau A d'une balance (*fig.* 61) plaçons un vase V renfermant de l'eau et établissons l'horizontalité du fléau à l'aide d'une tare convenable placée dans l'autre plateau. Prenons maintenant le cylindre plein C qui nous a déjà servi pour vérifier le principe d'Archimède; plongeons-le dans l'eau et soutenons-le par un fil attaché à un support. Aussitôt le fléau s'infléchit du côté du plateau A.

Pour ramener le fléau à l'horizontale, l'expérience montre qu'il faut enlever du vase V assez d'eau pour remplir la capacité du cylindre creux déjà employé pour la vérification du principe d'Archimède.

Ainsi l'immersion du cylindre C dans l'eau a produit le même effet que si l'on avait ajouté dans le vase un volume d'eau égal au volume du cylindre : c'est une conséquence du principe de l'égalité de l'action et de la réaction.

64. Natation. — Le corps humain entièrement plongé dans l'eau subit une poussée supérieure à son poids. Donc le corps humain peut flotter sur l'eau et mieux encore sur l'eau de mer, plus dense que l'eau douce. La seule difficulté est de maintenir la face hors de l'eau pour pouvoir respirer librement. La natation n'a d'autre but que d'arriver à ce résultat.

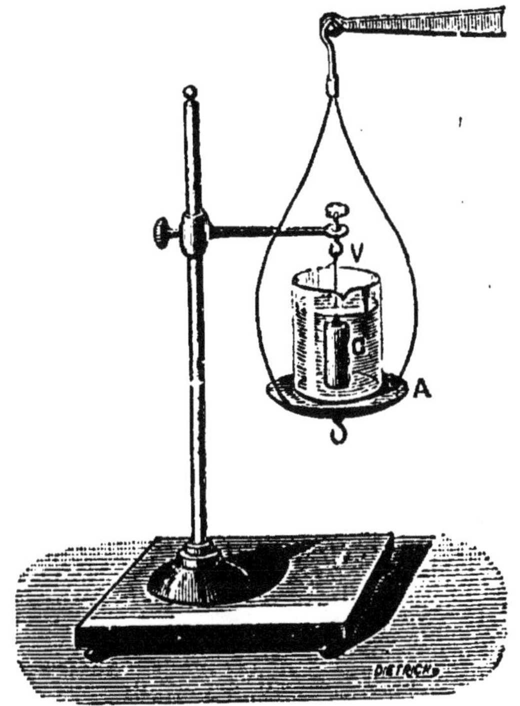

FIG. 61. — Le cylindre plongé dans l'eau produit le même effet que si l'on avait ajouté dans le vase un volume d'eau égal au volume du cylindre.

Si une personne ne sachant pas nager tombe à l'eau, elle doit avoir assez de sang-froid pour se tourner sur le dos de manière que sa face se trouve hors de l'eau. Il faut éviter d'élever les bras hors de l'eau. En faisant *la planche*, comme on dit vulgairement, on peut attendre sans danger que l'on vous porte secours.

L'emploi des ceintures de sauvetage a pour but d'augmenter l'intensité de la poussée exercée sur le corps.

65. Équilibre des liquides superposés dans un même vase. — 1° *Les liquides doivent se superposer par ordre de poids spécifique croissant à partir de la surface libre du liquide supérieur.* — Cette première condition est une conséquence du principe d'Archimède.

2° La surface de séparation de deux liquides consécutifs doit être horizontale.

Cette seconde condition est la conséquence de ce principe : que, dans chacun des liquides, tous les points d'un même plan horizontal doivent supporter la même pression.

Vérification expérimentale, — Elle se fait à l'aide de la *fiole des quatre éléments.* On prend une fiole (*fig.* 62), contenant quatre liquides non miscibles : *mercure, solution de carbonate de potasse, alcool et pétrole ;* on agite la fiole, on l'abandonne à elle-même ; les quatre liquides se séparent en quatre tranches horizontales placées de bas en haut dans l'ordre où nous les avons cités.

On peut répéter l'expérience en versant avec précaution du vin sur de l'eau ; la nature nous offre un exemple de ce principe à l'embouchure des grands fleuves : l'eau douce du fleuve se superpose à l'eau salée et le fleuve semble se prolonger assez loin dans la mer.

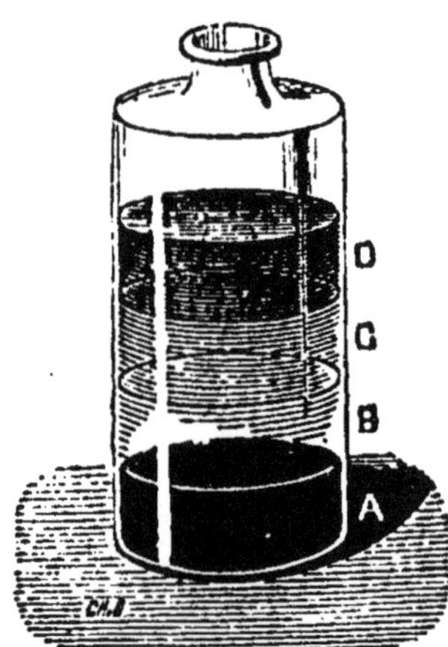

Fig. 62. — Fiole des quatre éléments. — A, mercure ; B, solution de carbonate de potasse ; C, alcool ; D, pétrole.

66. Vases communicants à deux liquides de poids spécifiques différents. — *Quand deux liquides sont en équilibre dans deux vases communicants, les hauteurs auxquelles ils s'élèvent au-dessus de leur plan de séparation sont en raison inverse de leurs poids spécifiques :*

Prenons un tube en U (*fig.* 63), versons-y d'abord du mercure ; le mercure occupera la partie commune aux deux branches et s'élèvera au même niveau dans les deux branches.

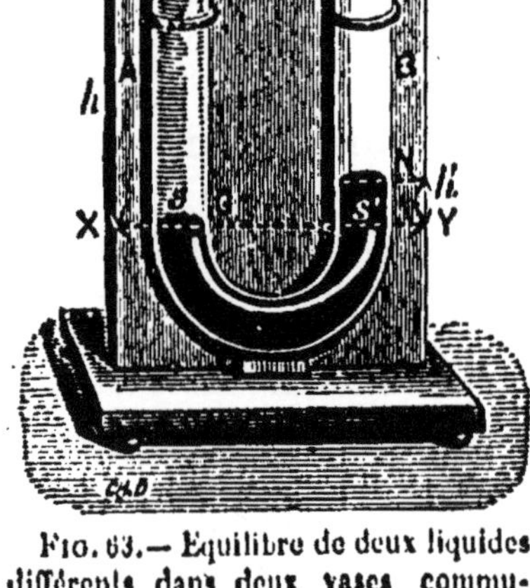

Fig. 63. — Équilibre de deux liquides différents dans deux vases communicants $\frac{h}{h'} = \frac{d'}{d}$.

Versons maintenant de l'eau dans la branche A ; le niveau

de l'eau se maintiendra en M dans la branche A ; le niveau de mercure se maintiendra en N dans la branche B ; soit G la surface de séparation des deux liquides dans la branche A, menons le plan horizontal XY passant par G : ce plan est une surface de niveau pour le mercure sous-jacent ; donc, deux éléments égaux, pris dans les deux branches, doivent supporter la même pression.

Soit S et S' ces deux éléments. En S, la pression supportée est égale à shd, d étant le poids spécifique de l'eau ; en S' la pression est égale à $sh'd'$, d' étant le poids spécifique du mercure. On aura donc :

$$shd = sh'd'.$$

D'où
$$\frac{h}{h'} = \frac{d'}{d}.$$

L'expérience montre, en effet, que la hauteur de la colonne d'eau au-dessus du plan XY est quatorze fois environ plus grande que celle de la colonne de mercure au-dessus du même plan.

Exercices. — 1. Un corps pèse 40 grammes dans le vide. Son poids apparent dans l'eau est égal à 32 grammes. Quel est son volume ? Quel est son poids spécifique ?

2. Un cube d'un décimètre de côté a deux de ses faces horizontales et les autres sont verticales. Il est plongé dans l'eau et sa face supérieure est à 3 décimètres du niveau libre. On demande quelle est la pression exercée par le liquide sur chacune des six faces du cube. Quelle est la force qui représente la résultante de ces six pressions ?

3. Une ancre de fer pèse 6 530 kilogrammes, sa densité est 7,7 quelle force faut-il déployer pour la soulever, lorsqu'elle est dans l'eau de mer, dont la densité est 1,03.

4. On observe dans les mers polaires un bloc de glace qui s'élève de 15 mètres au-dessus du niveau de l'eau. On demande quel est le volume total du bloc. On suppose au bloc la forme d'un parallélipipède à base carrée, le côté de la base est de 200 mètres ; la densité de la glace est 0,97, celle de l'eau de mer 1,03.

5. Une balle de plomb de 100 grammes est attachée à un morceau de liège et l'ensemble des deux corps flotte en équilibre dans l'intérieur d'une masse d'eau. On demande le poids du liège ; la densité du plomb est 11,35, celle du liège 0,24.

6. On veut soulever un canon qui est au fond de la mer en l'attachant avec des cordages à un bateau plein d'eau que l'on videra ensuite. Quel doit être au moins le volume extérieur du bateau qui sortira de l'eau dans cette opération pour que le canon puisse être

soulevé. La densité du métal est 8,5, son poids est de 350 kilogrammes, la densité de l'eau de mer 1,03.

7. Une sphère de cuivre est soupçonnée d'être creuse. Son poids dans le vide est égal à 880 grammes. Son poids apparent dans l'eau est égal à 620 grammes. On demande si la sphère est creuse ou non. Poids spécifique du cuivre : 8,8.

8. Un corps pèse 800 grammes dans le vide. On le plonge dans l'acide sulfurique de poids spécifique 1,8; son poids apparent est alors égal à 520 grammes. Quel est le volume du corps? Quel est son poids spécifique?

9. Un bloc cylindrique de glace flotte sur l'eau de mer. Quelle est la fraction de sa hauteur plongée dans l'eau de mer? Poids spécifique de la glace; 0,97. Poids spécifique de l'eau de mer 1,03.

10. Un morceau de cire pèse 30 grammes; le poids apparent d'un morceau de plomb dans l'eau est égal à 20 grammes. On plonge la cire et le plomb liés ensemble; leur ensemble a pour poids apparent 18 grammes. Quel est le volume de la cire?

11. Un morceau de bismuth est suspendu au-dessous de l'un des plateaux d'une balance hydrostatique. Une tare convenable lui fait équilibre dans l'autre plateau. On plonge le bismuth dans l'alcool et il faut placer 12 grammes sur le plateau pour rétablir l'équilibre. Quel est le volume du bismuth, sachant que le poids spécifique de l'alcool est égal à 0,815?

12. Une sphère de plomb pesant 110 grammes est attachée au-dessous du plateau d'une balance. Elle plonge dans l'eau. Une sphère de platine est suspendue au-dessous de l'autre plateau de la balance. Elle plonge dans le mercure. La balance est en équilibre. Quel est le volume de la sphère de platine?

> Poids spécifique du plomb......... 11
> Id.   du platine........ 22
> Id.   du mercure...... 13,6.

13. Un alliage d'or et de cuivre pèse 1 800 grammes dans le vide. Son poids apparent dans l'eau est égal à 1 640 grammes. Quelles sont les proportions d'or et cuivre.

> Poids spécifique de l'or........ 19
> Id.   du cuivre..... 8.

14. Un thermomètre à mercure pèse 20 grammes. Son poids apparent dans l'eau est égal à 15 grammes. Quel est le poids du mercure qu'il contient?

> Poids spécifique du verre....... 2,5
> Id.   du mercure.... 13,6.

15. Un tube recourbé en U, à branches verticales, renferme dans sa partie courbée une colonne de mercure dont les deux niveaux sont à la même hauteur. On verse d'un côté de l'eau, de l'autre de l'huile, et les niveaux du mercure restent sur le même plan hori-

zontal; la hauteur de la colonne d'eau est de 0ᵐ,80, celle de l'huile est 0ᵐ,87. On demande le poids spécifique de l'huile.

16. Deux vases communicants A et B renferment du mercure. Le vase A est fermé par un piston sans poids sur lequel on place un poids de 1340 grammes. On demande quelle sera la différence de niveau du mercure dans les deux vases.

$$
\begin{aligned}
&\text{Section du vase A} \ldots\ldots \quad 12 \text{ centimètres carrés}\\
&\qquad - \qquad - \quad\; \text{B} \ldots\ldots \quad 4 \qquad\quad -\\
&\text{Densité du mercure} \ldots \quad 13,6.
\end{aligned}
$$

CHAPITRE III

DÉTERMINATION DES DENSITÉS DES SOLIDES ET DES LIQUIDES. — ARÉOMÈTRES USUELS

Sommaire. — **1.** On appelle *densité* d'un corps le rapport du poids de ce corps au poids d'un égal volume d'eau à 4° centigrades :

$$D = \frac{P}{p}.$$

2. On détermine la densité des corps par diverses méthodes, en particulier par la méthode du flacon et par celle de la balance hydrostatique.

3. On appelle *aréomètres usuels* des flotteurs en verre destinés à faire connaître le degré de concentration des acides, la richesse alcoolique des alcools du commerce, etc.

67. Détermination de la densité. — On appelle *densité* d'un corps le rapport entre le poids d'un certain volume de ce corps et le poids de la masse d'eau dont le volume à 4° est égal à celui du corps; par conséquent, la densité d'un corps a pour expression $D = \dfrac{P}{p}$ en représentant par p le poids du même volume d'eau à 4°.

On voit donc que pour trouver la densité d'un corps, il faut connaître :

1° Le poids du corps par la méthode de la double pesée.

2° Le poids d'un égal volume d'eau à 4°.

Le quotient des deux nombres trouvés sera la densité cherchée.

Dans la pratique, il est assez difficile de maintenir l'eau à 4°, tandis qu'il est très commode de l'avoir à 0°, il suffit en effet d'y plonger un morceau de glace; aussi détermine-t-on d'abord la densité du corps par rapport à l'eau prise à 0°, soit d cette densité; on multiplie alors cette densité d par la densité de l'eau à 0°, c'est-à-dire par le nombre 0,9998 (§ 39) ce qui donne la densité D du corps par rapport à l'eau à 4°,

En effet, soit D la densité d'un corps par rapport à l'eau à 4°; un centimètre cube de ce corps pèse D grammes; d'autre part, 1 centimètre cube d'eau à 0° pèse 0 g. 9998, par conséquent le rapport $\dfrac{D}{0,9998}$ donne la densité d du corps par rappport à l'eau à 0° ou

$$\frac{D}{0,9998} = d$$

d'où la densité D cherchée égale

$$D = d \times 0,9998$$

68. Méthode du flacon. — Le seul procédé précis pour déterminer la densité d'un corps solide est celui du *flacon*.

1° Corps solides. — Le flacon à densité pour les solides est un flacon en verre mince F (*fig.* 64), à large goulot, fermé par un bouchon creux b en verre usé à l'émeri. Ce bouchon se prolonge par un tube très étroit terminé par un entonnoir. Sur le tube est tracé un trait de repère a.

De cette façon, à 0° la *capacité du flacon bouché jusqu'au trait de repère est constante.* On remplit le flacon d'*eau distillée privée d'air par l'ébullition ;* on place le bouchon, et le niveau de l'eau monte jusque dans l'entonnoir. On plonge le flacon dans la glace fondante; on attend qu'il en ait pris la température; et, avec un petit rouleau de papier buvard, on enlève l'excès d'eau jusqu'au trait de repère a. On enlève le flacon de la glace fondante, on l'essuie, et on lui laisse reprendre la température du laboratoire.

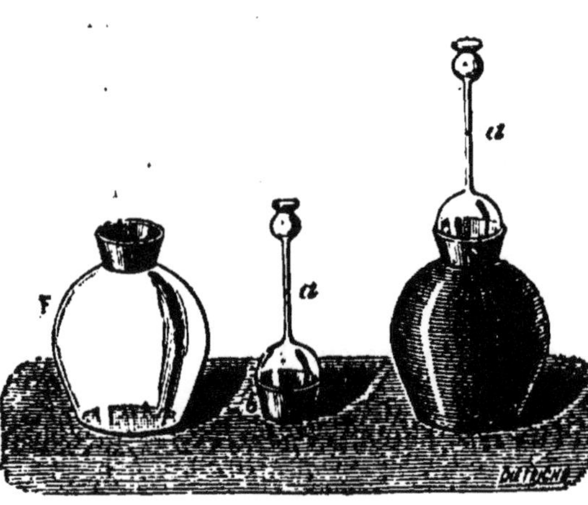

Fig. 64.

On place le flacon sur le plateau d'une balance de précision et on place à côté de lui un petit fragment d'un corps solide, du *soufre* par exemple. On fait équilibre au système à l'aide d'une tare convenable placée dans l'autre plateau.

On enlève le corps et on rétablit l'horizontalité du fléau au moyen de poids marqués, P, placés à côté du flacon. P = 1,82 représente le poids du soufre.

On retire les poids marqués et le flacon du plateau de la balance. On ouvre le flacon, on y introduit le morceau de soufre[1] et on ferme le flacon. On plonge le flacon dans la glace fondante et on amène l'eau au trait de repère a. Il est sorti du flacon un volume d'eau égal au volume du soufre à 0°.

On retire le flacon de la glace fondante, on l'essuie, on lui laisse reprendre la température du laboratoire, et on le replace sur le plateau de la balance. On ajoute à côté de lui des poids marqués p, pour rétablir l'horizontalité du fléau : $p = 0,01$ représente le poids d'un volume d'eau à 0° égal au volume du soufre à 0°.

Par définition, la densité du soufre est :

$$d = \frac{P}{p} = \frac{1,82}{0,01} = 2.$$

2° Corps liquides. — Le *flacon à densité pour les liquides* se compose d'un réservoir cylindrique B (*fig.* 65) auquel est soudée une tige capillaire surmontée d'un entonnoir pouvant se fermer à l'aide d'un bouchon plein ; sur la tige est tracé un trait de repère a ; le flacon est porté par un support S.

On remplit le flacon du liquide à étudier, de l'alcool par exemple ; on plonge le flacon dans la glace fondante et avec un petit rouleau de papier buvard, on amène l'alcool à affleurer au trait de repère a. On enlève le flacon de la glace fondante, on l'essuie et on lui laisse reprendre

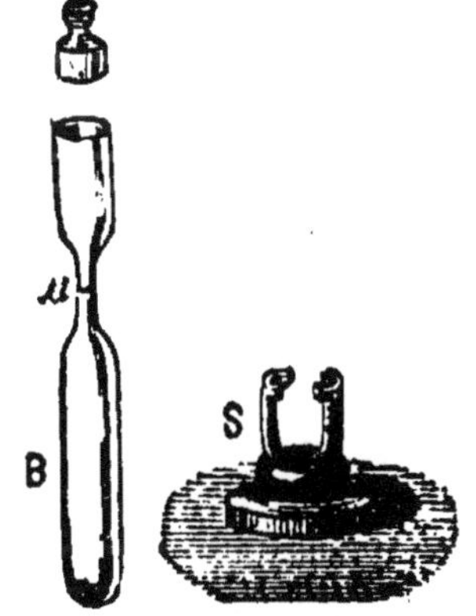

Fig. 65. — Flacon à densité pour les liquides.

la température du laboratoire ; on le dessèche extérieurement

---

1. Il faut avoir bien soin de faire disparaître les bulles d'eau qui pourraient rester adhérentes à la surface du corps solide.

et on le place sur le plateau d'une balance ; on fait la tare dans l'autre plateau. On vide le flacon, on le dessèche *extérieurement* et on le place de nouveau sur le plateau de la balance. Pour rétablir l'équilibre, il faut placer à côté du flacon les poids marqués P = 159,9 grammes, par exemple.

P représente le poids d'un volume d'alcool à 0° égal à la capacité du flacon à 0° jusqu'au trait de repère.

On recommence les mêmes opérations avec de l'eau ; soit $p = 200$ grammes les poids marqués ajoutés : p représente le poids d'un volume d'eau à 0° égal à la capacité du flacon à la même température. Par définition, on aura :

$$d = \frac{P}{p} = \frac{159,9}{200} = 0,795$$

69. Méthode de la balance hydrostatique. —

En s'appuyant sur le principe d'Archimède, on peut aussi déterminer la densité des corps solides et liquides.

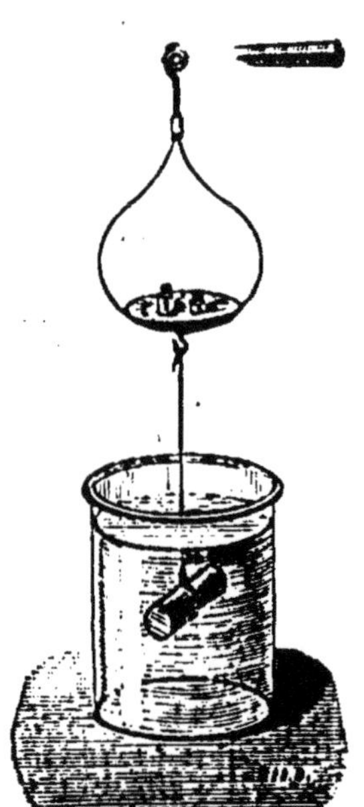

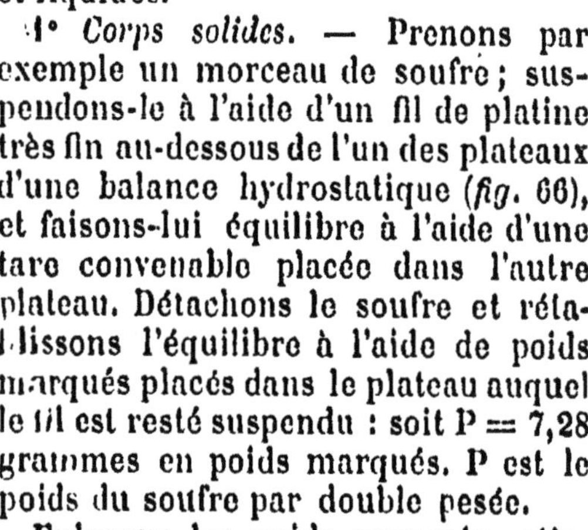

Fig. 66. — Densité d'un corps solide déterminée à l'aide de la balance hydrostatique.

1° *Corps solides.* — Prenons par exemple un morceau de soufre ; suspendons-le à l'aide d'un fil de platine très fin au-dessous de l'un des plateaux d'une balance hydrostatique (fig. 66), et faisons-lui équilibre à l'aide d'une tare convenable placée dans l'autre plateau. Détachons le soufre et rétablissons l'équilibre à l'aide de poids marqués placés dans le plateau auquel le fil est resté suspendu : soit P = 7,28 grammes en poids marqués. P est le poids du soufre par double pesée.

Enlevons les poids marqués, attachons de nouveau le soufre au fil de platine et plongeons-le dans de l'eau à 0° ; rétablissons l'horizontalité du fléau à l'aide de poids marqués $p = 3,64$ grammes placés dans le plateau : p représente le poids d'un volume d'eau à 0° égal au volume du soufre à la même température, d'après le principe d'Archimède.

On aura alors : $d = \frac{P}{p} = \frac{7,28}{3,64} = 2$.

2° *Corps liquides.* — On suspend au-dessous de l'un des plateaux de la balance une sphère de verre creuse, lestée avec du mercure, et on lui fait équilibre avec une tare convenable placée dans l'autre plateau. On plonge ensuite la sphère dans le liquide dont on cherche la densité, de l'alcool par exemple, maintenu à 0°. On rétablit l'horizontalité du fléau à l'aide de poids marqués $P = 33,39$ grammes, qui représentent le poids de l'alcool déplacé par la sphère.

On recommence la même opération en plongeant la sphère dans de l'eau à 0°. Soit $p = 42$ grammes le poids de l'eau déplacée : P et p correspondent à des volumes égaux d'alcool et d'eau à 0°.

Par définition on aura :

$$d = \frac{P}{p} = \frac{33,39}{42} = 0,795.$$

70. Densité d'un corps solide soluble dans l'eau. — Soit à déterminer la densité du sucre. — On détermine la densité de ce corps *par rapport à un liquide* dans lequel il est insoluble, l'essence de térébenthine par exemple ; puis on multiplie le nombre ainsi trouvé d par la densité d' de l'essence par rapport à l'eau. On peut vérifier facilement l'exactitude de ce procédé.

En effet, soient :

> P le poids d'un certain volume du corps;
> p le poids du même volume d'eau ;
> p' le poids du même volume d'essence.

La première opération effectuée avec de l'essence donne pour résultat :

$$d = \frac{P}{p'},$$

et nous devons multiplier cette valeur par la densité de l'essence, qui n'est autre que $d' = \frac{p'}{p}$

On obtient donc :

$$d \times d' = \frac{P}{p'} \times \frac{p'}{p}, = \frac{P}{p} = D,$$

c'est-à-dire la densité du corps par rapport à l'eau.

DENSITÉS TABULAIRES DES SOLIDES ET DES LIQUIDES A 0° PAR RAPPORT A L'EAU A 4°.

Solides usuels.

Platine écroui.	23,000	Gallium fondu	6,08
Osmium non écroui	22,477	Diamant	3,501 à 3,531
Platine fondu	21,16	Flint-glass	3,329
Or fondu	19,258	Marbre statuaire	2,837
Plomb fondu	11,3	Ardoise	2,89
Argent fondu	10,474	Granit	2,70
Bismuth fondu	9,822	Aluminium fondu	2,56
Cuivre rouge passé à la filière	8,878	Verre de Saint-Gobain	2,488
— — fondu	8,788	Soufre octaédrique	2,07
Laiton	8,393	Sodium	0,972
Acier non écroui	7,816	Glace fondante	0,930
Fer en barre	7,781	Potassium	0,865
— fondu	7,208	Hêtre	0,852
Étain fondu	7,291	Orme	0,80
Fonte	7,053	Sapin jaune	0,65
Zinc fondu	6,801	Peuplier d'Italie	0,38
Antimoine fondu	6,712	Liège	0,24

Liquides usuels.

Mercure	13,596	Eau de mer	1,026
Brome	2,966	Eau distillée à 4°	1,000
Acide sulfurique monohydraté	1,841	— — à 0°	0,9998
— azotique quadrihydraté	1,42	Vin de Bordeaux	0,994
Sulfure de carbone	1,263	Esprit de bois	0,928
Acide chlorhydrique hexahydraté	1,208	Huile d'olive	0,915
— acétique monohydraté	1,063	Huile de naphte	0,867
		Essence de térébenthine	0,801
Lait de vache	1,030	Alcool absolu	0,793
		Éther sulfurique	0,750

71. Aréomètres usuels. — On appelle *aréomètres* de petits instruments construits de manière à flotter dans les liquides ; leur usage est une application des conditions d'équilibre des corps flottants.

Les aréomètres usuels servent à indiquer le degré de concentration des liquides d'après la quantité plus ou moins grande dont ils s'enfoncent pour être en équilibre.

Ils se composent d'un tube cylindrique en verre, renflé à sa partie inférieure et lesté par une petite boule contenant du mercure ou de la grenaille de plomb ; à l'intérieur du tube est placée une petite bande en papier sur laquelle sont marqués les degrés, qui peuvent être aussi gravés sur le verre.

L'industrie emploie un grand nombre d'aréomètres à poids constant dont quelques-uns servent exclusivement à un seul liquide : le pèse-lait, le pèse-vin. Les trois plus usités sont :

1º Le *pèse-acides* ou *pèse-sels* de Baumé pour les liquides plus lourds que l'eau.

2º Le *pèse-alcools* ou *pèse-liqueurs* de Baumé pour les liquides plus légers que l'eau.

3º L'*alcoomètre centésimal* de Gay-Lussac pour les mélanges d'alcool et d'eau.

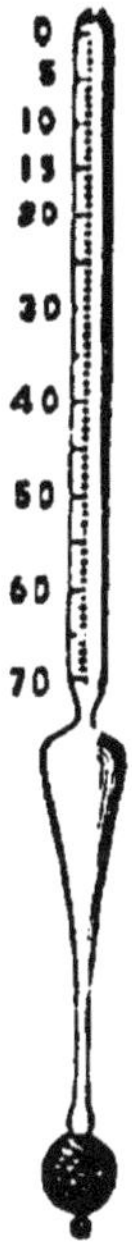

72. 1º Pèse-acides ou pèse-sels de Baumé. — L'instrument (*fig.* 67) est lesté de telle sorte que, plongé dans l'eau pure à 12º,5 centigrades, il s'enfonce jusque vers le haut de la tige; on marque 0 au point d'affleurement; l'appareil est ensuite fermé à la lampe.

On le plonge ensuite dans une dissolution formée de 85 parties d'eau pour 15 parties de sel marin et l'on marque 15 au point d'affleurement. On partage l'intervalle entre les deux points obtenus en 15 parties égales et l'on continue les divisions jusqu'au bas de la tige; celle-ci doit être assez longue pour recevoir 70 degrés environ.

Un pareil instrument doit marquer :

66 degrés dans l'acide sulfurique concentré,
35 degrés dans l'acide azotique du commerce,
22 degrés dans l'acide chlorhydrique usuel,
40 degrés dans le sirop de sucre concentré pour la fabrication du sucre candi.

FIG. 67.
Pèse-acides de Baumé.

73. Pèse-esprits. — *Pour les liquides moins denses que l'eau*, tels que les alcools du commerce, l'instrument (*fig.* 68) est lesté de telle sorte qu'il affleure à la naissance de la tige, quand on le plonge dans une dissolution de 10 parties de sel marin, dans 90 parties d'eau à 12º,5; on marque 0 au point d'affleurement. Puis on le plonge dans de l'eau pure et on marque 10 au point d'affleurement. On partage l'intervalle 0-10 en 10 parties égales et on prolonge la graduation jusqu'au haut de la tige, qui doit porter 60 divisions environ. L'éther rectifié marque 65 degrés; l'ammoniaque du commerce marque 22 degrés.

FIG. 68.
Pèse-esprits de Baumé.

REMARQUE. — Dans la pratique, tous les aréomètres du commerce sont gradués par comparaison avec des aréomètres étalons qui seuls ont été gradués directement. Il suffit pour cela de marquer les points d'affleurement dans deux liquides différents et d'inscrire la valeur indiquée par l'étalon plongé dans les mêmes liquides, une simple opération graphique suffit pour compléter l'échelle.

74. Alcoomètre centésimal de Gay-Lussac. — Il est destiné à faire connaître quel est, à 15 degrés centigrades, le volume d'alcool pur que peut abandonner par distillation *un hectolitre* d'un mélange d'eau et d'alcool.

L'instrument a la forme d'un aréomètre de Baumé (*fig.* 69) ; il est gradué d'une façon spéciale.

Graduation. — On plonge l'instrument dans de l'eau pure à 15° ; l'instrument est lesté de telle sorte que le point d'affleurement est au bas de la tige ; on marque 0 à ce point. On prend ensuite 5 centimètres cubes d'alcool pur et on y ajoute de l'eau jusqu'à ce que le volume du mélange soit égal à 100 centimètres cubes[1]. On plonge l'instrument dans ce liquide et on marque 5 au point d'affleurement.

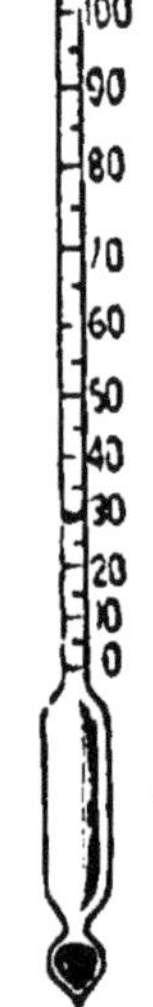

Fig. 69. — Alcoomètre centésimal.

On prend ensuite 10 centimètres cubes d'alcool pur et on y ajoute de l'eau jusqu'à ce que le volume du mélange soit égal à 100 centimètres cubes. On plonge l'instrument dans ce mélange et on marque 10 au point d'affleurement. On détermine de la même manière tous les points d'affleurement de 5 en 5. Enfin, dans l'alcool absolu, on marque 100 au point d'affleurement, qui est alors situé au haut de la tige. Enfin, on divise en 5 parties égales chacun des intervalles.

Il importe d'observer que, l'alcoomètre de Gay-Lussac ayant été gradué à 15°, ce n'est qu'à cette température que ses indications sont exactes. A des températures plus hautes ou plus basses, les liquides alcooliques se dilatent ou se contractent et deviennent, par conséquent, plus légers ou plus denses : de sorte que l'instrument s'y enfonce plus ou moins, bien que leur richesse en alcool n'ait pas varié. Entre 0° et 30° c., l'erreur ainsi comprise peut aller jusqu'à 30 p. 100 de la richesse alcoolique : Gay-Lussac a dressé une table de

1. Il faut opérer ainsi, parce que l'eau et l'alcool en se mélangeant éprouvent une contraction de volume.

correction qui permet de rendre les observations comparables entre elles.

On remarquera aussi que les divisions sont d'autant plus écartées les unes des autres que la richesse alcoolique est plus grande; cela tient à ce que l'on mélange deux liquides de densités différentes et que la proportion du liquide le moins dense augmente de plus en plus.

Usage. — On plonge dans le mélange d'eau et d'alcool à analyser un thermomètre et l'alcoomètre de Gay-Lussac : on relève les indications des deux instruments et, à l'aide de l'abaque, on détermine quelle serait l'indication de l'alcoomètre si la température était de 15° ; soit 62 cette indication : un hectolitre du liquide alcoolique abandonnerait par distillation 62 litres d'alcool absolu.

Quand on possède un alcoomètre étalon, on peut en graduer un autre *par comparaison*. On plonge les deux instruments dans le même liquide alcoolique, et on marque, sur la tige de l'instrument non gradué, le degré *n* indiqué par l'étalon. On détermine de même un autre degré, ou plus simplement le point d'affleurement dans l'eau pure, et il ne reste plus qu'à diviser l'échelle du nouvel instrument en parties proportionnelles aux degrés de l'étalon. Pour cela, on place les deux échelles parallèlement l'une à l'autre (*fig.*70). en AB et *ab ;* on joint les deux divisions 0° par une droite A*a ;* les deux divisions *n* par une droite N*n*, puis on joint le point de concours O de ces deux lignes aux différentes divisions de l'étalon ; les intersections de ces nouvelles lignes avec l'autre échelle donnent les divisions correspondantes.

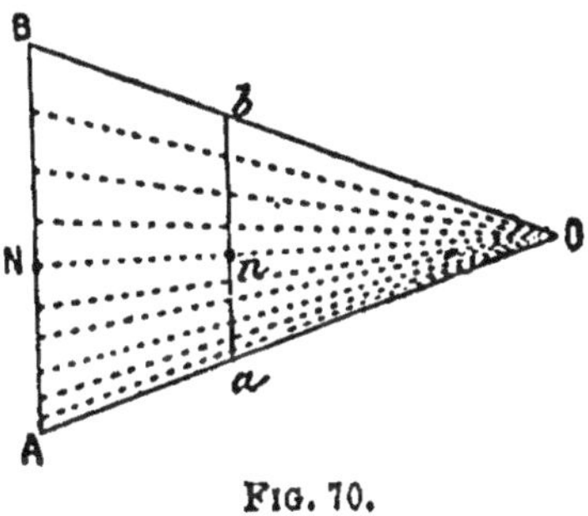

FIG. 70.

REMARQUE. — Comme il est dit plus haut, cet instrument ne doit être employé que pour des mélanges ne contenant que de l'eau et de l'alcool ; lorsqu'on veut s'en servir pour déterminer la richesse alcoolique d'un vin, il faut d'abord distiller un volume déterminé de ce vin de façon à recueillir environ la moitié du liquide, lequel est alors formé exclusivement de tout l'alcool que contenait le vin et d'une quantité plus ou moins considérable d'eau qui a été entraînée. On ajoute alors au liquide recueilli de l'eau pure de façon à reproduire exactement le volume primitif et enfin l'on plonge l'alcoomètre dans ce liquide.

Exercices. — **1.** Un litre d'air pèse 1ᵍʳ,293. On demande la densité de l'air ?

2. Un morceau de plomb pèse 75 gr. dans l'eau, sa densité est 11,35. Que pèse-t-il dans l'air?

3. Un morceau de liége pèse 30 gr. dans l'air. On l'attache à un morceau de plomb dont la densité est 11,35 et le poids de 200 gr. et on pèse l'ensemble des deux corps dans l'eau. On trouve 69ᵍʳ,5 pour leur poids commun. On demande la densité du liége.

Solution. — Les deux corps dans l'air pèsent 30 + 200 = 230 gr.; dans l'eau ils ne pèsent que 69ᵍʳ,5 ; ils éprouvent donc une poussée de :

$$230 - 69,5 = 160^{gr},5.$$

Cette poussée représente le poids de l'eau déplacée par le plomb et par le liége, or le nombre qui représente le poids de l'eau déplacée par le plomb représente aussi le volume de ce dernier : $\dfrac{200}{11,35}$ repré-

sente donc la poussée subie par le plomb, celle du liége sera $\dfrac{30}{x}$, en représentant par x la densité cherchée ; on a donc :

$$\frac{200}{11,35} + \frac{30}{x} = 160^{gr},5$$

d'où l'on tire : $x = 0,21.$

4. Un morceau de sucre candi pèse 25 grammes ; dans l'essence de térébenthine, il pèse 11,43. On demande la densité du sucre, celle de l'essence de térébenthine étant 0,87.

5. Un morceau de plomb a pour poids apparent dans l'eau 100 grammes et pour poids apparent dans l'acide sulfurique 92 grammes. Quelle est la densité du plomb et quel est son volume, la densité de l'acide sulfurique = 1,8.

6. Un corps solide dont la densité est 2,15 pèse 525 grammes. On l'attache à un fil et on le suspend au plateau d'une balance. Quel poids faudrait-il mettre dans l'autre plateau pour maintenir la balance en équilibre : 1° si on plonge le corps dans l'eau ; 2° si on le plonge dans un liquide de densité égale à 0,79 ?

7. Un tube creux, cylindrique, fermé à sa partie inférieure, se tient en équilibre verticalement dans un liquide de densité 1,2 ; 25 divisions de ce tube, divisé en parties égales, sont alors immergées. On y verse ensuite du mercure qui occupe 4 divisions. Calculer le nouveau nombre de divisions qui seront immergées, la densité du mercure est 13,6 (on considère l'épaisseur des parois du tube comme négligeable).

Solution. — On sait que le poids du corps flottant est égal à la poussée, c'est-à-dire au poids du liquide déplacé. Or, si l'on prend

pour unité de volume, le volume d'une division du tube, ce poids sera égal à :
$$25 \times 1,2.$$

Le mercure ajouté pèse :
$$4 \times 13,6.$$

Le poids du cylindre est donc alors:
$$25 \times 1,2 + 4 \times 13,6.$$

A ce moment, x divisions de la tige sont immergées, par suite le poids du liquide déplacé est de:
$$x \times 1,2.$$

D'où:
$$x \times 12 = (25 \times 1,2) + (4 \times 13,6)$$
$$\text{et } x = 70\,\frac{1}{3}.$$

8. Un aréomètre de Baumé, pour les liquides plus lourds que l'eau, pèse 30 grammes ; on sait qu'il marque 66 dans l'acide sulfurique de densité 1,8. Calculer le volume d'une division de la tige?

Solution. — D'après le principe des corps flottants, le poids de l'acide sulfurique déplacé par l'aréomètre est égal au poids de cet instrument, c'est-à-dire 30 grammes, le volume V de l'acide sulfurique déplacé est donc :

$$V = \frac{30}{1,8} \qquad\qquad (1)$$

Cette quantité représente également le volume de la partie inférieure de l'aréomètre jusqu'à la division 66, c'est-à-dire de la partie immergée.

Plongé dans l'eau l'appareil s'enfonce jusqu'à la division 0, le volume immergé est alors :

$$V + 66v,$$

en appellant v le volume d'une division de la tige ; or le poids de l'appareil est exprimé par le même nombre, en sorte que l'on peut écrire :

$$V + 66\,v = 30 ; \qquad\qquad (2)$$

et, en remplaçant dans cette égalité V par sa valeur tirée de (1), on obtient :

$$\frac{30}{1,8} + 66\,v = 30,$$

d'où :
$$v = 0^{cm^3},202.$$

CHAPITRE IV

CAPILLARITÉ. — DIFFUSION. — ENDOSMOSE

Sommaire. — **1.** Un *tube capillaire* est un tube dont le diamètre est comparable à celui d'un cheveu.

2. Dans un tube capillaire, il y a *ascension* du liquide, si le liquide *mouille* le tube; il y a *dépression*, si le liquide ne *mouille pas* le tube. Les ascensions et les dépressions capillaires sont en raison inverse des diamètres des tubes.

3. L'*endosmose* est la diffusion d'un liquide à travers une membrane lorsque le liquide est diffusé de l'extérieur à l'intérieur. Il y a *exosmose*, lorsque la diffusion s'opère de l'intérieur à l'extérieur. Les corps facilement diffusibles sont appelés corps *cristalloïdes ;* les corps non diffusibles sont appelés corps *colloïdes*.

4. La *filtration* a pour but de séparer un liquide de toutes les matières solides qu'il tient en suspension. Le *filtre Chamberland* arrête les germes de fermentation et les microbes contenus dans les eaux.

75. Phénomènes de capillarité. — Les principes d'hydrostatique que nous venons d'établir, en supposant que les liquides soient soumis à la seule action de la pesanteur, subissent dans certains cas des restrictions.

C'est ainsi que, tout près des parois d'un vase contenant un liquide, on constate que le liquide s'élève ou se déprime et que sa surface devient ainsi concave ou convexe dans cette région, au lieu d'être horizontale.

De même, si l'on introduit un même liquide dans deux tubes communicants dont l'un ait un diamètre *très étroit*, on voit que si le liquide *mouille* les parois de ce dernier tube, le niveau y est plus élevé que dans l'autre (*fig.* 71), et si le liquide ne les mouille pas, dans le cas du mercure par exemple, il est au contraire déprimé (*fig.* 72).

Ce sont là des phénomènes de *capillarité*. Ils sont dus à ce que les liquides sont soumis non seulement à l'action de la pesanteur mais encore aux actions moléculaires qui s'exercent entre le liquide et la substance de la paroi.

L'expérience se fait facilement (*fig.* 71) en plongeant un tube capillaire, c'est-à-dire un tube dont le diamètre intérieur est assez fin pour être comparé à celui d'un cheveu, dans

un liquide qui le mouille, de l'eau par exemple ; il se produira dans le tube une ascension du liquide et la surface
libre du liquide dans le tube se creusera et prendra la forme
d'un *ménisque concave*, dont les bords sont tangents à la paroi
du tube.

En outre, au contact extérieur du tube, la surface de l'eau
dans le vase cesse d'être horizontale; le liquide s'élève autour
du corps solide, en prenant une forme concave.

Prenons le même tube capillaire et plongeons-le dans un

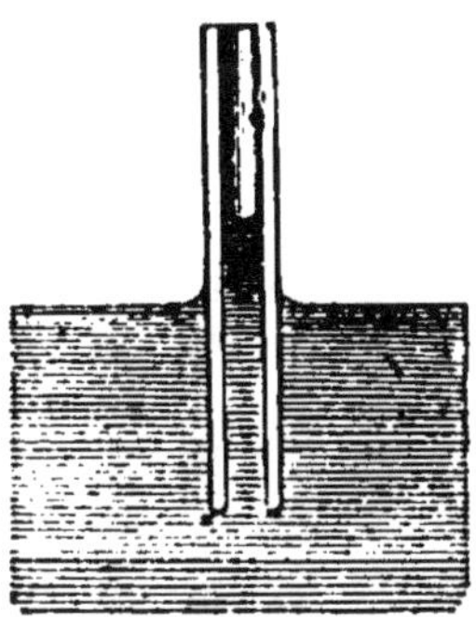

Fig. 71. — Ascension de l'eau dans
un tube capillaire.

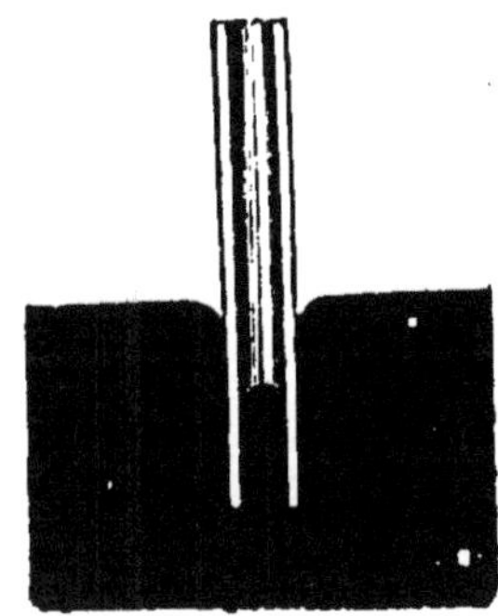

Fig. 72. — Dépression du mercure
dans un tube capillaire.

liquide qui ne le mouille pas, du mercure par exemple
(*fig. 72*) ; le mercure est déprimé et sa surface libre dans le
tube prend la forme d'un *ménisque convexe* dont les bords
ne se raccordent plus tangentiellement à la paroi du tube ;
de même, la surface libre du mercure dans le vase se
déprime et sa surface devient convexe.

Dans le premier cas, la force d'attraction du solide sur le
liquide est plus grande que l'attraction mutuelle des molécules liquides combinée avec l'action de la pesanteur; dans
le second cas, elle est plus petite.

**76. Ascension d'un liquide dans un tube qu'il
mouille.** — Les lois de cet ordre de phénomènes portent
le nom de **lois de Jurin**.

1re LOI. — *Pour un même liquide, la hauteur moyenne du
liquide soulevé est inversement proportionnelle au diamètre du
tube.*

2e LOI. — *La hauteur du liquide soulevé est indépendante de
l'épaisseur du tube et de la nature de sa substance.*

3e LOI. — *Pour un même tube, la hauteur du liquide soulevé
varie avec la nature du liquide.*

Dans un tube de verre de 1 millimètre de diamètre, par exemple, on trouve que l'eau s'élève à 30^{mm},7 ; l'alcool, à 12^{mm},1 ; l'éther, à 10^{mm},8 ; le sulfure de carbone, à 10^{mm},2.

77. Dépression d'un liquide dans un tube qu'il ne mouille pas.

101. — *Les dépressions moyennes pour un même liquide sont inversement proportionnelles aux diamètres des tubes.*

78. Tension superficielle. — La surface de séparation d'un liquide et de l'atmosphère qui surmonte ce liquide est comparable à une *membrane élastique uniformément tendue;* on peut mettre ce fait en évidence par plusieurs expériences exécutées en se servant d'une dissolution de savon additionnée de glycérine et appelée *liquide glycérique.*

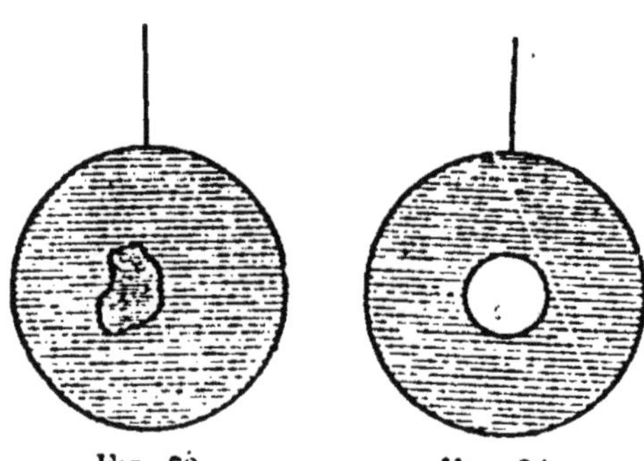

Fig. 73.   Fig. 74.

1° Trempons dans du liquide glycérique un cadre en fil de fer (*fig.* 73) tenu par un fil; en retirant le cadre hors du liquide, nous aurons une lame de liquide très mince plane et limitée au contact du cadre. Disposons sur cette lame une *boucle* A formée d'un fil de soie très fin préalablement mouillée avec le liquide glycérique : la boucle s'étale sur la lame en formant une courbe fermée d'une forme quelconque. Avec un morceau de papier, perçons la lame liquide limitée par le contour de la boucle; aussitôt la boucle se courbe en formant une *circonférence* parfaite (*fig.* 74). Cette expérience nous montre que le pourtour de la circonférence est sollicité par une traction égale dans toutes les directions, et normale à la circonférence.

2° Recouvrons de sable fin la surface d'un bain de mercure et enfonçons progressivement une baguette de verre dans le mercure; le sable disparaît tout autour de la baguette, comme si la baguette entraînait avec elle une membrane qui supportait le sable.

3° On souffle à l'extrémité d'un tube une bulle de savon; dès qu'on cesse de souffler, la bulle diminue de diamètre; en même temps, si l'on approche l'orifice supérieur du tube près de la flamme d'une bougie, la flamme est soufflée et peut même être éteinte. Les parois de la bulle de savon exercent sur l'air intérieur une pression semblable à celle que produirait la membrane tendue d'un ballon en caoutchouc.

4° On plonge dans le liquide glycérique un équipage formé de deux tiges de bois horizontales très légères (*fig.* 75-76) reliées entre elles par deux fils de soie verticaux de même longueur. On enlève l'équipage hors du liquide et on obtient une lame mince liquide limitée aux deux tiges de bois et aux deux fils de soie qui se sont recourbés en *arcs de cercle*. Si on saisit la tige de bois inférieure par son milieu pour l'écarter davantage de la tige supérieure, et qu'ensuite on l'abandonne à elle-même, on voit la tige de bois inférieure se rapprocher de la tige supérieure et reprendre sa position première d'équilibre. Cette expérience montre bien que la surface de la lame est semblable à une membrane uniformément tendue.

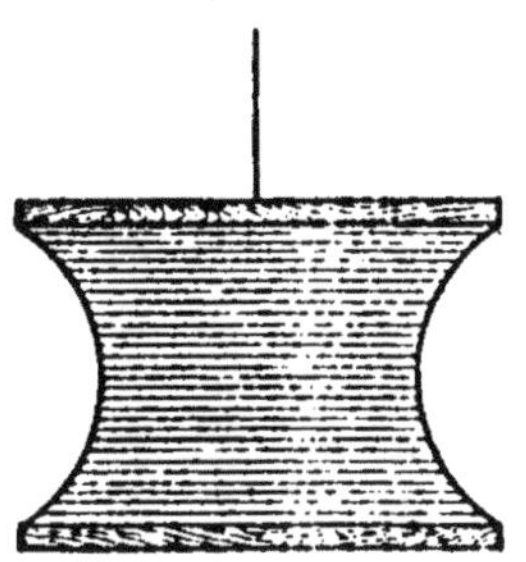

Fig. 75-76.

En résumé, la surface d'un liquide est semblable à une feuille très mince de caoutchouc tendue qui tend à prendre une surface *d'aire minima*. Si on imagine une section de la surface du liquide faite par un plan normal, les deux bords de la section tendent à se réunir, et, quand ces bords sont réunis, on peut les considérer comme sollicités par un ensemble de forces s'exerçant également en tous les points de la section, normalement à la section dans le plan tangent à la surface du liquide en chaque point de la section. Cette force *de réunion* du liquide pour lui-même rapportée à l'*unité de longueur* de la section s'appelle la *tension superficielle*.

79. Explication des phénomènes capillaires. — Les phénomènes capillaires s'interprètent facilement par l'hypothèse de la tension superficielle. Quand un tube solide est parfaitement mouillé par un liquide, le solide retient à sa surface une couche adhérente de liquide formant une gaine liquide de manière que le liquide contenu dans le tube est en réalité en contact avec un tube de même liquide. Le raccordement se fait sous un angle nul et tout le long de la ligne de raccordement s'exerce la tension superficielle dirigée de bas en haut suivant une direction parallèle à l'axe du tube ; la colonne liquide s'élèvera donc dans l'intérieur du tube jusqu'à ce que le poids de la colonne liquide soulevée fasse équilibre à la *tension superficielle totale*. Si on appelle f la tension superficielle par unité de longueur, on aura :

$$2 \pi r f = \pi r^2 h d$$

ou
$$h = \frac{2f}{r d}$$

en appelant r le rayon du tube, h la hauteur moyenne du liquide soulevé dans le tube et d le poids spécifique du liquide. On retrouve ainsi les lois de Jurin.

Pour le mercure, qui ne mouille pas le verre, il faut admettre encore qu'il existe une tension superficielle au contact du liquide et du verre ; seulement cette tension superficielle est dirigée de haut en bas et tend à déprimer le liquide.

80. Phénomènes d'adhérence et de teinture. — Un disque de verre posé sur la surface de l'eau ne peut être détaché qu'en déployant un certain effort ; et en se séparant du liquide le disque en entraîne avec lui une couche qui lui reste adhérente. Avec le mercure, l'adhérence est plus forte et il n'y a pas de liquide soulevé quand le disque se détache.

Les phénomènes de teinture sont dus aux actions capillaires ; le liquide coloré mouille les fibres textiles et imbibe complètement l'étoffe.

81. Applications de la capillarité. — La capillarité explique l'ascension de la sève dans les vaisseaux des plantes ; c'est grâce à elle également que l'huile monte dans la mèche des lampes, que l'eau pénètre dans un morceau de sucre plongé par un de ses points ; que le bois, les étoffes, les éponges, etc., s'imbibent plus ou moins facilement. C'est aussi à cause de la capillarité que les gaz se meuvent difficilement dans les tubes capillaires occupés par les liquides et réciproquement. Le principe d'Archimède semble aussi être quelquefois en défaut : certains corps, plus pesants que l'eau à volume égal, peuvent flotter à sa surface en vertu d'une action capillaire, par exemple une aiguille d'acier préalablement recouverte d'une couche très mince de matière grasse. L'eau, ne mouillant pas l'aiguille, se déprime autour d'elle, et il arrive ainsi que le poids du liquide déplacé est égal ou supérieur à celui de l'aiguille. C'est par un effet semblable que certains insectes se maintiennent sur l'eau sans s'y enfoncer.

82. Diffusion. — Lorsque deux liquides miscibles sont mis en contact, on constate au bout d'un certain temps que chacun des liquides a pénétré plus ou moins profondément l'autre : cette pénétration réciproque a reçu le nom de *diffusion.*

Dans un grand bocal plein d'eau pure, faisons descendre au-dessous de l'eau, à l'aide d'une pipette, une dissolution concentrée de sel marin dans l'eau; au bout de quelques jours, nous constaterons que l'eau salée s'est diffusée peu à peu au sein de l'eau pure. En effet, puisons, au moyen d'un siphon capillaire, des échantillons de liquide pris à différentes hauteurs : à l'aide d'une dissolution d'azotate d'argent, nous constaterons la présence du sel marin en proportion d'autant plus grande que le liquide aura été puisé à une plus grande profondeur.

La rapidité de la diffusion varie avec les différents liquides. Les liquides qui se diffusent le mieux sont les acides, l'alcool, l'éther, les solutions de sucre, de sel marin et des différents sels : Graham a donné à ces corps le nom de *corps cristalloïdes*; la gomme, l'albumine, la gélatine, le caramel, le tannin ont une diffusibilité presque nulle : ce sont les *corps colloïdes* de Graham.

83. Endosmose. — L'abbé Nollet montra le premier que deux liquides séparés par un fragment de vessie se diffusent à travers la membrane. Plus tard, Dutrochet étudia complètement ce phéno-

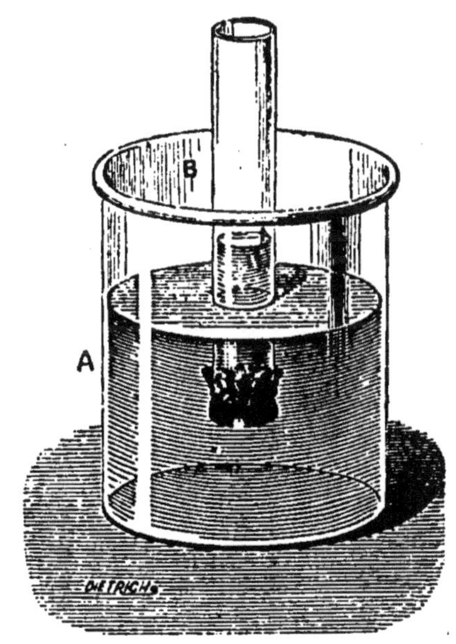

Fig. 77.

mène et donna le nom d'**endosmose** à la diffusion des liquides à travers une membrane.

Prenons un tube de verre B fermé à l'une de ses extrémités par un fragment de vessie, mettons dans le tube une certaine quantité d'alcool, et plongeons le tube dans un vase A renfermant de l'eau (*fig.* 77), de manière que l'alcool et l'eau soient au même niveau; au bout d'un certain temps, on verra le liquide monter progressivement dans le tube B; si l'on plonge un alcoomètre de Gay-Lussac dans le liquide du vase A, on constatera qu'il est passé de l'eau du vase A dans le tube B à travers la vessie.

On voit qu'il y a eu *endosmose* de l'eau et *exosmose* de l'alcool; seulement, la vitesse d'endosmose de l'eau est supérieure à la vitesse d'exosmose de l'alcool. Ces phénomènes trouvent leur application dans l'*absorption intestinale*.

Aux phénomènes précédents se rapporte l'opération connue sous le nom de *filtration*, ayant pour but de débarrasser un liquide de toutes les matières solides qu'il tient en suspension. La filtration s'opère à l'aide de papier non collé, de feutre, d'une pierre poreuse, ou d'une couche de charbon pilé.

Un filtre (fig. 78) est divisé en trois compartiments E, A, B. Dans le premier compartiment E, on verse l'eau impure. Cette eau passe sur l'éponge E, où elle abandonne les matières les plus grossières. Dans le 2e compartiment A, sont disposées des couches alternatives de saLle et de charbon : l'eau filtre à travers ces couches; elle coule purifiée dans le compartiment B, d'où elle est tirée au moyen d'un robinet.

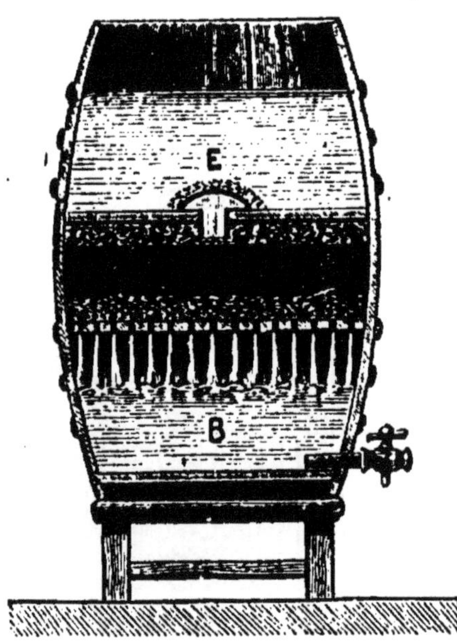

Fig. 78.

LIVRE III

STATIQUE DES GAZ

CHAPITRE PREMIER

Sommaire. — **1.** Les gaz, comme les liquides, transmettent intégralement dans tous les sens les pressions qu'on leur fait subir.

2. On vérifie que les gaz sont pesants en faisant la tare d'un ballon dans lequel on a fait le vide; puis en   laissant rentrer l'air ou tout autre gaz, on constate que le ballon a augmenté de poids.

3. La pression atmosphérique peut être mise en évidence par les expériences du *crève-vessie* et des *hémisphères de Magdebourg*.

4. L'expérience de Torricelli permet de mesurer la pression atmosphérique en calculant la pression de la colonne de mercure soulevée par cette dernière dans un tube vide de toute matière pondérable.

5. Pascal a vulgarisé en France par diverses expériences la grande découverte de Torricelli.

6. Les baromètres sont des instruments destinés à déterminer la *hauteur barométrique* à l'aide de laquelle on calcule la *pression atmosphérique* sur une surface donnée. Les principaux sont le baromètre normal, le baromètre à cuvette ordinaire, le baromètre de Fortin, le baromètre à siphon de Gay-Lussac et le baromètre métallique.

7. La hauteur barométrique moyenne à Paris est égale à 76 centimètres ; la pression atmosphérique moyenne est égale à 1 033 grammes par cent. carré.

84. Propriétés générales des gaz. — Les *gaz* sont des *fluides élastiques, expansibles* et éminemment *compressibles* (§ 3, 4 et 5). Tous les principes fondés sur la fluidité des corps sont applicables aux gaz; **les gaz transmettent intégralement dans tous les sens les pressions qu'on leur fait subir;**

ainsi, par exemple, quand une masse d'air est enfermée dans un vase cylindrique V (*fig.* 79) dans lequel peut se mouvoir un piston A; si on exerce sur le piston une pression totale de 10 kilogrammes, le piston descend jusqu'à une certaine profondeur jusqu'à ce que la pression totale exercée par l'air sur la face inférieure du piston soit égale à 10 kilogrammes. Si la pression exercée augmente, le piston s'enfonce davantage; si la pression exercée diminue le piston remonte d'une certaine quantité.

85. Force élastique d'un gaz. — Nous savons que les molécules d'un gaz sont continuellement en mouvement; elles viennent, chacune à leur tour, frapper les parois du récipient à des intervalles de temps assez rapprochés pour que l'effet général produit par ces chocs répétés soit assimilable à celui d'une pression continue *normale* en chacun des points de la surface du récipient. Le gaz exerce donc, *par centimètre carré*, une pression qu'on appelle la *force élastique* du gaz; la force élastique d'un gaz s'évalue soit en kilogrammes par centimètre carré, soit en dynes par centimètre carré.

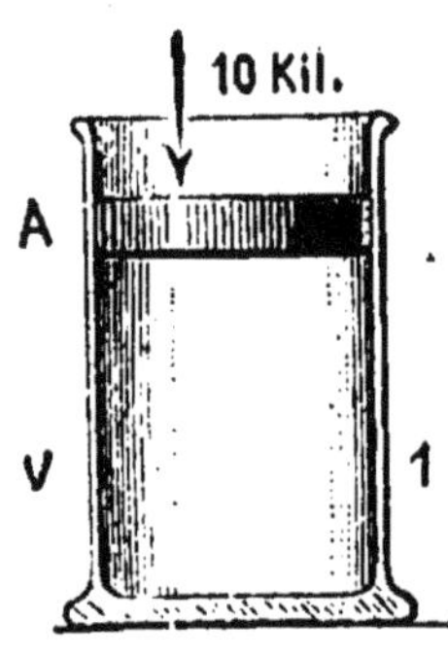

Fig. 79.

Inversement, le gaz supporte de la part du récipient une *pression* égale et opposée à la force élastique que le gaz exerce sur le récipient. Dans l'exemple précédent, chaque centimètre carré de la face inférieure du piston supporte de la part du gaz une pression de bas en haut égale à la pression de haut en bas que le piston exerce sur le gaz par centimètre carré. Le gaz transmet ensuite intégralement cette pression dans tous les sens.

D'autre part, les gaz sont **pesants**; on peut alors appliquer à un gaz en équilibre les théorèmes fondamentaux de l'hydrostatique.

Principes. — 1° *Quand un gaz pesant est en équilibre, tous les points d'un même plan horizontal supportent la même pression.*

2° *La différence des pressions en deux points pris à des niveaux différents est égale au poids d'une colonne verticale de gaz, dont la section serait égale à l'unité de surface et dont les deux bases seraient respectivement placées dans les plans horizontaux passant par les deux points donnés.*

Quand il s'agit d'un liquide, c'est-à-dire d'un corps peu

compressible, la variation de pression le long d'une verticale n'a pas d'influence appréciable sur le poids spécifique. Il n'en est plus de même pour les gaz; et, dans une colonne gazeuse verticale, les couches inférieures, comprimées par le poids des couches supérieures, auront toujours un poids spécifique plus grand.

Toutefois, les gaz ayant (dans les conditions ordinaires de pression du moins), un faible poids spécifique, cette variation de densité pourra être négligée toutes les fois qu'on ne considérera qu'une masse de gaz de faible hauteur, par exemple, le gaz renfermé dans un ballon ou une éprouvette. La pression et la densité peuvent alors être regardées comme identiques, non seulement sur un même plan horizontal, mais encore en tous les points du récipient.

La pression supportée par un point de la paroi est normale à la paroi en ce point.

La pression supportée par un élément plan pris au sein d'un gaz est indépendante de son orientation.

86. Pression atmosphérique.—La terre est entourée d'une atmosphère gazeuse, formée d'oxygène et d'azote, dont le mélange constitue l'*air atmosphérique.*

En vertu de la force expansive de l'air, il semble que l'atmosphère devrait être illimitée. Mais, par l'effet même de la dilatation, la force expansive de l'air décroît de plus en plus; elle est, en outre, affaiblie par la basse température des hautes régions de l'atmosphère ; il en résulte que l'équilibre doit finir par s'établir entre la force expansive des molécules de l'air et l'action de la pesanteur qui les attire vers le centre de la terre ; l'atmosphère doit donc être limitée. On évalue à 70 kilomètres environ la hauteur de l'atmosphère, c'est-à-dire à *dix fois* environ la profondeur maximum de l'Océan.

De même que ce dernier exerce une pression sur son fond et sur les corps plongés dans la mer, on conçoit que l'atmosphère doive exercer une certaine pression sur la surface de la terre et sur les corps plongés dans l'atmosphère : cette pression a reçu le nom de **pression atmosphérique.**

Démontrons d'abord l'existence de la pression atmosphérique par les expériences suivantes :

1° **Crève-vessie.** — On place sur la platine de la machine pneumatique un cylindre de verre, ouvert à ses deux extrémités, et sur la base supérieure duquel on a tendu une membrane de vessie (*fig.* 80). Tant qu'on ne fait pas fonctionner la machine, la membrane reste plane, malgré la pression énorme qu'elle supporte de la part de l'atmosphère, et cela, parce que la force élastique de l'air intérieur exerce sur elle une pression de bas en haut égale à la pression atmosphérique; mais, dès les premiers coups de piston, qui diminuent cette force élastique, la membrane s'infléchit et bientôt elle se brise sous l'effort de la pression atmosphérique. Le bruit qui se produit alors est dû surtout au choc de l'air qui rentre contre les parois intérieures du cylindre.

Fig. 80. — Crève-vessie.

2° Les **hémisphères de Magdebourg** (*fig.* 81) sont deux hémisphères métalliques creux, dont les bords peuvent s'appliquer exactement l'un sur l'autre; une bande de cuir graissé rend d'ailleurs la fermeture plus hermétique. L'hémisphère inférieur porte une monture à robinet, qui peut se visser sur le conduit de la machine pneumatique. Les deux hémisphères étant superposés, on fait le vide dans l'intérieur, et l'on ferme le robinet; la pression que l'atmosphère exerce normalement sur chacun des éléments de la sphère, n'étant plus équilibrée par la force élastique de l'air intérieur, maintient les hémisphères appliqués l'un contre l'autre, et cela si fortement, que deux personnes tirant en sens opposé ne peuvent parvenir à les séparer, quelle que soit la direction suivant laquelle s'exerce la traction : ce qui prouve que la pression atmosphérique s'exerce dans tous les sens. Au contraire, dès qu'on

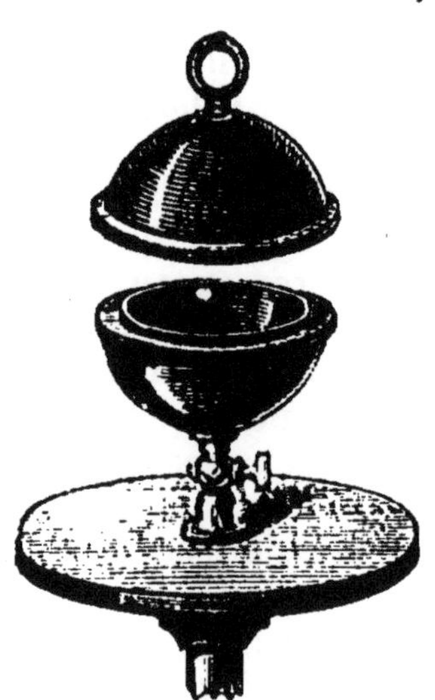

Fig. 81. — Hémisphères de Magdebourg.

ouvre le robinet, on entend un sifflement qui annonce la rentrée de l'air, et l'on peut alors séparer les hémisphères sans difficulté. Dans une expérience célèbre, exécutée à Magdebourg par le bourgmestre Otto de Guericke, qui venait d'inventer la machine pneumatique, vingt chevaux ne purent parvenir à séparer deux hémisphères d'un diamètre assez considérable, dans lesquels on avait fait le vide.

3° Si l'on emplit d'eau un verre à boire ordinaire, et que l'on applique une feuille de papier sur la surface du liquide, on peut, en agissant avec précaution, retourner le verre sans que le liquide s'en échappe (*fig.* 82). La pression atmosphérique s'exerce donc de bas en haut. Il est bon de remarquer que la feuille de papier sert ici seulement à empêcher que la masse liquide ne se laisse diviser par le passage de l'air qui est spécifiquement plus léger. Si au lieu d'un verre ordinaire, on employait un tube étroit, fermé à l'une de ses extrémités, on pourrait, après l'avoir empli d'eau, le retourner purement et simplement sans que le liquide s'échappât.

FIG. 82.

4° Quand on plonge l'extrémité d'un tube dans un liquide, puis qu'on aspire à l'autre extrémité l'air contenu dans le tube, soit par la bouche, soit au moyen d'une pompe, c'est encore la pression atmosphérique qui, n'étant plus équilibrée par la pression du gaz renfermé dans le tube, y fait monter le liquide et l'y maintient suspendu tant que l'air reste raréfié au-dessus du liquide.

On peut même, si le tube est effilé, comme pour la pipette, le sortir du liquide sans que celui-ci s'échappe, à la condition de fermer l'extrémité supérieure. A cause de la capillarité, l'air extérieur ne pourra pas diviser le liquide qui remplit la partie effilée, ce dernier restera donc soutenu par la pression extérieure.

Cependant si la colonne de liquide ainsi soulevée atteint une certaine hauteur, on comprend qu'elle arrive à exercer sur la couche inférieure une pression égale à celle de l'atmosphère ; à partir de ce moment le liquide cessera naturellement de s'élever, puisque les deux forces qui agissent sur lui : la pesanteur et la pression atmosphérique, se font équilibre.

La hauteur à laquelle le liquide pourra s'élever pour obtenir ce résultat variera naturellement avec la densité du liquide ; en moyenne, l'eau peut s'élever à $10^m,33$, le mercure, dont la densité est 13,6, s'élève à

$$\frac{10,33}{13,6} = 0^m,76.$$

87. Mesure de la pression atmosphérique — Expérience de Torricelli.

— Au dix-septième siècle encore, on expliquait l'ascension des *liquides* dans les tubes où l'on faisait le vide en disant que la *nature avait horreur du vide,* suivant l'opinion d'Aristote.

Un jour, Galilée fut informé, par un fontainier, que l'eau refusait de s'élever dans le tuyau d'une pompe aspirante, à une hauteur de plus de 18 brasses (10^m,30) au-dessus du niveau de l'eau dans le puits où elle était puisée. Il expliqua, dit-on, ce phénomène en disant que la colonne d'eau, tirée par sa partie supérieure, finissait par se rompre sous son propre poids, comme le ferait une corde très longue. Et il conclut de là que dans le tuyau d'une pompe aspirante les colonnes liquides se rompraient d'autant plus vite que leur densité serait plus grande et que le mercure en particulier ne s'élèverait qu'à une faible hauteur.

Torricelli, disciple de Galilée, en réfléchissant à ce phénomène, comprit que l'ascension de l'eau était due à la pression que l'atmosphère exerce par son poids sur le liquide dans lequel plonge le tube, et guidé par les idées de Galilée, il pensa qu'on pourrait obtenir le vide au-dessus du mercure avec une hauteur de liquide beaucoup moindre qu'avec l'eau. C'est alors qu'il fut conduit (en 1643) à l'expérience mémorable que l'on peut répéter de la manière suivante :

« On prend un tube de verre long de 80 centimètres au moins, d'un diamètre intérieur de 6 à 7 millimètres, et

Fig. 83.

fermé à l'une de ses extrémités. On le remplit entièrement de mercure ; puis, fermant l'ouverture C avec le pouce, on retourne le tube et l'on en plonge l'extrémité ouverte dans une cuvette à mercure (*fig.* 83). On retire alors le doigt et l'on voit la colonne de mercure se maintenir, soulevée dans le tube, de manière que la différence de niveau du mercure dans le tube A B et dans la cuvette soit égale à 76 centimètres environ.

Torricelli affirma et soutint que c'était la pression atmosphérique qui soulevait le mercure dans le tube et que le poids de la colonne de mercure soulevée était égal à la pression que l'atmosphère exerce sur une aire égale à la section du tube.

En effet, l'espace AB du tube de Torricelli (*fig.* 84) est **vide de toute matière pondérable** ; donc la surface libre du mercure en A dans l'intérieur du tube ne supporte aucune pression. D'autre part, la surface libre XY du mercure dans la cuvette est une surface de niveau ; par conséquent la surface CD, section intérieure du tube par le plan XY et l'élément MN de même aire supportent la même pression.

Or MN supporte la pression atmosphérique P ; et CD supporte le poids absolu d'une colonne cylindrique de mercure de base CD et de hauteur h, h étant la différence de niveau du mercure dans le tube et dans la cuvette.

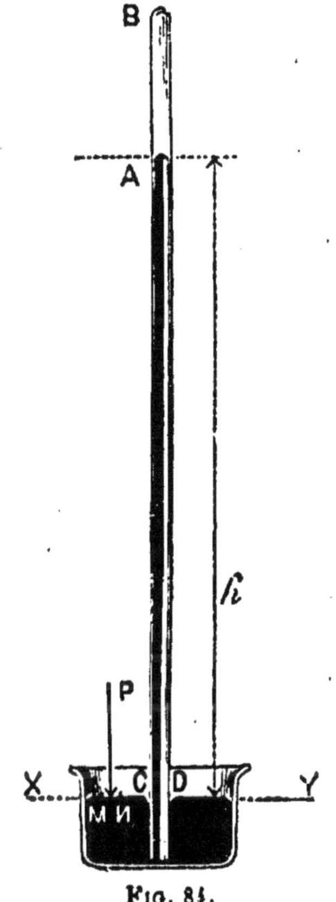

Fig. 84.

On en conclut que la pression atmosphérique sur une aire MN est équivalente au poids absolu d'une colonne cylindrique de mercure ayant pour base l'aire MN et pour hauteur la différence de niveau du mercure dans la cuvette et dans le tube de Torricelli.

Supposons, par exemple, qu'à Paris, à 0°, la différence de niveau du mercure soit égale aujourd'hui à 76 centimètres ;

la pression atmosphérique sur 1 centimètre carré sera égale au poids d'une colonne de mercure dont l'expression est :

$$1 \times 76 \times 13,596 = 1033 \text{ grammes.}$$

REMARQUE. — D'après ce calcul, la pression que supporte un homme de taille moyenne de la part de l'atmosphère est d'environ 15 000 kilogrammes. On peut se demander comment les objets terrestres et notre corps lui-même peuvent supporter une telle pression. Cela tient à ce que cette pression s'exerce dans tous les sens ; les vitres d'une fenêtre sont poussées par l'air extérieur, mais l'air de la chambre les repousse et les maintient en équilibre. De même l'air de nos poumons contrebalance l'air extérieur, et les solides et les liquides qui forment les tissus de notre corps sont également poussés en dedans et en dehors. Aussi ne sommes-nous pas plus gênés par le poids de l'atmosphère que les poissons qui vivent dans les profondeurs de la mer ne le sont par le poids bien plus considérable de la masse d'eau qui se trouve au-dessus d'eux et auquel vient s'ajouter d'ailleurs la pression atmosphérique.

88. Expériences de Pascal. — L'explication donnée par Torricelli de la suspension du mercure dans le tube nous paraît bien claire aujourd'hui, cependant elle ne fut définitivement admise qu'après de nombreuses vérifications réalisées en particulier par Pascal.

1º Si le mercure est soutenu dans le tube de Torricelli par l'effet de la pression de l'atmosphère, avec un autre liquide, la hauteur devra varier et devenir plus grande si le liquide est moins dense, et toujours elle devra être égale à la pression atmosphérique. Remplissons le tube d'eau dont la densité est 1 ou 13,6 fois plus petite que celle du mercure ; pour faire équilibre à une colonne de mercure de 0m,76, il faudra que la colonne d'eau soit égales à :

$$0,76 \times 13,6 = 10^m,33.$$

C'est en effet ce qui eut lieu ; Pascal fit l'expérience à Rouen sur la place de la Vénerie avec des tubes de 12 mètres de longueur et constata que l'eau s'élevait dans le tube à 31 pieds environ ou 10 mètres.

2º Pascal remarqua d'un autre côté que la pression atmosphérique doit diminuer à mesure qu'on s'élève dans l'atmosphère ; par suite la hauteur du mercure soulevé dans le tube de Torricelli doit diminuer lorsqu'on le transporte à une certaine altitude. Il vérifia le fait en faisant l'expérience au pied et au sommet de la tour Saint-Jacques, à Paris; pour 25 toises de différence de hauteur, le mercure baissa de 2 lignes. Pascal chargea en outre son beau-frère, Perrier, de répéter l'expérience au pied et au sommet du Puy-de-Dôme. Au bas de la montagne, la différence de niveau du mercure dans le tube et dans la cuvette était, le 19 septembre 1648, égale à 26 pouces 3 lignes 1/2 : au sommet du Puy-de-Dôme, dont l'altitude était de 500 toises, la différence de niveau fut trouvée égale à 23 pouces 2 lignes : le niveau du mercure s'était abaissé de 8 centimètres environ.

Ces expériences confirmèrent la théorie de Torricelli et montrèrent que, dans le tube de ce savant, c'est bien la pression atmosphérique qui maintient le mercure soulevé : *de plus*, **la pression atmosphérique sur une surface donnée est égale au poids absolu d'une colonne cylindrique de mercure ayant pour base la surface pressée et pour hauteur la différence verticale de niveau du mercure dans le tube et dans la cuve.**

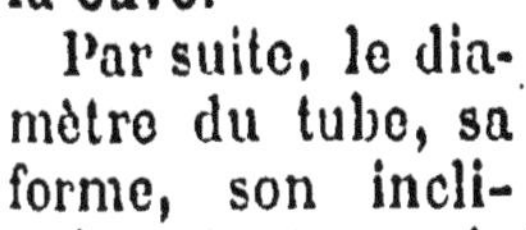

Fig. 85. — La différence de niveau du mercure dans les tubes et dans la cuve est indépendante de la forme et de l'inclinaison des tubes.

Par suite, le diamètre du tube, sa forme, son inclinaison sont sans influence sur la distance verticale des deux niveaux (*fig.* 85).

Par suite aussi, le tube de Torricelli permet de mesurer à chaque instant la pression que l'atmosphère exerce sur la surface libre du mercure dans la cuvette : de là le nom de **baromètre** qui lui a été donné. La différence verticale de

6

niveau du mercure dans le tube et dans la cuvette porte le nom de **hauteur barométrique**.

89. En un même lieu, à la même température, la pression atmosphérique est proportionnelle à la hauteur barométrique.

En effet, sur une surface plane d'aire s, la pression atmosphérique est égale au poids absolu d'une colonne de mercure de base s et de hauteur h. Or, pour une valeur donnée de h, le poids absolu de la colonne de mercure correspondante varie avec la température et avec le lieu d'observation ; les observations barométriques ne pourront donc être comparables que si elles ont été faites en un même lieu et à la même température. Prenons pour température fixe la température de la glace fondante et supposons les observations faites à Paris.

On aura :

$$P = sh \times 13,596 \text{ grammes de Paris,}$$

h étant exprimé en centimètres et s en centimètres carrés. On voit alors que P et h sont proportionnels. De là est venue l'habitude de représenter la pression atmosphérique par la hauteur barométrique correspondante. Cela n'a pas d'inconvénients dans la pratique, car on désire surtout comparer entre elles les diverses valeurs de la pression atmosphérique, et non pas mesurer effectivement la pression atmosphérique sur une surface donnée.

BAROMÉTRES

90. Baromètres. — On appelle *baromètres* des instruments destinés à déterminer *la hauteur barométrique ;* on leur donne généralement la forme du *baromètre à cuvette*, qui n'est autre chose qu'un tube de Torricelli construit avec toutes les précautions nécessaires pour éviter dans le tube toute trace d'air ou de vapeur d'eau.

On prend un tube ayant environ un demi-centimètre carré de section et 85 centimètres de longueur : on le ferme à un bout, puis à l'autre bout on soude provisoirement une ampoule qu'on détachera après le remplissage. Quand le tube est ainsi préparé, on y verse, jusqu'au col de l'ampoule, du mercure parfaitement pur. Puis on le pose sur une grille de tôle inclinée (*fig.* 86) et on l'entoure de charbons incandescents, de manière à le porter à une température voisine de celle de l'ébullition du mercure. On

ajoute alors de nouveaux charbons vers la partie inférieure
de la grille, afin de faire naître l'ébullition, et quand elle a
été prolongée 4 à 5 minutes, on porte les charbons un peu
plus haut; on poursuit l'opération jusqu'à ce que l'on ait fait
bouillir le mercure successivement dans toute la longueur du
tube. Pendant l'ébullition, les vapeurs mercurielles qui se
dégagent occasionnent des soubresauts dans le tube et
tendent à rejeter le mercure au dehors: c'est à recevoir le
mercure ainsi projeté qu'est destinée l'ampoule de l'extrémité supérieure.

On laisse refroidir le tube; on enlève l'ampoule et le mercure qu'elle contient; on ferme avec le doigt l'extrémité

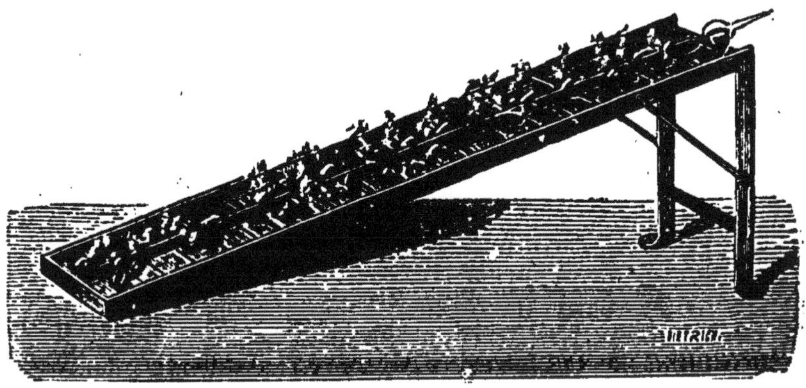

Fig. 86. — Remplissage du baromètre à mercure.

effilée; on porte le tube sur la cuvette préalablement remplie de mercure pur et sec; on redresse le tube et le baromètre est construit.

Cette méthode a l'inconvénient de souiller le mercure
d'une certaine quantité d'oxyde; aussi, pour les baromètres
un peu larges, on emploie la méthode de remplissage décrite
plus loin dans la construction du baromètre normal.

Après l'opération précédente, le mercure a complètement
changé d'aspect: les bulles d'air et l'humidité qui adhéraient
au verre ont disparu, et le tube présente l'éclat métallique
d'un miroir bien étamé. C'est à ce signe qu'on reconnaît
que le baromètre est bien purgé de gaz; de plus, lorsqu'on
incline doucement le tube, on entend un bruit sec et métallique produit par le choc du mercure contre le sommet:
s'il restait de l'air ou de l'humidité dans la chambre barométrique, le bruit serait amorti.

Pour reconnaître si la chambre barométrique ne renferme

ni air, ni vapeur, le mieux est d'enfoncer ou de soulever le tube et de constater que la différence de niveau du mercure dans le tube et dans la cuvette n'a pas changé.

91. Baromètre normal ou Baromètre de Regnault. — On prend un tube assez large, de 3 centimètres de diamètre environ et de 90 centimètres de longueur fermé à un bout et portant à l'autre extrémité B (*fig.* 87) un petit ballon C muni de deux tubes T et R. Le tube T est fermé à la lampe; le tube R peut être mis en communication avec une machine pneumatique. On place le tube AB sur une

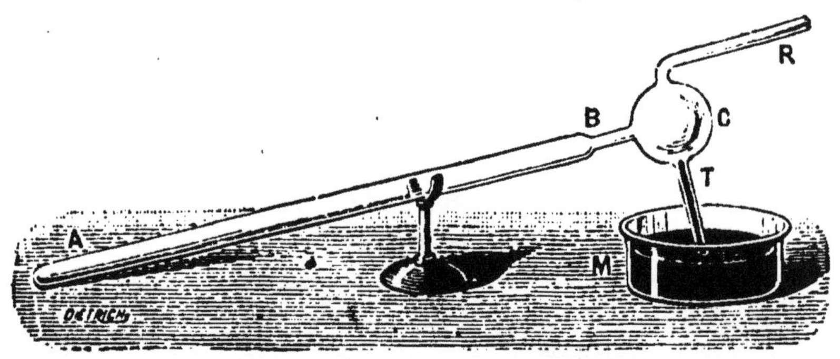

Fig. 87. — Remplissage d'un tube barométrique.

grille à gaz, en l'inclinant légèrement; on le chauffe à une température de 150 degrés environ et on y fait le vide ; puis, on y laisse rentrer de l'hydrogène pur et sec ; on fait le vide pour la dernière fois, on plonge le tube T dans une cuvette M renfermant du mercure pur, sec et chaud (120° environ) et l'on brise la pointe du tube T; le mercure monte lentement dans le tube AB et le remplit entièrement en chassant devant lui les dernières traces de gaz hydrogène que pourrait contenir le tube. On sépare le tube du ballon C, on en ferme l'extrémité ouverte avec le doigt et on le porte sur la cuvette préalablement remplie de mercure pur et sec; on le redresse et le baromètre est construit.

Le mercure descend et se maintient dans le tube à une certaine hauteur, en laissant au-dessus de lui un espace vide que l'on appelle la *chambre barométrique*. Il faut maintenant mesurer la différence de niveau du mercure dans le tube et dans la cuvette.

Le tube A ayant été fixé verticalement sur sa cuvette (*fig.* 88), on dispose à côté et parallèlement une règle métallique divisée B, terminée à sa partie inférieure par une pointe d'ivoire dont l'extrémité correspond exactement au zéro de la graduation. Un tube de verre C, fixé à une vis D tournant dans un écrou fixe, et qu'on peut, grâce à cette disposition, enfoncer dans la cuvette, permet d'y faire varier lentement le niveau du mercure. Pour faire une observation, on commence par amener ce niveau exactement au contact de la pointe ; on reconnaît que cette condition est réalisée quand on voit cette pointe toucher exactement son image dans le bain de mercure, sans que la surface de ce dernier soit déprimée. Puis, avec une lunette horizontale et mobile autour d'un axe vertical, installée vis-à-vis de l'instrument, on vise le niveau du mercure dans le tube, en amenant le réticule de la lunette à coïncider avec la surface libre du mercure dans le tube, surface plane et horizontale dans un tube large.

Puis, tournant la lunette d'une petite quantité, on la pointe sur la règle divisée ; la division sur laquelle se projette alors le réticule est celle qui est juste à la même hauteur que le niveau du mercure dans le tube.

Si la température est égale à 0° et si la règle est graduée en millimètres à cette température, la division lue sur la règle exprime la hauteur barométrique en millimètres. Si la température est différente de 0°, la lecture faite doit subir des corrections que nous indiquerons plus tard.

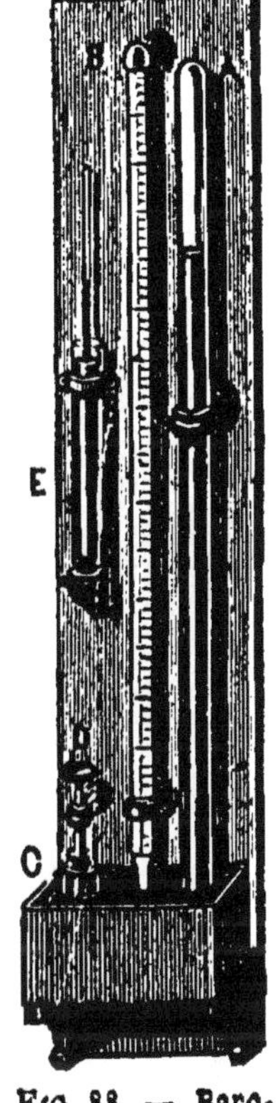

Fig. 88. — Baromètre normal.

92. Baromètre à cuvette ordinaire. — Quand un baromètre n'est pas destiné à des mesures de précision, on donne à la cuvette une forme évasée, de manière que le niveau du mercure dans la cuvette ne change pas d'une manière appréciable, quand le mercure monte ou descend dans le tube d'une petite quantité ; le tube barométrique a à peine un demi-centimètre carré de section ; l'appareil est fixé sur une planchette ; à côté du tube est placée une règle verticale graduée en millimètres et le zéro de la graduation coïncide avec la surface libre du mercure dans la cuvette. Pour faire une observation, il suffit d'examiner à quelle division de la règle correspond la surface libre du mercure

dans le tube : la division lue exprimera la hauteur barométrique avec une précision suffisante.

93. Baromètre de Fortin. — Le baromètre normal
est un baromètre fixe ; *Fortin* a construit un baromètre facilement transportable et fournissant
cependant des observations très précises. Fortin s'imposa l'obligation de
n'employer que très peu de mercure ;
le tube barométrique a 7 millimètres
de diamètre et la cuvette 4 centimètres de diamètre environ. La cuvette
se compose d'un cylindre de verre C
(*fig.* 89) mastiqué dans une garniture en buis ou en fer A ; une autre
garniture K peut se visser sur A ; la
garniture K porte une peau de chamois qui formera le fond de la cuvette. Une enveloppe en laiton NN,
recouvre toute la cuvette jusqu'à la
base du cylindre de verre. A l'aide
de la vis V appuyant sur la pièce D,
on peut à volonté élever ou abaisser
le fond de la cuvette.

A sa partie supérieure, le cylindre
de verre C est maintenu par la garniture de buis, A'K', portant une
pointe d'ivoire P, qui servira de point
de repère et devra toujours affleurer
à la surface libre du mercure dans
la cuvette. Un couvercle en laiton N'
N' recouvre la garniture A'K' ; ce
couvercle est relié par des boulons *a*
a à l'enveloppe N. Le tube barométrique T porte un étranglement E sur
lequel est liée une peau de chamois
fixée à l'aide d'un fil ciré sur la
partie saillante de la garniture K'.

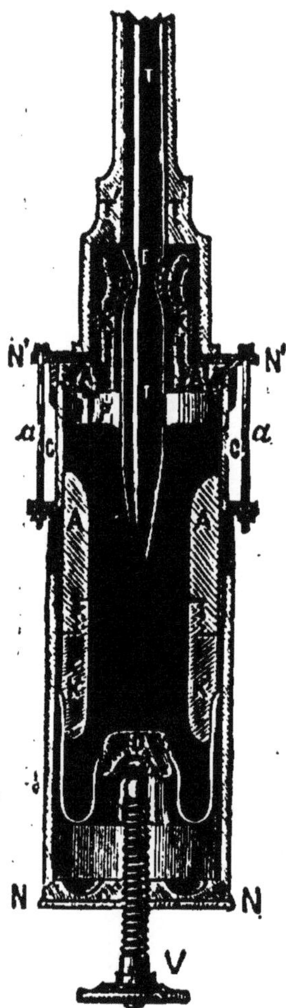

Fio. 89. — Cuvette du
baromètre de Fortin.. —
A l'aide de la vis V on amène
le niveau du mercure à affleurer la pointe d'ivoire P.

La perméabilité de la peau de cha-
mois laisse la pression atmosphérique s'exercer librement sur
le mercure de la cuvette. Enfin, le tube est enveloppé d'un
étui métallique percé à sa partie supérieure de deux fenêtres
laissant voir le niveau du mercure (*fig.* 90). Le long du bord
de l'une des fenêtres est tracée une graduation en demi-

millimètres à 0° dont le zéro coïncide avec l'extrémité de la pointe d'ivoire P. Enfin un curseur annulaire portant un vernier au dixième peut glisser à la main le long de l'étui métallique. L'instrument est suspendu bien verticalement.

Pour faire une lecture, on amène d'abord le niveau du mercure de la cuvette à affleurer l'extrémité de la pointe P; puis, on fait glisser le curseur annulaire de manière que son bord inférieur soit tangent au sommet du ménisque formé par la surface libre du mercure dans le tube barométrique.

La division correspondant au bord inférieur du curseur fait connaître la hauteur barométrique, exprimée en millimètres, si la température est 0°. Si la température est différente de 0°, il faut faire subir aux observations les mêmes corrections que pour le baromètre normal.

Correction capillaire. — Dans le baromètre de Fortin, la surface libre du mercure dans le tube est celle d'un ménisque convexe, parce que le tube est assez étroit pour que les phénomènes capillaires apparaissent. La hauteur barométrique observée est donc trop faible. Il faut alors faire une correction appelée *correction capillaire*.

A cet effet, on observe régulièrement le baromètre de Fortin pendant un mois et l'on compare ses indications avec celles du baromètre normal : si le tube est bien calibré intérieurement, les observations réduites à la température de 0° présenteront une différence constante. On notera la quantité constante dont l'indication du baromètre de Fortin est inférieure à celle du baromètre normal; et, à l'avenir, on l'ajoutera à chaque observation du baromètre de Fortin. Cette méthode a en outre l'avantage d'éliminer la cause d'erreur provenant de ce que le zéro de la graduation pourrait ne pas coïncider exactement avec l'extrémité de la pointe d'ivoire.

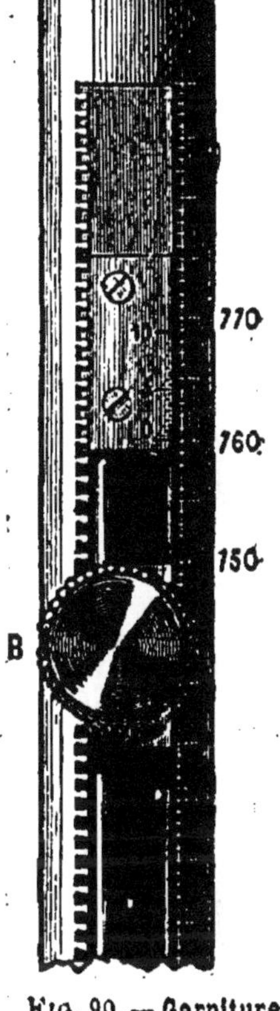

Fig. 90. — Garniture du baromètre de Fortin. — Le curseur mû par le bouton à crémaillère B est tangent au sommet du ménisque. On lit la division correspondante tracée sur l'échelle : 760 millimètres dans le cas de la figure.

Transport du baromètre de Fortin. — Quand d'instrument doit être transporté, on incline le tube pour faire arriver le mercure plus près du sommet et l'on fait mouvoir la vis V de manière à relever le fond de la cuvette, jusqu'à ce que le mercure remplisse non seulement la cuvette tout entière, mais aussi le tube jusqu'au sommet : on peut alors retourner l'instrument d'une manière quelconque, sans que le liquide puisse prendre aucun mouvement à l'intérieur, et sans que l'on ait à craindre la rentrée de l'air dans la chambre barométrique.

94. Baromètre à siphon de Gay-Lussac. — Il se compose d'un tube de verre bien calibré intérieurement, recourbé à sa partie inférieure de manière à présenter deux branches parallèles, l'une A fermée et l'autre B ouverte (*fig.* 91).

On remplit d'abord de mercure la grande branche, en inclinant à diverses reprises le tube; on chasse par l'ébullition l'humidité et les bulles d'air restées adhérentes au tube; puis on redresse l'instrument, et on l'amène dans une position verticale.

Le mercure s'abaisse dans la grande branche jusqu'en C et s'élève dans la petite jusqu'en m. La distance verticale de ces deux points mesure la hauteur barométrique; en effet, menons par le point m un plan horizontal mn : le liquide mBn serait en équilibre s'il n'était sollicité que par la pesanteur; or il est encore en équilibre dans le cas actuel, où il supporte en m la pression de l'atmosphère et en n la pression due à la colonne mercurielle nC : donc ces deux pressions sont équivalentes.

Pour mesurer la distance verticale des deux niveaux B et m, on établit, entre les deux branches, une échelle divisée en millimètres: le zéro est placé vers le milieu de cette échelle; une graduation ascendante donne la distance h du zéro au niveau C; une graduation descendante donne la distance h' du même zéro au niveau m. La somme $h + h'$ est la hauteur barométrique cherchée.

L'action capillaire s'exerçant en sens contraire aux deux extrémités m et C de la colonne mercurielle, Gay-Lussac

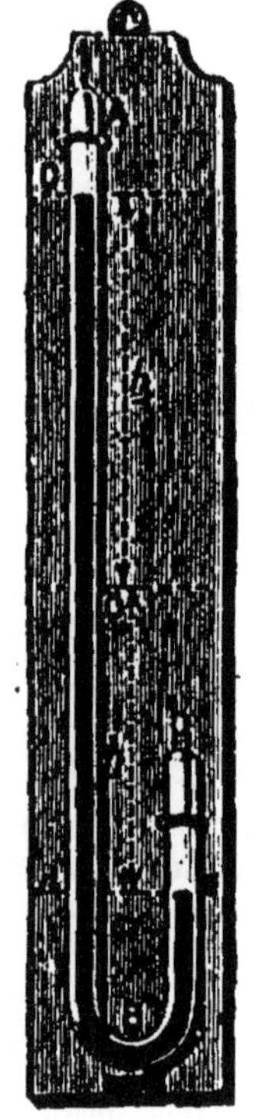

Fig. 91. — Baromètre à siphon.

avait pensé que, si les deux branches du tube avaient exactement le même diamètre, on en pourrait négliger l'influence. Mais d'une part, cette condition est difficile à réaliser avec exactitude ; d'autre part, il n'arrive presque jamais que les deux ménisques aient rigoureusement la même flèche. — On aurait donc tort de croire que l'emploi du baromètre à siphon comporte une précision plus grande que celui du baromètre à cuvette.

95. Baromètres métalliques. — Ces baromètres sont fondés sur l'élasticité des métaux : le plus répandu est

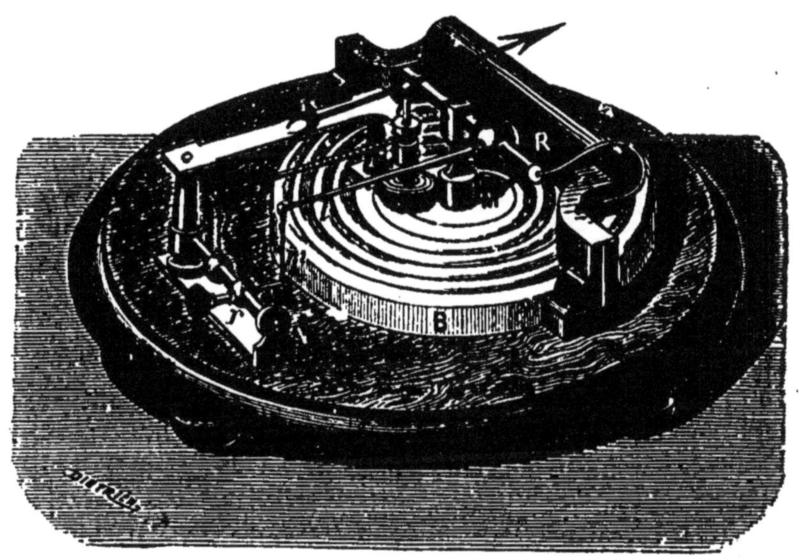

Fig. 92. — Baromètre anéroïde de Vidie.

celui de Vidie. Une boîte métallique ronde et plate B (*fig.* 92) est vide d'air dans son intérieur. Sa face supérieure est ondulée pour lui donner une élasticité plus grande ; les variations de la pression atmosphérique se traduisent par des dépressions plus ou moins grandes de cette face. Ces dépressions se transmettent par l'intermédiaire d'un ressort R et d'une série de leviers l, m, r, t, s, à une aiguille mobile sur un cadran. L'instrument est gradué par comparaison avec un baromètre à mercure. Le baromètre métallique est assez sensible ; mais on doit de temps à autre, le comparer avec un baromètre à mercure et le régler de nouveau.

Bourdon a construit un autre baromètre métallique formé

d'un tube en cuivre mince à section aplatie A, fixé en son milieu *m* (*fig.* 93). Il est articulé à ses deux extrémités *a* et *b*, par l'intermédiaire de deux petites bielles, avec un levier *c* mobile autour d'un axe passant par son milieu: à cet axe est fixé un secteur métallique, dont l'arc denté *gh* engrène en *o* avec un pignon: enfin, l'axe de ce pignon porte une aiguille *cd*, mobile sur un cadran divisé. Le tube *amb* est vide d'air et hermétiquement fermé: si la pression atmosphérique, qui s'exerce sur sa surface extérieure, vient à augmenter, il s'aplatit, et en même temps ses deux extrémités se rapprochent; l'aiguille marche alors dans le même sens que les aiguilles d'une montre. Si la pression diminue, l'élasticité du tube ramène l'aiguille en sens contraire.

Fig. 93. — Baromètre de M. Bourdon.

L'instrument est gradué par comparaison avec un baromètre à mercure.

96. Baromètre enregistreur. — Il se compose d'une série de petites boîtes circulaires analogues à celles du baromètre de Vidie; elles forment une espèce de pile qui se raccourcit si la pression atmosphérique augmente et qui s'allonge si la pression atmosphérique diminue. Ces variations de longueur sont transmises à une grande aiguille dont l'extrémité enduite d'encre se déplace devant un cylindre enregistreur (*fig.* 94) mû par un mouvement d'horlogerie placé dans l'intérieur du cylindre : sur la surface du cylindre est appliquée une feuille de papier portant des divisions convenablement tracées; la pointe trace sur la feuille de papier une courbe continue dont l'examen permet de suivre les variations présentées par la pression atmosphérique.

97. Mesure des hauteurs par le baromètre. —
Au fur et à mesure que l'on s'élève dans l'atmosphère, la
pression atmosphérique diminue ; il en est de même de la
hauteur barométrique. Tant que la différence d'altitude
n'excède pas 100 mètres, on peut, sans erreur sensible,
considérer une diminution de 1 millimètre dans la hauteur

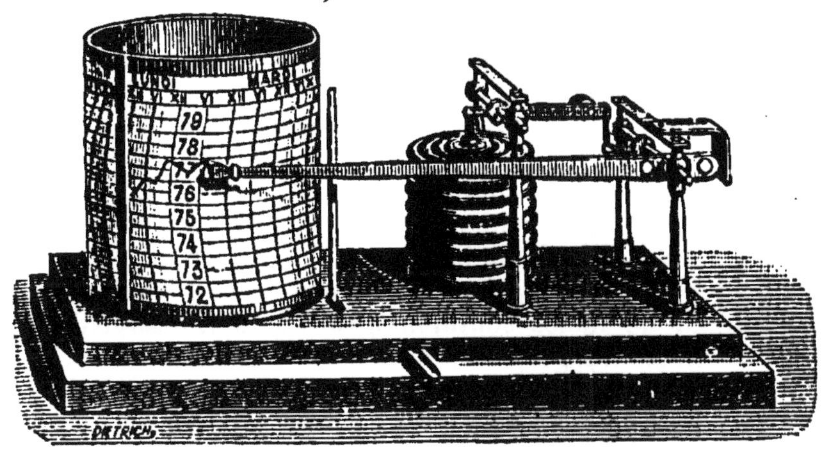

Fig. 94. — Baromètre enregistreur de Richard.

barométrique comme correspondant à une variation d'altitude de 10^m,466 environ ; mais, lorsque la différence d'altitude excède 100 mètres, on a recours à des formules spéciales, telles que celles de Halley et de Laplace.

98. Variations de la hauteur barométrique. —
La pression atmosphérique conserve rarement en un même
lieu la même valeur, même par un temps beau et clair. Si
l'on observe en effet dans ces conditions un baromètre d'heure
en heure, on le voit monter et descendre d'une manière très
régulière et indiquer un maximum vers 10 heures du matin
et 10 heures du soir et un minimum vers 4 heures du matin
et 4 heures du soir.

Ces oscillations diurnes qui s'observent régulièrement
dans les régions tropicales sont souvent masquées dans nos
climats par des variations irrégulières ; toutefois on constate que la moyenne des observations faites chaque jour du
mois à 10 heures du matin et du soir est toujours plus élevée
que celle des observations de 4 heures.

La variation barométrique diurne, dont la cause principale
est la variation de la température, a une amplitude moyenne

qui dépend des saisons et des pays. Près de l'équateur, elle atteint 7 millimètres, à Paris, à peine 1 millimètre, à Christiania, elle n'est que 0mm,3.

99. Prévision du temps. — Le baromètre est souvent consulté pour préjuger du temps qu'il fera; c'est qu'en effet la pression atmosphérique est l'un des éléments les plus importants de l'état général de l'atmosphère.

Dans nos régions, une baisse lente et continue du baromètre est un indice de mauvais temps; la hausse est au contraire un heureux présage.

La baisse est occasionnée généralement en France par les vents du sud et du sud-ouest qui, venant de l'Océan, apportent un air chaud et humide, rendent l'atmosphère plus légère et la chargent de nuages qui pourront, par refroidissement, produire la pluie, tandis que la hausse est due aux vents du nord-est qui apportent des masses d'air froid, ayant soufflé sur de vastes continents, sont secs et dissipent ou entraînent les nuages, ce qui amène le beau temps.

Mais ces indications ne sont pas absolues, et l'on doit faire entrer en ligne de compte toutes les autres circonstances de l'état atmosphérique pour prévoir avec quelque certitude le temps du lendemain.

Il est cependant un cas où les indications du baromètre sont presque infaillibles, c'est lorsqu'il se produit une baisse forte et rapide qui indique toujours l'approche d'une bourrasque ou d'un cyclone.

Les baromètres d'appartement portent souvent sur leur échelle les indications : *très sec, sec, beau fixe, beau, variable, pluie ou vent, grande pluie, tempête,* correspondant aux hauteurs barométriques qui dans l'emplacement de l'appareil correspondent assez généralement à ces états de l'atmosphère.

Il est bien entendu que ces indications n'ont rien d'absolu, qu'elles varient d'une région à une autre ainsi qu'avec l'altitude.

Ainsi, pour la latitude de 50° et au niveau de la mer, le *variable* correspond à 760mm et les autres indications sont espacées de 9 en 9 millimètres. A l'Observatoire de Paris, le variable correspond à 756mm et à l'hospice du Saint-Bernard à 563mm.

100. Mesure de la force élastique d'un gaz. — Nous savons (§ 3) que les gaz, en vertu de la répulsion continuelle de leurs molécules, exercent sur les corps avec lesquels ils sont en contact, et en particulier sur les parois des vases qui les renferment une pression que nous avons appelée *force élastique*. On évalue cette pression en colonne de mercure, et l'on dit, par exemple, qu'un gaz ou une vapeur a une force élastique de H centimètres, quand ce gaz, par sa force élastique, est capable de soulever dans un tube vide une colonne de H centimètres de hauteur verticale de mercure.

L'expérience de Torricelli peut être appliquée à la détermination de cette force élastique.

Soit A (*fig.* 95) le récipient renfermant le gaz; mettons ce récipient en communication avec un **baromètre à siphon** BC; il s'établira aussitôt une différence de niveau du mercure dans les deux branches de l'appareil : soit *h* cette différence de niveau exprimée en centimètres. Menons le plan horizontal XY qui passe par le niveau B du mercure : ce plan est une surface de niveau pour le mercure inférieur; par conséquent, *par centimètre carré*, la pression est la même en B et en D. Or en B, *un* centimètre carré supporte la force élastique p du gaz; en D, *un* centimètre carré supporte le poids absolu d'une colonne de mercure de hauteur *h ;* en supposant

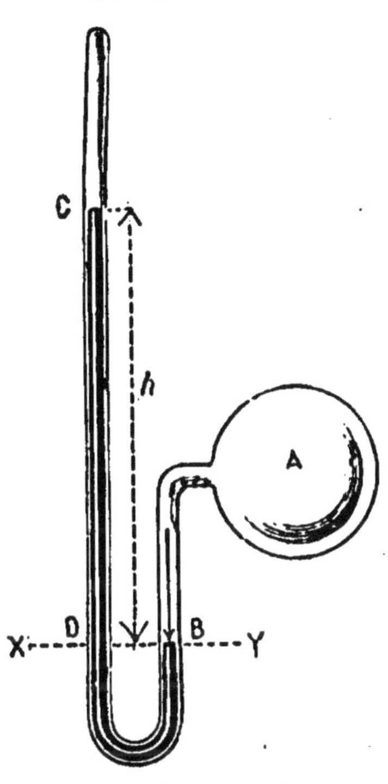

Fig. 95. — Mesure de la force élastique d'un gaz.

que la température soit 0° et que l'on opère à Paris, on aura :

$$p = 1 \times h \times 13,596 \text{ grammes.}$$

Dans les mêmes conditions, si la force élastique du gaz varie, on aura :

$$p' = 1 \times h' \times 13,596 \text{ grammes.}$$

D'où :

$$\frac{p}{p'} = \frac{h}{h'}.$$

La force élastique du gaz est proportionnelle à la différence de niveau du mercure, à la même température et dans le même lieu.

De là, la coutume de représenter la force élastique d'un gaz par la hauteur de la colonne de mercure équivalente à 0°; dans le langage courant, on dit que la force élastique d'un gaz est égale à 764 millimètres de mercure, par exemple. Pour les pressions un peu considérables, on prend pour *unité de force élastique* 1 *atmosphère*, c'est-à-dire *le poids absolu* à Paris, d'une colonne cylindrique de mercure de 1 centimètre carré de section et de 76 centimètres de hauteur à 0°, c'est-à-dire 1ᵏ,033 par centimètre carré, ou sensiblement 1 kilogramme.

Dans l'industrie, on a maintenant l'habitude d'évaluer les pressions en **kilogrammes** au lieu de se servir du terme atmosphères; c'est ainsi qu'on dit qu'un gaz ou une vapeur est à la pression de 3, 4, 5 kilogrammes, lorsque la pression qu'elle exerce sur 1 centimètre carré est égale à celle qu'exercerait sur cette surface un poids de 3, 4, 5 kilogrammes.

REMARQUE. — Si un gaz possède une force élastique égale à 1 kilogramme par centimètre carré, *inversement* le gaz supporte par centimètre carré une pression de 1 kilogramme; de là l'emploi indifférent des mots « **force élastique d'un gaz** » et de « **pression supportée par le gaz** ».

Exercices. — **1.** Quel est le poids que l'on soutient lorsqu'on tient à la main un tube de Torricelli, qui renferme une colonne de mercure de 0ᵐ,76 ?

Réponse. — On soutient le poids du tube et du mercure qu'il renferme.

Il est facile de voir, en effet, que si le mercure contenu dans le tube est soulevé par la pression atmosphérique, cette dernière presse aussi sur la surface extérieure du tube.

Parmi ces pressions, celles qui s'exercent sur les parois latérales du tube se neutralisent, tandis que la résultante des pressions verticales est justement égale au poids du mercure contenu dans le tube, quelle que soit d'ailleurs la forme du tube. Enfin il faut ajouter à cette résultante le poids du tube.

2. Une boîte cylindrique vide d'air, parfaitement close, a pour bases des cercles qui ont 0ᵐ,06 de rayon. Quelle est en kilogrammes la pression que chaque base supporte de la part de l'atmosphère quand le baromètre marque 750 millimètres?

3. Quelle est la pression exercée par l'atmosphère, à Paris, à 0°, sur un décimètre carré, la hauteur barométrique étant égale à 76 centimètres?

4. Un baromètre à mercure indique 748 millimètres comme hau-

teur barométrique. Quelle serait la hauteur barométrique équiva‑
lente dans un baromètre à acide sulfurique? Densité du mercure,
13,6 ; densité de l'acide sulfurique, 1,8

5. Un récipient renfermant un gaz est fermé par une soupape de
3 centimètres de section, et pesant 60 grammes, on demande quel
poids il faudra placer sur la soupape pour que celle-ci s'ouvre quand
la force élastique du gaz intérieur sera représentée par une colonne
de mercure de 3 mètres de hauteur. (Hauteur barométrique actuelle :
756 millimètres.)

6. Un baromètre à siphon est formé de deux branches d'inégale
section ; la branche fermée a une section de 1 centimètre carré, la
branche ouverte a une section de 4 centimètres carrés ; la hauteur
barométrique actuelle est de 756 millimètres ; on suppose que la
pression atmosphérique augmente de 6 grammes par centimètre
carré. Quelles seront les variations de niveau du mercure dans les
deux branches du baromètre?

7. Le baromètre marque 760 millimètres au bas de la tour Eiffel,
que doit-il marquer au sommet situé à 300 mètres d'altitude ?

CHAPITRE II

LOI DE MARIOTTE. — MÉLANGE DES GAZ. — SOLUBILITÉ
DES GAZ DANS L'EAU

Sommaire.— 1. La loi de Mariotte s'énonce ainsi : *A une même
température, les volumes occupés successivement par une même
masse gazeuse sont inversement proportionnels aux pressions qu'elle
supporte :* $\dfrac{V}{V'} = \dfrac{P'}{P}$.

2. On peut aussi l'énoncer : A une même température, le produit
du volume d'une masse gazeuse par la pression correspondante est
constant : $VP = V'P' = V''P''$.

3. Les deux lois du mélange des gaz sont : 1° Quand plusieurs
gaz sont mélangés, chacun d'eux occupe le volume total du réci‑
pient, comme s'il était seul. 2° A température constante, la force
élastique du mélange est égale à la somme des forces élastiques
particulières à chacun des gaz mélangés sous le volume commun.

4. Les deux lois de la solubilité des gaz dans l'eau sont : 1° Le
poids d'un gaz dissous par 1 litre d'eau est proportionnel à la
pression que ce gaz exerce sur la surface du liquide, quand l'eau
en est saturée. 2° Lorsque plusieurs gaz sont en présence de l'eau,
chacun d'eux s'y dissout comme s'il était seul.

5. Le coefficient de solubilité d'un gaz dans un liquide à 0° est le
volume de ce gaz que dissout l'unité de volume du liquide, le gaz
étant mesuré à 0° et à la pression que supporte le liquide.

101. Loi de Mariotte. — L'expérience du *briquet à air*
(§ 4) nous a montré que le volume d'une masse gazeuse diminue progressivement au fur et à mesure qu'on soumet cette
masse à une pression de plus en plus grande ; cherchons la
relation qui existe entre le volume occupé par le gaz et la
pression qu'il supporte à un moment donné.

A cet effet, répétons l'expérience faite par **Mariotte**[1] en
1670.

Prenons un tube de verre recourbé, appelé *tube de Mariotte*,
à branches inégales, dont la petite branche A est fermée et
dont la grande branche B est ouverte (*fig.* 96). Le tube est fixé
sur une planchette ; le long de la petite branche est une graduation en parties d'égale capacité, de 0 à 12 par exemple ;
le long de la grande branche est une graduation en parties
d'égale longueur ; le zéro de la graduation de la grande branche et le point 12 de la graduation de la petite branche sont
sur un même plan horizontal. On verse d'abord du mercure
dans la partie courbe du tube, de manière que le niveau
du mercure soit le même dans les deux branches, et corresponde au point 0 de la grande branche et au point 12 de la
petite branche : on y arrive après quelques tâtonnements.
On a alors emprisonné dans la petite branche 12 volumes
d'air à la pression atmosphérique, que nous supposerons
représentée par une colonne de mercure de 76 centimètres
au moment de l'expérience.

On verse alors du mercure dans la branche B, de façon
que le liquide, en s'élevant dans la branche A jusqu'en N,
comprime l'air et réduise son volume à moitié (*fig.* 97), c'est-
à-dire à 6 divisions.

Menons le plan horizontal qui passe par le niveau N du
mercure dans la branche fermée : ce plan est une surface de
niveau pour le mercure inférieur. Or, en N, le mercure supporte la force élastique du gaz confiné ; en N', le mercure
supporte le poids de la colonne de mercure N'C augmenté de
la pression atmosphérique qui s'exerce en C. Mesurons la
hauteur N'C : elle est justement égale à 76 centimètres. Donc,
en N' s'exerce une pression égale à 2×76 ; il en est de
même en N. Par conséquent, quand le volume de la masse
gazeuse a été réduit à **moitié**, sa force élastique est devenue
double.

<hr>

[1]. L'abbé **Mariotte**, physicien distingué, né en Bourgogne vers 1620 mort
en 1684.

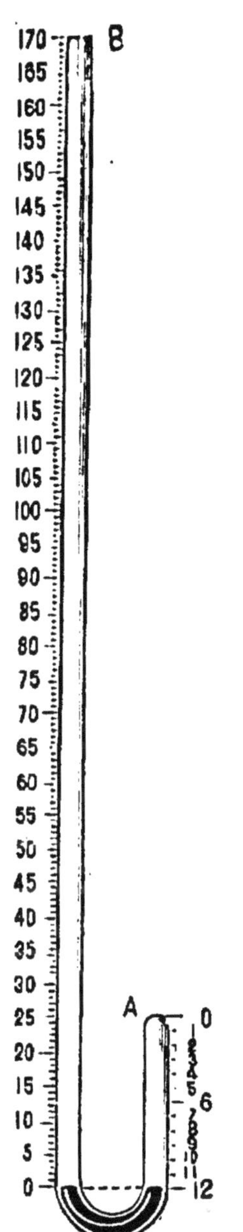

FIG. 96. — Tube de Mariotte. — Le niveau étant le même dans les deux branches, l'air emprisonné dans la petite branche est à la pression atmosphérique et il occupe 12 divisions.

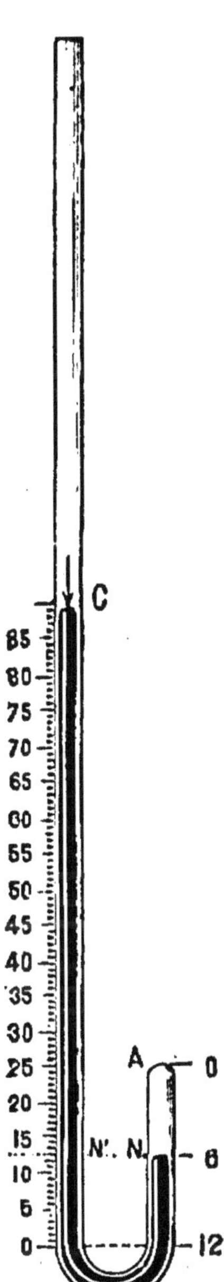

FIG. 97. — L'air emprisonné dans la petite branche occupe un volume deux fois plus petit, sa force élastique est devenue deux fois plus grande ou deux atmosphères.

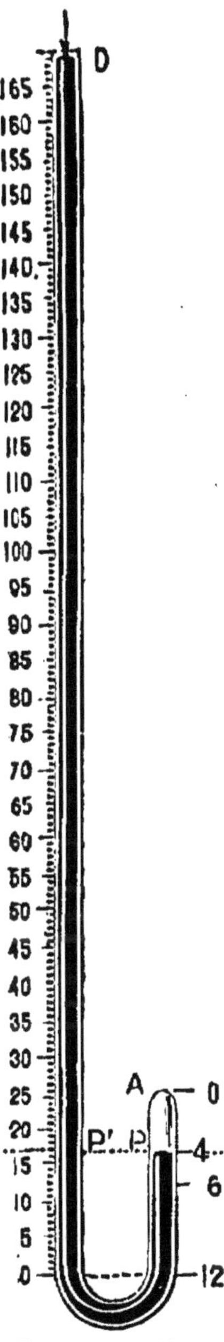

FIG. 98. — L'air de la petite branche occupe un volume trois fois plus petit ; sa force élastique est devenue trois fois plus grande ou trois atmosphères.

Si le tube B a une longueur suffisante, on pourra réduire le volume de l'air au **tiers** AP du volume initial soit 4 divisions (*fig.* 98), et constater que sa force élastique devient alors **triple** de la pression atmosphérique, c'est-à-dire que la hauteur P'D sera égale à deux fois la hauteur barométrique.

Si l'on réduit le volume du gaz au quart du volume initial, c'est-à-dire à 3 divisions, on constatera que sa force élastique devient alors quadruple de la pression atmosphérique ; dans ce cas, la différence de niveau du mercure dans les deux tubes est égale à trois fois la hauteur barométrique, etc.

Nous résumerons les expériences dans le tableau ci-contre :

TABLEAU

Volume de l'air.	Différence de niveau.	Force élastique du gaz.
12	0	76
$\dfrac{12}{2}$	76	76×2
$\dfrac{12}{3}$	76×2	76×3
$\dfrac{12}{4}$	76×3	76×4
$\dfrac{12}{n}$	$76 \times (n-1)$	$76 \times n.$

L'inspection de ce tableau nous montre que, si le volume de l'air devient 2, 3, 4, fois plus petit, la pression qu'il supporte devient 2, 3, 4, etc., fois plus grande.

On en déduit la loi dite de **Mariotte**, que l'on formule ainsi :

Loi de Mariotte. — **A une même température les volumes occupés par une même masse gazeuse sont inversement proportionnels aux pressions qu'elle supporte.**

Exercice. — *Une masse gazeuse occupe le volume de 12 litres sous une pression de 753 millimètres; quel serait son volume sous une pression de 2259 millimètres ?*

Puisqu'à la pression de 753 millimètres le volume de la masse gazeuse est de 12 litres, à la pression de 1 millimètre, d'après la loi de Mariotte, le volume serait 753 fois plus grand, ou :

$$12 \times 753$$

et à la pression 2259 millimètres, le volume sera 2259 fois plus petit

ou :
$$\frac{12 \times 753}{2259} = \frac{12}{3} = 4 \text{ litres.}$$

On peut aussi vérifier l'exactitude de la loi de Mariotte, quand le **volume de la masse gazeuse** augmente.

On se sert d'un tube de Torricelli, gradué en parties d'égale capacité, et d'une *cuvette profonde* P en verre dont le fond M

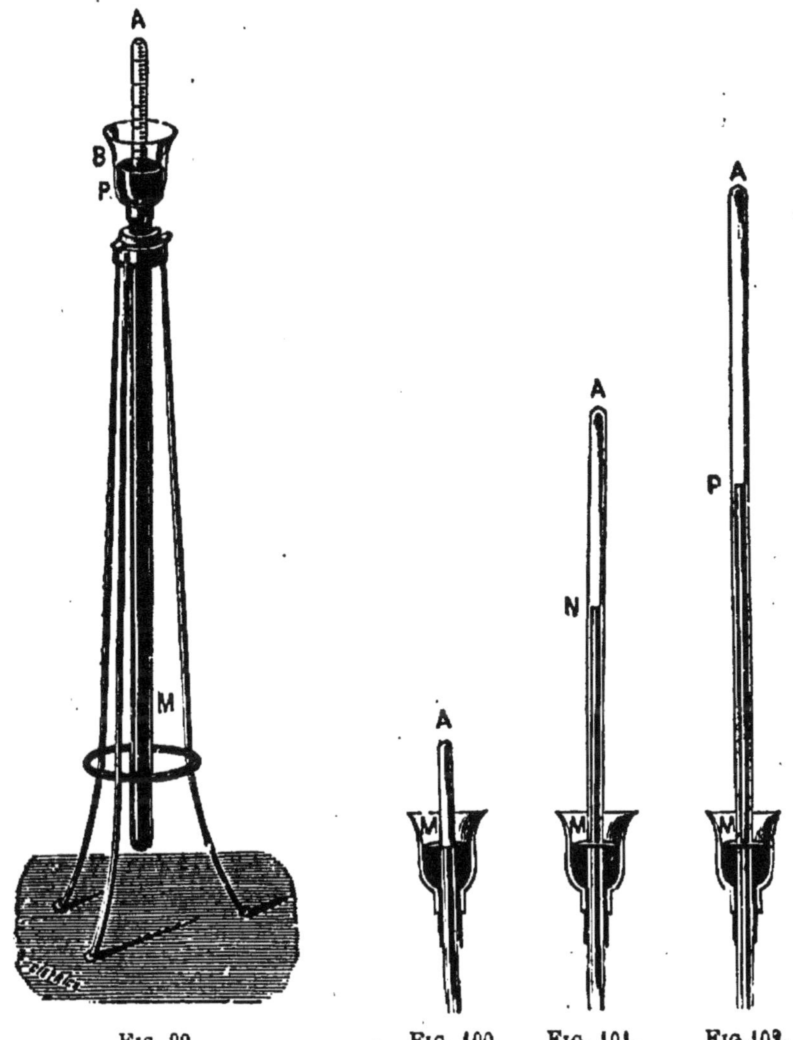

Fig. 99.
Tube à cuvette profonde.

Fig. 100.   Fig. 101.   Fig. 102.

est formé par un long tube de fer (*fig.* 99). On remplit le tube de mercure environ jusqu'aux deux tiers et on laisse le reste plein d'air; puis on le retourne et on le plonge dans la cuvette profonde qui a été préalablement remplie de mercure. Enfonçant ensuite le tube jusqu'à ce que le niveau du mercure soit le même à l'intérieur et à l'extérieur (*fig.* 100), on lit sur le tube quel est le volume occupé par l'air, 10 cc., par exemple. On a alors enfermé dans le tube une masse d'air de volume connu, à la pression atmosphérique du moment, 76 centimètres, par exemple. Puis on soulève le tube (*fig.* 101) et l'on voit le volume de l'air s'accroître progressivement, tandis que le mercure s'élève aussi graduellement dans le tube.

A chaque instant la colonne de mercure soulevé mesure la différence entre la pression atmosphérique extérieure et la force élastique du gaz intérieur. Fixons le tube lorsque par suite de la diminution de pression, le volume du gaz sera égal au double de son volume initial ; la force élastique du gaz contenu dans AN, augmentée du poids de la colonne de mercure MN fait équilibre à la pression atmosphérique qui s'exerce sur la surface libre du mercure dans la cuvette. Donc la force élastique de l'air confiné est égale à la différence entre la hauteur barométrique actuelle et la hauteur MN. On trouve ici $MN = \dfrac{76}{2}$; donc la force élastique du gaz est égale à $76 - \dfrac{76}{2} = \dfrac{76}{2}$.

Soulevons le tube de manière que l'air occupe un volume triple de son volume initial (*fig.* 102) ; nous trouverons $MP = \dfrac{2}{3} \times 76$; donc la force élastique du gaz est égale à $76 - \dfrac{2}{3} \times 76 = \dfrac{76}{3}$; etc.

TABLEAU

Volume de l'air.	Différence de niveau.	Force élastique du gaz.
10	0	76
10×2	$\dfrac{76}{2}$	$\dfrac{76}{2}$
10×3	$76 \times \dfrac{2}{3}$	$\dfrac{76}{3}$
10×4	$76 \times \dfrac{3}{4}$	$\dfrac{76}{4}$
$10 \times n$	$76 \times \dfrac{n-1}{n}$	$\dfrac{76}{n}$

L'inspection de ce tableau montre que la loi de Mariotte est vérifiée.

102. Expression analytique de la loi de Mariotte. — Soit V le volume d'une masse donnée de gaz sous la pression H; soit V' le volume de cette même masse gazeuse à la même température sous la pression H'; on aura d'après la loi de Mariotte :

$$\frac{V}{V'} = \frac{H'}{H}$$

formule qui peut s'écrire :

$$V H = V'H'.$$

On aurait de même pour d'autres conditions :

$$VH = V''H'' = V'''H'''.$$

On peut donc poser :

$$VH = \text{constante}.$$

Pour une masse de gaz déterminée, à une même température, le produit du volume par la force élastique est un nombre constant.

103. Dans les appareils précédents, nous n'avons pu faire varier la pression que dans des limites restreintes, et les résultats expérimentaux ont été d'accord avec la loi de Mariotte. En est-il encore de même pour l'air, quand on le soumettra à des pressions plus considérables?

Les expériences de **Regnault** ont montré que l'air ne suit pas exactement la loi de Mariotte, lorsqu'on le soumet à des pressions de plus en plus considérables.

L'air se comprime plus que ne l'indique la loi de Mariotte: l'écart entre la loi de compressibilité de l'air et la loi de Mariotte est d'autant plus grand que la pression du gaz est plus considérable.

104. Il faut maintenant rechercher si la loi de compressibilité d'un gaz quelconque est identique à celle de l'air atmosphérique, ou si elle s'en écarte d'une manière quelconque.

Despretz établit le premier la compressibilité inégale des différents gaz.

Son procédé très simple a permis de comparer entre eux, au point de vue de la loi de Mariotte, l'air atmosphérique et les gaz sulfureux, sulfhydrique, ammoniac et cyanogène. Deux éprouvettes graduées E E' d'égal diamètre (*fig.* 103), présentant un étranglement en T et en T', remplies, l'une de gaz sulfureux sec, l'autre d'air sec plongent inférieurement dans un même réservoir M, en partie plein de mercure. Tout ce système est introduit et maintenu dans un cylindre en verre, à parois épaisses, rempli d'eau et surmonté d'un corps de pompe P dans lequel peut se mouvoir un piston. Le volume initial, la pression initiale sont identiques pour les deux gaz, et la température ne peut changer à cause de la grande masse d'eau qui les entoure. Dans ces conditions, on comprime l'eau à l'aide du piston ; cette pression se transmet au mercure qui monte à la fois dans les deux éprouvettes et diminue le volume de chacun des gaz. Si les deux gaz employés étaient également compressibles, le mercure devrait s'élever à la même hauteur dans les deux cloches ; mais les choses se passent autrement : à partir de deux atmosphères, l'écart est déjà très sensible ; l'anhydride sulfureux se comprime plus que l'air ; en général, les gaz liquéfiables présentent des variations très notables, dans le même sens.

Regnault[1] détermina directement la loi de compressibilité d'un grand nombre de gaz. Voici les résultats de ces expériences :

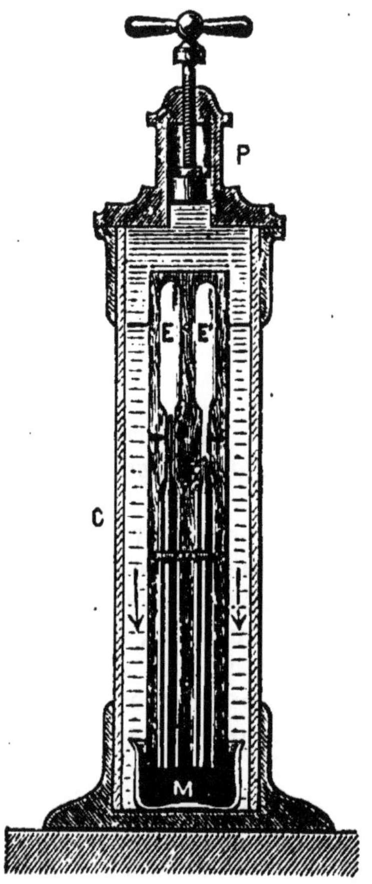

Fig. 103. — Les gaz facilement liquéfiables se compriment plus que l'air dans les mêmes circonstances.

1° L'azote, le gaz carbonique, l'air se compriment *plus* que ne l'indique la loi de Mariotte et la divergence entre leur loi de compressibilité et la loi de Mariotte est faible ; à mesure que ces gaz sont soumis à une pression plus considérable, l'écart augmente, passe par un maximum, décroît, s'annule et change de signe.

1. Regnault, célèbre physicien français, né à Aix-la-Chapelle en 1810, mort à Paris en 1877. Il fit de mémorables travaux, notamment sur les gaz et les vapeurs, tous empreints d'une précision remarquable.

2° L'*hydrogène* se comprime *moins* que ne l'indique la loi de Mariotte; la divergence *augmente*, quand la pression augmente;

3° Les gaz, facilement liquéfiables, comme les gaz sulfureux, sulfhydrique, ammoniac, sont beaucoup plus compressibles que ne l'indique la loi de Mariotte; la divergence est très grande et d'autant plus grande que le gaz étudié est plus rapproché de son point de liquéfaction.

105. Résumé. — La loi de Mariotte doit être considérée comme une **loi limite**, dont les différents gaz s'approchent plus ou moins, suivant les pressions initiales qu'ils possèdent et suivant leur température. Du reste, pour tous les gaz éloignés de leur point de liquéfaction, et en particulier pour l'air atmosphérique et les gaz jadis appelés *permanents*, les écarts sont si faibles sous des variations de pression peu considérables et à la température ordinaire, qu'on peut les négliger absolument et appliquer la loi de Mariotte dans tous les calculs relatifs à la compressibilité.

MÉLANGE DES GAZ.

106. Deux gaz sans action chimique l'un sur l'autre, et mis en présence, tendent toujours à se mélanger, de manière que chacun d'eux se répande uniformément dans le récipient qui les renferme, comme si l'autre n'existait pas : cette *diffusion* des gaz est une conséquence de leur expansibilité.

Ce phénomène a été mis en évidence, pour la première fois, par **Berthollet**[1], de la manière suivante :

Il plaça dans les caves de l'Observatoire, à une température constante, deux ballons égaux à robinet (*fig.* 104), vissés l'un au-dessus de l'autre : le ballon supérieur contenait de l'hydrogène, le ballon inférieur de l'anhydride carbonique, dont la densité est vingt-deux fois aussi grande; chacun des gaz avait été introduit sous une pression exactement égale à la pression atmosphérique. Les robinets ayant été ouverts, le mélange s'effectua de façon que chacun des deux ballons contint les deux gaz en proportions sensiblement égales. — Donc, dans ces expériences, l'expansibilité de chaque gaz a toujours pour résultat de lui faire occuper la capacité totale de l'enveloppe, sans que la présence de l'autre gaz soit un obstacle à cette expansion.

1. Berthollet célèbre chimiste, né en 1748, en Savoie, d'une famille française, mort en 1822.

Ces phénomènes expliquent comment les odeurs dues à des gaz ou à des vapeurs se répandent dans l'air avec tant de rapidité. — Ils permettent aussi de concevoir comment les vapeurs d'un liquide volatil peuvent se former et se renouveler dans un espace occupé par un gaz, à peu près comme dans un espace vide.

107. Lois du mélange des gaz. — 1° Quand plusieurs gaz sont mélangés, chacun d'eux occupe le volume total du récipient, comme s'il était seul.

2° A température constante, la force élastique du mélange est égale à la somme des forces élastiques particulières à chacun des gaz mélangés sous le volume commun.

Vérification. — Ces deux lois sont vérifiées par l'expérience même de Berthollet. Cela est évident pour la première loi. Quant à la deuxième, il suffit de remarquer que la pression initiale de chaque gaz étant Π sous le volume v, d'un seul ballon, la pression finale qu'aurait chacun d'eux, s'il occupait seul la capacité $2v$ des deux ballons, serait $\dfrac{\Pi}{2}$: la somme de ces deux pressions est bien Π, ainsi que Berthollet l'a constaté.

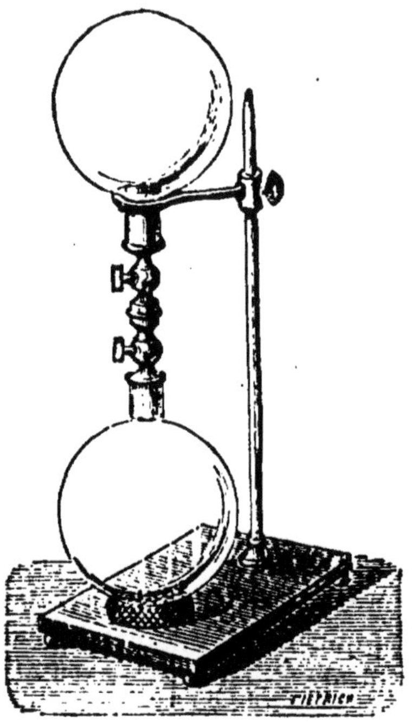

Fig. 104. — Expérience de Berthollet.

108. Expression analytique de ces lois. — Soient v_1, v_2, v_3, les volumes des gaz mélangés et h_1, h_2, h_3, leurs forces élastiques ; soit V la capacité du récipient dans lequel on les mélange ; sous le volume V, d'après la loi de Mariotte, les pressions particulières p_1, p_2, p_3, à chacun des gaz mélangés, seront :

$$p_1 = \frac{v_1 h_1}{V} \; ; \; p_2 = \frac{v_2 h_2}{V} \; ; \; p_3 = \frac{v_3 h_3}{V} \; ;$$

alors la force élastique P du mélange sera :

$$(1) \qquad P = p_1 + p_2 + p_3 = \frac{v_1 h_1}{V} + \frac{v_2 h_2}{V} + \frac{v_3 h_3}{V}.$$

De cette égalité on tire :

$$PV = v_1 h_1 + v_2 h_2 + v_3 h_3,$$

forme sous laquelle on applique généralement les lois du mélange des gaz.

On trouve une application remarquable de ces lois dans la composition de l'air atmosphérique.

Problème. — On mélange 10 litres d'oxygène à la pression de 400 millimètres de mercure avec 12 litres d'azote à la pression de 780 millimètres dans un récipient de 8 litres de capacité. Quelle est la force élastique du mélange? Quelle est la composition centésimale en volumes?

1° *Force élastique du mélange.* J'applique la formule et j'ai :

$$8\,\mathrm{H} = 10 \times 400 + 12 \times 780.$$

D'où :

$$\mathrm{H} = \frac{10 \times 400 + 12 \times 780}{8} = 1670 \text{ millimètres.}$$

2° *Composition centésimale du mélange.* Cherchons quels seraient les volumes des deux gaz sous la pression de 1 millimètre : le volume de l'oxygène serait égal alors à $10 \times 400 = 4000$ litres; le volume de l'azote serait égal alors à $12 \times 780 = 9360$ litres. Sous la même pression, le rapport des volumes des deux gaz est donc $\frac{400}{936}$, c'est-à-dire que 1336 litres du mélange sous une certaine pression se composent de 400 litres d'oxygène et de 936 litres d'azote sous la même pression. On voit alors que 100 litres du mélange seront formés de :

$$\text{Oxygène.} \quad \frac{40\,000}{1\,336} = 30.$$

$$\text{Azote.} \quad \frac{93\,600}{1\,336} = 70.$$

En réalité, 100 litres du mélange renferment 100 litres

d'oxygène et 100 litres d'azote ; la pression de l'oxygène est
les $\frac{30}{100}$ de la pression totale ; la pression de l'azote en est
les $\frac{70}{100}$.

Problème. — Un tube barométrique ou une éprouvette
renfermant un gaz repose sur la cuve à mercure (*fig.* 105) ;

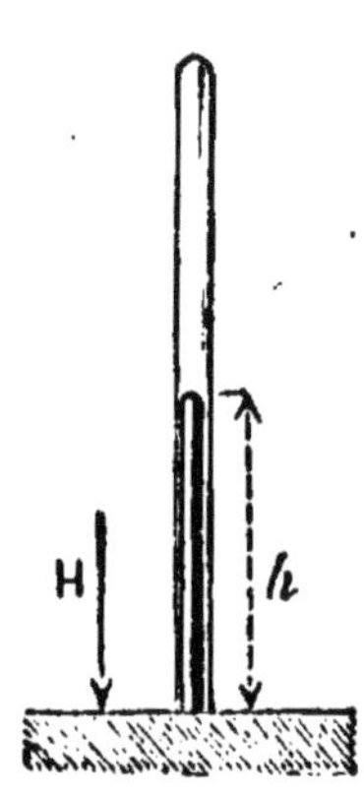

Fig. 105.

le mercure s'élève dans le tube à une hauteur h ; la hauteur barométrique actuelle est
égale à H ; quelle est la force élastique du
gaz intérieur ?

Extérieurement, sur la surface libre du
mercure de la cuvette s'exerce la pression
atmosphérique correspondant à la hauteur H. Sur le même plan horizontal, dans
l'intérieur du tube, s'exerce la force élastique du gaz augmentée du poids de la colonne de mercure de hauteur h. Or la surface libre du mercure dans la cuvette est une
surface de niveau ; on doit donc avoir :

$$x + h = H,$$

x étant la force élastique du gaz intérieur exprimée en
colonne de mercure.

D'où :
$$x = H - h.$$

Exercices. — 1. Un gaz occupe un volume de 12 litres sous la
pression de une atmosphère ; à quel volume faut-il le réduire pour
que sa force élastique soit égale à 100 centimètres de mercure ?

2. On a fait le vide dans un ballon à robinet dont la capacité est
de 24 litres. On fait communiquer ce ballon avec un cylindre fermé
plein d'air atmosphérique et dont la capacité est de 11 litres. Quelle
sera : 1° la tension que prendra l'air intérieur, lorsque l'air se sera
répandu dans le ballon ?

2° Si le cylindre est fermé par un piston attaché à un contre-poids
à l'aide d'une corde qui passe sur une poulie, quelle doit être la
valeur du contre-poids pour que le piston ne puisse descendre sous
l'effort de la pression extérieure qu'on suppose être 0^m,760. Le
rayon du cylindre est de 8 centimètres.

3. Une cloche à plongeur a une capacité de 2 mètres cubes ; elle
est pleine d'air atmosphérique dont la force élastique, mesurée à
l'aide d'un baromètre est 0^m,750. On la descend au fond de la mer à
une profondeur de 20 mètres. Quel sera alors le volume occupé par
l'air ? La densité du mercure est 13,6 ; celle de l'eau de mer est 1,03.

4. Un gaz a une force élastique représentée par une colonne de mercure haute de 82 centimètres. Quelle serait la hauteur de la colonne d'eau qui représenterait la force élastique de ce gaz?

5. Dans un récipient de 5 litres, on introduit 2 litres d'hydrogène à la pression de 3 atmosphères, 4 litres de gaz carbonique à la pression de 5 atmosphères et 3 litres d'azote à la pression de $\frac{1}{4}$ d'atmosphère. Quelle est la pression du mélange? Quelle est sa composition centésimale?

6. On a un ballon de 10 litres renfermant de l'air, à la pression de 1 atmosphère et un autre ballon de 6 litres renfermant de l'anhydride carbonique à la pression de 380 millimètres de mercure. On met les deux ballons en communication et on demande quelle est la force élastique du mélange. Quelle est sa composition centésimale?

7. Un récipient renferme 1 décalitre d'air à la pression de 6^m,84 : on fait sortir une masse d'air qui occuperait un volume de 3 litres sous la pression 0^m,74. On demande quelle est la force élastique du gaz resté dans le récipient.

SOLUBILITÉ DES GAZ DANS L'EAU.

109. L'eau a la propriété de dissoudre les gaz : les molécules du gaz semblent avoir pénétré entre celles de l'eau; le poids du gaz dissous dépend de la nature du gaz et de la pression. Si la pression augmente, une nouvelle quantité de gaz se dissout; si la pression diminue, la dissolution s'appauvrit graduellement; dans le vide, elle perdrait tout son gaz.

Les lois de la solubilité des gaz dans l'eau ont été établies par *Dalton*.

1re Loi. — *Le poids d'un gaz dissous par 1 litre d'eau est proportionnel à la pression que ce gaz exerce sur la surface du liquide, quand l'eau en est saturée.*

2e Loi. — *Lorsque plusieurs gaz sont en présence de l'eau, chacun d'eux se dissout comme s'il était seul.*

Il résulte de la première loi que, dans le vide, une dissolution doit abandonner tout son gaz; de même, une dissolution doit abandonner tout son gaz lorsqu'elle se trouve placée dans un espace indéfini, occupé par un gaz autre que celui qui est dissous dans le liquide. Ainsi, par exemple, un flacon d'ammoniaque, débouché à l'air libre, perd à peu près tout son gaz.

110. *La solubilité d'un gaz dans l'eau diminue quand la température de la solution s'élève; à l'ébullition, la solution perd complètement tout son gaz. Si nous faisons bouillir à l'air* libre une solution de gaz ammoniac dans l'eau, elle perd tout son gaz ammoniac.

111. Coefficient de solubilité d'un gaz dans l'eau. — Prenons 1 litre d'eau et mettons-le en contact avec de l'anhydride carbonique, par exemple, enfermé dans un récipient clos; le gaz carbonique va se dissoudre dans l'eau jusqu'à ce que la force élastique du gaz dissous soit égale à celle du gaz resté libre au-dessus du liquide. Si nous déterminons le volume du gaz carbonique dissous, mesuré à la pression qu'exerce au-dessus du liquide le gaz carbonique non dissous, nous trouverons toujours que ce volume est égal à 1 litre. Répétant la même expérience avec du gaz ammoniac, nous trouverons que le volume du gaz dissous est égal à 1,050 litres; pour l'anhdride sulfureux, nous trouverons 80 litres; pour l'oxygène, nous trouverons 1',04; pour l'azote, nous trouverons 0',02, etc.

Ces nombres sont appelés les *coefficients de solubilité* de ces différents gaz.

112. Applications. — Les eaux des lacs ou des sources dissolvent les gaz de l'air en quantités très variables, selon la pression que l'atmosphère exerce à leur surface; au sommet des montagnes, elles peuvent contenir, en valeur absolue, à peine un tiers des gaz qu'elles dissolvent dans la plaine. De là, peut-être, d'après M. Boussingault, la fréquence des goîtres dans les pays très élevés, attribuable en partie à l'usage de ces eaux peu aérées.

Certaines sources d'eaux minérales laissent dégager des gaz et en particulier des bulles de gaz carbonique qui les rendent effervescentes : ces gaz s'échappent quand l'eau arrive au contact de l'air qui n'en contient que des traces. — Les eaux gazeuses artificielles s'obtiennent en comprimant de l'anhydride carbonique, au moyen de pompes dans de l'eau qu'on enferme ensuite dans des bouteilles hermétiquement bouchées; quand le bouchon vient à être enlevé, le gaz dissous se dégage en petites bulles, mais l'eau en conserve toujours une quantité suffisante pour avoir un goût acidulé. — Les vins mousseux et les liquides semblables, comme la bière, le cidre, contiennent également en dissolution de l'anhydride carbonique, produit par la fermentation qui s'est continuée dans la bouteille après qu'elle a été bouchée. La mousse que ces liqueurs débouchées produisent est due à leur viscosité, qui s'oppose momentanément au dégagement du gaz.

Problème. — *Déterminer la composition de l'air dissous dans l'eau.* — Un litre d'eau dissout 40 cent. cubes d'oxygène mesurés à la pression que ce gaz exerce dans l'atmosphère, c'est à-dire environ *le cinquième de la pression atmosphérique.* Un litre d'eau dissout 20 cent. cubes d'azote, mesurés à la pression que l'azote exerce dans l'atmosphère, c'est-à-dire environ *les quatre cinquièmes de la pression atmosphérique.* Ramenons ces volumes gazeux à la pression atmosphérique, nous aurons :

$$\text{Oxygène} \dots \dots \frac{40}{5} \text{ cent. cubes ou 8 cent. cubes.}$$

$$\text{Azote} \dots \frac{20 \times 4}{5} \text{ cent. cubes ou 16 cent. cubes.}$$

Le rapport de ces volumes est égal à $\frac{1}{2}$; on trouve exactement le même résultat en extrayant l'air dissous dans l'eau et en en faisant l'analyse, après avoir absorbé l'acide carbonique.

CHAPITRE III

MANOMÈTRES. — MACHINE PNEUMATIQUE. — POMPE DE COMPRESSION. — APPLICATIONS

Sommaire. — **1.** Les manomètres sont des appareils destinés à mesurer la force élastique des gaz et des vapeurs ; ils sont généralement gradués de façon à indiquer les pressions en kilogs par centimètre carré.

2. On distingue 3 espèces de manomètres : le manomètre à air libre, le manomètre à air comprimé et le manomètre métallique.

3. La machine pneumatique sert à raréfier un gaz contenu dans un récipient clos. Lorsque la limite de raréfaction est atteinte avec une machine pneumatique ordinaire fonctionnant bien, le gaz du récipient a généralement encore une force élastique de quelques millimètres. Les machines pneumatiques à mercure font le vide à $\frac{1}{10}$ de millimètre environ.

4. La pompe de compression sert à comprimer l'air ou tout autre gaz dans un récipient.

5. La télégraphie pneumatique, certains freins, la cloche à plongeur, le scaphandre, les machines soufflantes sont des applications de la machine pneumatique ou de la pompe de compression.

113. On appelle **manomètres**, des appareils destinés à mesurer la force élastique des gaz et des vapeurs.

114. Manomètres industriels — Ils sont gradués de façon à indiquer les pressions en *kilogrammes par centimètre carré*[1]. Lorsqu'un manomètre communiquant avec une chaudière à vapeur marque 8, cela veut dire que chaque centimètre carré de la chaudière supporte intérieurement une pression de 8 kilogrammes; d'autre part, la chaudière supporte extérieurement la pression atmosphérique, qui est de 1 kilogramme environ; la pression, dirigée de l'intérieur à l'extérieur, tendant à amener la rupture de la chaudière, est donc égale à 7 kilogrammes environ par centimètre carré[2].

On emploie dans l'industrie le **manomètre métallique de Bourdon**, fondé sur l'élasticité des métaux.

Lorsqu'un tube à parois flexibles et légèrement aplaties sur elles-mêmes est enroulé en spirale dans le sens de son plus petit diamètre, *toute pression intérieure sur les parois a pour effet de dérouler le tube ; et, au contraire, toute pression extérieure a pour effet de l'enrouler davantage.*

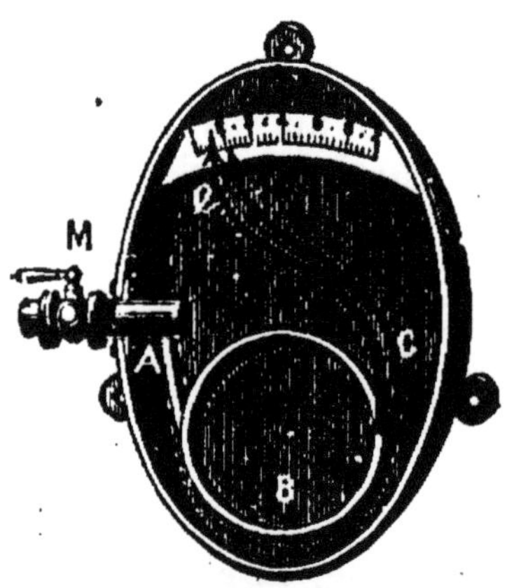

Fig. 106. — Manomètre de Bourdon.

Description. — L'instrument se compose d'un tube de laiton à parois minces et flexibles (*fig. 106*) et recourbé en hélice sur une longueur d'une spire et demie. Sa section est une ellipse dont le grand axe est environ égal au triple

---

1. Les anciens manomètres sont encore gradués en atmosphères, ce qui représente sensiblement un kilogramme par centimètre carré.

2. Généralement on gradue maintenant les manomètres en numérotant 0 la division où s'arrête l'aiguille quand la pression à l'intérieur du manomètre est de 1 atmosphère ou 1 kilogramme; si par conséquent le manomètre ci-dessus était ainsi gradué, quand l'aiguille marquerait 8, la pression effective serait aussi de 8 kilogrammes par centimètre carré.

du petit. L'extrémité A, qui est ouverte, est fixée à une tubulure à robinet M, destinée à mettre l'appareil en communication avec une chaudière à vapeur. L'extrémité C est fermée et libre, ainsi que tout le reste du tube.

Usage. — Le robinet M étant ouvert, la pression que la vapeur exerce sur les parois intérieures du tube le force à se dérouler. L'extrémité C est alors entraînée de gauche à droite, et avec elle se déplace une longue aiguille E, qui marque sur un cadran la pression en kilogrammes.

Graduation. — On met le manomètre métallique en communication avec une presse hydraulique qui exerce des pressions croissantes mesurées par les poids dont il faut charger la soupape de la presse hydraulique. On charge la soupape successivement de 1, 2, 3, etc., kilos ; et on marque sur le cadran les chiffres 1, 2, 3, etc., aux divers points d'arrêt de l'aiguille du manomètre.

115. Manomètres de précision. — Pour les recherches scientifiques, on se sert de manomètres à mercure, indiquant la hauteur de la colonne de mercure dont le poids absolu fait équilibre à la force élastique du gaz ou de la vapeur.

1° Manomètre à air libre. — *Regnault* a donné à ce manomètre la disposition suivante qui permet de mesurer avec beaucoup de précision la force élastique d'un gaz. Deux tubes de verre parallèles CA, DF (*fig.* 107), sont mastiqués dans une garniture de fonte et forment deux vases communicants, renfermant une certaine quantité de mercure pur et sec. Le tube CA est mis en communication avec le récipient contenant le gaz ou la vapeur; le tube DF s'ouvre librement dans l'atmosphère. Mesurons la différence de niveau h du mercure dans les deux tubes; il est évident que la force élastique du gaz est égale à $H + h$, en désignant par H la hauteur barométrique au moment de l'expérience.

Ce manomètre a l'avantage de présenter une sensibilité constante, quelle que soit la grandeur de la force élastique à mesurer.

RemarQUE. — Si le niveau du mercure était plus élevé dans le tube AC que dans le tube DF, la force élastique du gaz serait représentée par $H - h$.

2° Manomètre à air comprimé. — Il se compose d'un tube en siphon ABC (*fig.* 108), dont la branche BC est fermée et contient de l'air pur et sec séparé de l'atmosphère extérieure par une colonne de mercure DE; la branche AB est mise en communication avec le récipient renfermant le gaz ou la vapeur.

L'air contenu dans la branche fermée a un volume tel que le niveau du mercure est le même dans les deux branches, quand la pression extérieure est égale à 70 centimètres

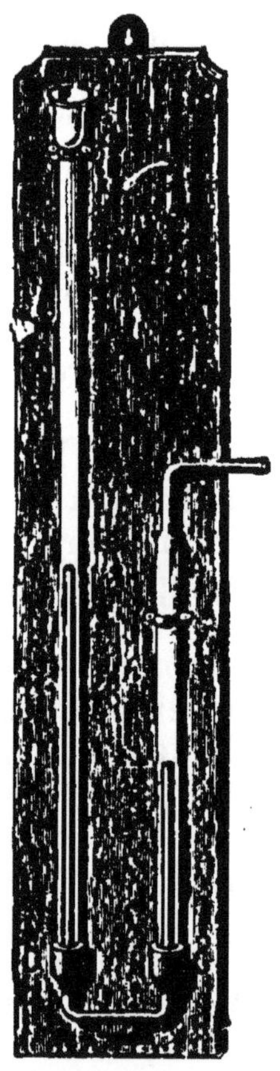

Fig. 107. — Manomètre à air libre de Regnault.

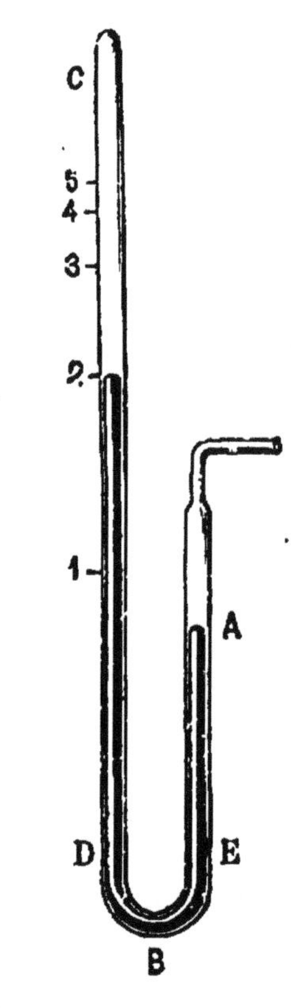

Fig. 108. — Manomètre à air comprimé.

de mercure ou à 1 atmosphère. Si la pression du gaz dans le récipient est supérieure à 1 atmosphère, le mercure s'élève d'une certaine quantité dans la branche fermée; alors la force élastique du gaz du récipient est égale à la force élastique de l'air comprimé dans la branche fermée, augmentée de la différence de niveau du mercure dans les deux branches du manomètre.

On gradue empiriquement l'instrument par comparaison avec un manomètre à air libre. On fait communiquer les deux instruments avec un récipient dans lequel on comprime de l'air à l'aide d'une pompe foulante.

Le mercure s'élève alors simultanément dans les deux instruments : à mesure que le manomètre à air libre marque 1, 2, 3... atmosphères, on inscrit les mêmes nombres, au niveau du mercure sur une échelle placée le long du tube manométrique. L'instrument se trouve ainsi gradué avec exactitude, que le tube soit ou non bien calibré.

Ce manomètre a le défaut de présenter une sensibilité qui décroît au fur et à mesure que la force élastique à mesurer augmente. En examinant la graduation en atmosphères portée par le tube, on voit, en effet, que les traits de division sont de plus en plus rapprochés, à mesure qu'ils indiquent une pression plus grande.

MACHINE PNEUMATIQUE.

116. On appelle *machine pneumatique* une machine destinée à **raréfier** un gaz contenu dans un récipient clos,

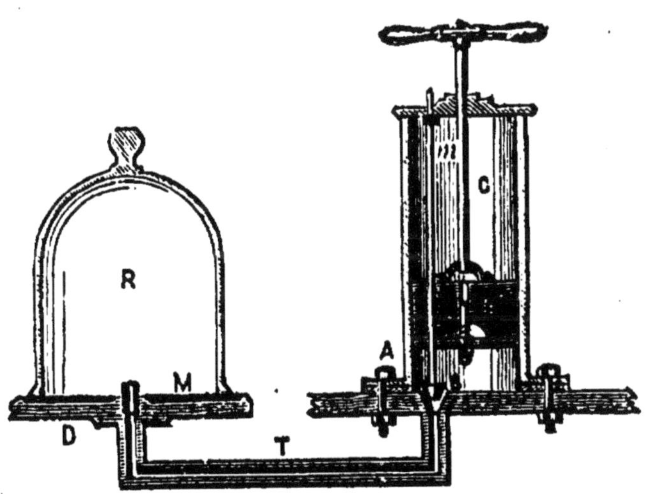

Fig. 109. — Machine pneumatique théorique.

généralement de l'air. Elle a été inventée par Otto de Guéricke.

Réduite à ses organes essentiels, la machine pneumatique se compose d'un corps de pompe C (*fig.* 109) communiquant par un canal T avec le récipient R contenant le gaz à raréfier ; ce récipient est généralement une cloche dont les bords rodés et enduits de suif reposent sur une plaque de verre bien plane D, appelée *platine* de la machine. Au centre de la platine aboutit le canal T, dont l'extrémité est *filetée* pour que l'on puisse à volonté y visser un ballon renfermant le gaz à raréfier. Dans le corps de pompe peut se mouvoir un piston B percé suivant son axe d'un canal fermé à sa partie inférieure par une soupape S′ ouvrant de bas en haut. Le piston est traversé à frottement dur par une tige terminée par une soupape conique S destinée à boucher l'orifice du canal T dans le corps de pompe ; dès que le piston monte, il entraîne la tige ; la soupape S est soulevée ; mais presque aussitôt un bourrelet *m* placé au haut de la tige vient heurter la base supérieure du corps de pompe ; la tige s'arrête et le piston monte seul ; grâce à cette disposition, la soupape S ne sera soulevée que très peu et elle fermera l'orifice, dès que le piston commencera à descendre.

Supposons que la capacité du récipient soit égale à 10 litres et que celle du corps de pompe soit égale à 1 litre. Quand le piston est en bas de sa course, le gaz du récipient occupe un volume de 10 litres sous la pression de 76 centimètres par exemple. Soulevons le piston : la soupape S′ reste fermée sous l'action de la pression atmosphérique extérieure ; la soupape S se soulève légèrement ; alors, en vertu de sa force élastique, le gaz du récipient se répand en partie dans le corps de pompe. Quand le piston est en haut de sa course, le gaz du récipient s'est répandu uniformément dans le récipient et dans le corps de pompe ; il occupe maintenant le volume $10 + 1$ ou 11 litres et sa force élastique, en vertu de la loi de Mariotte, est devenue égale à $76 \times \dfrac{10}{11}$.

Abaissons le piston ; la soupape S se ferme immédiatement ; le gaz contenu dans le corps de pompe est comprimé et acquiert bientôt une force élastique suffisante pour ouvrir la soupape S′.

La masse de gaz contenue dans le corps de pompe s'échappera dans l'atmosphère et le piston arrivera au bas de sa course. Actuellement, le récipient contient une certaine masse de gaz occupant le volume de 10 litres sous la pression $76 \times \dfrac{10}{11}$. Si l'on soulève le piston de nouveau, cette même masse de gaz occupera un volume de 11 litres, et sa pression deviendra égale à $76 \times \dfrac{10}{11} \times \dfrac{10}{11}$ ou $76 \times \left(\dfrac{10}{11}\right)^2$, et ainsi de suite après chaque coup de piston. On voit donc qu'à chaque coup de piston la masse du gaz contenue dans le récipient diminue et que le rapport entre les masses de gaz contenues dans le récipient après deux coups de pistons successifs est égal à $\frac{10}{11}$: il en de même du rapport de leurs pressions. Les pressions dans le récipient décroîtront donc comme les puissances successives de $\frac{10}{11}$. La *limite de raréfaction* sera atteinte, lorsque la soupape du piston refusera de s'ouvrir quand celui-ci arrive au bas de sa course, bien qu'il reste encore du gaz dans le récipient.

On voit qu'indépendamment des causes mécaniques qui limitent pratiquement la raréfaction, la machine pneumatique ne peut pas faire le *vide absolu;* car, à chaque coup de piston, on n'extrait que le $\frac{1}{11}$ de la masse gazeuse contenue dans le récipient; par suite, on ne pourra jamais extraire tout le gaz qui y est contenu.

117. Proposons-nous de déterminer la force élastique du gaz contenu dans le récipient après un certain nombre de coups de piston. Soit C la capacité du corps de pompe, R la capacité du récipient et H_0 la force élastique initiale du gaz. La masse gazeuse primitive occupe le volume R sous la pression H_0; quand le piston est en haut de sa course, la même masse gazeuse occupe le volume $(R + C)$ sous la pression H_1; en vertu de la loi de Mariotte, on a :

$$(R + C)\, H_1 = RH_0.$$

D'où
$$H_1 = H_0 \times \frac{R}{R + C}.$$

A chaque coup de piston, la force élastique du gaz sera une fraction de la force élastique précédente marquée par $\frac{R}{R + C}$. On aura donc :

$$H_2 = H_1 \times \frac{R}{R + C} = H_0 \times \left(\frac{R}{R + C}\right)^2$$

$$H_3 = H_2 \times \frac{R}{R + C} = H_0 \times \left(\frac{R}{R + C}\right)^3$$

$$H_n = H_{n-1} \times \frac{R}{R + C} = H_0 \times \left(\frac{R}{R + C}\right)^n$$

118. Limite de raréfaction. — Dans la machine pneumatique, on ne peut éviter d'une façon absolue les rentrées d'air entre les parois du corps de pompe et le piston; en outre, la base inférieure du piston ne s'applique jamais exactement contre le fond du corps de pompe. Il résulte de là que, quand le piston est en bas de sa course, il reste entre le piston et le corps de pompe un petit espace rempli de gaz à la pression atmosphérique extérieure H puisque la soupape du piston est alors ouverte; cet espace s'appelle *l'espace nuisible*. Soit u sa capacité; supposons que le piston se soulève : le gaz de l'espace nuisible occupera la capacité C du corps de pompe sous la pression $H \times \dfrac{u}{C}$ (§ 101).

Tant que cette pression sera inférieure à celle qui existe dans le récipient, une partie de l'air de ce dernier pénétrera dans le corps de pompe et sera expulsé à la descente du piston. Mais, à un certain moment, cette pression sera égale seulement à celle du récipient, même lorsque le piston sera arrivé au sommet du corps de pompe; alors il ne sortira plus d'air du récipient et le piston redescendra en refoulant purement et simplement l'air qui se trouvait au-dessous de lui à la montée; cet air reprendra naturellement sa pression H précédente sans pouvoir soulever la soupape du piston et l'appareil cessera de fonctionner utilement.

Appelons x la force élastique que possède l'air logé dans le corps de pompe quand le piston est au haut de sa course et alors que cette force élastique est égale à celle qui existe dans le récipient, le volume de l'air est alors C ; quand le piston sera redescendu, son volume sera u et sa pression H, avons-nous dit; nous pouvons donc écrire :

$$x \times C = H \times u$$

d'où :
$$x = H \times \frac{u}{C}.$$

Cette expression donne la limite de raréfaction qu'on ne pourra dépasser.

Comme on le voit, elle est d'autant plus petite que le volume de l'espace nuisible sera plus petit et le volume du corps de pompe plus grand.

119. Machine pneumatique ordinaire. — La machine pneumatique ordinaire (*fig.* 110) se compose en réalité de deux corps de pompe en cristal, C et C'; les tiges

des deux pistons sont dentées comme des crémaillères et
mises en mouvement par l'intermédiaire d'une roue dentée,
à l'aide d'une manivelle [1].

Les canaux partant des deux corps de pompe se réunissent
en un seul qui va à la platine; sur le trajet de ce canal
unique se trouve un robinet R qui permet, ou de laisser le
récipient en communication avec les corps de pompe, ou de

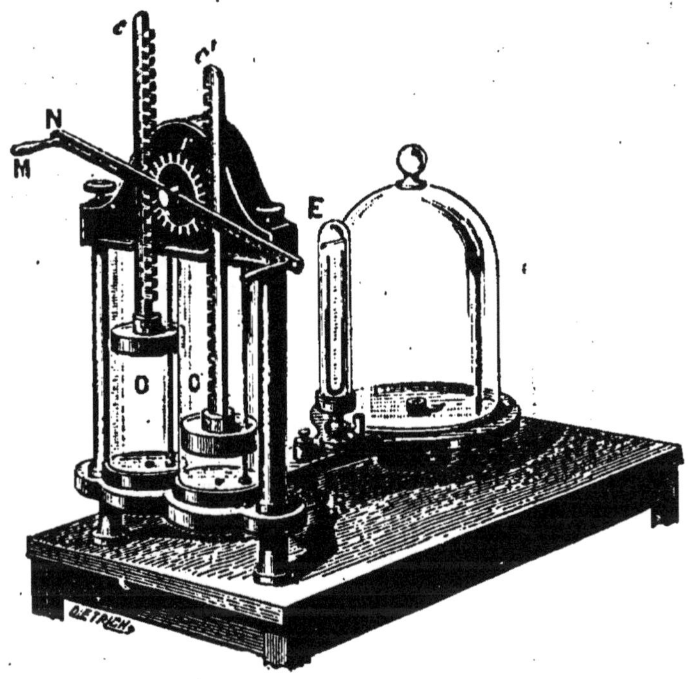

Fig. 110. — Ensemble d'une machine pneumatique.

laisser rentrer l'air soit dans le récipient, soit dans les corps
de pompe.

On mesure la pression dans le récipient à l'aide d'un
baromètre tronqué E renfermé dans une éprouvette de
cristal communiquant avec le récipient (*fig.* 110).

C'est un baromètre à siphon, incomplet, dont chaque
branche n'a guère que 20 centimètres de hauteur. La branche
fermée est complètement pleine de mercure, ainsi qu'une
petite portion de la courbure. Tant que la pression de l'air
dans le récipient reste supérieure à la différence des niveaux

---

1. Cette disposition rend moins pénible la manœuvre de la machine et
accélère la raréfaction.

du mercure, on n'observe rien ; mais cette pression diminuant sans cesse, il arrive un moment où le mercure s'abaisse dans la branche fermée en s'élevant dans l'autre, et alors la différence des niveaux mesure la force élastique du gaz dans le récipient. On donne à l'ensemble de l'appareil le nom d'*éprouvette*.

POMPE DE COMPRESSION.

120. Pompe de compression. — Cette machine est destinée, comme son nom l'indique, à comprimer les gaz ; elle ne diffère de la machine pneumatique que par la disposition des soupapes qui s'ouvrent en sens inverse. Elle se compose d'un corps de pompe (*fig.* 111), au fond duquel se trouvent deux soupapes, l'une Z ouvrant de bas en haut, l'autre Z' ouvrant de haut en bas. Le gaz à comprimer arrive par le tube T ; le tube T' communique avec le récipient dans lequel on veut comprimer le gaz. Le piston est plein ; il est mû à la main à l'aide d'une poignée.

Supposons le piston au bas de sa course ; soulevons-le ; la soupape Z' reste fermée par la pression du gaz déjà contenu dans le récipient ; la soupape Z s'ouvre et le gaz arrivant par le tube T remplit la capacité du corps de pompe. Abaissons le piston, la soupape Z se ferme et la soupape Z' s'ouvre ; la masse gazeuse contenue dans le corps de pompe passe dans le récipient. A chaque coup de piston, les mêmes phénomènes se reproduisent. On voit donc qu'à chaque coup de piston, il passe du corps de pompe dans le récipient une masse constante de gaz, en supposant naturellement que,

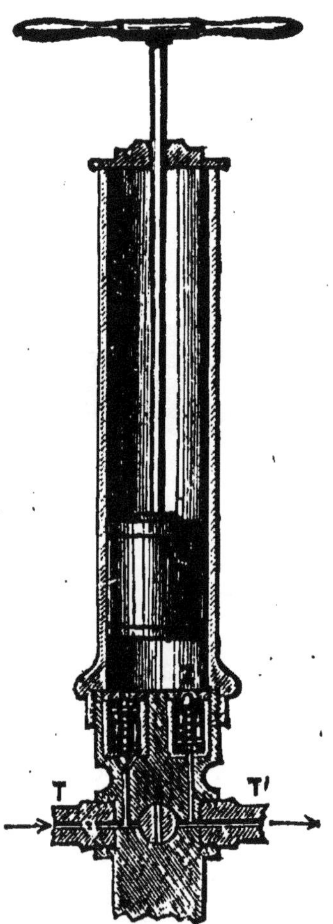

Fig. 111. — Pompe de compression.

le gaz que l'on puise dans le réservoir ait une force élastique constante. Soit C la capacité du corps de pompe et R celle du récipient; soit H la force élastique *constante* du gaz dans le réservoir communiquant avec le tube T; la masse gazeuse occupe la capacité C du corps de pompe à la pression H; quand elle se répand dans le récipient elle prend, en vertu de la loi de Mariotte, une pression égale à $H \times \dfrac{C}{R}$, et cette pression s'ajoute à la pression du gaz qui se trouvait déjà dans le récipient. Donc, à chaque coup de piston, la pression dans le récipient augmente de $H \times \dfrac{C}{R}$. Après n coups de piston, la pression dans le récipient sera représentée par :

$$H_n = H_0 + H \times \frac{n\,C}{R},$$

H_0 étant la pression initiale dans le récipient.

REMARQUE. La pompe de compression possède aussi un espace nuisible; mais les imperfections de la pompe donnent à la compression une limite pratique toujours inférieure à la limite théorique qui serait ici égale à $H \times \dfrac{C}{u}$.

Les soufflets d'appartement et les soufflets de forge dont nous nous servons pour activer la combustion de nos foyers, ne sont autre chose que des appareils de compression : les premiers se composent de deux tablettes réunies par une lame de cuir soutenue par des cerceaux; l'une des tablettes est munie en son centre d'un orifice que ferme une soupape s'ouvrant de dehors en dedans. La cavité que forment les deux planchettes se prolonge par une *tuyère*.

Si l'on écarte l'une de l'autre les tablettes, la cavité s'accroît, l'air extérieur y pénètre en soulevant la soupape, puis, lorsqu'on les rapproche, l'air, ainsi emmagasiné, se comprime, referme la soupape et s'échappe par la tuyère.

APPLICATIONS

121. Applications. — La raréfaction et la compression des gaz donnent lieu, dans l'industrie, à de nombreuses applications.

Dans les sucreries, pour faire bouillir les sirops dont on extrait le sucre à basse température et empêcher ainsi qu'une partie du sucre devienne incristallisable, on fait continuellement le vide dans les chaudières au moyen de machines pneumatiques plus ou moins modifiées.

Le *télégraphe pneumatique*, qui sert à la transmission de dépêches manuscrites entre les divers quartiers d'une ville, se compose d'une série de tubes souterrains allant d'une station à une autre.

Les dépêches sont placées dans une boîte en tôle recouverte de cuir de façon à faire l'office d'un piston, puis on introduit cette boîte dans le tube et on referme ce dernier. Alors de la station de départ, le piston est *poussé* par un réservoir à air comprimé, en même temps qu'il est *aspiré*, de la station d'arrivée, par un réservoir à air raréfié.

Les horloges pneumatiques fonctionnent par un mécanisme analogue.

122. Machine pneumatique à mercure et trompes. — On construit depuis quelques années des machines pneumatiques à mercure, telle que celle de M. Alvergniat, destinées à effectuer dans de petits récipients une raréfaction beaucoup plus parfaite que celle que l'on obtient avec la machine ordinaire.

Elle se compose essentiellement d'un ballon de verre A (*fig.* 112) prolongé en bas par un tube de verre T long de 1 mètre environ. A celui-ci est fixé un long tube de caoutchouc H, dont l'autre extrémité se rend dans un réservoir A' que l'on peut élever ou abaisser au moyen d'une corde et d'un treuil. Le ballon porte à la partie supérieure un autre tube fermé par un robinet à trois voies r, qui permet de faire communiquer le ballon, soit avec une cuvette C ouverte par le haut, soit avec le récipient, par l'intermédiaire des tubes que l'on voit à gauche. Enfin sur le trajet du robinet à trois voies à la cuvette est un robinet simple r.

La manœuvre se fait de la manière suivante : le robinet à trois voies est tourné dans la position 2, de façon que le ballon communique par la cuvette avec l'atmosphère et soit isolé du récipient; on lève alors le récipient plein de mercure jusqu'au niveau de la cuvette. Le mercure remplit le tube, le ballon, et monte dans la cuvette après avoir chassé tout l'air de l'appareil. On ferme ensuite le robinet r et on abaisse le réservoir; le vide barométrique se produit dans le ballon. On tourne alors le robinet à trois voies dans la position 1, de façon à mettre le ballon en communication avec le récipient; une partie de l'air de celui-ci se rend dans le ballon; puis on remet le robinet à trois voies dans la première position et on élève de nouveau le réservoir, de façon à chasser dans l'atmosphère le gaz qui a été appelé précédemment dans le ballon; l'on recommence ensuite la même manœuvre. A chaque fois, on produit le vide barométrique dans le ballon, puis on met ce ballon en communication avec le récipient, et l'air se partage nécessairement entre eux. Il n'y a pas ici d'espace nuisible et on peut pousser la raréfaction aussi loin qu'on le veut; les robinets sont en verre; ils sont graissés légèrement et tiennent le vide d'une manière parfaite. Un baromètre tronqué *m* fait connaître la pression du gaz dans le récipient à chaque instant de la manœuvre. On peut ainsi arriver à n'avoir plus dans le récipient qu'une pression égale à une petite fraction de millimètre. On se sert de cet appareil pour la construction des

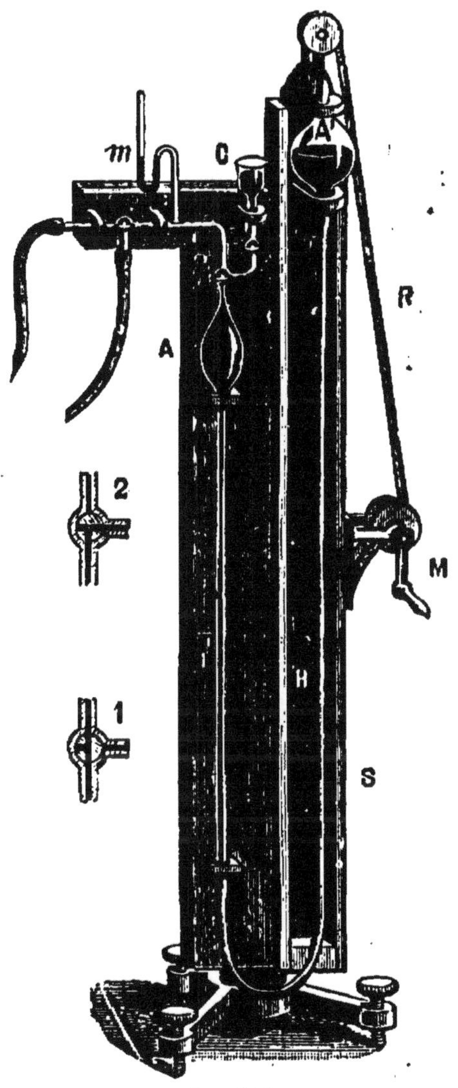

Fig. 112.

tubes de Geissler et pour faire le vide dans les lampes électriques à incandescence.

Trompes. — Les trompes sont des appareils destinés à raréfier un gaz contenu dans un récipient.

1° **Trompe à mercure de Sprengel.** — En principe, une

trompe se compose d'un réservoir R (*fig. 112 bis*) contenant du mercure qui tombe lentement dans le tube recourbé ABCD. Si l'écoulement est bien réglé, le mercure arrivé en C se divise en gouttelettes dans l'intervalle desquelles

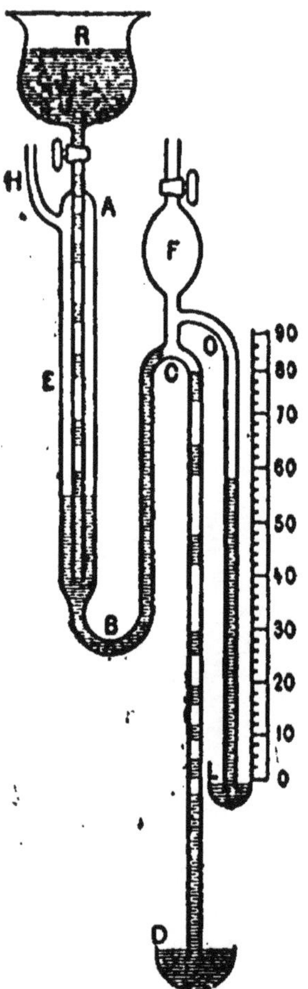

Fig. 112 *bis*.

se loge de l'air entraîné par elles et provenant du réservoir F mis en relation avec le récipient dans lequel on veut faire le vide. En E, le tube AB est enveloppé d'un manchon dans lequel se dégage l'air que peut entraîner le mercure dans sa chute; cet air s'échappe dans l'atmosphère par le tube latéral H. Un manomètre OL plongeant dans une cuvette de mercure permet de constater à chaque instant le degré de raréfaction obtenu dans le vase F et, par suite, dans le récipient. Cette machine, modifiée diversement, est presque uniquement employée pour obtenir à l'intérieur des lampes électriques à incandescence un vide aussi parfait que possible.

En employant du mercure très sec et en plaçant entre le récipient et la trompe un tube à anhydride phosphorique pour absorber la vapeur d'eau et un tube à sélénium pour absorber la vapeur de mercure, on obtient le vide de Crookes.

La trompe de Sprengel est employée pour construire les baromètres, les tubes de Geissler, les tubes de Crookes, etc.

2° **Trompe à eau.** — Dans la trompe à eau, on fait écouler un courant d'eau très rapide qui traverse successivement deux ajutages coniques dont les sommets sont placés sur la même verticale à très peu de distance l'un de l'autre. L'écoulement de l'eau produit une aspiration entre les deux pointes des ajutages. On entoure les ajutages d'une caisse communiquant avec la masse de gaz à raréfier; par aspiration, le gaz est peu à peu entraîné et s'écoule avec l'eau.

LIVRE IV

HYDRODYNAMIQUE

CHAPITRE PREMIER

POMPES. — SIPHONS

Sommaire. — **1.** Les pompes sont des appareils destinés à élever l'eau ou tout autre liquide. On les classe en pompe aspirante, pompe foulante, pompe aspirante et foulante et pompe rotative.

2. Dans la pompe aspirante, la hauteur verticale du tuyau d'aspiration peut avoir, en théorie, $10^m,33$; mais, en pratique, elle ne doit pas dépasser 6 à 7 mètres. Lorsque le liquide doit être élevé à une hauteur supérieure à 6 ou 7 mètres, on se sert de la pompe aspirante élévatoire ou de la pompe foulante.

3. La pompe à incendie est en réalité une double pompe foulante fonctionnant d'une façon alternative et dont la régularité du jet est assurée en outre par la création d'une masse d'air comprimée dans un réservoir spécial.

4. La presse hydraulique a des applications extrêmement nombreuses et importantes.

5. Le siphon est un instrument destiné à transvaser les liquides. Il se compose d'un tube formé de deux branches de longueurs différentes et dont la petite est plongée dans le liquide à transvaser.

123. On appelle **pompes** des appareils destinés à élever l'eau ou tout autre liquide on les classe en *pompe aspirante, pompe foulante, pompe aspirante et foulante* et *pompe rotative*.

124. Pompe aspirante. — Elle se compose d'un corps de pompe cylindrique P (*fig. 1*) dans lequel peut se mouvoir un piston percé d'un trou fermé à sa partie supérieure par la soupape Z, qui ne s'ouvre que de bas en haut. A la base du corps de pompe est un *tuyau d'aspiration* C plongeant dans le réservoir X Y d'où l'on veut extraire l'eau ; à la jonction du tuyau d'aspiration et du corps de pompe est une soupape Z' qui ne peut s'ouvrir que de bas en haut. A sa partie supérieure le corps de pompe présente un *déversoir* T.

Supposons le piston en bas de sa course : le tuyau d'aspiration est rempli d'air à la pression atmosphérique extérieure. Soulevons le piston, la soupape Z reste fermée sous l'action de la pression atmosphérique ; la soupape Z' s'ouvre et livre passage à l'air du tuyau d'aspiration, qui se répand dans le corps de pompe ; la force élastique de cet air diminue, et l'eau, sollicitée par l'excès de la pression atmosphérique en XY sur la force élastique de l'air intérieur, monte à une certaine hauteur dans le tuyau d'aspiration. Dès que le piston s'arrête, la soupape Z' se ferme et dès que le piston descend, la soupape Z ne tarde pas à s'ouvrir et l'air du corps de pompe s'échappe dans l'atmosphère. Soulevons le piston de nouveau, l'eau va s'élever un peu plus haut dans le tuyau d'aspiration et les mêmes phénomènes se reproduiront, quand le piston descendra. A chaque coup de piston, l'eau s'élèvera dans le tuyau d'aspiration à une hauteur de plus en plus grande ; il arrivera donc un moment où l'eau pénétrera dans le corps de pompe : la pompe est alors **amorcée**.

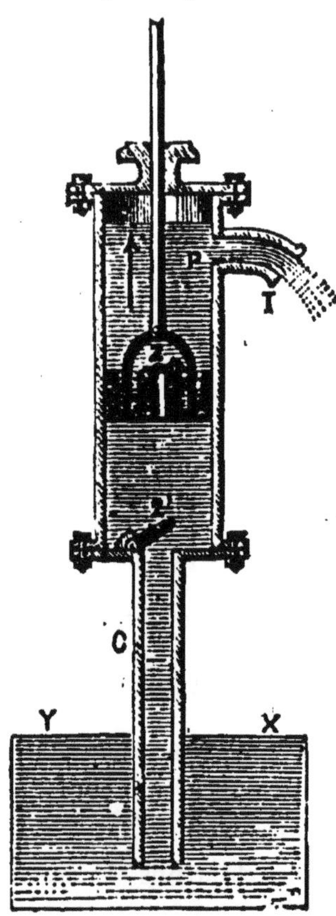

Fig. 113. — Pompe aspirante.

Supposons la pompe amorcée et abaissons le piston ; la soupape Z' restera fermée ; la soupape Z s'ouvrira, et quand le piston sera arrivé au bas de sa course, l'eau contenue dans le corps de pompe sera passée au-dessus du piston. Soulevons le piston ; la soupape Z' s'ouvre et l'eau se précipite dans le corps de pompe pour le remplir entièrement ; la soupape Z reste fermée, et le piston élève mécaniquement l'eau située au-dessus de lui jusqu'au déversoir par lequel elle s'écoule. Il en sera de même à chaque coup de piston. Il s'écoule donc par le déversoir, à chaque coup de piston, un volume d'eau égal à la capacité du corps de pompe.

Pour que la pompe puisse s'amorcer, il faut que la hauteur du tuyau d'aspiration soit inférieure à 10^m,33, hauteur barométrique moyenne exprimée en colonne d'eau, car la colonne liquide contenue dans le tuyau d'aspiration doit toujours avoir une hauteur moindre que celle de la colonne d'eau qui ferait équilibre à la pression atmosphérique.

Dans la pratique, la hauteur du tuyau d'aspiration ne doit pas dépasser 6 ou 7 mètres, eu égard à l'existence de l'espace nuisible, aux fuites que présente la pompe et aux frottements de l'eau contre les parois de l'appareil.

125. Pompe aspirante et élévatoire. — Si la distance du piston au niveau de l'eau du réservoir est nécessairement limitée à 6 ou 7 mètres, rien ne limite la hauteur à laquelle peut se trouver l'orifice du tuyau d'écoulement, et ce tuyau, au lieu de s'ouvrir à petite distance du corps de pompe, pourra s'élever à tel niveau qu'on voudra ; il importera seulement que l'eau ne puisse pas fuir entre le corps de pompe et la tige du piston, et celle-ci devra passer dans une *boîte à étoupes* qui rende la fermeture hermétique. Il conviendra en outre de placer dans le tuyau d'ascension une soupape Z″ (*fig.* 114) s'ouvrant de bas en haut, pour éviter aussi complètement que possible les fuites qui pourraient se produire par la soupape Z′ au moment de la descente du piston.

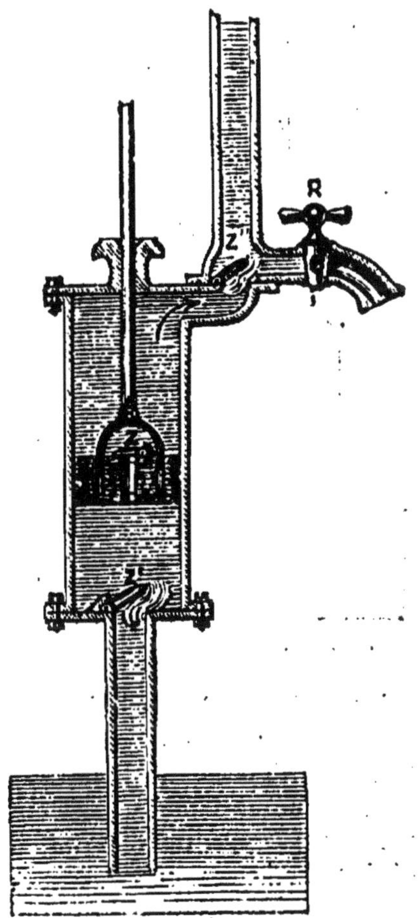

Fig. 114. — Pompe aspirante et élévatoire.

Un robinet R permet d'employer l'appareil comme une pompe aspirante simple.

126. Pompe foulante. — Le corps de pompe plonge directement dans le réservoir (*fig.* 115); le piston est plein ; sur le côté du corps de pompe est adapté un tuyau d'ascension D, portant à sa base une soupape O, ouvrant dans son intérieur; à la base du corps de pompe est une soupape S ouvrant de bas en haut.

Lorsque le piston monte, la soupape S s'ouvre, soulevée par la poussée du liquide, et le corps de pompe se remplit; puis, lorsque le piston descend, la soupape S étant fermée par son propre poids et par la pression qu'elle supporte, l'eau refoulée par le piston fait ouvrir la soupape O, et s'élève dans le tuyau D, à une hauteur qui n'a d'autres limites que la pression exercée sur le piston et la solidité de l'appareil.

127. Pompe à incendie. — La *pompe à incendie* est une pompe foulante dans laquelle la régularité et la continuité du jet s'obtiennent à la fois : 1° par la réaction d'une masse d'air comprimée dans un réservoir spécial; 2° par le jeu alternatif de deux pompes foulantes (*fig.* 116) accouplées *m* et *n*, mues par un même balancier PQ, auquel huit hommes à la fois peuvent s'ap-

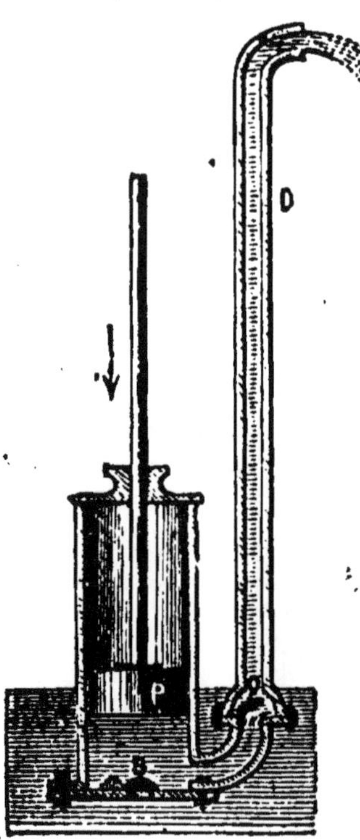

Fig. 115. — Pompe foulante.

pliquer. Elles plongent dans une caisse (ou *bâche*) M N, qu'on maintient pleine d'eau tout le temps que l'appareil fonctionne. D'après la disposition des soupapes, on voit que lorsqu'une des pompes aspire l'eau de la bâche, l'autre la refoule dans un compartiment R, qu'on nomme le *réservoir d'air*; de là, poussée par la réaction du gaz, l'eau passera par un orifice Z dans un long tuyau de cuir qu'on dirige sur le foyer de l'incendie.

La vitesse de l'eau, à son entrée dans ce réservoir, étant plus grande qu'à sa sortie, son niveau s'élève au-dessus de l'orifice Z, et l'air qui remplit le réservoir est comprimé. Par suite, toutes les fois que les pistons s'arrêtent, l'air comprimé, réagissant sur le liquide, le force à s'écouler d'une manière continue, jusqu'à ce que les pistons reprennent leur mouvement.

Dans la *pompe à incendie à vapeur*, les pistons sont mis en mouvement par un moteur à vapeur du système Field, dont la chaudière peut être mise sous pression en huit minutes,

Fig. 116. — Pompe à incendie.

La pompe à vapeur débite 900 litres d'eau à la minute et donne un jet de 43 mètres de hauteur.

128. Pompe aspirante et foulante. — Elle se compose d'une pompe foulante munie d'un tuyau d'aspiration plongeant dans le réservoir (*fig.* 117). Tant que la pompe n'est pas amorcée, elle fonctionne comme une pompe aspirante et l'air du corps de pompe est chassé dans le tuyau d'ascension, quand le piston descend. Dès que la pompe est amorcée, elle fonctionne comme une pompe foulante.

129. Pompes rotatives. — On emploie depuis quelques années dans l'industrie des pompes dites, *rotatives*, fondées sur le principe suivant:

Si l'on force une masse liquide à tourner, les pressions à l'intérieur de cette masse iront en croissant du centre à la circonférence; et si vers la circonférence le liquide peut s'échapper, il s'écoulera.

Ceci posé, imaginons deux disques A B (*fig.* 118), parallèles au plan de la figure et réunis par des cloisons *m n* perpendiculaires à ce plan; l'ensemble forme une espèce de *roue à*

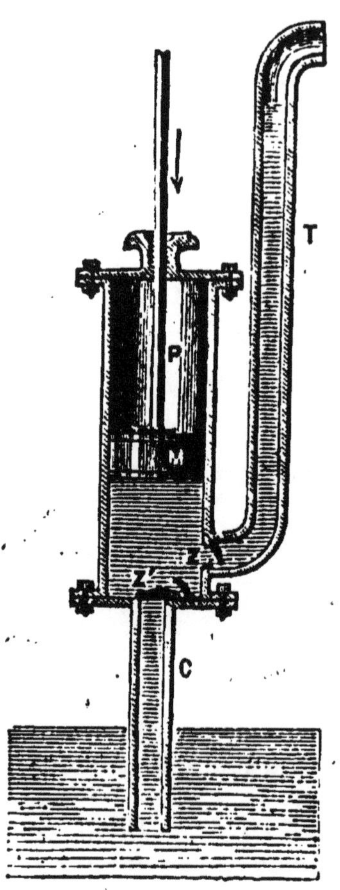
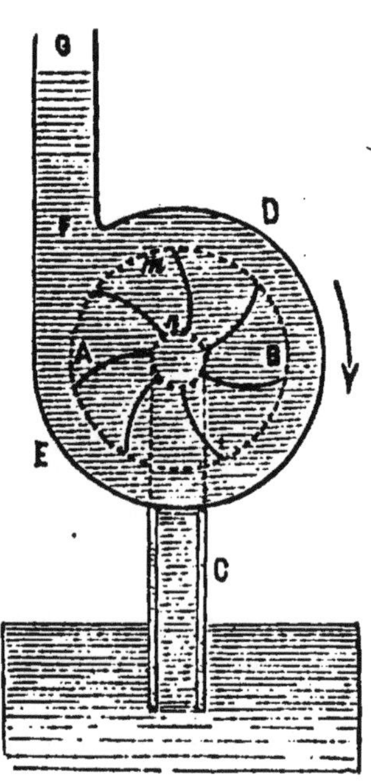

FIG. 117.
Pompe aspirante et foulante.

FIG. 118.
Pompe rotative.

aubes. L'espace laissé libre au centre par ces cloisons communique, par un tuyau d'aspiration C, avec le réservoir d'où l'on veut extraire l'eau. La roue à aubes peut tourner rapidement à l'intérieur d'une boîte D E munie latéralement d'un tuyau F G. Par suite du mouvement de rotation, il se produit une aspiration dans le tuyau C; l'eau est chassée du centre vers la circonférence de la roue, s'échappe par l'orifice F et peut être ainsi envoyée à une grande hauteur.

Celte pompe est employée pour le transvasement des vins, pour l'épuisement de l'eau dans les excavations, etc.

130. Presse hydraulique. — Nous avons fait connaître (§ 41) le principe de la presse hydraulique; il nous reste à ajouter quelques détails sur sa construction.

Une pompe aspirante et foulante B (*fig.* 119) à piston plongeur

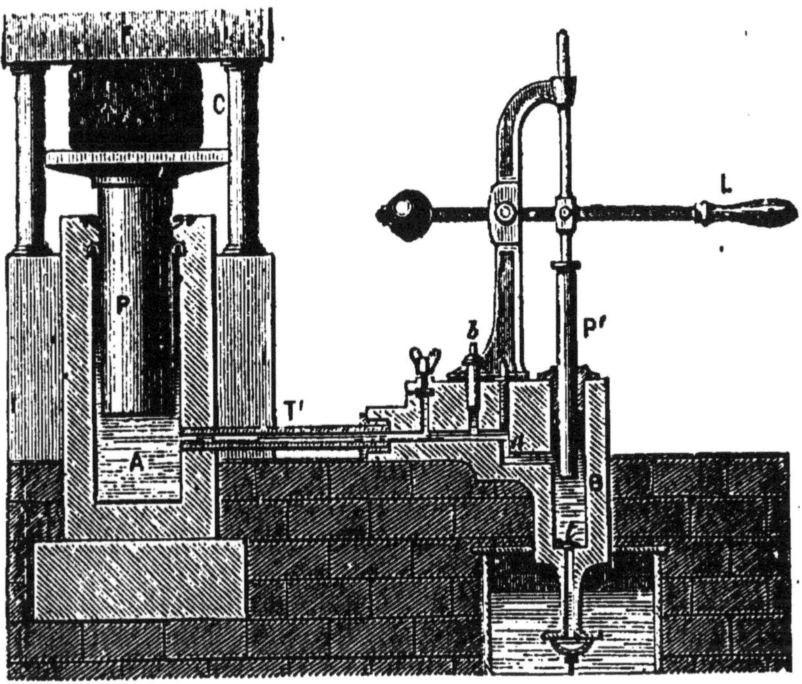

Fig. 119. — **Presse hydraulique.** — B, Pompe aspirante et foulante; A, corps de pompe dans lequel l'eau est refoulée; P, piston plongeur. F, plate-forme fixe. L'objet à presser est placé entre la tête du piston P et la plate-forme; a, soupape. b, soupape de sûreté; c, robinet de vidange; L. Levier.

P′ fait arriver de l'eau dans le corps de pompe A par l'intermédiaire du tuyau T′. Le piston plongeur P, de très large section, se soulève et peut exercer une pression considérable sur un corps C placé entre la tête du piston et la plate-forme fixe F.

Le piston P′ est mis en mouvement par un levier L pour diminuer encore l'effort à exercer. Dans le canal de communication se trouvent : 1° une soupape *a* s'ouvrant de bas en haut et empêchant l'eau de revenir de A vers B; 2° une soupape de sûreté *b ;* 3° une vis à filet en partie interrompu *c*, qui, quand on la tourne de droite à gauche, permet à l'eau contenue en A de s'échapper afin que le piston P puisse descendre.

Supposons que la section du piston P soit égale à 100 fois la section de P' et que les deux bras du levier L soient entre eux dans le rapport de 10 à 1 ; un effort de 1 kilogramme exercé sur la poignée L produira sur le piston P une pression de 1 000 kilogrammes. Quant au travail mécanique, il y aura toujours égalité entre le travail moteur et le travail résistant.

En effet, supposons que le piston plongeur P' s'abaisse de 10 centimètres, le volume de l'eau envoyée dans A sera égal à $S \times 10$, S étant la section de B en centimètres carrés ; cette nappe d'eau répartie dans un corps de pompe de section 100 fois plus grande que S, aura une hauteur égale à $\dfrac{10}{100} = 0^o,1$; les déplacements des deux pistons sont inversement proportionnels aux sections des corps de pompe ; d'autre part, la puissance et la résistance sont directement proportionnelles aux sections : par conséquent le travail moteur est égal au travail résistant.

Dans la pratique, le travail moteur est supérieur au *travail utile* de la presse ; on donne à l'appareil son rendement maximum en évitant les fuites d'eau entre les parois du piston et du corps de pompe.

On emploie à cet effet le *cuir embouti* de Bramah.

On nomme ainsi un cuir épais, imbibé d'huile et imperméable à l'eau, lequel sert à fermer hermétiquement les deux corps de pompe. Ce cuir, recourbé en forme d'U renversé, s'enroule circulairement dans une cavité pratiquée au haut de la paroi des corps de pompe (fig. 120). Plus l'eau est comprimée dans ceux-ci

Fig. 120. — Cuir embouti.

plus elle applique fortement le cuir d'un côté sur la paroi du corps de pompe, de l'autre sur le piston correspondant : l'eau se ferme à elle-même le passage et toute fuite est impossible.

La presse hydraulique est utilisée dans tous les travaux qui nécessitent de grandes pressions, par exemple, le foulage des draps, l'extraction du suc des betteraves et de l'huile des graines oléagineuses. Elle sert encore à éprouver les chaudières à vapeur et les chaînes destinées à la marine, etc.

SIPHONS.

131. On appelle **siphons** des instruments destinés au transvasement des liquides.

Un siphon est formé d'un tube de verre ou de métal recourbé de manière à présenter deux branches de longueurs différentes (*fig.* 121).

Considérons, par exemple, un tube recourbé deux fois à angle droit (*fig.* 122) et dont les deux branches inégales A B

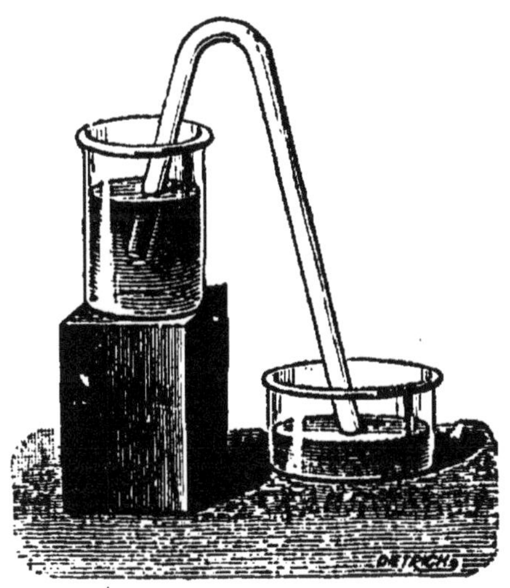

Fıg. 121. — Siphon.

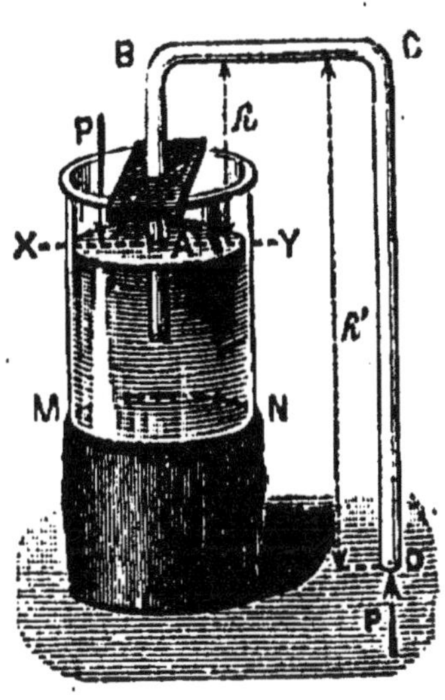

Fıg. 122. — Théorie du siphon.

et CD soient verticales. A l'aide de ce siphon, proposons-nous de transvaser le liquide contenu dans le vase M N. A cet effet, plongeons la petite branche du siphon dans le liquide et remplissons le siphon de liquide en aspirant par la grande branche; le siphon est alors *amorcé*, et si l'on cesse d'aspirer, le liquide s'écoulera d'une manière continue par l'extrémité D de la grande branche.

Théorie du siphon. — Supposons le siphon amorcé et fermé en D par une membrane élastique, comme un petit fragment de vessie par exemple, empêchant l'écoulement mais pouvant transmettre les pressions. Cette membrane supportera de bas en haut la pression atmosphérique P'; de haut en bas elle supportera la pression atmosphérique P, qui s'exerce sur XY, et qui se fait sentir intégralement sur la tranche de liquide de la branche CD située au niveau de

X Y, cette pression atmosphérique P est d'ailleurs augmentée du poids d'une colonne de liquide ayant pour hauteur la différence des niveaux en A et en D. La membrane supporte donc de haut en bas un excès de pression égal au poids d'une colonne de liquide ayant pour hauteur la différence $(h'-h)$ entre la hauteur de la grande branche et la hauteur de la fraction de la petite branche émergeant du liquide.

Enlevons la membrane; d'abord la colonne liquide ne peut pas se diviser; en effet, *si h est plus petit que la hauteur barométrique actuelle exprimée en colonne du liquide à transvaser,* la pression atmosphérique comblera immédiatement tout vide tendant à se produire, en y poussant le liquide du réservoir. Enfin, le liquide s'écoulera par l'orifice D, tant qu'il y aura une différence de niveau entre X Y et D, car chacune des tranches liquides est poussée de la petite branche du siphon vers la grande par une force égale au poids d'une colonne de liquide ayant pour base la section du tube et pour hauteur $(h' - h)$. Au fur et à mesure que le vase M N se vide, $h' - h$ diminue et la vitesse d'écoulement décroît progressivement.

REMARQUES. — Pour qu'un siphon destiné à transvaser de l'eau puisse fonctionner, il faut que la petite branche soit inférieure à $10^m,33$; pour transvaser du mercure, la petite branche du siphon doit être inférieure à 76 centimètres.

Il n'est pas toujours commode ni même possible, d'amorcer le siphon en aspirant le liquide par la grande branche : on peut remplir d'abord le tube en le tenant incliné, puis, fermant les deux branches avec les doigts on fait plonger la petite branche dans le réservoir. On débouche les deux branches, et le liquide s'écoule.

132. Usages du siphon. — Le siphon est employé dans le commerce pour transvaser les vins, les eaux-de-vie, les acides. Quand le siphon a de grandes dimensions, on munit l'extrémité de la grande branche d'un robinet que l'on ferme; on plonge la petite branche dans le liquide et on aspire l'air du siphon à l'aide d'une petite pompe fixée à sa partie supérieure. Quand le siphon est amorcé, on ouvre le robinet et l'écoulement se produit.

Dans les fabriques d'acide sulfurique, on transvase ce liquide avec des siphons en platine, que l'on amorce d'une façon particulière *(fig.* 123). La grande branche est beaucoup plus longue que l'autre; elle porte, à sa partie supérieure, deux orifices munis d'entonnoirs, et fermés par des bouchons.

Pour amorcer, on ferme l'extrémité de la grande branche, qui est munie à cet effet d'un robinet, et on verse de l'acide sulfurique par l'entonnoir de l'orifice inférieur; cet acide remplit la grande branche, dont l'air expulsé sort par l'orifice supérieur. On ferme les deux orifices, on ouvre le robinet, et la grande branche du siphon se vide; l'air contenu dans la

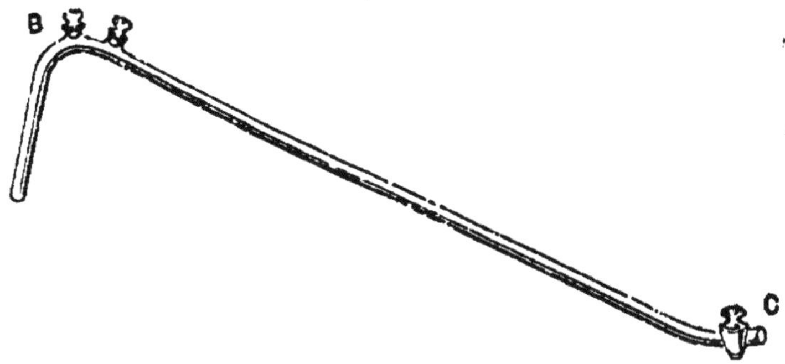

FIG. 123. — Siphon pour l'acide sulfurique.

petite branche remplit l'espace qu'abandonne l'acide et, par suite de cette augmentation de volume, il diminue de force élastique; mais alors la pression atmosphérique, n'étant plus suffisamment contre-balancée par la force élastique de l'air emprisonné, contraint le liquide à s'élever dans la petite branche jusqu'en haut du siphon, et même à retomber dans la grande branche, de manière à déterminer l'amorcement.

REMARQUE. — Une corde, un morceau d'étoffe, une mèche de coton peuvent servir de siphon. Il suffit de plonger une mèche de coton dans un vase plein d'eau, de manière que la mèche sorte en partie du vase et pende en dehors; l'eau s'écoulera goutte à goutte, pourvu que l'extrémité inférieure de la corde soit à un niveau moins élevé que celui de la surface libre du liquide. On emploie souvent ce procédé pour filtrer les liquides troubles.

133. Vase de Tantale. — C'est un vase fermé à sa partie inférieure par un bouchon que traverse la grande branche d'un siphon S (*fig.* 124). — Le point culminant du siphon est plus bas que le bord du verre, de sorte que si l'on verse de l'eau dans ce vase, le niveau s'élève peu à peu dans la petite branche, puis, aussitôt qu'il atteint la partie supérieure du siphon, celui-ci s'amorce et le vase se vide.

Si l'on fait arriver l'eau d'une manière continue à l'aide d'un robinet R, mais en quantité moindre que n'en débite le siphon, celui-ci s'amorce toutes les fois que le niveau atteint la partie supérieure et le vase se vide, puis se remplit à

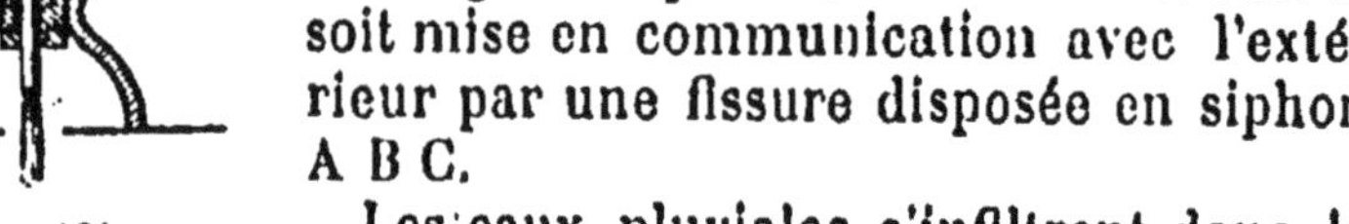

nouveau, on obtient ainsi un écoulement intermittent.

C'est de cette façon qu'on explique le fonctionnement des fontaines intermittentes naturelles qui ne coulent qu'à des intervalles plus ou moins rapprochés et qui existent dans nombre de régions.

Imaginons qu'une cavité souterraine D soit mise en communication avec l'extérieur par une fissure disposée en siphon A B C.

Fig. 124.

Les eaux pluviales s'infiltrent dans le sol et viennent s'accumuler dans le réservoir D. Lorsque le liquide atteint le niveau B E, le siphon s'amorce et l'eau de la cavité s'écoule par l'orifice C. Si la

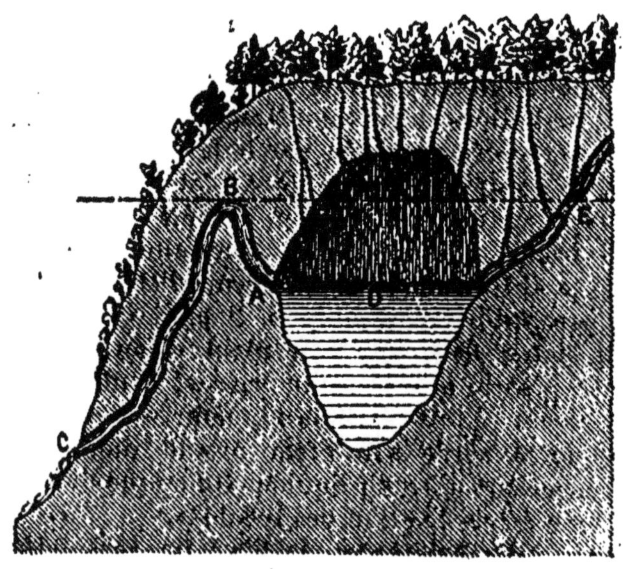

Fig. 125. — Fontaine intermittente naturelle.

quantité d'eau qui arrive dans le réservoir est plus petite que celle qui en sort, le niveau baisse, et quand il est au-dessous de l'orifice A, le siphon se désamorce et l'écoulement s'arrête jusqu'à ce que, la cavité se remplissant de nouveau, le liquide arrive au niveau du point B.

134. Pipette, Tâte-vin. — La pipette sert dans les laboratoires pour transvaser de petites quantités de liquide. Elle se compose d'un tube (*fig.* 126) renflé en son milieu, et effilé à sa partie inférieure. On la remplit en la plongeant presque complètement dans le liquide, ou, plus ordinairement, en n'immergeant que l'extrémité effilée et en aspirant l'air intérieur avec la bouche. Si alors on ferme avec le doigt

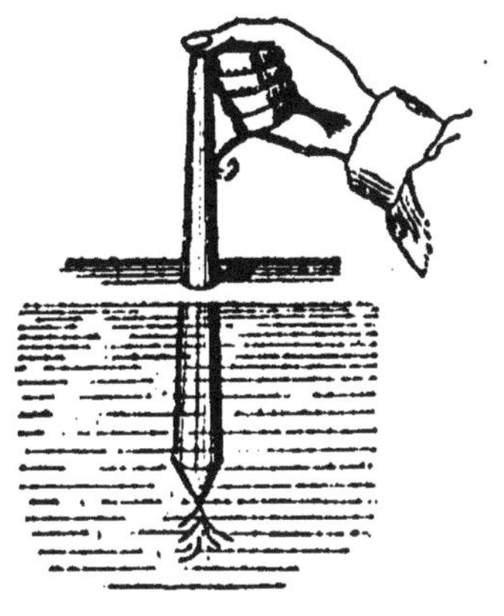

Fig. 126. — Pipette.

Fig. 127. — Tâte-vin.

l'orifice supérieur, on peut soulever la pipette hors du liquide sans qu'il s'en échappe. Cependant, comme il reste généralement un peu d'air au-dessus du liquide, il tombe quelques gouttes jusqu'à ce que la pression exercée de haut en bas à l'orifice inférieur par le liquide et la force élastique de l'air dilaté qui se trouve au-dessus soient équilibrées par la pression atmosphérique.

On transporte alors la pipette au-dessus du vase où doit se faire le transvasement, et il suffit de soulever le doigt qui bouche l'ouverture supérieure pour que la pression extérieure agissant librement sur la surface du liquide, l'écoulement recommence.

Le **tâte-vin** (*fig.* 127) dont on se sert pour puiser, par la bonde des tonneaux, une petite quantité du liquide qui s'y trouve contenu, n'est autre chose qu'une pipette en fer-blanc.

Exercice. — 1. Dans une pompe aspirante, le tuyau d'aspiration a 6 mètres de hauteur ; la course du piston est de 50 centimètres ; la section du corps de pompe est 10 fois plus grande que celle du tuyau d'aspiration. On demande à quelle hauteur l'eau s'élèvera dans le tuyau d'aspiration après un coup de piston.

2. Le tuyau d'aspiration d'une pompe a 4 mètres de long et 3 centimères carrés de section ; la section du corps de pompe est égale à 200 centimètres carrés. Calculer sa hauteur, sachant qu'au premier coup de piston, l'eau, dont le niveau était au bas du tube d'aspiration, s'élève au sommet de celui-ci. La pression extérieure est égale à 76 centimètres.

3. Dans un siphon, la différence de hauteur des deux branches supposées verticales est égale à 80 centimètres, le siphon transvase du mercure. On demande sous quelle pression s'effectuera l'écoulement.

4. Dans une presse hydraulique, le grand bras du levier qui sert à manœuvrer le petit piston a $0^m,80$, le petit bras $0^m,12$. Le diamètre du grand cylindre est égal à $0^m,12$, celui du petit cylindre à $0^m,01$. On demande : 1° de calculer le poids que pourra soulever le grand piston, sachant que la force appliquée à l'extrémité du grand bras de levier est de 10 kilogrammes ; 2° de calculer le diamètre que doit avoir le grand cylindre pour que, les autres données restant les mêmes, le grand piston puisse soulever un poids de 10 000 kilogrammes.

CHAPITRE II

PRINCIPE D'ARCHIMÈDE APPLIQUÉ AUX GAZ
BAROSCOPE. — AÉROSTATS

135. Le principe d'Archimède s'applique aux gaz. — Tout corps plongé dans un gaz éprouve une poussée verticale dirigée de bas en haut et égale au poids du gaz qu'il déplace. — Ce principe, semblable à celui que nous avons déjà exposé pour les liquides (§ 57), se vérifie à l'aide du *baroscope* d'Otto de Guericke. Il se compose (*fig.* 128) d'un petit fléau de balance aux deux extrémités duquel sont suspendues deux sphères en laiton, dont l'une B est petite et pleine et dont l'autre A est creuse et d'un assez grand volume extérieur. La petite sphère B peut glisser le long de son bras de levier, de manière que le fléau soit horizontal lorsque l'appareil est placé dans l'air.

Si l'on introduit le baroscope sous la cloche de la machine

pneumatique, et si l'on fait le vide, on voit le fléau s'i⋅ ⋅liner du côté de la grosse sphère A, au fur et à mesure qu⋅ l'air se raréfie; ce qui montre que, dans le vide, la grosse ⋅ ⋅ule pèse plus que la petite sphère pleine. Si, dans l'air, ⋅le lui fait équilibre, c'est que, dépla-çant un plus grand volume, elle subit une poussée plus forte.

Il résulte de là que pour obte-nir le poids réel d'un corps, il fau-drait le peser dans le vide; tou-te pesée effectuée dans l'air, com-me on le fait d'ordinaire, fait connaître le poids apparent du corps, c'est-à-dire la différence existant entre

Fig. 128. — Baroscope.

son poids réel et le poids de l'air déplacé. Si l'on représente par p le poids apparent du corps, par p' la poussée de l'air, le poids réel P du corps sera : $P = p + p'$.

Cependant, dans la plupart des cas, lorsqu'il s'agit de corps solides ou liquides dont la densité est très grande par rapport à celle de l'air, l'erreur est tellement faible qu'on peut prendre le poids apparent pour le poids réel, à moins qu'il ne s'agisse de recherches délicates.

C'est cette poussée qui est la cause du mouvement ascen-sionnel de la fumée, de l'air chaud, des bulles de savon gon-flées avec de l'hydrogène; en effet, un corps plongé dans l'air est soumis à l'action de deux forces verticales opposées : 1° son poids qui tend à l'attirer vers la terre et 2° la poussée égale au poids de l'air déplacé qui tend à le soulever. Si ces deux forces sont égales, le corps reste en équilibre, et si, comme dans le cas des corps ci-dessus, la poussée l'emporte sur leur poids, le corps s'élève comme le fait un morceau de liège placé au fond d'un vase rempli d'eau et abandonné à lui-même.

136. Aérostats. — On donne le nom d'*aérostats* à des enveloppes minces contenant *un gaz moins dense* que l'air ; si le poids total de l'enveloppe, de ses accessoires et du gaz qu'elle renferme est inférieur au poids de l'air qu'elle déplace, la poussée sera supérieure au poids de l'aérostat et celui-ci devra s'élever dans l'atmosphère.

Les premiers aérostats furent construits par les frères Montgolfier en 1783. C'étaient des glôbes de toile doublée de papier ayant environ 6 toises de diamètre. Ils étaient gonflés avec de l'air chaud ; on leur donna le nom de *montgolfières*.

Fig. 129. — Aérostat.

Aujourd'hui, on gonfle les aérostats avec de l'hydrogène ou avec du gaz d'éclairage ; on leur donne le nom vulgaire de ballons.

Pour construire un ballon, on prend du taffetas que l'on découpe en longs fuseaux ; on coud ces fuseaux de manière à ne laisser entre eux ni interstices, ni fissures, et à constituer un sphéroïde B terminé inférieurement par un appendice cylindrique (*fig.* 120). On recouvre la surface du ballon d'une couche de vernis au caoutchouc pour rendre l'enveloppe imperméable. L'aérostat est entouré d'un filet supportant la nacelle dans laquelle prendront place les aéronautes. Le filet protège le ballon, dont il recouvre tout l'hémisphère supérieur ; un peu au-dessous du grand cercle équateur, toutes les cordes du filet se détachent, en s'écartant de la surface du ballon, et viennent aboutir et s'attacher à la circonférence d'un cercle en bois très dur, auquel est suspendue la nacelle (*fig.* 130). Le filet enveloppe le ballon sans y être fixé; il le protège sans le comprimer; il se prête à tous ses mouvements de contraction ou de dilatation; enfin il répartit également sur toute sa surface la charge de la nacelle. Celle-ci se compose d'une sorte de panier en osier, plus ou moins vaste, suivant l'usage auquel on la destine et le nombre des aéronautes qu'elle doit contenir, ou la quantité des accessoires, c'est-à-dire du lest, des agrès et des instruments qui doivent servir dans l'ascension.

A la partie supérieure du ballon est une soupape ouvrant de haut en bas à l'aide d'une corde traversant tout l'aérostat et placée à portée de la main de l'aéronaute.

Pour gonfler le ballon, on l'aplatit pour en chasser l'air, et on fait arriver le gaz

Fig. 130. — Nacelle et accessoires
d'un ballon.

d'éclairage par l'ouverture inférieure de manière à ne remplir le ballon qu'incomplètement.

137. Force ascensionnelle. — On appelle force ascensionnelle d'un aérostat, la différence entre le poids de l'air qu'il déplace et le poids total du ballon. Au départ, cette force ascensionnelle doit être de quelques kilogrammes; on la mesure à l'aide d'un dynamomètre. La capacité du ballon doit être assez grande pour qu'il puisse s'enlever avant d'être entièrement gonflé, afin d'éviter les déchirures qui pourraient se produire dans les régions élevées de l'atmosphère, par suite de l'expansibilité du gaz intérieur.

Au fur et à mesure que l'aérostat monte, la pression H

diminué aussi bien à l'intérieur qu'à l'extérieur du ballon ; par suite, le volume du ballon augmente sous la force expansive du gaz intérieur, et par conséquent, en vertu de la loi de Mariotte, le produit du volume par la pression du gaz restant constant, il en résulte que la force ascensionnelle du ballon demeurera constante, tant que celui-ci ne sera pas complètement gonflé.

Lorsque l'aérostat sera complètement gonflé, le volume restera invariable et la pression extérieure diminuera si l'aérostat s'élève ; à partir de ce moment le gaz d'éclairage s'échappe peu à peu par le bas du ballon ; la force ascensionnelle diminue progressivement et devient bientôt nulle. Le ballon flotte alors dans l'atmosphère à une altitude constante. Si l'aéronaute veut s'élever davantage, il faut diminuer le poids p des accessoires ; à cet effet, on a emporté avec soi du sable formant *lest* ; si l'on veut monter, on jette une partie du lest. Si l'aéronaute veut descendre, il ouvre la soupape supérieure ; une partie du gaz d'éclairage s'échappe et est remplacée par d'air extérieur plus dense que lui : l'aérostat augmente de poids et la descente s'effectue. En réglant convenablement les mouvements d'ascension et de descente de l'aérostat, on arrive à pouvoir atterrir sans danger.

Les aéronautes emportent avec eux une boussole, et un baromètre à l'aide duquel ils calculent l'altitude de la région de l'atmosphère dans laquelle ils se trouvent.

138. Direction des ballons. — Un aérostat est entièrement soumis aux vents qui règnent dans l'atmosphère. Il ne peut être dirigé qu'à l'aide d'une hélice et d'un gouvernail. La meilleure tentative faite pour résoudre le problème de la direction des ballons est celle des capitaines *Krebs* et *Renard*, attachés à l'établissement militaire aérostatique de Chalais, près Meudon.

Leur aérostat avait à peu près la forme d'un cigare (*fig.* 131), il jaugeait 1800 mètres cubes. L'hélice placée à l'avant de la nacelle était mise en mouvement par un moteur électrique actionné par des accumulateurs ; un gouvernail était placé à l'arrière de la nacelle. On a pu voir à l'Exposition de 1880 un spécimen de cet aérostat.

L'ascension eut lieu le 9 août 1884, à quatre heures du soir, par un temps calme. « L'aérostat, laissé libre et possédant une très faible force ascensionnelle, s'éleva lentement jusqu'à la hauteur des plateaux environnants. La machine fut mise en mouvement, et bientôt, sous son impulsion, l'aérostat accélérait sa marche, obéissant fidèlement à la moindre indication de son gouvernail. Arrivés au-dessus du village de Villacoublay, à 4 kilomètres environ de Chalais,

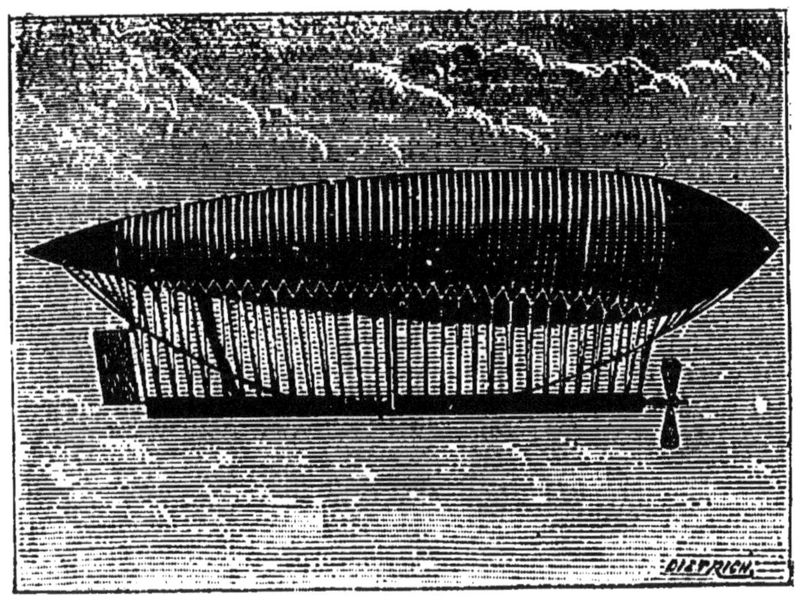

Fig. 131. — Ballon dirigeable.

les aéronautes décidèrent de rebrousser chemin et d'essayer de descendre au lieu même du départ. Ils exécutèrent donc, par une manœuvre convenable du gouvernail, un demi-tour sur la droite, puis plus loin un nouveau changement de direction sur la gauche, et bientôt ils vinrent planer à 300 mètres au-dessus du point de départ, où la descente s'effectua sans aucun accident. » (*Comptes rendus*, communication de MM. Renard et Krebs).

LIVRE V

CHALEUR

CHAPITRE PREMIER

PHÉNOMÈNES GÉNÉRAUX DE LA CHALEUR. — DILATATION THERMOMÉTRIE

Sommaire. — **1.** La chaleur dilate les corps et peut les faire passer d'un état à un autre.

2. On montre la dilatation des corps solides en volume à l'aide de l'anneau de S'Gravesande, et leur dilatation en longueur au moyen du pyromètre à cadran.

3. Les liquides sont plus dilatables que les solides; les gaz sont encore plus dilatables que les liquides.

4. Deux corps sont à la même *température* lorsque, mis successivement en contact avec un même corps, ce dernier conserve le même volume.

5. Bien que les gaz constituent la substance thermométrique par excellence, pour les applications ordinaires on emploie le thermomètre à mercure ou à alcool.

6. Dans la graduation centigrade le point fixe 0° est la température de la glace fondante et le point 100° est la température de la vapeur d'eau bouillante sous la pression de 760ᵐᵐ; dans la graduation Réaumur les points fixes correspondent aux mêmes températures, mais ils sont appelés 0° et 80°; dans l'échelle Fahrenheit la température de la glace fondante est 32°, celle de la vapeur d'eau bouillante est 212°.

7. Le thermomètre à alcool est surtout employé pour mesurer les basses températures; pour le graduer, on détermine d'abord le point 0°, puis on détermine un deuxième point fixe inférieur à 70° par comparaison avec un thermomètre *étalon*.

139. Nature de la chaleur. — On donne le nom de chaleur à la cause de nos sensations de *chaud* et de *froid*.

La chaleur est due, comme la lumière, à un mouvement vibratoire des corps; ce mouvement vibratoire se transmet, comme la lumière, à travers l'éther du milieu ambiant; *la propagation se fait en ligne droite dans toutes les directions.* Il existe des *rayons* et des *faisceaux calorifiques* comme il existe des *rayons* et des *faiceaux lumineux*. Nous étudierons plus tard les propriétés de la chaleur rayonnante et nous mettrons en évidence *l'identité complète de la chaleur et de la lumière.*

EFFETS GÉNÉRAUX DE LA CHALEUR.

140. Les corps qui sont soumis à l'action de la chaleur sont le siège de phénomènes particuliers, appelés *phéno-mènes calorifiques.* Tout le monde sait qu'une barre métallique s'allonge sous l'action de la chaleur; qu'une sphère de cuivre augmente de volume quand on la chauffe; on dit alors que les corps *se dilatent* sous l'action de la chaleur. Une masse de plomb suffisamment chauffée devient *liquide;* l'eau, sous l'action de la chaleur, se transforme en *vapeur :* il y a alors *changement d'état physique* du corps sous l'action de la chaleur. Inversement, les corps se *contractent* quand ils perdent de la chaleur; les gaz, par le refroidissement, passent à l'état liquide ; les liquides, suffisamment refroidis, prennent l'état solide. Nous étudierons successivement chacun de ces phénomènes calorifiques.

141. Dilatation des corps solides. — Tous les corps **se dilatent**, augmentent de volume quand on les chauffe : on le démontre facilement à l'aide de l'*anneau de S'Gravesande (fig. 132).* Il se compose d'un anneau en métal A dans lequel peut passer librement, à la température ordinaire, une sphère B en cuivre rouge, dont le diamètre est légèrement inférieur à celui de l'anneau. Si l'on chauffe fortement cette sphère avec une lampe à alcool et si on la pose sur l'anneau, on constate qu'elle ne peut plus passer à travers : elle a donc augmenté de volume sous l'action de la chaleur. Si on la laisse se refroidir, elle reprend son volume primitif et elle tombe en traversant l'anneau. La dilatation

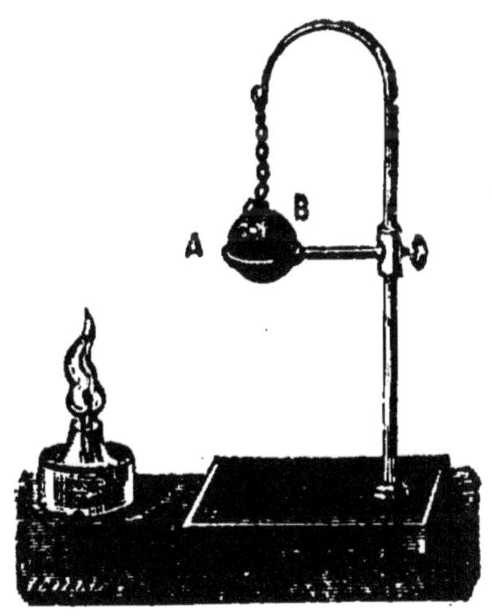

Fig. 132.

en volume d'un corps solide prend le nom de **dilatation cubique.**

Lorsqu'on chauffe à la fois l'anneau et la sphère, on constate que celle-ci continue à passer exactement par l'anneau, ce qui montre que l'espace vide d'un corps creux se dilate autant qu'un corps plein de même nature dont le volume serait égal à la capacité du corps creux. C'est ainsi que la capacité intérieure d'un vase de verre s'accroît, sous l'action de la chaleur, exactement de la même quantité qu'une masse du **même verre** qui remplirait le vase.

142. Dilatation linéaire. — Lorsqu'un corps solide affecte la forme d'une barre, on peut considérer en particulier l'allongement que prend cette barre sous l'action de la chaleur ou, comme l'on dit, la **dilatation linéaire** du corps solide. Cette dilatation est très faible ; pour la mettre en évidence, on a recours au **pyromètre à cadran.** Il se compose (*fig.* 133) d'une tige de cuivre horizontale A dont l'ex-

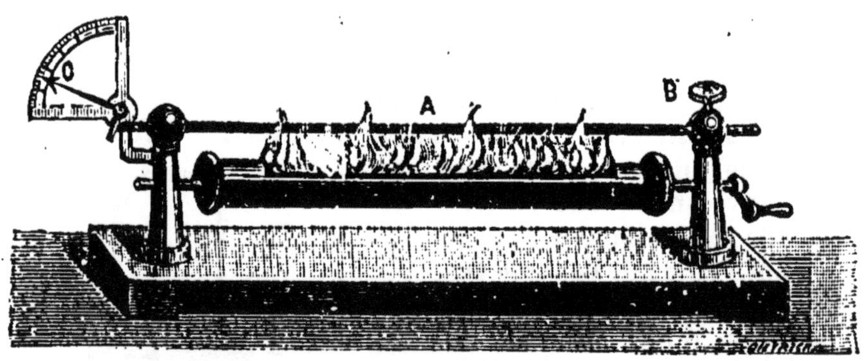

Fig. 133. — Pyromètre à cadran.

trémité B est serrée fortement dans une borne à l'aide d'une vis de pression, tandis que l'autre extrémité peut glisser librement dans une seconde borne placée à la droite de la figure. Si l'on chauffe la barre A à l'aide d'une longue lampe à alcool, la barre s'allonge par son extrémité libre ; celle-ci vient buter contre la courte branche d'un levier coudé à branches inégales, la pousse et la fait tourner ; la grande branche tourne du même angle et l'arc décrit par son extrémité C est proportionnel à l'allongement de la barre, qui sera rendu d'autant plus sensible que l'on aura employé une aiguille **plus longue.**

143. Dilatation des liquides. — On introduit dans un ballon de verre, surmonté d'un tube très étroit, un liquide coloré, dont le niveau s'élève jusqu'en A (*fig.* 134), par exemple. On plonge l'appareil dans de l'eau bouillante ; on voit alors le niveau du liquide descendre légèrement par suite de la dilatation de l'enveloppe ; puis le niveau du liquide s'élève dans le tube jusqu'en B. Cette expérience prouve que les liquides se dilatent quand on les chauffe, qu'il en est de même du verre qui les renferme et que la dilatation des liquides est plus grande que celle des corps solides.

La dilatation en volume d'un liquide prend le nom de **dilatation absolue** du liquide. Si l'on ne considère que la variation de niveau AB du liquide dans son enveloppe, on a ce qu'on appelle la **dilatation apparente** du liquide.

144. Dilatation des gaz. — La dilatation des gaz est mise en évidence par l'expérience suivante : on prend un ballon de verre auquel on a soudé un tube capillaire ; on remplit le ballon d'air et on laisse dans le tube un petit *index* de mercure (*fig.* 135). En approchant la main à une certaine distance du ballon, on voit l'index monter rapidement dans le tube, en rendant ainsi manifeste la dilatation du gaz.

Fig. 134.— Dilatation des liquides.

Fig. 135. — Dilatation des gaz.

Dans cette expérience, le gaz s'est dilaté sous *pression constante*, puisque celle-ci reste toujours égale à la pression atmosphérique qui presse extérieurement sur l'index.

Si, au contraire, on maintient sensiblement constant le volume du gaz qu'on échauffe, la chaleur produit un *accroissement de force élastique.*

On peut le vérifier par l'expérience suivante :

On dispose sur un ballon A un tube deux fois recourbé

(*fig.* 136), présentant un renflement en B et contenant de l'eau ou du mercure qui s'élève au même niveau dans les deux branches. Le gaz du ballon se trouve par suite à la pression atmosphérique. Si on approche la main du ballon, on voit le liquide monter dans la branche ouverte jusqu'à un certain niveau C, montrant ainsi que l'effet de la chaleur sur le gaz a été d'accroître sa force élastique, puisque son volume est resté **sensiblement constant** et que maintenant il supporte la pression atmosphérique augmentée du poids de la colonne liquide BC.

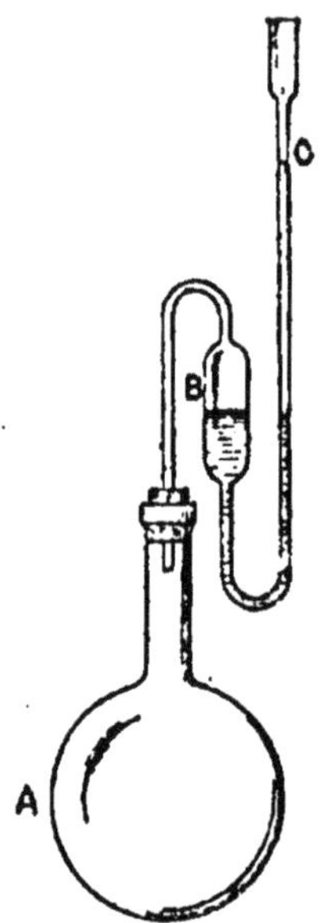

Fig.136.—Accroissement de la force élastique des gaz sous l'action de la chaleur.

THERMOMÈTRES.

145. Thermométrie. — **Température.** — Prenons un morceau de métal A assez chaud pour qu'on puisse à peine le tenir à la main; prenons un autre morceau de métal B que le contact avec la main nous fait reconnaître être moins chaud que le précédent, et plaçons ces deux corps en contact ou maintenons-les à une petite distance l'un de l'autre; l'expérience montre que le corps A se refroidit en même temps qu'il diminue de volume, tandis que B s'échauffe en même temps qu'il se dilate; on dira alors que les corps A et B étaient à **des températures différentes**, et que la température de A était supérieure à celle de B. Mais il arrivera un moment où chacun de ces deux corps prendra un volume définitif **invariable** : l'état calorifique des deux corps demeurera aussi **invariable**; on dit que les deux corps sont à la *même température*, et cette température commune est évidemment intermédiaire entre les températures initiales de A et de B. De même, lorsque le volume d'un corps reste constant, on dit que sa température est *constante;* lorsque son volume augmente, on dit que sa température *s'élève;* lorsque son volume diminue, on dit que sa température *s'abaisse.* Ceci posé, prenons un morceau de fer par exemple, et mesurons son volume a, quand il est placé dans une enceinte; portons ce morceau de fer dans une autre enceinte, attendons qu'il se soit mis à la température de la seconde enceinte et mesurons de nouveau son volume b; si a et b sont égaux, on dira que la seconde enceinte est à la *même* température que la première. Si b est différent de a, la seconde enceinte sera à une température différente de celle de la première et les volumes a et b caractériseront les états calorifiques des deux enceintes. Le morceau de fer est appelé un **thermomètre**. Un *thermomètre* est donc un corps qui, mis en contact avec différentes enceintes ou avec différents corps, indiquera, par ses variations de volume, l'égalité ou l'inégalité de leurs températures. Tout corps éprouvant des variations de volume sous l'action de la chaleur peut servir de *substance thermométrique*.

146. Choix de la substance thermométrique. — La substance thermométrique doit satisfaire aux conditions suivantes :

1° Elle doit être *sensible*, c'est-à-dire présenter des variations de volume appréciables pour des gains ou des pertes de chaleur très minimes ;

2° Elle doit être *comparable* à elle-même, c'est-à-dire que, placée dans les mêmes circonstances, elle doit reprendre exactement le même volume ;

3° Divers thermomètres, faits avec la même substance enfermée dans une enveloppe, doivent être *comparables entre eux*.

4° Les variations de volume doivent être proportionnelles aux gains ou aux pertes de chaleur qu'elle subit ;

5° Elle doit pouvoir se mettre très promptement en équilibre de température avec les enceintes ou les corps à étudier ;

6° Elle doit être prise sous une masse assez faible pour qu'elle ne modifie pas sensiblement par son contact la température des enceintes dans lesquelles elle est plongée.

Les corps *solides*, en général, ne sont pas employés comme thermomètres, parce qu'ils éprouvent, à la suite de fréquentes dilatations, des modifications dans leur structure ; de sorte qu'ils ne reprennent plus le même volume pour la même température, et leurs indications cessent d'être comparables entre elles.

Les *liquides*, au contraire, sont des substances thermométriques excellentes ; mais il faut les enfermer dans des enveloppes de verre qui subissent aussi des variations de volume sous l'action de la chaleur. Il en résulte que des thermomètres faits avec le même liquide ne seraient pas comparables entre eux.

Les gaz sont des substances thermométriques parfaites ; leur grande dilatabilité en fait des thermomètres très sensibles, en même temps qu'elle rend négligeable l'influence perturbatrice due à la variation du volume de l'enveloppe qui les renferme.

Les physiciens ont adopté l'usage du *thermomètre à hydrogène* pour les expériences de précision ; pour les usages ordinaires, on préfère employer les thermomètres à liquide, que l'on rendra comparables entre eux, en dressant, pour chacun d'eux, une table de comparaison avec le thermomètre à hydrogène.

147. Thermomètre à mercure. — Parmi les liquides, on a choisi le *mercure*. Voici les arguments en faveur de ce choix :

1° Le mercure peut très facilement être obtenu chimiquement *pur* et par conséquent toujours identique à lui-même ;

2° Sa dilatation est suffisamment régulière : un thermomètre à mercure marche sensiblement d'accord avec le thermomètre à air dans une grande étendue de l'échelle des températures ;

3° Il peut se mettre très rapidement en équilibre de température avec les différents milieux dans lesquels le thermomètre est plongé, sans en modifier sensiblement la température.

Malheureusement, la dilatation du mercure n'est que sept fois plus grande que celle du verre ; on remédie à cet inconvénient en donnant à l'appareil thermométrique une forme convenable.

Pour construire un thermomètre à mercure, on prend un tube de verre **capillaire**, présentant dans toute sa longueur un diamètre constant, ou, comme l'on dit, bien *calibré* [1]. A l'une des extrémités du tube on souffle, dans la masse même du verre, un réservoir A de

Fig. 137. — Enveloppe thermométrique. — A, réservoir ; B, ampoule ; C, tige capillaire bien calibrée.

---

1. On reconnaît qu'un tube est bien calibré en y introduisant une petite colonne de mercure et en constatant que cette colonne de mercure présente une longueur constante, quelle que soit sa position dans le tube.

forme cylindrique, et on soude à l'autre extrémité une ampoule B terminée en pointe effilée (*fig.* 137) et fermée à la lampe.

Pour introduire le mercure, on brise la pointe de l'ampoule et on chauffe légèrement le réservoir et l'ampoule pour chasser la majeure partie de l'air renfermé dans l'appareil. On plonge la pointe de l'ampoule renversée dans une capsule renfermant du mercure pur et sec (*fig.* 138) et on abandonne l'appareil au refroidissement : l'air intérieur se contracte, diminue de pression et une certaine quantité de mercure s'introduit dans l'ampoule ; on laisse ainsi pénétrer dans l'instrument une quantité de mercure suffisante pour remplir le réservoir, le tube capillaire et une partie de l'ampoule. On redresse alors l'instrument verticalement et

Fig. 138. — Remplissage d'un thermomètre.

une partie du mercure tombe dans le réservoir. On chauffe de nouveau le réservoir de manière à faire bouillir le mercure ; la majeure partie de l'air restant est chassée ; on laisse refroidir l'appareil, la vapeur de mercure se condense ; une nouvelle quantité de mercure pénètre dans le réservoir ; en répétant ces diverses opérations plusieurs fois de suite, on arrive à remplir complètement de mercure le réservoir et la tige du thermomètre. On détache alors l'ampoule d'un trait de lime et on porte l'instrument à une température légèrement supérieure à la température la plus haute qu'il devra indiquer ; l'excès de mercure s'échappe du tube et on ferme à la lampe l'extrémité de la tige.

148. Graduation du thermomètre. — Après avoir construit le thermomètre, il faut le graduer.

En France, on a adopté, comme termes de comparaison, la température de la *glace fondante* et la température de la *vapeur d'eau bouillante sous la pression de 1 atmosphère.* Ces deux températures peuvent être obtenues facilement ; en outre, elles sont fixes. En effet, on peut vérifier facilement que, pendant toute la durée de la fusion de la glace, le sommet de la colonne de mercure d'un thermomètre, plongé dans la glace fondante, reste *stationnaire* ; de même, pendant toute la durée de l'ébullition de l'eau sous pression constante, la température de la *vapeur formée* est invariable.

On a donné le nom de **points fixes** aux températures de la glace fondante et de la vapeur de l'eau bouillant sous la pression de 1 atmosphère. Ceci posé, on remplit de neige ou de glace fondante un vase dont le fond est percé de trous (*fig.* 139). Au sein de la glace on plonge le réservoir et une partie de la tige du thermomètre ; le niveau du mercure

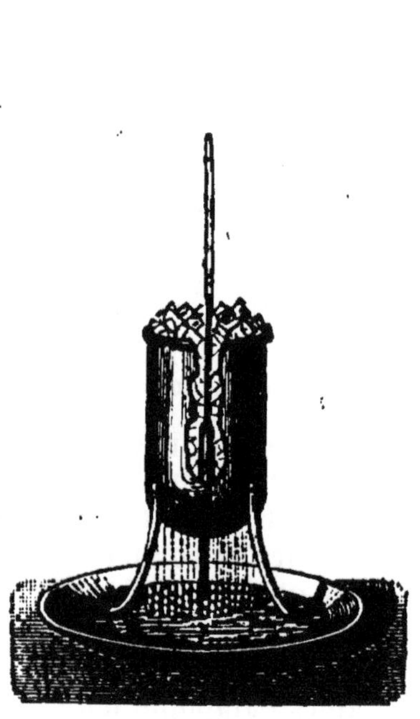

Fig. 139. — Détermination du point fixe inférieur.

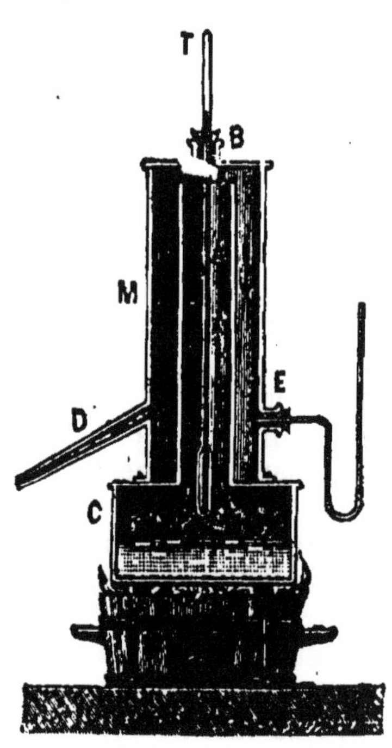

Fig. 140. — Étuve à vapeur d'eau pour déterminer le point 100.

s'abaisse graduellement dans la tige et, au bout d'un certain temps, il demeure stationnaire ; au point d'arrêt du mercure, on trace sur la tige un trait au diamant : c'est le *point fixe inférieur* du thermomètre.

Pour déterminer le point fixe supérieur, on prend une chaudière en cuivre C (*fig.* 140), à moitié remplie d'eau et terminée à la partie supérieure par une cheminée centrale A, entourée d'un manchon M, muni de trois tubulures B, D, E. La tubulure B est fermée par un bouchon que traverse la tige T du thermomètre à graduer ; la tubulure D permet à la vapeur de s'échapper dans l'atmosphère après avoir circulé dans l'appareil ; la tubulure E porte un manomètre à air libre destiné à vérifier que la force élastique de la vapeur produite est égale à la pression atmosphérique extérieure.

On place l'appareil sur un fourneau et on porte à l'ébullition l'eau de la chaudière : la vapeur formée s'élève dans la cheminée A, circule entre les deux enveloppes et s'échappe dans l'atmosphère ; de cette façon, la cheminée centrale est préservée du refroidissement par contact avec l'air extérieur. La vapeur entoure ainsi complètement le thermomètre, dont le réservoir aboutit à quelques centimètres **au-dessus de la surface libre** de l'eau de la chaudière[1] ; au bout d'un certain temps, le niveau du mercure reste stationnaire ; on relève alors la hauteur barométrique que nous supposerons être égale à 760 *millimètres*, et on marque un trait au diamant au point d'arrêt du sommet de la colonne de mercure : on obtient ainsi le *point fixe supérieur du thermomètre*.

Une fois les points fixes obtenus, on divise l'intervalle qui les sépare en cent parties égales, appelées **degrés**, et on prolonge les divisions au delà du point fixe supérieur et en deçà du point fixe inférieur. Chacun des traits de division caractérise une température ; il faut alors pouvoir facilement les distinguer les uns des autres ; à cet effet, on convient de désigner par *zéro* le point fixe inférieur et par 100 le point fixe supérieur ; les divisions successives au-dessus du zéro seront affectées des chiffres 1, 2, 3, etc. ; les divisions inférieures au zéro seront affectées des chiffres —1, —2, —3, etc.; l'ensemble de ces divisions constitue l'**échelle thermométrique centigrade.**

Le degré centigrade *correspond donc à la centième partie de l'accroissement apparent de volume que prend une masse de mercure dans le verre, quand sa température passe de celle de la glace fondante à celle de la vapeur d'eau bouillante sous la pression 760.*

149. Correction relative au point 100. — Si, au moment de la détermination du point fixe supérieur la pression atmosphérique est différente de 760 millimètres, la température de la vapeur d'eau bouillante n'est plus 100° : une correction devient donc nécessaire. Wollaston a montré que, dans le voisinage de 760 millimètres, la tempé-

---

1. La nature du vase et des sels en dissolution dans l'eau influent sur la température d'ébullition de l'eau et non *sur celle de la vapeur formée ;* il faut donc que le thermomètre plonge dans la vapeur et non dans l'eau chaude.

rature de la vapeur d'eau bouillante s'élève ou s'abaisse de 1 degré, quand la pression augmente ou diminue de 27 millimètres. Par conséquent, si, au moment de l'expérience, la pression atmosphérique correspond à 769 millimètres de mercure, le point d'arrêt du mercure dans le thermomètre correspond à la température de $100° + \dfrac{9}{27}$ ou de $100\dfrac{1}{3}$.

150. Comparabilité du thermomètre à mercure. — Déplacement du zéro. — Les thermomètres construits même avec le plus grand soin sont soumis à une cause d'erreur dont il importe de tenir compte : avec le temps, le zéro tend à se relever, c'est-à-dire que, le thermomètre étant plongé dans la glace fondante, le mercure ne descend plus au zéro de l'échelle : le déplacement va quelquefois jusqu'à 2 degrés.

On explique le *déplacement du zéro* par un travail moléculaire que subit le verre du réservoir lorsque, après avoir été porté à la température d'ébullition du mercure, il se refroidit rapidement. Il s'opère une espèce de trempe qui augmente le volume du réservoir, et c'est parce que, dans la suite, le réservoir revient peu à peu à son volume primitif que le zéro se trouve relevé.

Il importe donc, lorsqu'il s'agit de mesurer une température avec précision, de vérifier d'abord la position du zéro dans le thermomètre dont on veut faire usage. On retranchera alors, de toutes les indications fournies par l'instrument, le nombre de divisions dont le zéro s'est déplacé.

151. Échelles thermométriques diverses. — Une échelle thermométrique est essentiellement *arbitraire* ; chaque physicien peut choisir à son gré telle échelle qu'il lui conviendra d'employer.

1° Échelle Réaumur. — Réaumur[1], en 1731, prit pour points fixes la température de la glace fondante et celle de la vapeur d'eau bouillante sous la pression d'une atmosphère ; mais leur intervalle était partagé en 80 degrés.

80° Réaumur équivalent donc à 100° centigrades : il en résulte que 1° R. est égal à $\dfrac{100}{80}$ ou $\dfrac{5}{4}$ de degré C. Réciproque-

---

1. Réaumur (Ferchault de), physicien et naturaliste, né en 1683 à La Rochelle, mort en 1757 ; outre le perfectionnement du thermomètre on lui doit des découvertes dans l'art de fabriquer l'acier et le verre blanc opaque.

ment : 1° C. est égal à $\frac{80}{100}$ ou $\frac{4}{5}$ de degré R. Donc, pour convertir un nombre de degrés R. en degrés C., il faut multiplier ce nombre par $\frac{5}{4}$. De même, pour convertir les degrés C. en degrés R., il faut multiplier par $\frac{4}{5}$.

2° **Échelle Fahrenheit.** — Fahrenheit proposa, en 1714, une échelle dont l'usage s'est répandu depuis en Hollande, en Angleterre et dans l'Amérique du Nord. Le point fixe supérieur de cette échelle correspond encore à la température de l'eau bouillante; mais le zéro correspond à la température qu'on obtient en mélangeant des poids égaux de sel ammoniac pilé et de neige : l'intervalle des deux points est divisé en 212 degrés. Le thermomètre F., dans la glace fondante, marque 32°; par conséquent, 100° C. équivalent, en degrés F., à 212 moins 32, ou 180°; 1° C. vaut donc $\frac{180}{100}$ ou $\frac{9}{5}$ de degré F.; et, réciproquement, 1° F. vaut $\frac{100}{180}$ ou $\frac{5}{9}$ de degré C.

Pour convertir une température centigrade en température Fahrenheit, on multipliera les degrés centigrades par $\frac{9}{5}$ et on ajoutera 32 au résultat.

Pour convertir une température Fahrenheit en centigrade, on retranchera d'abord 32; puis, on multipliera le reste obtenu par $\frac{5}{9}$.

152. Thermomètre à alcool. — Comme le mercure se solidifie à — 40° centigrades, ce liquide ne peut plus être employé pour les basses températures. On a alors recours à l'alcool. La dilatation de l'alcool étant plus grande que celle du mercure, on choisit comme enveloppe thermométrique un tube fin, mais non capillaire, muni d'un réservoir à sa partie inférieure et d'un entonnoir à sa partie supérieure. Pour le remplir, on dispose l'enveloppe verticalement et on verse de l'alcool dans l'entonnoir; puis, on chauffe le réservoir pendant quelques instants, de façon à expulser une partie de l'air qu'il renferme; si on laisse refroidir l'appareil l'air intérieur se contracte, et une partie de l'alcool descend dans le réservoir; on chauffe alors de manière à faire bouillir l'alcool dont les vapeurs chassent complètement l'air du réservoir. S'il restait une bulle d'air, on attacherait le thermomètre à une ficelle par son entonnoir et on le ferait tourner en fronde; le mouvement de rotation provoque la sortie de la bulle. On termine la construction comme pour le thermomètre à mercure. Pour graduer l'instrument, on le plonge d'abord dans la glace fondante: on marque zéro au point d'arrêt de l'alcool; puis on détermine par comparaison un autre degré de l'échelle, en plongeant le thermomètre dans l'eau tiède, dont la température est indiquée par un thermomètre *étalon* à mercure.

Si le thermomètre à mercure marque 25° par exemple, on marquera 25 au point d'arrêt de l'alcool, et on divisera l'intervalle 0 à 25 en 25 parties égales, et on prolonge les divisions au delà du point 25 et au-dessous du zéro.

Le thermomètre à alcool ne doit être employé que pour l'évaluation des basses températures, parce que dans le voisinage de son point d'ébullition, l'alcool suit une loi de dilatation différant beaucoup de celle du mercure; les deux thermomètres à mercure et à alcool ne sont plus alors comparables entre eux. Enfin, les thermomètres à alcool ne sont pas comparables entre eux, parce que le degré d'hydratation varie d'un alcool à un autre.

153. Sensibilité. — Un thermomètre est d'autant plus sensible que le degré occupe une plus grande longueur sur la tige; on devra donc calculer en conséquence la capacité du réservoir. Cependant, il ne faut pas dépasser certaines limites, car alors l'instrument se met moins rapidement en équilibre de température avec le milieu ambiant, et son introduction dans une enceinte ou son contact avec un corps peuvent en modifier la température.

154. Installation du thermomètre. — Pour qu'un thermomètre donne exactement la température de l'air qui l'entoure, il faut qu'il soit à l'abri des rayons solaires et du rayonnement des corps voisins qui, pendant le jour, élèveraient sa température au-dessus de celle de l'air ambiant. Il faut aussi le préserver, pendant la nuit, du refroidissement occasionné par son propre rayonnement.

C'est dans ce but que, dans les observatoires météorologiques, on place généralement les thermomètres dans des cages en bois dont les parois latérales sont formées par des lames en forme de persiennes, de façon à permettre à l'air de circuler librement.

Toutefois, pour avoir exactement la température de l'air à un moment donné, il est préférable de se servir du *thermomètre-fronde*, qui n'est autre chose qu'un thermomètre à petit réservoir que l'on attache à l'extrémité d'une ficelle et que l'on fait tourner pendant quelques instants comme une fronde avant de faire une observation.

155. Thermomètres servant aux observations météorologiques. — Les thermomètres usités dans les stations météorologiques sont à *maxima* et à *minima*, ce qui permet d'apprécier entre quelles limites extrêmes a varié la température du lieu pendant la journée.

Parmi les thermomètres employés, celui de Six et Bellani présente l'avantage d'être à la fois à *maxima* et à *minima*.

Thermomètre de Six et Bellani. — Il se compose d'un réservoir cylindrique R (fig. 141) soudé à sa partie supérieure à un tube thermométrique recourbé en forme d'U; la branche droite de ce dernier est terminée par une ampoule C. Le réservoir R est rempli d'alcool qui se trouve au contact du mercure contenu dans le tube thermométrique; l'ampoule C renferme aussi une certaine quantité d'alcool, lequel se trouve également en contact avec le mercure de la branche droite. Au-dessus du mercure, dans chaque branche, se trouve un petit cylindre d'émail *e* et *e'* contenant une tige très fine de fer et servant d'*index*.

Pour faire fonctionner l'appareil, on commence par amener les index au contact du mercure au moyen d'un aimant, puis on l'installe à sa place. Lorsque la température

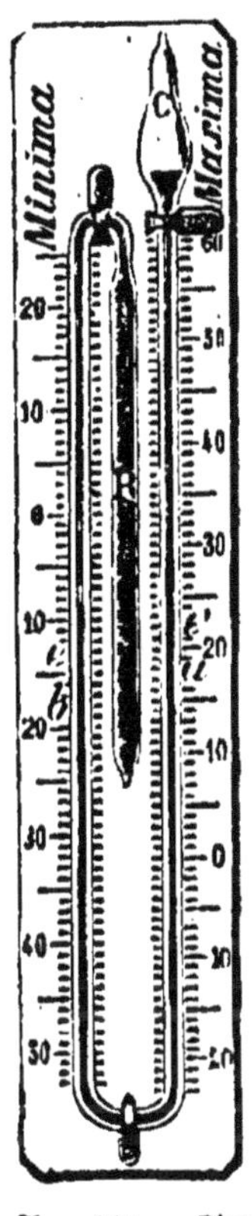

Fɪɢ. 141. - Thermomètre de Six et Bellani. — L'index *e'* est soulevé quand la température s'élève; c'est au contraire *e* qui se soulève quand la température baisse.

s'élève, la dilatation de l'alcool et du mercure a pour effet de soulever l'index *e'* de la branche droite, l'index *e* reste alors maintenu contre la paroi de la branche gauche, grâce à un petit fil de verre ou à un cheveu qui termine chaque index et qui forme ressort. Lorsque la température baisse, l'alcool du réservoir se contracte, le mercure le suit et l'index *e* est soulevé; alors *e'* reste immobile. L'index de droite indique donc les températures maxima et celui de gauche les températures minima. Le tube thermométrique est gradué par comparaison avec un thermomètre à mercure.

Thermomètres enregistreurs. — Dans les grands observatoires de météorologie, on emploie des thermomètres enregistreurs qui permettent de recueillir les moindres variations de température. Dans ces appareils, le liquide thermométrique, par ses dilatations ou ses contractions, agit sur une longue aiguille analogue à celle du baromètre enregistreur (§ 91). Cette aiguille trace sur un cylindre mû par un mouvement d'horlogerie une courbe qui permet d'apprécier les variations de température.

156. Thermomètres divers. — Pour la mesure des hautes températures, on emploie les *pyromètres métalliques*, analogues au pyromètre à cadran ou, plutôt encore, le thermomètre à air à réservoir de porcelaine, ou le thermomètre à vapeur d'iode.

Exercices. — 1. Un thermomètre centigrade marque 35°. Calculer les températures Réaumur et Fahrenheit correspondantes.

2. Un thermomètre Fahrenheit marque 23° dans un liquide. Quelles seraient les indications données par les thermomètres centigrades et Réaumur ?

Réponse. — D'après la règle énoncée § 151, on a, pour la température centigrade

$$(23 - 32) \times \frac{5}{9} = - 5°,$$

et pour la température Réaumur

$$(23 - 32) \times \frac{4}{9} = - 4°.$$

3. A quel degré centigrade correspond le zéro du thermomètre Fahrenheit ?

4. A quelle température les thermomètres centigrade et Fahrenheit marquent-ils le même nombre de degrés ?

Réponse. — Soit x cette température on a :

$$(x - 32) \times \frac{5}{9} = x.$$

5. Un thermomètre à échelle arbitraire marque 12° dans la glace fondante et 172° dans la vapeur d'eau bouillante. Quel degré marquera cet instrument, quand le thermomètre Réaumur marque 36° ?

CHAPITRE II

DILATATION DES SOLIDES. — APPLICATIONS

Sommaire. — 1. Le *coefficient de dilatation cubique* d'un corps est l'accroissement qu'éprouve l'unité de volume de ce corps pour une élévation de température de 1° centigrade.

2. Connaissant le volume V_0 d'un corps à 0°, on obtient son volume V à $t°$ par la formule $V = V_0 (1 + Kt)$; la quantité $(1 + Kt)$ s'appelle le binôme de dilatation.

De cette formule, on tire les suivantes :

$$V_0 = \frac{V}{1 + Kt} \quad \text{et} \quad V' = V \frac{1 + Kt'}{1 + Kt}.$$

3. Le coefficient de dilatation cubique est sensiblement le triple du coefficient de dilatation linéaire, et le coefficient de dilatation superficielle est sensiblement le double du coefficient linéaire.

4. On détermine le coefficient de dilatation linéaire par la méthode de Laplace et Lavoisier.

5. Connaissant la densité D_0 d'un corps à 0°, sa densité D à $t°$ est donnée par la formule $D = \dfrac{D_0}{1 + Kt}$.

6. Les principales applications de la dilatation des corps solides sont : le cerclage des roues de voitures, le redressement des murs, la correction des mesures linéaires, le pendule compensateur, le thermomètre métallique, etc.

DILATATION DES SOLIDES.

157. Dilatation cubique. — Nous avons vu, dans le chapitre précédent, que les corps solides augmentent de volume quand leur température s'élève, et qu'ils diminuent de volume quand leur température s'abaisse. Ainsi, par exemple, une masse de fer de 10 mètres cubes ou 10,000 décimètres cubes de volume augmente de 36 décimètres cubes quand, après l'avoir plongée dans la glace fondante, on la plonge dans de l'eau bouillante, c'est-à-dire pour une élévation de température de 100°. Dans les mêmes conditions, une masse d'argent de même volume aurait augmenté de 57 décimètres cubes; une masse de plomb aurait augmenté de 75 décimètres cubes. Ces nombres nous montrent que les diverses substances prises sous le même volume initial se dilatent de quantités différentes entre les mêmes limites de température.

D'autre part, de 0° à 50°, l'augmentation de volume de la masse de fer précédente est sensiblement égale à la moitié de l'augmentation de volume qu'elle prend de 0° à 100°; de 0° à 25°, l'augmentation de volume serait le quart de l'augmentation de volume observée entre 0° et 100°, etc.; on en conclut qu'un corps solide se dilate d'une quantité double, triple, quadruple, etc., quand son élévation de température devient double, triple, quadruple, etc.; par suite, dans certaines limite, *l'accroissement de volume d'un corps solide est proportionnel à son élévation de température.*

D'après cela, si nous admettons que 1 mètre cube de fer se dilate de $0^{mc},000036$ en passant de la température de 0° à celle de 1° centigrade, cette masse de fer se dilatera de $0^{mc},000036 \times 2$, de $0^{mc},000036 \times 3$, etc., quand sa température s'élèvera de 0° à 2°, de 0° à 3°, etc.

On appelle *coefficient de dilatation cubique d'un corps, la quantité dont s'accroît l'unité de volume de ce corps pour une élévation de température de* un *degré centigrade;* ex. : le coefficient de dilatation cubique du fer est 0,000036, ce qui veut dire qu'un décimètre cube de fer en s'échauffant de *un* degré centigrade s'accroît de 36 millionièmes de décimètre cube.

On désigne généralement le coefficient de dilatation cubique d'un corps par la lettre K. Dès lors, 1 mètre cube de fer en passant de 0° à la température $t°$ augmente de Kt et son volume devient alors :

$$(1 + Kt) \text{ mètres cubes.}$$

Prenons maintenant une masse de fer ayant à 0° un volume de 2 mètres cubes; en passant à la température $t°$, son volume sera double de celui que prendrait 1 mètre cube, il sera donc :

$$2(1 + Kt),$$

une masse de 3 mètres cubes à 0° deviendra à $t°$:

$$3(1 + Kt);$$

et ainsi de suite.

Donc *l'accroissement de volume est aussi proportionnel au volume initial* de la masse qui se dilate.

En résumé, si l'on désigne par V_0 le volume de la masse

solide à 0°, l'accroissement de volume qu'il éprouvera quand sa température s'élèvera de 0° à $t°$ sera représenté par :

$$V_0 \ Kt$$

et son volume à $t°$ aura pour expression :

$$V_0 + V_0 \ Kt,$$

ou, en mettant V_0 en facteur commun :

$$V_0 \ (1 + Kt).$$

En représentant par V le volume à $t°$ de la masse considérée, on aura la formule fondamentale :

$$V = V_0 \ (1 + Kt) \qquad (1)$$

La quantité $(1 + Kt)$ s'appelle le binôme de dilatation cubique du corps considéré.

On voit donc que, connaissant le volume V_0 d'un corps à 0°, pour avoir son volume V à $t°$, il faut multiplier le volume V_0 par le binôme de dilatation.

158. Applications. — 1° Connaissant le volume V d'un corps à $t°$, trouver son volume V_0 à 0°. — Pour trouver V_0, il suffit de résoudre la formule (1) par rapport à V_0, ce qui donne :

$$V_0 = \frac{V}{1 + Kt}. \qquad (2)$$

Le volume à 0° s'obtient en divisant le volume à $t°$ par le binôme de dilatation.

2° Connaissant le volume V d'un corps à $t°$, déterminer son volume V' à $t'°$.

Supposons connu le volume V_0 à 0°, la formule (1) donne :

$$V' = V_0 \ (1 + Kt'),$$

mais le volume V_0 nous est donné par la formule (2) :

$$V_0 = \frac{V}{1 + Kt}.$$

Remplaçons dans la formule précédente V_0 par cette valeur et nous aurons :

$$V' = V \times \frac{1 + Kt'}{1 + Kt}. \qquad (3)$$

En faisant la division **abrégée** de $(1 + Kt')$ par $(1 + Kt)$, la formule (3) peut s'écrire :

$$V' = V [1 + K (t' - t)],$$

ce qui montre que connaissant le volume d'un corps à t^o, pour avoir son volume à t'^o, il faut multiplier ce volume V à t^o par le binôme relatif à la différence $(t' - t)$ des deux températures.

159. Dilatation linéaire. — Les raisonnements précédents sont applicables à la dilatation linéaire des barres métalliques. Il existe, pour chaque métal, un *coefficient de dilatation linéaire* que nous désignerons par c et qui représente la quantité dont s'accroît l'unité de longueur du corps pour une élévation de température de *un* degré centigrade ; les formules relatives à la dilatation linéaire sont identiques aux formules relatives à la dilatation cubique.

En désignant par l_0 la longueur d'une barre métallique à 0°, par l la longueur à t^o, on aura :

$$l = l_0 (1 + ct); \qquad (1)$$

d'où :

$$l_0 = \frac{l}{1 + ct}. \qquad (2)$$

En désignant par l' la longueur de la barre à t'^o, on aura :

$$l' = l \times \frac{1 + ct'}{1 + ct}, \qquad (3)$$

qui peut se remplacer par la formule approchée plus simple :

$$l' = l [1 + c(t' - t)].$$

160. Dilatation superficielle. — Les raisonnements ci-dessus sont encore applicables aux dilatations superficielles. Considérons une plaque de tôle et proposons-nous de déterminer quelle serait l'aire de sa surface à t^o.

Soit S_0 l'aire de la surface à 0°, S l'aire de la surface à t^o et s le coefficient de dilatation superficielle de la tôle de fer. On aura :

$$S = S_0 (1 + st).$$

A la température t' la surface S' sera :

$$S' = S \times \frac{1 + st'}{1 + st}.$$

Relation entre le coefficient de dilatation cubique, le coefficient de dilatation linéaire et le coefficient de dilatation superficielle d'un même corps. — Considérons un cube ayant 1 mètre d'arête à 0°, son volume à 0° sera égal à 1 mètre cube; portons ce cube à 1°, son arête deviendra $(1 + c)$ et son volume deviendra $(1 + K)$; d'autre part, le volume d'un cube a pour expression le cube de son arête; on aura donc :

$$1 + K = (1 + c)^3 = 1 + 3c + 3c^2 + c^3.$$

d'où :
$$K = 3c + 3c^2 + c^3.$$

Or c est une fraction très petite; les termes en c^2 et en c^3 sont négligeables et on peut, sans erreur sensible, considérer K comme étant égal à $3c$. On trouve donc :

$$K = 3c.$$

On démontrerait de la même manière que le coefficient de dilatation superficielle s d'un corps est sensiblement égal au double du coefficient de dilatation linéaire ou :

$$s = 2c.$$

Il suffit donc de déterminer le coefficient de dilatation linéaire pour que K et s soient immédiatement connus.

161. Principe du comparateur. — Un comparateur se compose de deux microscopes micrométriques M et M' (*fig.* 142) installés sur des piliers verticaux de telle

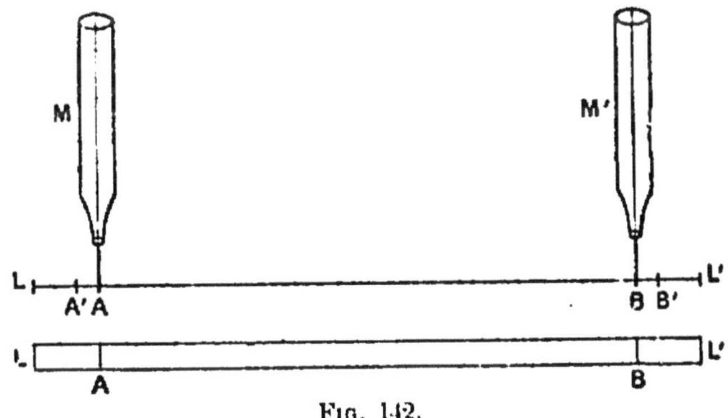

Fig. 142.

sorte que les microscopes soient absolument invariables. Entre les deux piliers est placé un double rail perpendiculaire au plan passant par les axes optiques des deux microscopes.

Sur ce double rail peut rouler un bâti de fonte sur lequel

est une auge qui contiendra la règle métallique L L' dont
on veut étudier la dilatation.

On trace sur la barre deux traits parallèles A, B, et on
place la barre dans l'auge du comparateur; on entoure la
barre de glace fondante; on vise avec les deux microscopes chacun des traits A et B; puis, on enlève la glace
fondante et on la remplace par de l'eau chaude. Les traits
A et B viennent en A' et en B'. On vise de nouveau chacun
des traits A' et B'; la somme des déplacements des réticules
fait connaître la dilatation de la longueur AB, en passant
de la température zéro à la température de l'eau chaude.

Un microscope micrométrique est un microscope ordinaire auquel on a adapté un *réticule* dont les fils croisés
sont portés par un *cadre* commandé par une vis micrométrique et pouvant se déplacer perpendiculairement à
l'axe optique du microscope. Les déplacements du cadre
sont mesurés à l'aide de la vis micrométrique. L'oculaire
du microscope est mis au point sur le réticule; le microscope est ensuite déplacé verticalement jusqu'à ce que
l'image du trait A donnée par l'objectif se forme nettement dans le plan du réticule. Comme la vis micrométrique peut facilement donner le millième de millimètre,
on voit que ce procédé permet de déterminer avec beaucoup de précision la dilatation linéaire d'une barre.

REMARQUE. — Le comparateur peut aussi servir à comparer entre elles les longueurs de deux barres métalliques
qui sont placées dans une même auge maintenue à une
température constante. On vise, avec chacun des microscopes, les deux extrémités de l'une des règles; puis, on
vise les deux extrémités de la seconde règle; pour cette
seconde visée, il a fallu déplacer les réticules de chacun
des microscopes : la somme algébrique des déplacements
fera connaître la différence de longueur des deux règles.

**162. Résultats des expériences faites sur les
corps non cristallisés.** — 1° La dilatation du verre et
des métaux est uniforme entre 0° et 100°, c'est-à-dire que le
coefficient de dilatation de ces substances est *sensiblement
constant* entre ces limites, et que leur dilatation est *proportionnelle* à l'élévation de température ;

2° Au delà de 100°, le coefficient de dilatation de ces corps
n'est plus constant : il augmente quand la température
s'élève. L'acier trempé paraît subir une variation inverse :
son coefficient diminue quand la température s'élève ;

3° La plupart des corps solides, après s'être dilatés par l'échauffement de 0° à 100°, se contractent par le refroidissement, de manière à reprendre leur volume initial. Quelques-uns font exception à cette règle générale, entre autres le zinc et le verre. On a vu une conséquence de ce fait, pour cette dernière substance, dans le phénomène du déplacement du zéro (thermométrie).

COEFFICIENTS DE DILATATION LINÉAIRE ENTRE 0° ET 100°.

Verre en tube......................	0,00000781
Flint-glass anglais......	0,00000801
Verre en verge....................	0,00000808
Platine...........................	0,0000087
Fer doux forgé....................	0,0000122
Acier trempé recuit à 80°..........	0,0000124
Or...............................	0,0000147
Cuivre rouge.....	0,0000172
Laiton...........................	0,0000183
Argent..........................	0,0000191
Étain....	0,0000216
Plomb...........................	0,0000285
Zinc........	0,0000291
Glace........................... ..	0,0000500

Les coefficients de dilatation cubique s'obtiendront en multipliant par 3 les nombres de ce tableau.

Voici quelques nombres usuels représentant les coefficients de dilatation cubique du verre :

Verre ordinaire à......	100° du thermomètre à air..		0,0000276
	300°	id.............	0,0000305
Cristal de Choisy-le-Roi à	100°	id.............	0,0000228
	300°	id.............	0,0000233

163. Connaissant la densité D_0 d'un corps à 0° trouver quelle est sa densité D à la température $t°$. — Il est évident que le poids d'une masse donnée est indépendant de son volume et par suite de sa température; or on sait qu'à 0° le poids d'un corps est :

$$P = V_0 D_0;$$

de même, à $t°$, on aura : $P = VD.$

D'où $VD = V_0 D_0.$

Mais on sait que : $V_0 = \dfrac{V}{1 + Kt}$

Remplaçons dans l'égalité précédente V_0 par sa valeur, nous aurons

$$VD = \frac{V}{1 + Kt} \times D_0 ;$$

ou en divisant les deux membres de l'égalité par V ;

$$D = \frac{D_0}{1 + Kt}$$

La densité d'un corps à t° s'obtient en divisant sa densité à 0° par le binôme de dilatation cubique.

164. Applications usuelles de la dilatation des corps solides. — 1° Cerclage des roues de voiture. — La dilatation des corps par la chaleur est fréquemment utilisée dans l'industrie. C'est ainsi que, si l'on veut cercler une roue de voiture, on donne au cercle de fer une circonférence un peu plus petite que celle de la roue, et pour le mettre en place, on le porte presque au rouge, de manière à l'agrandir ; on le saisit alors avec des pinces et on l'introduit autour de la roue, puis on le refroidit aussitôt ; il se contracte alors et serre fortement la roue.

2° Clous à river posés à chaud. — Pour river les clous de façon à obtenir un serrage énergique, on chauffe les clous au rouge ; on les enfonce rapidement et on rive immédiatement ; le clou se refroidissant diminue ensuite de longueur et la rivure tend à se rapprocher de la tête du clou. C'est principalement lors de l'assemblage des plaques de tôle qui constituent les chaudières à vapeur que les rivures doivent être faites à chaud.

3° Dilatation des tiges, lames et rails. — Il faut tenir compte dans les constructions des effets possibles de dilatation et de contraction. Ainsi, dans les fenêtres grillées, les barreaux ne doivent être scellés qu'à une extrémité ; l'autre extrémité, engagée sur une certaine longueur dans une cavité, doit pouvoir y jouer librement. Les lames de zinc employées dans les toitures ne sont clouées que par un de leurs bords, sans quoi elles arracheraient leurs clous en se contractant l'hiver, et l'été elles se gondoleraient par le fait de la dilatation. Les rails des chemins de fer qui se placent bout à bout ne sont jamais en contact ; on laisse entre eux l'espace nécessaire pour qu'ils puissent se dilater pendant l'été sans exercer de pression les uns sur les autres.

4° Redressement des murs. — On peut utiliser la dilatation ou la contraction des barres métalliques pour exercer de grandes pressions. En effet, considérons une barre de fer ayant 1 cent. carré de section et $8^m,4$ de longueur à 0°; si on la chauffe à 10°, elle s'allongera exactement de 1 millimètre. Si cette barre est encastrée entre deux massifs de maçonnerie, elle exercera contre eux, au moment de la dilatation du métal, un effort égal à celui qui est nécessaire pour raccourcir la barre de 1 millimètre ; cet effort est égal à 250 kilogrammes environ.

On a utilisé la pression développée par la contraction pour redresser les murs d'une galerie du Conservatoire des Arts et Métiers. Des barres transversales furent établies horizontalement pour relier les murs opposés de la galerie. Ces barres étaient terminées par des pas de vis faisant saillie en dehors des murs et sur lesquels s'engageaient des écrous, qui permirent de serrer contre la muraille des X en fer; cela suffisait pour consolider : il fallait redresser. Pour cela les barres furent de deux en deux chauffées fortement; elles se dilatèrent, on put resserrer les écrous correspondants, et l'effort dû à la contraction par refroidissement fit un peu rapprocher les murailles ; on chauffa alors les autres barres et on fit sur elles la même opération. En continuant ainsi pendant un certain temps, on put obtenir un redressement complet.

5° **Correction des mesures linéaires.** — Pour mesurer les longueurs, on fait usage de règles en cuivre ou en platine *graduées en millimètres par exemple à 0°*. Si la mesure a été faite à $t°$, chacune des *divisions* de la règle vaut $(1 + c\,t)$ millimètres : par conséquent, si la longueur correspond à n *divisions*, sa longueur en millimètres est :

$$l = n\,(1 + c\,t)\ \textit{millimètres},$$

c étant le coefficient de dilatation linéaire du métal qui a servi à construire la règle graduée.

165. Pendule compensateur. — On sait que pour régulariser le mouvement des horloges, on se sert de **balanciers** ou **pendules** formés d'une tige métallique ou d'un fil inextensible supportant une masse métallique sphérique ou lenticulaire, le tout ressemblant à un fil à plomb, et c'est l'isochronisme des petites oscillations de ce pendule qui régularise l'action du moteur sur les aiguilles. Mais la durée des oscillations variant avec la longueur du pendule, cet isochronisme ne se maintient que si le pendule conserve une longueur invariable, quels que soient les changements de température qui l'affectent.

Dans ce but, Leroy a imaginé le **pendule à gril** qui conserve une longueur constante en **compensant** les dilatations, d'où le nom de **pendule compensateur** donné aussi à l'appareil. Il est formé par une série de tiges et de cadres alternativement en fer et en laiton (*fig.* 143) ; les tiges de fer a, a', a'', a''', ne peuvent se dilater que de haut en bas ; les tiges de laiton b, b' se dilatent de bas en haut ; en compensant l'allongement du premier métal par celui du second, on rendra invariable la distance du centre C de la lentille au point de suspension O.

Soit c le coefficient de dilatation linéaire du fer et soit c' celui du laiton ; l'allongement du fer de zéro à $t°$ est égal à :

$$(a + a' + a'' + a''')\,ct ;$$

l'allongement du laiton de zéro à $t°$ est égal à :

$$(b + b')\,c't.$$

Il y aura *compensation*, si l'on a :

$$(a + a' + a'' + a''')\,ct = (b + b')\,ct'$$

ou :

$$\frac{a + a' + a'' + a'''}{b + b'} = \frac{c'}{c}.$$

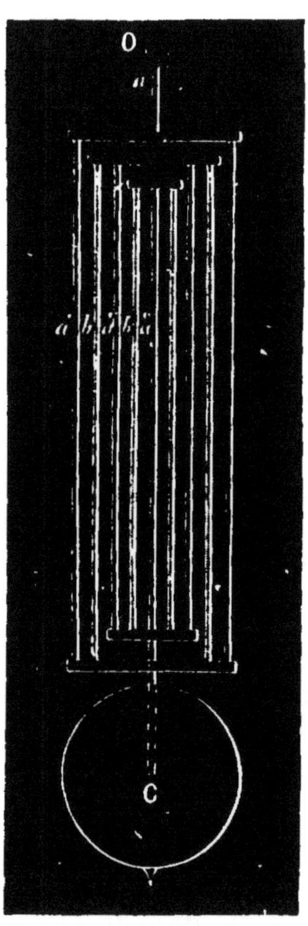

Fig. 143. — Pendule à gril.

Cette condition est toujours réalisable ; en outre, la compensation sera opérée pour toutes les températures.

166. Thermomètre métallique. — On construit des thermomètres métalliques fondés sur l'inégale dilatabilité des métaux. Soudons ensemble (*fig.* 144) deux tiges prismatiques de cuivre C et de zinc Z ayant même longueur à 10° et fixons-les par une extrémité dans une pièce fixe A : faisons agir l'autre extrémité sur le petit bras d'une aiguille formant levier et mobile autour d'un axe O; le grand bras de l'aiguille peut se déplacer devant un cadran gradué. Comme le zinc se dilate plus que le cuivre, le système des deux verges s'infléchira, lorsque la température sera supérieure à 10°, de manière que le zinc soit à la partie convexe de la courbure. L'aiguille se déplacera dans le sens de la flèche. Un ressort très faible R permet à l'aiguille de revenir en arrière lorsque la température s'abaissera.

Exercices. — **1.** Une barre de fer a pour longueur 3ᵐ,252 à 30°; quelle est sa longueur à 80°?

Coefficient de dilatation linéaire du fer : 0,000012.

2. Le fer a pour densité 7,7 à 0°. Quel est à 125° le volume d'une sphère en fer de 2 mètres de diamètre?

3. Deux règles, l'une de fer, l'autre de cuivre, ont la même longueur à 100°. Quelle est à 0° la longueur de la règle de fer, sachant qu'à 0° les deux règles mises bout à bout font une longueur totale de 2 mètres?

Coefficient de dilatation cubique du fer.................... 0,000036
Coefficient de dilatation cubique du cuivre................. 0,000051

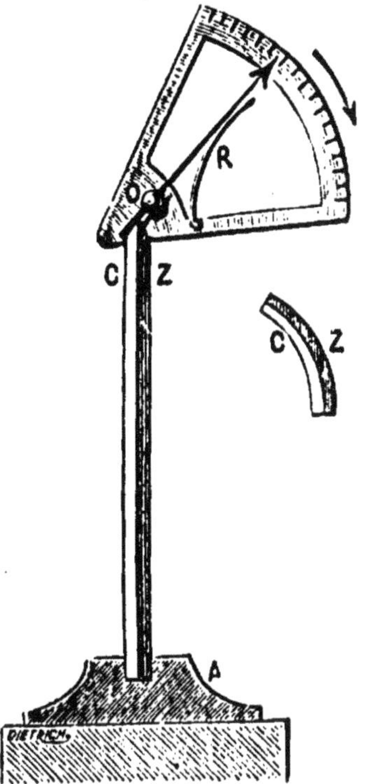

Fig. 111. — **Thermomètre métallique.** — C, lame de cuivre et Z, lame de zinc soudées ensemble et ayant même longueur à 10°. — Si la température s'élève, le système s'incurve, le zinc à la partie convexe; une aiguille indique sur un cadran la température correspondante.

4. On a mesuré à 120° la longueur d'une règle de fer à l'aide d'une règle de cuivre graduée en millimètres à 0°. On a trouvé 2 656 divisions. Quelle est à 0° la longueur de la règle de fer?

5. Le contour d'un triangle équilatéral est formé de tiges de cuivre ayant 0ᵐ,50 de longueur à 0°. Calculer la surface du triangle compris dans ce contour quand sa température s'élève à 100°.

6. Un fragment de platine pèse 200 grammes. Calculer son poids lorsqu'il est plongé dans du mercure à la température de 50°.

Coefficient de dilatation cubique du platine.... 0,000025

— — — du mercure... $\dfrac{1}{5550}$

Densité du mercure à 0°...................... 13,6
— platine à 0°...................... 22

CHAPITRE III

DILATATION DES LIQUIDES. — MAXIMUM DE DENSITÉ
DE L'EAU. — APPLICATIONS DIVERSES

Sommaire. — **1.** Il y a lieu de considérer deux sortes de dilatations pour les liquides : la dilatation *réelle* ou *absolue* et la dilatation *apparente*.

2. Le coefficient de dilatation absolue du mercure, déterminé par la méthode de Dulong et Petit, est $\dfrac{1}{5550} = 0{,}000180$, son coefficient de dilatation apparente dans le verre ordinaire est $\dfrac{1}{6180}$.

3. L'eau présente à $4°$ centigrades son maximum de densité.

4. La formule de réduction des hauteurs barométriques à $0°$ est
$$H_0 = H \frac{1 + ct}{1 + mt}.$$

167. Dilatation des liquides. — Nous avons vu (§ 143) qu'il y a lieu de considérer deux sortes de dilatations pour les liquides : 1° la dilatation *réelle ou absolue;* 2° la dilatation *apparente*.

168. Dilatation absolue. — Considérons un liquide ayant pour volume V_0 centimètres cubes à $0°$, élevons sa température à $t°$, son volume devient V centimètres cubes ; on appelle *coefficient de dilatation* absolue d du liquide entre $0°$ et $t°$ l'expression numérique

$$(1) \qquad d = \frac{V - V_0}{V_0 \times t},$$

c'est-à-dire l'accroissement de l'unité de volume du liquide pour une élévation de température de $1°$. On tire de (1) la formule :

$$V = V_0 (1 + dt),$$

dans laquelle $(1 + dt)$ s'appelle le *binôme de dilatation absolue du liquide*.

Comme pour les corps solides, la densité D d'un liquide à $t°$ s'obtiendra par la formule :

$$D = \frac{D_0}{1 + dt},$$

en appelant D_0 sa densité à $0°$.

169. Dilatation apparente d'un liquide dans une enveloppe de verre. — Prenons un tube de verre (*fig.* 145) fermé à une de ses extrémités et gradué en parties d'égale capacité à partir de l'extrémité fermée. Supposons que ce tube renferme une certaine masse liquide qui, à 0°, affleure la division 50 par exemple ; portons le tube à 10°, le liquide s'élève à la division 53 ; portons le tube à 20°, le liquide s'élève à la division 56 ; portons le tube à 30°, le liquide s'élève à la division 59, etc.

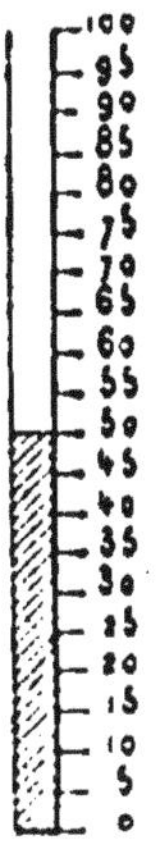

En comparant ces nombres, on voit que la variation du niveau du liquide dans le verre est proportionnelle à son élévation de température. Il existe donc un *coefficient de dilatation apparente du liquide dans le verre, qui dépendra de la nature du vase renfermant le liquide;* nous désignerons ce coefficient par *a*.

Dans l'expérience ci-dessus où, pour une élévation de température de 30°, le niveau s'est élevé de la division 50 à la division 59, ce coefficient *a* aurait pour valeur :

$$a = \frac{59 - 50}{50 \times 30}$$

et d'une façon générale :

$$(1) \qquad a = \frac{N - N_0}{N_0 \times t},$$

en appelant N_0 le nombre de divisions occupé par le liquide à 0°, N celui qu'il occupe à la température t.

Cette formule (1) nous donne :

$$N = N_0 (1 + at).$$

Ce coefficient est évidemment plus petit que le coefficient de dilatation absolue ; cherchons quelle relation il existe entre eux, ainsi qu'avec le coefficient de dilatation cubique du vase.

Supposons qu'une division du tube ait pour valeur 1 centimètre cube à 0°, et soit N_0 le nombre de centimètres cubes

FIG. 145. — Tube gradué pour étudier la dilatation apparente d'un liquide.

occupés par le liquide à 0°; à la température de 1° le volume
réel du liquide sera :

$$(2) \qquad N_0 (1 + d) \text{ centimètres cubes,}$$

en appliquant la formule des dilatations.

Mais à cette température le vase s'étant dilaté aussi, le
liquide affleurera à la division N; d'après la définition du
coefficient de dilatation apparente, on aura :

$$(3) \qquad N = N_0 (1 + a).$$

Mais à 1°, chaque division du tube vaut $1 + k$ centimètres
cubes, k étant le coefficient de dilatation cubique du verre ;
par conséquent, la capacité réelle de la partie du tube
contenant le liquide est :

$$N (1 + k) \text{ centimètres cubes.}$$

Écrivons que le volume réel du liquide est égal à la capacité réelle du contenant, nous aurons :

$$(4) \qquad N_0 (1 + d) = N (1 + k).$$

Remplaçons dans la relation (4) N par sa valeur tirée de
(3), nous aurons :

$$N_0 (1 + d) = N_0 (1 + a) (1 + k),$$

d'où

$$1 + d = (1 + a) (1 + k)$$

et

$$d = a + k + ak.$$

Or, a et k sont des nombres très petits; leur produit est
par suite négligeable et on peut alors écrire approximativement :

$$(5) \qquad d = a + k,$$

c'est-à-dire que le coefficient de dilatation absolue d'un
liquide est égal à la somme de son coefficient de dilatation
apparente et du coefficient de dilatation cubique de l'enveloppe.

170. Dilatation absolue du mercure. — Dulong
et Petit ont déterminé le coefficient de dilatation absolue
du mercure par une méthode absolument indépendante de
la dilatation de l'enveloppe.

Ils prirent deux tubes de verre A et B (*fig.* 146) verticaux, de même diamètre, assez gros pour que les phénomènes capillaires n'exerçassent aucune influence, et reliés par un tube très étroit CD dont l'axe XY est horizontal. L'appareil contient du mercure; le tube A est entouré de glace fondante et le tube B est entouré d'un manchon contenant de l'huile à une température connue t^o; le niveau du mercure dans le tube A est en MN; dans le tube B il est en PQ; Dulong et Petit admettaient que le plan horizontal XY était une surface de niveau; par conséquent, en vertu du principe des vases communicants et en désignant

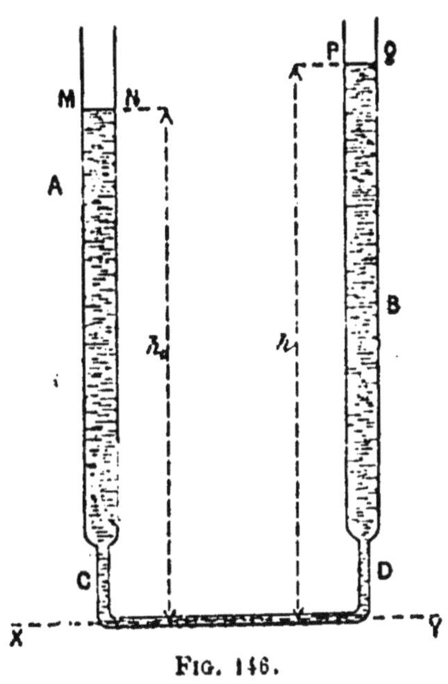

FIG. 146.

par h la différence de niveau entre PQ et XY, par h_0 la différence de niveau entre MN et XY, si d et d_0 représentent les *poids spécifiques* du mercure à t^o et à 0°, on aura :

$$\frac{h}{h_0} = \frac{d_0}{d};$$

or :

$$d = \frac{d_0}{1 + mt},$$

en représentant par m le coefficient de dilatation absolue du mercure;

donc :

$$\frac{h}{h_0} = 1 + mt$$

et

$$m = \frac{h - h_0}{h_0 t}.$$

On mesurera avec précision les hauteurs h et h_0; on connaît d'autre part la température t du manchon, on aura donc les éléments nécessaires pour dresser le tableau des observations.

La figure 147 représente l'appareil de Dulong et Petit. Le tube A est entouré d'un manchon contenant de la glace fondante; le tube B est dans un autre manchon, qui contient de l'huile. Ce second manchon est lui-même entouré d'un fourneau, dont on a enlevé, sur la figure, la moitié antérieure, et qui permet de le chauffer par toute la surface extérieure. Les deux colonnes de mercure sont cachées; mais, au moment de l'expérience, on verse dans le tube B du mercure refroidi à zéro, de manière à faire monter des

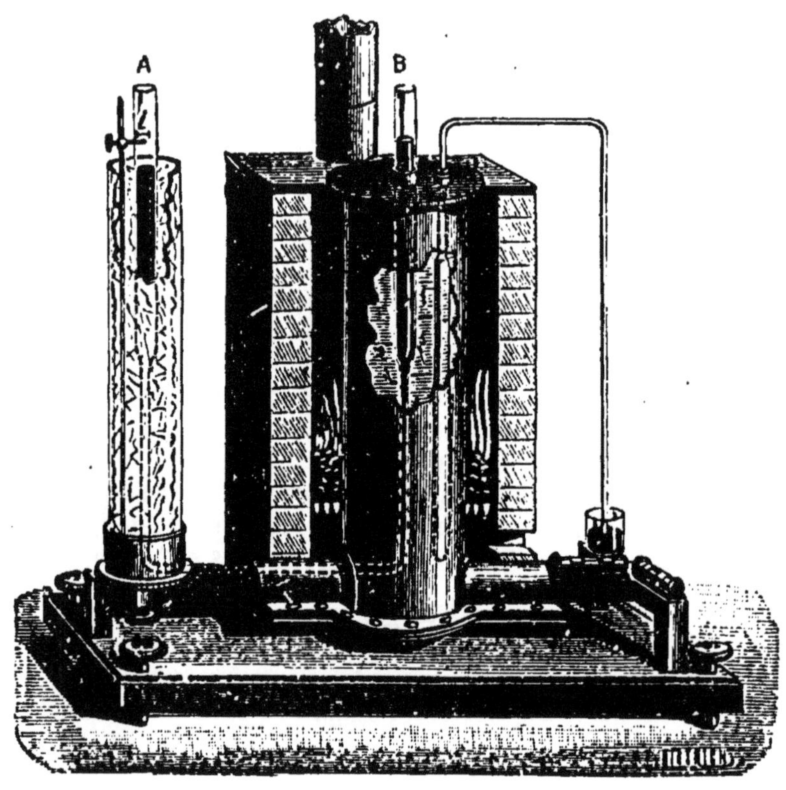

Fig. 147.

deux côtés le mercure au-dessus des manchons. On mesure alors rapidement les distances h et h_0 de chaque niveau au-dessus de l'axe du tube horizontal ou d'un repère i, dont on a déterminé préalablement la distance à l'axe. Quant à la température t du manchon, elle est indiquée par un thermomètre à air, dont le réservoir est aussi long que le tube B lui-même, de sorte qu'il prend bien la même température moyenne, indépendamment des petites différences qui peuvent exister dans le bain d'huile.

Résultats. — 1° Dulong et Petit ont trouvé ainsi pour coefficient moyen de dilatation *absolue* du mercure entre 0° et 100° le nombre

$$\frac{1}{5550} = 0,000180.$$

Des expériences plus récentes faites par Regnault en employant la même méthode, mais avec un appareil plus précis, ont donné pour les coefficients de dilatation moyens :

$$\text{entre } 0° \text{ et } 100°\ldots\ldots \quad 0,0001815$$
$$\text{entre } 0° \text{ et } 300°\ldots\ldots \quad 0,0001866$$

2° Entre 0° et 100°, le coefficient de dilatation *apparente* du mercure dans le verre est sensiblement constant et égal à

$$\frac{1}{6480} = 0,000154.$$

Au delà de 100°, le coefficient apparent s'élève avec la température.

171. Détermination du coefficient de dilatation d'une enveloppe de verre. — La formule $d = a + k$ établie au § 169 et qui donne la valeur du coefficient de dilatation absolue d'un liquide quelconque en fonction du coefficient de dilatation apparente a de ce liquide et du coefficient de dilatation cubique k de l'enveloppe, nous permet d'obtenir facilement la valeur de k.

On a en effet :

$$k = d - a.$$

Remplaçons d et a par leurs valeurs indiquées plus haut pour le mercure, nous aurons :

$$k = \frac{1}{5550} - \frac{1}{6480} = \frac{1}{38700},$$

tel est le coefficient de dilatation cubique du verre ordinaire.

172. Dilatation absolue d'un liquide quelconque. — Introduisons maintenant dans l'enveloppe dont le coefficient de dilatation est actuellement connu, un liquide quelconque et déterminons le coefficient de dilatation apparente de ce liquide, comme il est dit au § 169. En ajoutant ce coefficient à celui de l'enveloppe, nous aurons le coefficient de dilatation absolue du liquide d'après la formule :

$$d = a + k.$$

Résultats. — L'expérience montre que les *coefficients moyens* de dilatation absolue d'un liquide entre 0° et les températures de plus en plus élevées, s'élèvent généralement, surtout lorsqu'il s'agit de liquides volatils.

Le tableau suivant donne les coefficients de dilatation absolue de quelques liquides à 0°, c'est-à-dire l'accroissement réel éprouvé par l'unité de volume en passant de 0° à 1° :

Brome	0,001038	Sulfure de carbone..	0,001140
Alcool	0,001049	Éther	0,001513
Chloroforme	0,001107	Aldéhyde	0,001654

A 78°, température d'ébullition de l'alcool, son coefficient de dilatation absolue devient 0,001196.

Celui de l'acide sulfureux liquide à 0° est 0,001734 ; à 50°, 0,002558 ; à 90°, 0,004447 et à 130°, 0,009751.

173. Dilatation absolue de l'eau. — En général, tous les liquides augmentent progressivement de volume, quand leur température s'élève à partir de leur point de solidification. L'eau fait exception à cette règle : si l'on chauffe de l'eau liquide prise à 0°, tout d'abord ce liquide se contracte entre 0° et 4° ; au-dessus de 4°, l'eau se dilate comme les autres liquides. Donc, à 4°, le volume d'une masse donnée d'eau est plus petit qu'à toute autre température ; sa densité est donc alors la plus grande possible ; on exprime ce fait en disant qu'à 4° l'eau présente son maximum de densité.

On peut mettre en évidence le maximum de densité de l'eau à l'aide de l'expérience de Hope. On prend une éprouvette à pied E (*fig.* 148) remplie d'eau ; dans la paroi on a fixé deux thermomètres, l'un A à la partie supérieure et l'autre B à la partie inférieure. On entoure l'éprouvette en son milieu d'un manchon M rempli de glace ou mieux d'un mélange réfrigérant de glace et de sel marin. L'eau est d'abord à la température ordinaire, et l'on voit le thermomètre inférieur baisser très rapidement, tandis que l'autre ne change pas, ce qui prouve que l'eau devient plus lourde et tombe au fond du vase à mesure qu'elle se refroidit. Bientôt le thermomètre inférieur marque 4°; alors il ne descend plus, et c'est au contraire le thermomètre supérieur qui baisse, atteint 4°, descend plus bas encore et arrive à 0°, tandis que le thermomètre inférieur reste à 4°. L'eau à 0° est donc plus légère qu'à 4°, et c'est à cette dernière température que se produit le maximum de densité.

Cette propriété explique pourquoi, dans l'établissement du système métrique, on a pris, comme unité de poids, le poids d'un centimètre cube d'eau à 4°. A ce moment, en effet, si la température change un peu, le volume, et par suite la densité de l'eau ne varient pas sensiblement; une petite erreur sur la température n'amène donc pas d'erreur appréciable sur le volume.

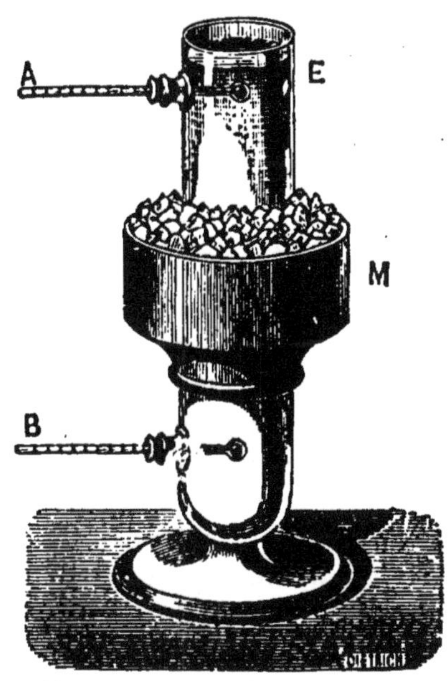

Fig. 148. — Expérience de Hope.

Il résulte également de l'existence de ce maximum de densité que l'eau des lacs et des rivières peut rester dans le fond à la température de 4°, même quand elle est gelée à la surface, ce qui rend possible en hiver l'existence des poissons.

L'eau de mer présente un maximum de densité comme l'eau douce, mais à une température plus basse que son point de congélation ordinaire. On ne peut donc pas fixer d'avance la température qui doit régner au fond des mers, comme nous l'avons fait pour les lacs.

174. Coefficient thermométrique. — Nous avons vu § 148 que le coefficient de dilatation apparente du mercure dans le verre était égal à $\frac{1}{6480}$ ou 0,000154. Donc, dans un thermomètre centigrade à mercure, la capacité de *un degré* est la 6480° partie de la capacité du réservoir et de la portion de la tige comprise entre le réservoir et le point *zéro*. Le nombre $\dfrac{1}{6480}$ est appelé le *coefficient thermométrique* du thermomètre à mercure.

Un thermomètre est d'autant plus sensible que son coefficient thermométrique est plus grand. Pour le thermomètre à alcool, le coefficient thermométrique est égal à $\dfrac{1}{1000}$, c'est à-dire environ 6 fois plus grand.

175. Réduction des hauteurs barométriques à la température 0°. — Nous avons vu que la densité des liquides varie avec la température, ce qui explique qu'une même pression atmosphérique est mesurée par des colonnes de mercure de hauteurs différentes à des températures différentes. Aussi convient-il, pour rendre les observations barométriques comparables, de ramener la hauteur barométrique à 0°, c'est-à-dire de calculer la hauteur de la colonne de mercure à 0° qui exercerait la même pression que la colonne de mercure observée à $t°$. Deux corrections sont nécessaires pour effectuer cette réduction.

1° La hauteur H de la colonne de mercure à $t°$ se mesure généralement au moyen d'une règle en cuivre qui se trouve à la même température $t°$; cette règle étant supposée graduée à 0°, la hauteur H observée vaut en réalité (§ 164-5°), $H(1 + ct)$ millimètres, H étant évalué en millimètres et c représentant le coefficient de dilatation linéaire du cuivre, ainsi la vraie hauteur H′ de la colonne de mercure à $t°$ est

$$(1) \qquad H' = H(1 + ct) \; \textit{millimètres.}$$

2° Désignons maintenant par H_0 la hauteur de la colonne de mercure à 0° qui exercerait la même pression, par D et D_0 les densités du mercure à $t°$ et à 0°. La pression de la colonne H′ à $t°$ sur une surface s est H′ D s ; la pression de la colonne H_0 à 0° sur la même surface serait $H_0 D_0 s$, et pour que ces pressions soient égales, il suffit que l'on ait H′ D $= H_0 D_0$, d'où l'on tire :

$$(2) \qquad \dfrac{H_0}{H'} = \dfrac{D}{D_0}.$$

Or $D = \dfrac{D_0}{1 + mt}$, m étant le coefficient de dilatation absolue du mercure $\frac{1}{5550}$, l'expression (2) devient alors :

$$\frac{H_0}{H'} = \frac{\dfrac{D_0}{1 + mt}}{D_0} = \frac{1}{1 + mt}$$

et

$$H_0 = H' \times \frac{1}{1 + mt},$$

et en remplaçant H' par sa valeur (1)

$$H_0 = H \frac{1 + ct}{1 + mt}.$$

Si l'on effectue la division de $\dfrac{1 + ct}{1 + mt}$ et qu'on néglige les termes en t d'un degré supérieur au premier, on aura la formule pratique :

$$H_0 = H [1 - (m - c) t],$$

or

$$(m - c) = 0,000180 - 0,000018 = 0,000162,$$

d'où :

$$H_0 = H (1 - 0,000162 \, t).$$

175 bis. Courbes de dilatation. — Nous avons supposé jusqu'ici que la dilatation des corps était uniforme;

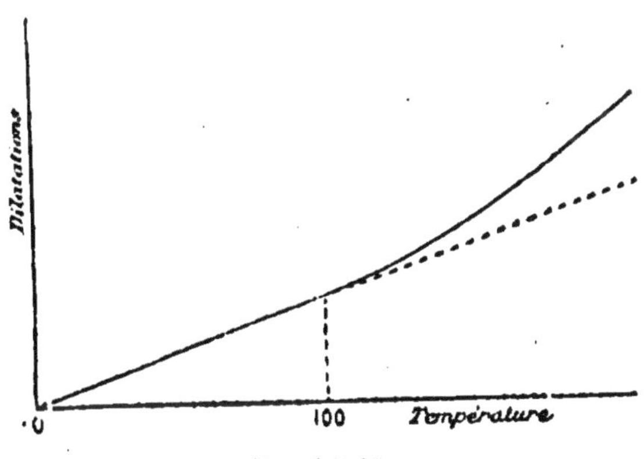

Fig. 148 bis.

mais pour un certain nombre de corps, et notamment pour les liquides, la dilatation n'est pas uniforme.

Soit V_0 le volume à 0° d'un corps; soit V son volume à $t°$; par définition, on appelle *dilatation cubique* Δ du corps considéré, entre $0°$ et $t°$, l'expression numérique :

$$\Delta = \frac{V - V_0}{V_0}.$$

On a ainsi la dilatation éprouvée, entre $0°$ et $t°$ par la masse du corps qui a pour volume *1 centimètre cube* à $0°$.

La dilatation moyenne, pour une élévation de température d'un degré, est le quotient de Δ par t; on aura :

$$K = \frac{V - V_0}{V_0\, t};$$

le nombre K est ce qu'on nomme le **coefficient moyen de dilatation** du corps entre les températures 0 et t.

On peut représenter la fonction Δ par une courbe qu'on appelle une *courbe de dilatation*.

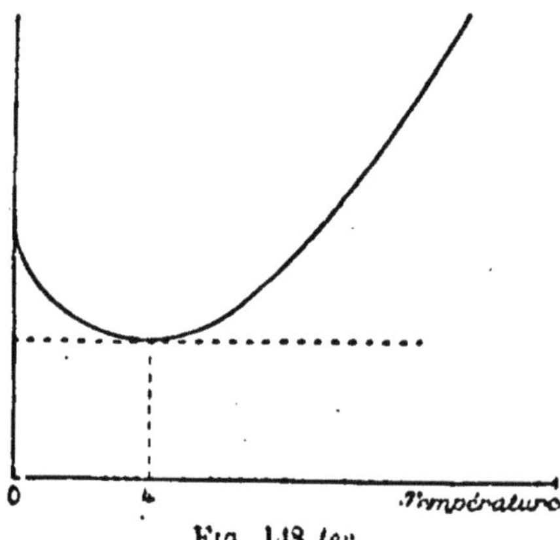

Fig. 148 *ter*.

Traçons deux axes de coordonnées rectangulaires; portons en abscisses les températures et en ordonnées les valeurs de Δ correspondant aux expériences faites. Les divers résultats d'une expérience seront représentés par un certain nombre de points; on joindra ces points par un trait continu et on obtiendra la courbe de dilatation correspondant aux expériences faites.

Traçons, par exemple, la courbe de dilatation du *mercure*; elle est sensiblement une droite entre $0°$ et $100°$; puis elle devient une courbe s'élevant au-dessus de la droite et s'en écartant d'autant plus que le mercure est plus près de son point d'ébullition (*fig.* 148 *bis*). A l'inspection de la courbe on voit qu'entre $0°$ et $100°$ le coefficient moyen de dilatation du mercure est constant (0,00018); au delà de $100°$, le coefficient moyen de dilatation du mercure croît quand la température s'élève.

La courbe de dilatation de l'eau présenterait une autre forme (*fig.* 148 *ter*); on voit que l'eau présente un minimum de volume, par suite un maximum de poids spécifique à $4°$; les ordonnées de la courbe représentent $(1 + \Delta)$.

CHAPITRE IV

DILATATION DES GAZ. — DENSITÉ DES GAZ. — THERMOMÈTRE A AIR.

Sommaire. — **1.** *Lois de Gay-Lussac.* — 1° Les volumes occupés à différentes températures par une même masse gazeuse de force élastique constante sont proportionnels aux binômes de dilatation.

2° Les pressions exercées à différentes températures par une même masse gazeuse de volume constant sont proportionnelles aux binômes d'élasticité.

2. *Formule fondamentale des gaz.* — Le produit du volume d'une masse gazeuse ramenée à la température de 0°, par la pression correspondante est une quantité constante

$$\text{ou} \qquad V_0 H_0 = \frac{VH}{1 + \alpha t} = \frac{V'H'}{1 + \alpha t'}.$$

3. Les gaz ont sensiblement le même coefficient de dilatation : $\dfrac{1}{273}$ ou 0,00367.

4. Le *thermomètre à air* est fondé sur les variations de force élastique d'une masse d'air, *sous volume constant*, ayant à 0° une force élastique équivalente à 760 millimètres de mercure.

5. La densité d'un gaz par rapport à l'air est le rapport entre les poids de volumes égaux de gaz et d'air pris à 0° et sous la pression de 760 millimètres.

6. A Paris, un litre d'air à 0°, sous la pression de 760 millimètres et au niveau de la mer, pèse 1gr,293.

176. Le volume d'une masse donnée de gaz dépend de sa température et de sa pression; aussi, pour étudier les variations de volume dues seulement aux changements de température, faut-il déterminer soigneusement les conditions de pression dans lesquelles on les place.

1° A température constante, le gaz subit la loi de Mariotte.

$$V H = V' H'.$$

2° **Dilatation sous pression constante.** — *Première loi de Gay-Lussac.* — Lorsqu'on élève à partir de 0° la température d'un gaz sous pression constante, le gaz augmente de volume et l'expérience montre que son augmentation de volume est proportionnelle à l'élévation de température et au volume V_0 du gaz à 0°. Il existe donc pour les gaz un **coefficient de dilatation**, que l'on désigne par la lettre grecque α (alpha).

Par suite, une masse de gaz, qui a pour volume V_0 à 0°, aura pour volume à $t°$: $V_0 + V_0 \alpha t$; on a donc la formule :

$$V = V_0 (1 + \alpha t) \qquad\qquad (1)$$

Gay-Lussac a le premier formulé cette loi, et il a montré que, pour tous les gaz, α était sensiblement le même et égal à $\dfrac{1}{273}$ ou 0,00367.

Portons la même masse gazeuse à $t'°$, nous aurons :

$$V' = V_0 (1 + \alpha t'). \qquad\qquad (2)$$

Si nous divisons les égalités (1) et (2) membre à membre, nous aurons :

$$\frac{V}{V'} = \frac{1 + \alpha t}{1 + \alpha t'} \quad \text{ou} \quad \frac{V}{1 + \alpha t} = \frac{V'}{1 + \alpha t'}.$$

De là la **première loi de Gay Lussac** : *Les volumes occupés à différentes températures par une* **même masse gazeuse** *de force élastique constante sont proportionnels aux binômes de dilatation.*

177. Détermination du coefficient de dilatation des gaz sous pression constante. — *Expérience de Gay-Lussac.* — Gay-Lussac, le premier, fit avec quelque précision l'étude de la dilatation de l'air et des gaz, en opérant de la manière suivante :

Une sorte de thermomètre était constitué par un ballon d'une assez grande capacité A (*fig.* 149 et 150) destiné à contenir l'air, et par un tube de diamètre *étroit*, divisé en parties d'égal volume. Le ballon et le tube avaient été jaugés à l'avance, en évaluant le poids du mercure qui les remplissait à 0°.

Pour introduire l'air dans le ballon, on commençait par remplir l'appareil de mercure, qu'on faisait bouillir comme pour construire un thermomètre, afin de chasser l'humidité et l'air adhérant aux parois ; puis on adaptait à l'extrémité du tube un manchon cylindrique en verre C (*fig* 149) contenant des fragments de chlorure de

Fig. 149.

calcium pour absorber l'humidité. Avec un fil de fer ou de
platine introduit dans le tube étroit, et en donnant quelques
petites secousses, on faisait sortir goutte à goutte le mercure
de l'appareil, et l'air desséché du manchon venait le remplacer. On ne laissait qu'un petit index de mercure destiné
à isoler de l'air extérieur la masse gazeuse qui devait se
dilater.

L'appareil ainsi préparé, on le plaçait horizontalement
dans une caisse métallique M M', contenant de la glace fon-

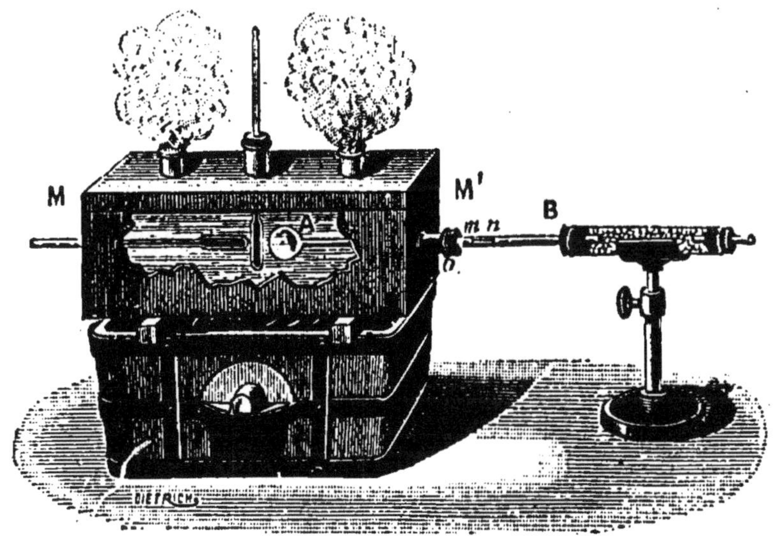

Fig. 150.

dante, à côté d'un thermomètre à mercure. L'air sec, ainsi
amené à 0°, prenait un volume V_0, déterminé par la position de l'index m dans le tube. On notait, au même
moment, l'indication H du baromètre. On remplaçait alors
la glace par de l'eau, que l'on portait à l'ébullition; l'air se
dilatait, chassait l'index devant lui, et pour que toute la
masse gazeuse fût bien à la même température T, on faisait
glisser le thermomètre à air vers l'intérieur de la caisse, de
façon à maintenir l'index au niveau de la paroi latérale;
l'index s'arrêtait à une nouvelle division qui correspondait
cette fois au volume apparent V de l'air, et on notait l'indication actuelle H' du baromètre, laquelle est toujours peu
différente de H.

Soit α le coefficient de dilatation cherché du gaz. Le volume
d'air V_0 doit prendre à T° un volume réel égal à $V_0 (1 + \alpha T)$

si la pression était restée égale à H; comme elle devient H', d'après la loi de Mariotte, le volume réel serait $V_0 (1 + \alpha T) \dfrac{H}{H'}$ à T° et à la pression H'.

Or, le volume du vase dilaté qui le contient est représenté par $V (1 + kT)$, k désignant le coefficient de dilatation du verre.

Écrivons que le contenu égale le contenant :

$$V_0 (1 + \alpha T) \frac{H}{H'} = V (1 + kT),$$

d'où :

$$\alpha = \frac{V (1 + kT) \dfrac{H'}{H} - V_0}{V_0 T}.$$

178. Résultats. — Gay-Lussac répéta l'expérience sur des masses différentes d'air et d'autres gaz et à des températures différentes, et il trouva toujours pour α la même valeur : 0,00375 ; d'où la loi :

Tous les gaz, quand ils sont maintenus à une pression constante, se dilatent également entre les mêmes températures.

L'appareil de Gay-Lussac présentait plusieurs causes d'erreur :

1° Le réservoir n'avait pas été complètement desséché intérieurement, par conséquent, quand on chauffait l'appareil à $t°$, l'humidité que condense toujours le verre à sa surface passait à l'état de vapeur, et l'on opérait sur un gaz humide.

2° L'index de mercure n'isolait pas exactement la masse d'air contenue dans l'appareil ; comme le mercure ne mouille pas le verre, au moment où l'on portait l'instrument à $t°$, une partie du gaz s'échappait et la première loi de Gay-Lussac n'était plus applicable, puisqu'elle suppose la masse gazeuse constante. On le constate facilement en ramenant l'appareil à 0°, après l'avoir chauffé à 100° ; l'index, au lieu d'affleurer de nouveau à la division m, affleure à une division beaucoup plus rapprochée du réservoir.

Regnault reprit les expériences de Gay-Lussac et constata que α n'était pas constant ; il se proposa alors d'étudier la dilatation de l'air par une méthode plus rigoureuse, et il trouva que, pour l'air, entre 0° et 100° et sous des pressions diverses, la valeur de α augmente légèrement avec la pression ; dans la pratique, on prend pour valeur de α 0,00367 ou $\frac{1}{273}$.

Il constata aussi que chaque gaz possède un coefficient propre de dilatation sous pression constante :

Air atmosphérique........................	0,003670
Hydrogène................................	0,003661
Oxyde de carbone...........	0,003669
Acide carbonique.........................	0,003710
Protoxyde d'azote........................	0,003719
Cyanogène..............................	0,003877
Acide sulfureux..........................	0,003903

En outre, pour un même gaz, la valeur de α augmente rapidement lorsqu'on opère sous des pressions croissantes ; on en conclut que les coefficients de dilatation des divers gaz se rapprochent d'autant plus de l'égalité qu'on étudie individuellement ces gaz à des pressions plus faibles. La loi de Gay-Lussac, d'après laquelle le coefficient de dilatation est le même pour tous les gaz, serait donc vraie si l'on possédait les substances gazeuses dans un état d'expansion suffisant. Un gaz, dans cet état idéal, porte le nom de gaz parfait.

179. Action de la chaleur sur un gaz à volume constant. — *Deuxième loi de Gay-Lussac.* — Supposons que la masse gazeuse conserve un volume invariable ; si on la chauffe, sa force élastique augmentera progressivement. Gay-Lussac a montré que l'augmentation de force élastique était proportionnelle à l'élévation de température et à la pression initiale de la masse gazeuse à 0°. Il existe donc pour les gaz un *coefficient d'élasticité sous volume constant.*

Ce coefficient est encore sensiblement égal à $\frac{1}{273}$. Donc, si l'on désigne par H la force élastique de la masse gazeuse à $t°$, par H_0 sa force élastique à 0°, on aura encore :

$$H = H_0 (1 + \alpha t). \qquad (3)$$

On désigne l'expression $(1 + \alpha t)$ sous le nom de *binôme d'élasticité des gaz.*

A la température t', on aurait :

$$H' = H_0 (1 + \alpha t').$$

D'où : $\quad \dfrac{H}{H'} = \dfrac{1 + \alpha t}{1 + \alpha t'}$ ou $\dfrac{H}{1 + \alpha t} = \dfrac{H'}{1 + \alpha t'}.$

De là la **deuxième loi de Gay-Lussac** : *Les pressions exercées à différentes températures par une même masse gazeuse de volume constant sont proportionnelles aux binômes d'élasticité.*

180. Formule fondamentale des gaz. — Supposons maintenant que la *masse gazeuse constante* change à la fois de volume, de température et de pression; soient V son volume, t sa température, et H sa pression dans une première circonstance; soit V', t', H' son volume, sa température et sa pression dans une seconde circonstance. Cherchons à établir une relation entre ces six quantités. Pour cela, supposons que la masse gazeuse conserve la température t et la pression H', et désignons par V_1 son nouveau volume. Nous pourrons représenter de la manière suivante les conditions de volume, de température et de pression de la masse gazeuse :

$$(1) \qquad V \qquad t \qquad H$$
$$(2) \qquad V' \qquad t' \qquad H'$$
$$(3) \qquad V_1 \qquad t \qquad H'$$

Comparons (1) et (3) : la température est la même; donc on peut appliquer la loi de Mariotte :

$$VH = V_1 H' \qquad\qquad (4)$$

Comparons (2) et (3) : la pression est la même; on peut appliquer la première loi de Gay-Lussac :

$$\frac{V'}{1 + \alpha t'} = \frac{V_1}{1 + \alpha t} \qquad\qquad (5)$$

Éliminons V_1 entre (4) et (5); il viendra :

$$\frac{V'H'}{1 + \alpha t'} = \frac{VH}{1 + \alpha t} = V_0 H_0$$

en désignant par V_0 et H_0 le volume et la pression de la masse gazeuse à 0°.

Cette formule est la *formule fondamentale des gaz;* elle résume la loi de Mariotte et les lois de Gay-Lussac, et peut s'énoncer ainsi :

Le produit du volume d'une masse gazeuse, ramenée à la température de 0°, par la pression correspondante, est une quantité constante. On l'appelle souvent l'équation des gaz parfaits.

181. Applications. Principes du thermomètre à air. — Nous avons vu (§ 146) que les gaz représentent la substance thermométrique par excellence, à cause de leur grande dilatabilité qui rend négligeable l'influence perturbatrice due à la variation de volume du récipient qui les renferme ; la dilatation de l'air pour la même variation de température est en effet égale à environ 140 fois celle du verre.

Dans un thermomètre à gaz, la température peut se déduire, soit de la variation de volume du gaz maintenu sous une pression aussi peu variable que possible, soit de la variation de pression, le volume restant à peu près constant.

Ce dernier procédé est généralement préféré, car il permet seul de maintenir constamment à la température qu'il s'agit de déterminer la majeure partie du gaz enfermé dans l'appareil.

Considérons une masse d'air pur et sec, de volume **invariable**, ayant à 0° une pression représentée par H_0 voisine de 760^{mm} ; portons cette masse d'air à la température de la vapeur d'eau bouillante sous la pression de 760 millimètres c'est-à-dire à 100°, elle prendra une force élastique représentée par H_{100}. Par définition, nous appellerons *degré centigrade* l'élévation de température capable de donner à la masse d'air une augmentation de force élastique égale à la centième partie de l'augmentation totale, et ayant pour expression $\dfrac{H_{100} - H_0}{100}$.

Or, nous avons vu que lorsque le volume de l'air est maintenu constant, sa pression s'accroît de $H_0 \times 0,00367$ pour 1° centigrade, de sorte que, si $H_0 = 760$, $H_{100} = 760 + 760 \times 0,00367 \times 100$

ou $\qquad H_{100} = 760 \times 1,367 = 1038^{mm}92.$

On a donc :

$$\frac{H_{100} - H_0}{100} = \frac{1038,92 - 760}{100} = 2^{mm},7892;$$

ce qui montre qu'une élévation de température de 1° correspond à une augmentation de pression de $2^{mm}7892$ ou presque les 0,004 de la pression primitive.

L'air est donc une substance thermométrique très sensible,

et comme deux thermomètres à air sont toujours comparables entre eux, on conçoit l'usage de cet appareil pour les expériences de précision.

Portons maintenant la masse gazeuse à la température qu'il s'agit d'évaluer, en faisant en sorte que son volume reste encore constant, et mesurons sa nouvelle force élastique H : l'accroissement de pression $H - H_0$ divisé par $\dfrac{H_{100} - H_0}{100}$, ou $2^{mm}7892$, donnera la température t cherchée ;

d'où : $$t = \frac{H - H_0}{2,7892} \text{ ou } t = 100 \frac{H - H_0}{H_{100} - H_0}. \qquad (1)$$

Remarque. — 1° Si dans cette formule (1) on suppose que la température à observer soit celle de la glace fondante, on aura alors $H = H_0$, ce qui donne $t = 0$. 2° Si la température à évaluer est celle de la vapeur d'eau bouillante, comme on a dans ce cas : $H = H_{100}$, la valeur de t sera : $t = 100$, ce qui montre que l'échelle de ce thermomètre à air est bien l'échelle centigrade.

Il est impossible, en réalité, de maintenir la valeur de la masse gazeuse absolument invariable, mais on peut toujours tenir compte de cette circonstance.

2° **Thermomètre normal à hydrogène.** — Le *thermomètre normal* adopté aujourd'hui par les physiciens est le thermomètre à *hydrogène;* le choix de l'hydrogène a été déterminé par les considérations théoriques suivantes :

1° Le coefficient d'augmentation de pression de l'hydrogène est constant;

2° L'hydrogène est, de tous les gaz, celui qui se liquéfie le plus difficilement;

3° Comme on opère sous volume constant, et comme la chaleur spécifique de l'hydrogène à volume constant est invariable, les variations de température observées seront proportionnelles aux gains de chaleur éprouvés par la masse thermométrique.

Prenons une masse d'*hydrogène*, de *volume invariable*, ayant dans la glace fondante une force élastique représentée par **1 mètre de mercure normal.** Portons ensuite cette masse d'hydrogène à 100°; elle prendra une force élastique représentée par H_1 mètres de mercure normal. Par définition, nous appellerons *degré centigrade* l'élévation de température qui donne à la masse d'hydrogène une augmentation de force élastique égale à $\dfrac{H_1 - 1}{100}$. Or, l'expérience montre que $\dfrac{H_1 - 1}{100} = \dfrac{1}{273}$; donc une élévation de température de *un degré* correspond à une augmentation de force élastique de $\dfrac{1}{273}$ de mètre de mercure normal.

Portons maintenant cette masse d'hydrogène dans une enceinte à température inconnue; la force élastique de l'hydrogène devient H *mètres* de mercure normal; *par définition*, la température de l'enceinte sera le nombre t satisfaisant à la relation :

$$t = (H - 1) \times 273.$$

Le thermomètre à hydrogène est constitué par une enveloppe de platine iridié contenant le gaz et communiquant avec un manomètre à air libre mesurant la force élastique de l'hydrogène contenu dans l'appareil; des indications du manomètre on déduit par le calcul la valeur de H et on la porte ensuite dans la formule précédente.

182. Comparaison du thermomètre à mercure avec le thermomètre à hydrogène. — Un thermomètre à mercure reste exactement d'accord avec le thermomètre à hydrogène entre 0° et 100; il n'en est plus de même au-dessus de 100 : tantôt le thermomètre à mercure est en avance sur le thermomètre normal, tantôt il est en retard; cela dépend de la nature du verre qui forme l'enveloppe thermométrique. Par suite, si l'on veut se servir du thermomètre à mercure pour des déterminations précises, comme en calorimétrie par exemple, il faut dresser pour chaque instrument une table indiquant les températures marquées par le thermomètre à hydrogène correspondant à celles indiquées par le thermomètre à mercure.

183. Densité des gaz. — On appelle *masse spécifique* d'un gaz la masse de 1 centimètre cube de ce gaz à 0° et sous la pression de 760 millimètres de mercure normal. Ainsi, à Paris, la masse spécifique de l'air est 0,001293 *gramme*; celle de l'hydrogène est 0,00089; celle de l'oxygène est 0,001429; celle du gaz carbonique est 0,001977, etc.

Or, la pression *absolue* d'une colonne de mercure de 76 centimètres de hauteur à 0° varie d'un lieu du globe à l'autre (§ 32); par suite la masse d'un gaz contenu dans un récipient à 0° et sous la hauteur manométrique de 760 millimètres, varie d'un lieu de la terre à l'autre; il en est de même de sa masse spécifique.

De même, la densité d'un gaz par rapport à l'eau sera

variable d'un lieu du globe à l'autre, puisque la masse de l'unité de volume d'un gaz dans les mêmes conditions de température et de hauteur barométrique varie, tandis que la masse d'un égal volume d'eau à 4° reste constante.

Ces inconvénients disparaissent si l'on détermine la densité des gaz par rapport à l'air dans les mêmes conditions de température et de hauteur manométrique.

On appelle **densité normale d'un gaz par rapport à l'air,** *ou simplement* **densité normale d'un gaz** *le rapport entre les masses de volumes égaux de ce gaz et d'air pris à 0° et sous la pression 760.*

DENSITÉS NORMALES DES PRINCIPAUX GAZ PAR RAPPORT A L'AIR

Oxygène...............................	1,1056
Hydrogène.....	0,0695
Azote.................................	0,9714
Chlore	2,47
Acide carbonique.....................	1,520
Oxyde de carbone.....................	0,968
Protoxyde d'azote....................	1,5269

184. Masse spécifique normale de l'air à Paris. — Les expériences de Regnault ont montré qu'à *Paris*, au niveau de la mer, un centimètre cube d'air dans les conditions normales de température et de pression a pour masse 0,001293 gramme.

1er Problème. — Une masse d'air a pour volume V centimètres cubes pour température $t°$ et pour pression H millimètres; quelle est sa masse?

Nous savons que la masse spécifique de l'air à 0° et sous la pression de 760 est 0,001293; cherchons donc alors quel serait, dans ces conditions de température et de pression, le volume occupé par la masse gazeuse donnée.

Or, la formule fondamentale des gaz donne :

$$V_0 \times 760 = \frac{VH}{1 + \alpha t}.$$

D'où :

$$V_0 = \frac{V}{1 + \alpha t} \times \frac{H}{760}.$$

Par suite, la masse d'air donnée aura pour masse :

$$M = V_0 \times 0,001293 \text{ grammes,}$$

ou

$$M = \frac{V}{1 + \alpha t} \times \frac{H}{760} \times 0,001293 \text{ grammes.}$$

2° Problème. — Une masse gazeuse *quelconque* a pour volume V centimètres cubes, pour température $t°$ et pour force élastique H millimètres; quelle est sa masse?

Si la masse donnée était de l'air, sa masse serait représentée par la formule :

$$M_1 = \frac{V}{1 + \alpha t} \times \frac{H}{760} \times 0{,}001293 \text{ grammes.}$$

Or, la densité du gaz étant d, sa masse M est égal à $M_1\, d$ par définition; on aura alors :

$$M = \frac{V}{1 + \alpha t} \times \frac{H}{760} \times 0{,}001293 \times d \text{ grammes.}$$

Il ne faut pas oublier ici que α est le coefficient de dilatation de l'air.

185. Variation de la densité d'un gaz avec la température et la pression. — Si le gaz suit les mêmes lois de compressibilité et de dilatation que l'air, la *densité du gaz par rapport à l'air* sera **constante**, quelles que soient les conditions de température et de pression.

Si, au contraire, le gaz ne suit pas les mêmes lois de compressibilité et de dilatation que l'air, sa densité par rapport à l'air sera variable avec les conditions de température et de pression; ce cas se présente pour les gaz qui sont facilement liquéfiables : leur densité augmente au fur et à mesure qu'ils se rapprochent de leur point de liquéfaction; plus le gaz s'éloigne de son point de liquéfaction, plus sa densité diminue, pour devenir sensiblement constante lorsque le gaz se rapprochera de l'*état parfait*. Il existe pour chaque gaz une *densité théorique* dont la densité pratique se rapproche d'autant plus que le gaz est plus éloigné de son point de liquéfaction; on s'explique ainsi les petits écarts observés en comparant les densités pratiques des gaz avec leurs densités théoriques calculées d'après les lois de la chimie.

186. Correction des pesées effectuées dans l'air. — Nous avons vu (§ 135) que toute pesée effectuée dans l'air fait connaître le poids apparent du corps pesé dans l'air et non pas son poids réel pesé dans le vide ; connaissant ce poids apparent, cherchons le poids réel.

Soit V le volume du corps, D son poids spécifique, a le poids spécifique de l'air atmosphérique dans les conditions de température et de pression de l'atmosphère ; le poids réel du corps dans le vide est égal à V D grammes ; la poussée que le corps subit dans l'air est égale à V a grammes ; le poids apparent du corps est donc égal à :

$$V D - V a = V (D - a) = V D \left(1 - \frac{a}{D}\right).$$

La force qui agit sur le fléau de la balance et fait équilibre à la tare est donc le *poids apparent* du corps dans l'air. Il résulte aussi de là que les poids marqués par lesquels on remplace le corps n'agissent aussi sur la balance que par leur poids apparent. Il est donc nécessaire de faire subir une correction aux pesées, si l'on veut obtenir le poids réel du corps dans le vide. Soit P le nombre inscrit sur les poids marqués, soit d le poids spécifique de la matière qui forme ces poids ; le poids apparent des poids marqués sera égal à P $\left(1 - \frac{a}{d}\right)$.

Or les poids apparents du corps et des poids marqués sont égaux ; on aura donc :

$$V D \left(1 - \frac{a}{D}\right) = P \left(1 - \frac{a}{d}\right).$$

D'où :
$$V D = P \times \frac{1 - \dfrac{a}{d}}{1 - \dfrac{a}{D}}.$$

Dans cette formule D et d sont supposées connues ; a est égal à
$$\frac{0,001293}{1 + \alpha t} \times \frac{H}{760}.$$

187. Calcul de la force ascensionnelle d'un aérostat. — Nous avons vu (§ 137) que la force ascensionnelle d'un aérostat est égale à la différence entre le poids de l'air qu'il déplace et le poids total de l'aérostat.

Calculons cette force :

Supposons au départ l'aérostat incomplètement gonflé ; soit V son volume en mètres cubes, soit t la température de l'air que nous supposerons constante à toutes les altitudes, soit H la pression atmosphérique dans la région où se trouve le ballon, soit d la densité du gaz dont est rempli l'aérostat, soit p le poids en kilogrammes des accessoires; le poids de l'air déplacé sera égal à $\dfrac{V}{1+\alpha t} \times \dfrac{H}{760} \times 1{,}293$ kilogrammes; le poids du gaz sera égal à :

$$\frac{V}{1+\alpha t} \times \frac{H}{760} \times 1{,}293 \times d \text{ kilogrammes};$$

la force ascensionnelle de l'aérostat aura pour expression :

$$F = \frac{V H}{1+\alpha t} \times \frac{1{,}293}{760}(1 - d) - p \text{ kilogrammes.}$$

Exercices. — **1.** Quel est le volume occupé par une masse d'air sous pression constante à 250°, sachant qu'à 30° son volume est égal à 12 litres?

2. Quel est le volume à 40°,5 sous la pression de deux atmosphères d'une masse d'air occupant un volume de 12 litres à 150° sous la pression 760?

3. Un litre d'air sec, à la température de 0° et à la pression normale de 760ᵐᵐ, pèse 1ᵍʳ,293. Quel est le poids d'un litre d'air sec à la température de 15° et à la pression de 750ᵐᵐ.

4. Un ballon de 20 litres de capacité, à 0°, est plein d'air sous la pression de 760ᵐᵐ; on le porte à 100°, en le laissant communiquer avec l'air extérieur, à la pression de 751ᵐᵐ. Calculer le poids d'air qui s'échappe, on néglige la dilatation du verre; le coefficient de dilatation du gaz $= \dfrac{1}{273}$; le poids du litre d'air normal $= 1^{gr},293$.

5. Un ballon de verre est rempli de 8ᵍʳ,42 d'air sec à 80° sous la pression de 760ᵐᵐ. Quel poids de gaz carbonique renfermerait-il à 5° sous la pression de 2ᵐᵐ,523? On néglige la dilatation du verre.

6. Quel est le poids apparent dans l'air d'une sphère de platine ayant 2 mètres cubes de volume à 60°,5 sous la pression de 854ᵐᵐ.

Coefficient de dilatation cubique du platine : 0,0000255.

Densité du platine à 0° : 22.

7. On a pesé successivement dans le même ballon deux gaz : le premier pesait 7ᵍʳ,245 à 18°,5 et sous la pression de 739ᵐᵐ; le second pesait 13ᵍʳ,8 à 10° et sous la pression de 700ᵐᵐ. Quel est le rapport de la densité du premier gaz à celle du second?

8. Quel est le côté d'un cube d'aluminium pesant un kilogramme dans l'air à 30°,5 sous la pression de 740ᵐᵐ? Densité de l'aluminium à 0° : 2,6. Coefficient de dilatation de ce métal : 0,000069.

9. Un ballon inextensible contient 12 litres d'air à 0°, sous la pression 760; un autre ballon inextensible contient 20 litres d'air à 18° sous la pression de 854ᵐᵐ. On met les deux ballons en communication et on les porte à la température de 30°. Quelle est la force élastique de l'air contenu dans les deux ballons?

10. Quelle est la force ascensionnelle au départ d'un ballon de 12 mètres de diamètre, gonflé d'hydrogène de densité 0,0692? L'enveloppe pèse 300 grammes par mètre carré; le poids de la nacelle, des agrès et des aéronautes est de 359 kilogrammes. Température 15°. Pression atmosphérique : 756ᵐᵐ.

11. Un ballon pesant en tout 300 kilogrammes est en équilibre à une hauteur telle que le baromètre marque 138ᵐᵐ; quel est le volume du ballon? Température : 6°.

CHAPITRE V

FUSION ET SOLIDIFICATION

Sommaire. — 1. Les lois de la fusion sont au nombre de deux : 1° Sous une pression constante, chaque espèce chimique fond à une température déterminée que l'on appelle son point de fusion; 2° Dès que la fusion est commencée, la température de la masse en fusion reste invariable, jusqu'à ce que la fusion soit complète.

2. La plupart des corps augmentent de volume en se liquéfiant; la glace, la fonte de fer, le bismuth, l'argent et quelques autres font exception à cette règle et diminuent de volume en devenant liquides.

3. Le phénomène du *regel de la glace* s'explique par ce fait que le point de fusion de la glace est abaissé lorsqu'on exerce sur elle une pression suffisante.

4. La solidification est soumise à deux lois qui sont les réciproques de celles de la fusion.

5. La *surfusion* est le phénomène présenté par certains corps liquides de pouvoir être amenés au-dessous de leur point normal de solidification sans se solidifier.

6. La *dissolution* est le passage d'un corps solide à l'état liquide par le contact avec un liquide approprié. — La dissolution est toujours accompagnée d'une absorption de chaleur; c'est là le principe de la plupart des *mélanges réfrigérants*.

7. La *sursaturation* est le phénomène que présentent certaines dissolutions faites à chaud de pouvoir être refroidies notablement sans que le corps dissous revienne à l'état solide; il suffit pour cela que le refroidissement soit lent et se fasse à l'abri de toute parcelle isomorphe de la substance dissoute.

188. Changements d'état des corps. — Quand on élève progressivement la température d'un corps solide, il arrive un moment où le corps passe brusquement à *l'état liquide;* on dit alors que le corps **fond**. Inversement, la plupart des liquides prennent *l'état solide*, quand on abaisse suffisamment leur température ; ce phénomène a reçu le nom de **solidification**.

De même, un liquide prend *l'état gazeux*, quand on en élève suffisamment la température ; et un gaz peut passer à *l'état liquide*, quand on le soumet à un refroidissement suffisant et à une pression suffisamment grande ; ces phénomènes sont connus sous le nom de **vaporisation** des liquides et de **liquéfaction** des gaz.

On a réuni sous le nom général de **changements d'état physique des corps** les phénomènes de fusion, de solidification, de vaporisation et de liquéfaction.

FUSION.

189. La fusion est le *passage brusque d'un corps de l'état solide à l'état liquide sous l'action de la chaleur.*

Certains corps, comme le charbon, la chaux, le sulfate de baryte n'ont pu encore être fondus : on leur donne le nom de corps **réfractaires** ou de corps **fixes** ; cependant rien ne permet de croire qu'ils demeureront solides sous l'action de sources de chaleur plus intenses que celles dont nous disposons. D'autres corps, comme le papier, le coton, le bois, la laine se décomposent par la chaleur avant de perdre l'état solide. Enfin, le fer, le verre, les graisses ne passent pas brusquement de l'état solide à l'état liquide ; entre certaines limites de température, ces corps deviennent **pâteux** et peuvent alors se souder à eux-mêmes. Nous n'étudierons que la fusion des corps passant *brusquement* de l'état solide à l'état liquide.

190. Lois de la fusion. — 1re LOI. — *Sous une pression constante, chaque espèce chimique fond à une température déterminée, invariable pour chacune d'elles et qu'on appelle son point de fusion.*

Le tableau suivant donne les points de fusion des principaux corps solides exposés à l'air libre :

Mercure	—39°,5	Plomb	334°
Glace	0°	Argent	954°
Phosphore	44°,2	Or	1035°
Potassium	62°,5	Cuivre	1054°
Soufre	114°,5	Platine	1775°
Étain	228°	Iridium	1950°

Pour les corps qui passent par l'état pâteux, le point de fusion ne peut pas être déterminé avec précision. Ainsi le verre fond vers 500°; le fer fond vers 1 600°.

2ᵉ LOI. — *Dès que la fusion est commencée, la température de la masse en fusion reste invariable, jusqu'à ce que la fusion soit complète.* Ces deux lois peuvent se vérifier très facilement : il suffit de plonger un thermomètre dans de la glace qui entre en fusion, on constate que le niveau du liquide dans la tige est toujours le même chaque fois que la fusion commence et que ce niveau reste constant tant que la fusion n'est pas complètement achevée (point 0° du thermomètre). Les mêmes faits s'observent dans la fusion d'un corps quelconque ; toutefois il convient en faisant cette vérification de faire écouler le liquide provenant du corps en fusion au fur et à mesure de sa production.

La connaissance du point de fusion des corps est très utile, car il constitue un caractère spécifique du corps et permet d'en reconnaître la pureté, la présence de matières étrangères, même en petite quantité, pouvant faire varier de plusieurs degrés la température de fusion.

191. Chaleur de fusion. — Il résulte de la seconde loi de la fusion que la chaleur cédée par la source à la masse en fusion n'est plus sensible au thermomètre ; elle est entièrement dépensée pour accomplir le travail moléculaire correspondant au changement d'état : cette quantité de chaleur transformée en travail porte le nom de **chaleur de fusion** ; elle varie, sous le même poids, d'une espèce chimique à une autre[1].

192. Changement de volume pendant la fusion. — En général, la fusion d'un corps est accompagnée d'une augmentation de volume ; le liquide obtenu est par conséquent moins dense que le corps solide ; aussi, pendant la fusion du soufre, voit-on les fragments de soufre solide rester au fond du vase ; il en serait de même pour la cire, le plomb, etc.

Certains corps solides font exception à cette règle ; ce sont la glace, la fonte de fer, le bismuth, l'argent, l'antimoine et l'acide sulfurique de formule $SO^4H^2,2H^2O$. Pendant la fusion de ces corps, les fragments encore solides flottent à la surface du liquide ; on en a un exemple frappant dans la glace qui flotte à la surface de l'eau.

---

1. Voir plus loin : *Calorimétrie.*

193. Influence de la pression. — La pression exerce une certaine influence sur le point de fusion des corps solides ; pour les uns, le point de fusion s'élève quand la pression augmente ; pour les autres il s'abaisse.

Pour les corps qui augmentent de volume en fondant, la pression extérieure est un obstacle à la manifestation du phénomène, et nécessite une élévation de la température : ainsi le *blanc de baleine*, qui fond à 47°,8 sous la pression atmosphérique, fond à 48°,3 à 29 atmosphères et à 50°,0 à 156 atmosphères.

Pour les corps qui diminuent de volume en fondant, la pression extérieure favorise la fusion et doit amener un abaissement du point de fusion. Ainsi, sous la pression de 8 atmosphères, la glace fond à — 0°,05 ; sous la pression de 17 atmosphères, elle fond à — 0°,13.

194. Regel de la glace. — Quand on presse fortement deux morceaux de glace l'un contre l'autre, il se soudent l'un à l'autre : ce phénomène porte le nom de **regel.**

La pression, qui se transmet aux points de contact des deux morceaux, y détermine un commencement de fusion ; l'eau produite arrive dans les interstices vides où il n'y a pas de pression, et s'y congèle de nouveau, réunissant ainsi les deux morceaux par une surface plus large, et ainsi de suite. Tyndall[1] a donné à cette expérience une forme élégante :

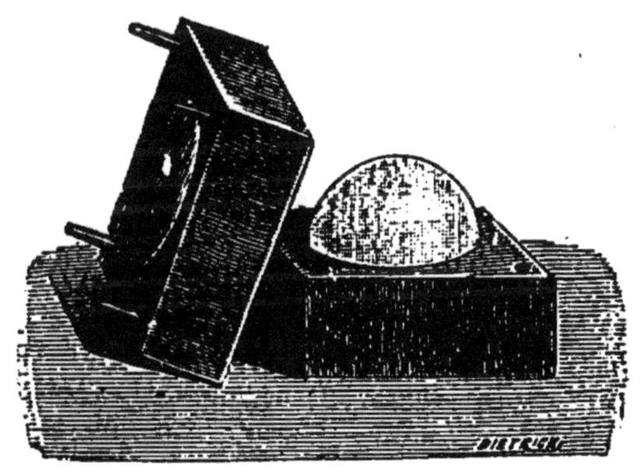

Fig. 151. — **Plasticité de la glace.** — La glace en fragments, comprimée entre deux blocs de buis creusés en forme de demi-lentilles, se soude à elle-même.

dans deux blocs de bois dur, de buis par exemple (*fig.* 151), on creuse deux cavités en forme de demi-lentille. On entasse entre ces blocs des morceaux de glace, et on met le tout dans une forte presse. Sous l'influence de la pression, tous les morceaux se soudent, et on retire bientôt

[1]. **Tyndall (John),** physicien irlandais, né en 1820, célèbre par ses études sur la chaleur rayonnante.

du moule en bois un bloc de glace parfaitement homogène et transparente, ayant la forme d'une lentille.

On peut encore montrer cette propriété en posant sur un bloc de glace un fil de fer auquel on suspend des poids assez lourds (*fig.* 152). La pression ainsi produite fait fondre les points de la glace sur lesquels le fil repose; il pénètre donc peu à peu dans l'intérieur du morceau, mais en même temps l'eau provenant de la fusion passe au-dessus du fil, et, étant alors soustraite à la pression, se congèle de nouveau. La section que détermine le fil se referme ainsi derrière lui à mesure qu'il descend, et le fil traverse tout le bloc de glace sans cependant le séparer en deux morceaux.

Cette propriété de regel fait que la glace soumise à une pression un peu forte se moule exactement sur le vase qui la contient; elle se comporte donc en apparence comme un corps mou, ce qui explique en particulier la formation et

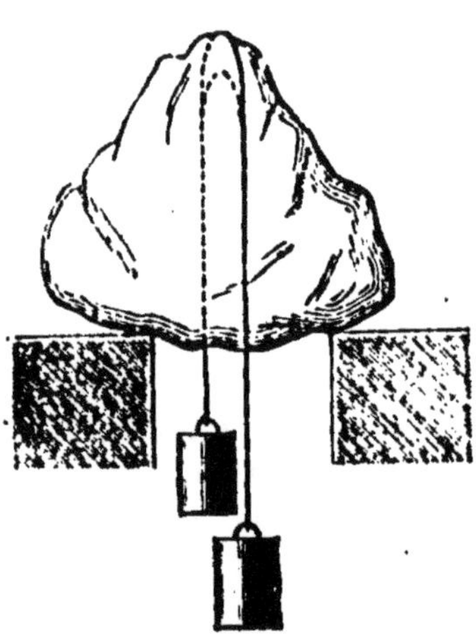

Fig. 152. — Expérience de Thomson. — Le fil de fer pénètre peu à peu dans l'intérieur du morceau de glace et celle-ci se soude au-dessus de lui.

les mouvements des glaciers. La neige qui tombe sur le sommet des montagnes s'agglomère bientôt sous la pression des couches supérieures, et finit, grâce au regel, par former une masse de glace parfaitement homogène et transparente, qui s'applique sur le fond. Les moindres obstacles brisent bientôt cette glace ; mais les morceaux se soudent de nouveau grâce au regel, de sorte que toute la masse du glacier semble descendre lentement la pente de la montagne, en s'élargissant ou se rétrécissant suivant l'ouverture du lit qui la renferme, comme le ferait un corps pâteux. Le regel donne ainsi à la glace toutes les apparences d'un corps mou et plastique, bien que ce soit en réalité une substance très dure et très cassante.

SOLIDIFICATION.

195. La solidification *est le passage d'un liquide à l'état solide par refroidissement.* Elle est soumise à deux lois qui sont les réciproques de celles de la fusion :

1re LOI. — *Pour chaque espèce chimique, la solidification se produit à une température déterminée, qui est celle de la fusion.*

2e LOI. — *Pendant toute la durée de la solidification, la température de la masse qui se solidifie reste invariable.* — En effet, le travail moléculaire correspondant à la solidification se transforme en chaleur ; le liquide restitue la *chaleur de fusion* qui maintient constante la température de la masse malgré le refroidissement.

196. Changement de volume pendant la solidification. — Généralement, quand un liquide se solidifie, il y a *contraction de volume ;* le solide formé est *plus dense* que le liquide. La fonte de fer, l'eau, le bismuth, etc., font exception ; ces corps augmentent de volume en se solidifiant. On utilise cette propriété de la fonte de fer pour le moulage des objets en fonte.

197. Propriétés de la glace. — L'eau en se congelant augmente de volume ; la densité de la glace est égale à 0,930. L'accroissement de volume pris par l'eau en se congelant produit des effets mécaniques très puissants. Tout le monde a été témoin de la rupture des vases à col étroit renfermant de l'eau, lorsque cette eau se congèle pendant l'hiver. Les premiers fragments de glace formée montent à la surface du liquide dans la partie étroite du vase ; ils forment bouchon en se soudant entre eux ; le reste du liquide se congèle, augmente de volume et par son expansion détermine la rupture du vase. On peut montrer dans les cours les effets mécaniques de l'expansion de la glace en remplissant d'eau un petit ballon ; on le bouche avec un bouchon de liège ficelé autour du goulot et on plonge le ballon dans un mélange réfrigérant de glace pilée et de sel marin. L'eau du ballon se congèle et détermine la rupture du récipient. Le même phénomène se produit dans la nature pendant l'hiver et amène la rupture des vaisseaux des végétaux par congélation de la sève. Les pierres *gélives* se délitent au moment des gelées. Ce sont des calcaires poreux qui ont absorbé l'eau de pluie ; par la gelée cette eau se solidifie et produit la rupture de la pierre. On peut évaluer à 1 000 atmosphères la force expansive de la glace.

Tyndall a montré que la glace est formée par une multitude de cristaux symétriquement distribués comme ils le sont dans les flocons de neige; au centre de chacun de ces cristaux se trouve un petit *espace vide* autour duquel rayonnent, comme les pétales d'une corolle, les fragments de glace cristallisée. M. Tyndall a donné le nom de *fleurs de la glace* aux arborescences ainsi obtenues (*fig.* 153). L'existence

Fig. 153. — Fleurs de la glace.

de ces vides explique pourquoi la glace diminue de volume en passant à l'état d'eau liquide.

198. Surfusion. — Les lois de la solidification peuvent présenter certaines exceptions dont l'une, appelée **surfusion**, est l'abaissement de la température de solidification d'un liquide au-dessous de son point normal de solidification, lorsqu'il ne reste dans le liquide aucune parcelle solide de la substance. Ce phénomène a d'abord été observé pour l'eau. L'eau, à l'abri de toute agitation, dans un milieu où ne flotte aucun cristal de glace, peut descendre jusqu'à 20° sans se congeler. M. Dupoty a montré qu'il en est de même lorsque l'eau est contenue dans des *tubes capillaires;* on peut s'expliquer ainsi la résistance opposée à l'action du froid par la sève contenue dans les vaisseaux des végétaux.

Le phosphore, qui fond à 44°,2, se prête parfaitement aux

expériences de surfusion. Le phosphore liquide peut être amené à l'état liquide à la température de 23° sans se solidifier. M. **Gernez**, réalise l'expérience de la manière suivante :

« Dans un grand ballon de plusieurs litres de capacité (*fig.* 154), rempli d'eau distillée et qui sert de bain-marie, on introduit deux longs tubes, fermés à un bout et retenus au col du ballon par un bouchon, qui laisse passer aussi la tige d'un thermomètre, dont le réservoir descend entre les deux tubes. Chacun de ces tubes contient une colonne de phosphore sous une couche d'eau, de 2 à 3 centimètres, et une longue tige métallique retenue par un bouchon dans l'axe du tube.

« On chauffe l'eau du ballon à 45 degrés, et l'on y introduit les deux tubes contenant le phosphore que l'on a fondu au bain-marie. L'appareil abandonné à lui-même se refroidit. Le phosphore reste liquide au-dessous de 44°,2, sa température de fusion, et l'expérience est prête pour plusieurs heures, à cause de la lenteur du refroidissement de la masse d'eau employée. La température peut descendre à 30 degrés, sans que le phosphore se solidifie ; on peut même le maintenir liquide des semaines entières, pourvu que la température ne descende pas au-

Fig. 154. — Surfusion du phosphore. — Le phosphore liquide peut être amené jusqu'à la température de 23° sans se solidifier.

dessous de 10 degrés et que l'on ait mis dans la couche d'eau une petite quantité de potasse ou quelques gouttes d'acide azotique.

« Dans ces conditions, vient-on à enfoncer la tige métallique de l'un des tubes dans le phosphore sans toucher les parois, on ne produit aucun effet ; on enlève la tige métallique et l'on touche de son extrémité un morceau de phosphore blanc solide, pour en détacher une parcelle infiniment petite, puis on l'amène au contact du phosphore surfondu et la solidification a lieu avant que la tige ait pénétré à une profondeur sensible, dans le liquide. »

(Gernez, *Comptes rendus.*)

Le **soufre** fondu peut aussi être amené au-dessous de son point normal de solidification sans prendre l'état solide.

199. Solidification d'un liquide surfondu. — Quand un liquide est surfondu, il suffit, d'une action mécanique, d'une agitation ou d'un choc pour en déterminer la solidification instantanée, partielle ou complète ; mais le meilleur procédé consiste à y projeter un petit fragment du corps solide dans lequel le liquide peut se transformer ; la solidification s'effectue de proche en proche en proportion d'autant plus grande que l'abaissement de température était plus grand. En outre, *si la solidification n'est pas complète*, la température de la masse remonte jusqu'au point de fusion du corps.

Il importe de remarquer que la solidification d'un liquide surfondu ne peut être amenée que par l'introduction d'un corps solide présentant la même structure moléculaire que celle que prend le solide qui peut se former.

Ainsi, le phosphore surfondu se solidifie par l'introduction d'un fragment de phosphore ordinaire dans sa masse, tandis qu'un fragment de *phosphore rouge* ne détermine pas la solidification.

Le soufre surfondu maintenu au-dessus de 100° ne se solidifie pas par l'introduction d'un cristal de soufre octaédrique, tandis que, si le cristal est prismatique, la solidification est immédiate. Or, au-dessus de 100°, la forme prismatique est la forme d'équilibre moléculaire du soufre.

DISSOLUTION DES CORPS SOLIDES DANS LES LIQUIDES.

200. L'expérience journalière nous montre que le sucre mis en présence de l'eau passe à l'état liquide, qu'il en est de même pour le sel marin, le salpêtre, etc.; on donne à ce mode particulier de fusion le nom de **dissolution**.

L'eau n'est pas le seul dissolvant employé ; l'iode se dissout dans l'alcool; le phosphore et le soufre se dissolvent dans le sulfure de carbone, etc. La dissolution n'est qu'un cas particulier de la fusion ; le corps solide absorbe de la chaleur qu'il emprunte au dissolvant ; en outre, le liquide provenant de la fusion du corps solide se diffuse dans le dissolvant et cette diffusion exige encore de la chaleur. On peut mettre en évidence cette absorption de chaleur en faisant dissoudre de l'azotate d'ammoniaque dans son poids d'eau; en plongeant un thermomètre dans la masse, on constate que la température du liquide s'abaisse de 26 degrés environ. Les deux lois de la fusion ne sont plus identiquement applicables aux phénomènes de dissolution.

1° *Il n'y a pas de température fixe de dissolution.* — Une même espèce chimique se dissout dans son dissolvant à toute température et la quantité de matière dissoute augmente généralement avec la température. Prenons pour exemple le *salpêtre;* 20° l'expérience montre que 100 grammes d'eau ne peuvent dissoudre plus de $32^{gr},5$ de salpêtre; si l'on ajoute une nouvelle quantité de salpêtre, elle reste à l'état solide; on dit alors que la liqueur est **saturée**; à 50° les 100 grammes d'eau sont saturés par 85 grammes de salpêtre, etc. Il peut arriver que certains sels soient à peu près aussi solubles à froid qu'à chaud ; le *sel marin*, par exemple, est dans ce cas : 100 grammes d'eau sont saturés par le poids de sel marin variant de $36^{g},3$ à $38^{g},6$ entre 20° et 70°.

Pour certains sels de chaux, la solubilité décroît avec la température.

2° Quand le dissolvant n'exerce aucune action chimique sur le corps dissous, la chaleur absorbée par celui-ci est la somme de sa chaleur de fusion et de la chaleur de diffusion du liquide formé dans le dissolvant; or la chaleur de diffusion augmente avec le poids du dissolvant; ainsi, 1 gramme de salpêtre absorbe, pour se dissoudre à la même température dans 5 grammes d'eau et dans 20 grammes d'eau, des quantités de chaleur qui sont entre elles comme 40 est à 69.

201. Cristallisation par voie de dissolution. — Prenons une dissolution saturée de *salpêtre* à 50°; elle contient 85 0/0 de salpêtre; abandonnons cette dissolution à elle-même ; elle va se refroidir jusqu'à la température ambiante, 20° par exemple; alors elle ne peut plus contenir que 32,5 0/0 de salpêtre; par conséquent, il devra se déposer à l'état solide sous forme de cristaux un poids de sel représenté par 52,5 0/0 : c'est l'un des procédés généralement employés en chimie pour faire cristalliser les sels.

202. Sursaturation. — A 33°, 100 grammes d'eau dissolvent 312 grammes de sulfate de soude cristallisé,

$$SO^4Na^2 + 10 H^2O.$$

Faisons alors une dissolution saturée à chaud de sulfate de

soude, plaçons-la dans une fiole (*fig.* 155), et portons-la à l'ébullition pendant quelques instants pour qu'il ne puisse pas rester de cristaux adhérents aux parties supérieures de

Fio. 155.— Solution sursaturée de sulfate de soude.

la fiole, puis recouvrons-la avec un peu de papier humide. Le liquide peut alors être refroidi sans qu'il y ait cristallisation ; mais, si l'on vient à introduire, à l'aide d'une baguette de verre (*fig.* 156), une parcelle cristalline de sulfate de soude dans la liqueur, on voit la cristallisation se produire et se propager rapidement du cristal introduit jusqu'aux parois du vase. En outre, on constate un dégagement sensible de chaleur.

Ce phénomène porte le nom de **sursaturation**; il est analogue aux phénomènes de **surfusion**. M. *Gernez* a montré que la substance qui fait cesser la sursaturation doit être *isomorphe* avec celle qui existe dans la dissolution. Aussi, le sulfate anhydre de soude SO^4Na^2 ne fait pas cesser la sursaturation du sulfate ordinaire $SO^4Na^2 + 10\,H^2O$.

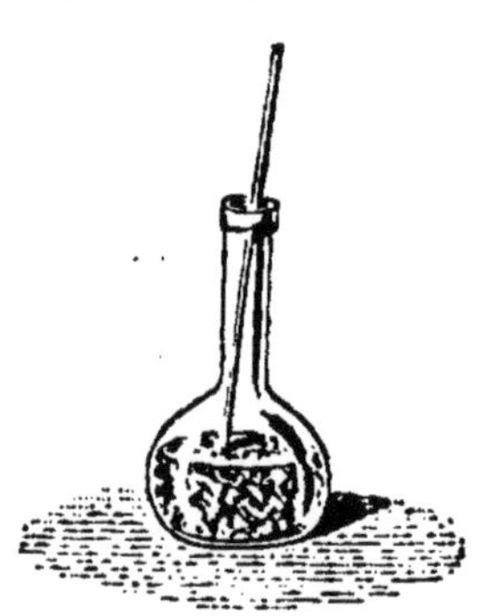

Fio. 156. — **Cristallisation de la solution sursaturée** par l'introduction d'un cristal de sulfate de soude.

Les expériences de sursaturation réussissent très bien avec l'*acétate de soude*, l'*azotate de chaux*, l'*alun*, le *chlorate de soude*, etc. Quelquefois un liquide sursaturé cristallise spontanément à l'air; cela tient à ce que l'atmosphère renferme des particules du sel dissous dans la liqueur; le phénomène se produit souvent avec le sulfate de soude.

203. Mélanges réfrigérants. — On a utilisé l'absorption de chaleur qui accompagne la fusion et la dissolution pour produire des froids très intenses à l'aide de certains mélanges nommés **mélanges réfrigérants**. Mettons par exemple en contact de la glace pilée et du sel marin: pour que le sel puisse se dissoudre, il faut d'abord que la glace passe à l'état liquide; pour cela elle aura besoin d'une certaine quantité de chaleur qu'elle empruntera au mélange, si aucune source extérieure ne la lui fournit. En outre, le sel marin en se dissolvant dans l'eau formée absorbera aussi de la chaleur; ces deux phénomènes détermineront un abaissement de température du mélange et des corps qui en seront voisins. L'abaissement de température sera limité par la congélation du liquide résultant de la dissolution du sel marin dans l'eau.

Or, l'expérience montre que, si l'on refroidit graduellement une dissolution saturée de sel marin dans l'eau, on voit se former au sein du liquide à la fois des cristaux de glace et des cristaux de sel marin, quand la température du liquide est descendue à — 21° environ. Par conséquent, la température d'un mélange réfrigérant de glace et de sel marin ne peut jamais s'abaisser au-dessous de — 21°; on peut encore obtenir d'autres mélanges réfrigérants formés de glace et de sels divers; pour chacun d'eux, il existe une limite inférieure d'abaissement de température qui est le point de congélation de la solution saturée de ce sel dans l'eau.

Les mélanges réfrigérants les plus employés sont les suivants :

Glace et sel marin, limite inférieure............... — 21°
Neige et chlorure de calcium, limite inférieure...... — 50° environ
Glace et sulfocyanure de potassium, limite inférieure. — 35°,2
Glace et sel ammoniac... .... — 15°,3
Glace et salpêtre.............................. — 20°,3

On peut aussi fabriquer des mélanges réfrigérants fondés sur l'absorption de chaleur qui accompagne la dissolution. Ainsi, si l'on dissout de l'azotate d'ammoniaque dans un poids d'eau égal au sien, on obtient un abaissement de température de 26 degrés. On emploie fréquemment un mélange de 3 parties de sulfate de soude et de 2 parties d'acide chlorhydrique du commerce ; dans ce cas on utilise exclusivement le froid qui accompagne la dissolution du sel dans l'acide.

204. Usages des mélanges réfrigérants. — On les emploie pour refroidir les corps; à cet effet, on plonge ceux-ci au sein du mélange réfrigérant; pour les liquides, on les introduit dans un récipient cylindrique en métal et on plonge celui-ci dans le mélange réfrigérant. Le récipient et son contenu cèdent au mélange réfrigérant la chaleur nécessaire au changement d'état des corps qui le constituent; leur température s'abaisse jusqu'à la limite inférieure correspondant au mélange employé ; si celle-ci est inférieure au point de congélation du liquide, celui-ci se solidifie ; c'est ainsi que l'on fabrique les glaces, les sorbets et les entremets glacés.

CHAPITRE VI

PROPRIÉTÉS GÉNÉRALES DES VAPEURS

Sommaire. — 1. Les vapeurs se forment instantanément dans le vide.

2. Une vapeur est dite *saturante*, quand elle se trouve en présence d'un excès du liquide qui lui a donné naissance ; elle est *non saturante* quand il n'y a pas excès de liquide.

3. Les vapeurs saturantes possèdent, à une même température, une tension constante, qui est indépendante du volume occupé par la vapeur, et que l'on appelle tension *maxima*.

Les vapeurs non saturantes suivent la loi de Mariotte.

4. La tension maxima d'une vapeur saturante croît à mesure que la température s'élève.

5. Quand un liquide bout, la tension maxima de la vapeur formée est égale à la pression que supporte la surface libre du liquide.

6. Le principe de la *paroi froide*, ou principe de Watt, se formule ainsi : Quand une vapeur saturante se trouve dans un espace dont les parois sont à des températures différentes, la tension est partout la même, et égale à la tension maxima qui correspond à la température du point le plus froid.

7. La vaporisation des liquides dans les gaz se fait lentement. Toute vapeur saturante en contact avec un gaz possède la même force élastique maxima que dans le vide, à la même température.

Quand plusieurs vapeurs saturantes sont mélangées, chacune d'elles se comporte comme si elle était seule.

8. La densité d'une vapeur est le rapport entre les poids de volumes égaux de vapeur et d'air dans les mêmes circonstances de température et de pression.

205. Vaporisation et liquéfaction. — On donne le nom général de **vaporisation** *au passage d'un corps de l'état liquide à l'état gazeux*. Inversement, on appelle **liquéfaction** *le passage d'un gaz à l'état liquide*.

L'expérience journalière nous montre que, si l'on abandonne de l'eau, de l'alcool ou de l'éther à l'air libre dans un récipient, leur volume diminue peu à peu ; on dit alors que le liquide *s'est évaporé* en partie ; en effet, une portion du liquide a passé à l'état gazeux, et on donne le nom de *vapeur* au gaz qui a pris naissance dans ces conditions. De même, si l'on élève progressivement la température de l'eau, il arrive un moment où l'on voit des bulles de *vapeur d'eau* se former au sein du liquide et venir crever à la surface : l'eau est alors en *ébullition*. Inversement, dans le serpentin d'un alambic, la vapeur d'eau *se liquéfie* en se refroidissant.

Avant d'aborder l'étude de ces différents phénomènes, il est nécessaire de connaître d'abord les propriétés générales des vapeurs.

206. Formation des vapeurs dans le vide. — Étudions d'abord le cas où la vapeur se forme dans le vide ; à cet effet, prenons un tube barométrique bien desséché B ; remplissons-le de mercure bien sec et renversons-le sur une cuve à mercure (*fig.* 157) à large surface ; la hauteur de la

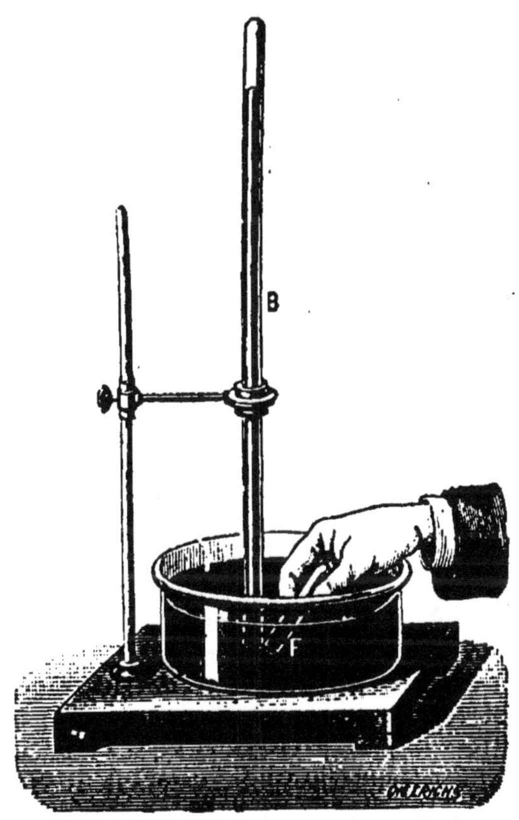

Fig. 157. — B, tube barométrique ; F, éprouvette pour faire passer l'alcool dans la chambre-barométrique.

colonne de mercure soulevée est égale à la hauteur barométrique au moment de l'expérience. A l'aide d'une petite éprouvette F renfermant de l'alcool, par exemple, introduisons sous le tube barométrique quelques gouttes d'alcool ; le liquide, moins dense que le mercure, montera dans la chambre barométrique et disparaîtra instantanément ; en même temps, la colonne de mercure se déprimera d'une certaine quantité et se maintiendra à une certaine hauteur.

La vapeur d'alcool formée possède alors une force élastique évidemment égale à la différence entre les hauteurs du mercure dans ce *baromètre à vapeur* et dans un baromètre ordinaire.

Faisons passer de nouveau quelques gouttes d'alcool dans la chambre barométrique : la colonne de mercure se déprimera de nouveau et ainsi de suite à chaque nouvelle introduction de liquide. Cependant, la vaporisation n'est pas indéfinie; il arrive un moment où l'alcool introduit ne se vaporise plus; il forme au-dessus du mercure une petite couche de liquide et la hauteur de la colonne de mercure soulevée devient **invariable**. Il est évident qu'alors la chambre barométrique renferme la *quantité maxima* de vapeur qu'elle puisse contenir dans les conditions de l'expérience : on dit que la chambre barométrique est *saturée* de vapeur et que la vapeur qu'elle renferme est **saturante**. De plus, dans ces conditions, la colonne de mercure a subi la dépression la plus grande qu'elle puisse supporter à la température de l'expérience; donc, quand la vapeur est *saturante*, elle possède la *force élastique limite* ou *la tension maxima* que puisse posséder la vapeur d'alcool à la température de l'expérience.

Ces deux expériences montrent que l'on doit considérer deux catégories de vapeurs : 1° les vapeurs dont la force élastique est *inférieure* à la force élastique maxima correspondant aux conditions de l'expérience et dites **vapeurs non saturantes**; 2° les vapeurs dont la force élastique est *égale* à la force élastique maxima correspondant aux conditions de l'expérience et appelées **vapeurs saturantes**. Les *vapeurs non saturantes* peuvent être considérées comme des gaz et on peut leur appliquer la loi de Mariotte et de Gay-Lussac dans tous les problèmes. Les *vapeurs saturantes* au contraire possèdent des propriétés spéciales que nous allons étudier.

207. Vapeurs saturantes. — *1° A une même température, la tension maxima d'une vapeur en contact avec un excès du liquide générateur est indépendante du volume occupé par la vapeur.*

Sur une cuve profonde MN (*fig.* 158) pleine de mercure, on dispose deux tubes barométriques, dont le premier reste toujours en place, et ne sert qu'à indiquer la valeur de la pression atmosphérique. Dans le second, on introduit un liquide, de l'éther par exemple, en quantité suffisante pour que sa vaporisation ne soit pas complète. Comme nous l'avons dit plus haut, le niveau du mercure baisse dans ce tube, et la différence avec le niveau dans le baromètre sec mesure la force élastique de la vapeur qui a pris naissance.

Si l'on enfonce le tube à éther dans la cuve profonde, de manière à diminuer l'espace que remplit la vapeur, le niveau du mercure ne baisse pas, comme cela se produirait avec un gaz ordinaire, de l'air par exemple : il reste invariable ; la force élastique de la vapeur est donc constante. En regardant le tube plus attentivement, on constate seulement que le volume de la partie liquide augmente légèrement. Plus on enfonce le tube, plus le volume de la vapeur diminue sans que pour cela sa force élastique varie, et l'on peut arriver ainsi à ramener toute la vapeur à l'état liquide. L'effet de la compression est donc seulement de faire passer une partie de la vapeur à l'état liquide, sans augmenter la force élastique ; il y a donc bien une force élastique maxima.

Supposons qu'au contraire on soulève le tube à éther de manière à augmenter l'espace que peut occuper la vapeur. Le niveau du mercure reste encore invariable. On remarque seulement que le liquide en excès diminue peu à peu ; il se transforme en vapeur à mesure qu'on soulève le tube. Mais tant que la vapeur reste en présence d'un excès du liquide, sa force élastique est constante.

Si le tube barométrique est suffisamment long, on pourra le soulever assez pour déterminer la vaporisation de tout le liquide. Si on continue de soulever le tube à partir de ce moment, le phénomène change immédiatement ; la force élastique de la vapeur va en diminuant, aussi voit-on le niveau du mercure monter. En mesurant pour différentes positions le volume occupé par la vapeur, et la différence de niveau du mercure dans le tube à vapeur et dans le tube barométrique fixe, différence qui représente la force élastique de la vapeur, on constate que leur produit est constant ; la vapeur suit donc à cet instant la loi de Mariotte.

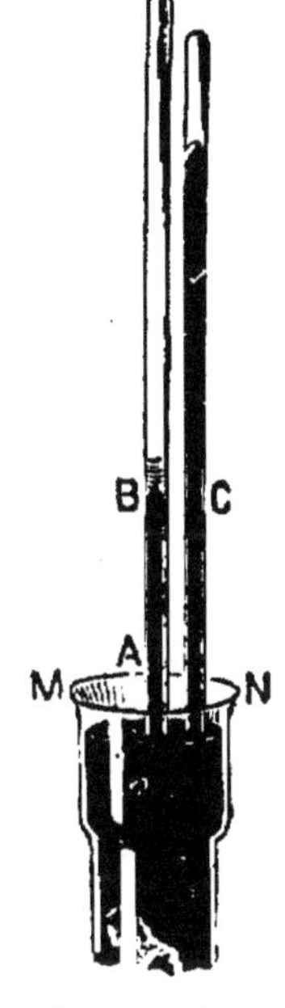

Fig. 16. — MN, cuvette profonde à mercure ; AB, baromètre à vapeur d'éther ; C, baromètre ordinaire. — La différence de niveau du mercure dans les tubes B et C est constante, quelle que soit la capacité de la chambre barométrique.

En résumé, *une vapeur saturante en contact avec un excès de liquide générateur possède une force élastique indépendante de son volume.*

2° *A la même température, la force élastique maxima d'une vapeur varie avec la nature du liquide générateur.* — Prenons 4 tubes barométriques (*fig.* 159) reposant sur une cuve à mercure; laissons le premier A comme témoin; introduisons dans la chambre barométrique de B un excès d'*eau*, dans celle de C un excès d'*alcool*, et dans celle de D un excès d'*éther;* nous constaterons que la différence de niveau du mercure dans le tube A et dans chacun des tubes B, C et D n'est pas la même: donc la tension maxima de la vapeur formée dépend de la nature du liquide.

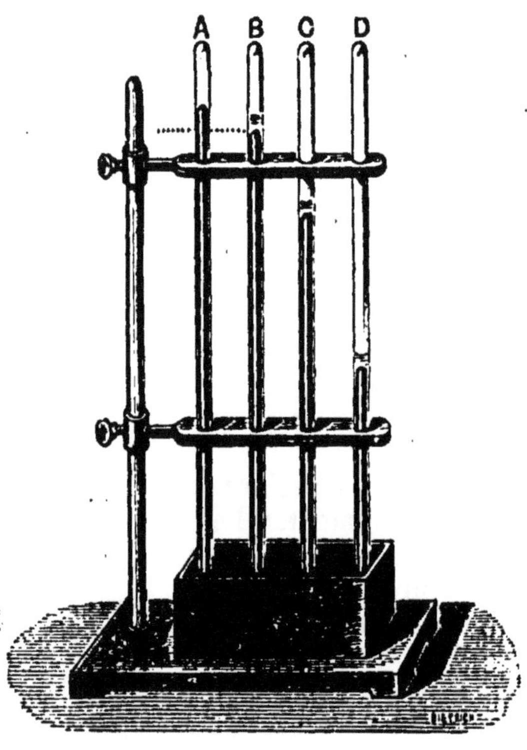

Fig. 159.

Par exemple, pour le baromètre à vapeur d'eau, la dépression sera égale à $17^{mm},4$; elle sera égale à 45 millimètres pour le baromètre à vapeur d'alcool, et égale à 443 millimètres pour le baromètre à vapeur d'éther. On dit alors que l'éther est plus *volatil* que l'alcool et que celui-ci est plus *volatil* que l'eau.

3° *La tension maxima d'une vapeur saturante en contact avec un excès du liquide générateur croît à mesure que la température s'élève.* — Pour le démontrer, il suffit de promener une lampe à alcool tout le long du tube barométrique contenant la vapeur saturante; on voit le niveau du mercure se déprimer très rapidement; donc la tension maxima de la vapeur saturante croît quand la température s'élève.

4° *Quand un liquide bout, la tension maxima de la vapeur formée est égale à la pression que supporte la surface libre du liquide.* — Pour le démontrer, on prend un tube ABC, recourbé en siphon dont la petite branche est fermée (*fig.* 160) ; on met du mercure dans ce tube de manière que la branche fermée en soit remplie et que, dans la branche ouverte, le niveau du mercure soit inférieur à celui du sommet C de la branche fermée ; on fait ensuite passer dans la branche fermée un peu d'eau privée d'air par une ébullition préalable et on suspend l'appareil dans un ballon de verre, contenant de l'eau que l'on porte à l'ébullition. On voit la vapeur déprimer le mercure dans la branche fermée ; et, quand la température est devenue uniforme, les niveaux du mercure arrivent à la même hauteur.

Donc, la vapeur formée dans la branche fermée a une force élastique égale à la pression atmosphérique extérieure. On établira la généralité de ce principe par l'étude du phénomène de l'ébullition.

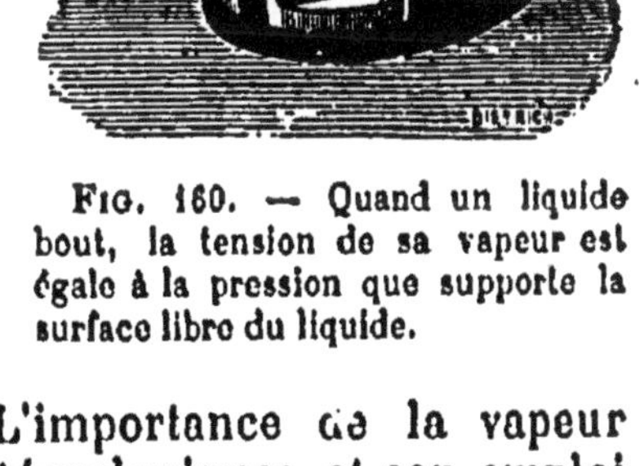

Fig. 160. — Quand un liquide bout, la tension de sa vapeur est égale à la pression que supporte la surface libre du liquide.

208. Tension maxima de la vapeur d'eau. — L'importance de la vapeur d'eau dans les phénomènes météorologiques et son emploi comme force motrice ont nécessité la détermination précise des tensions maxima de cette vapeur aux différentes températures.

1° Expérience de Dalton entre 0° et 100°. — Dalton[1] mesure la différence de hauteur du mercure dans un baromètre ordinaire et dans un baromètre à vapeur d'eau. L'appareil de Dalton est représenté dans la figure 161. Il se

1. Dalton, physicien et chimiste anglais, 1766-1844, auteur de nombreuses études sur les gaz et les vapeurs qui ont donné naissance à la théorie atomique.

composé de deux baromètres, l'un ordinaire T, l'autre T'
contenant dans la chambre barométrique une petite couche
d'eau suffisante pour que la vapeur formée soit saturante à
toute température.

Les deux tubes reposent sur une même cuve en fonte
renfermant du mercure M. On entoure les deux tubes d'un manchon de verre contenant de l'eau que l'on introduit, suivant les cas, à différentes températures. On agite la masse d'eau du manchon pour que sa température soit uniforme et on attend qu'en se refroidissant elle descende à la température voulue. On mesure alors la différence verticale du niveau du mercure dans les deux baromètres ; on ramène à 0° la hauteur observée, on mesure avec le thermomètre la température du bain liquide et on dresse le tableau des expériences.

La méthode de Dalton ne donne pas de résultats très exacts : il est difficile de bien faire les lectures au travers d'un manchon de verre cylindrique ; de plus, quand on agite l'eau, le mouvement se transmet au mercure des baromètres ; il faut donc cesser d'agiter un peu avant de faire la

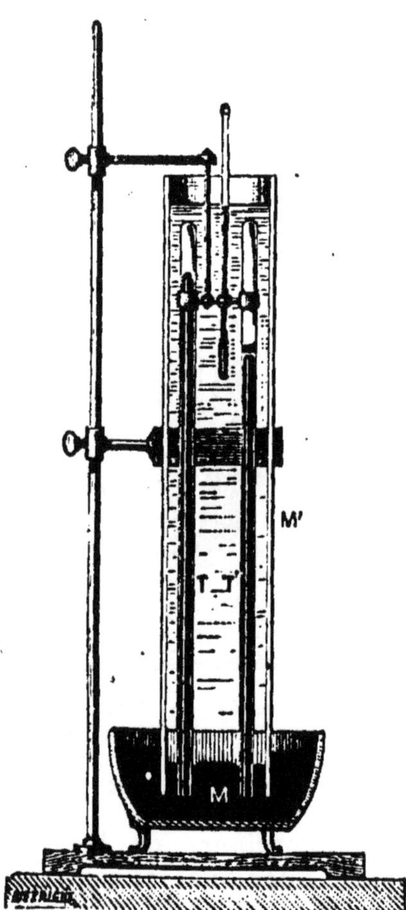

Fig. 161. — Appareil de Dalton. — La force élastique maxima de la vapeur d'eau est mesurée par la différence des hauteurs du mercure dans les baromètres T et T'.

lecture des niveaux et on n'est plus certain alors que la
température reste la même dans tout le manchon.

2° Expériences de M. Regnault. — M. Regnault a modifié
l'appareil de Dalton et a déterminé exactement la tension
maxima de la vapeur d'eau entre 0° et 60°. Par une méthode
spéciale fondée sur les lois de l'ébullition, M. Regnault a

déterminé exactement la tension maxima de la vapeur d'eau entre 60° et 230°. Il a trouvé qu'il n'existe pas de relation simple entre la température de la vapeur d'eau et sa force élastique maxima ; il faut construire des tables dans lesquelles on inscrit en regard les valeurs numériques correspondantes de ces deux quantités.

1ʳᵉ méthode. — Dans l'appareil qui a été employé par Regnault, les deux baromètres sont libres dans une partie de leur hauteur et leur extrémité supérieure seulement pénètre dans le fond d'une caisse pleine d'eau (*fig.* 162) dont la face antérieure est munie d'une glace plane. L'eau de la caisse est chauffée au moyen de lampes à alcool, et comme la cuvette des baromètres est complètement indépendante du reste de l'appareil, les colonnes de mercure ne participent pas sensiblement à l'agitation que l'on imprime à l'eau. La différence des deux baromètres se mesure de l'extérieur, au moyen d'un cathétomètre, et au travers de la glace plane ; on n'a plus alors à redouter les mêmes erreurs que dans l'appareil de Dalton ; en même temps, le procédé de mesure est beaucoup plus précis.

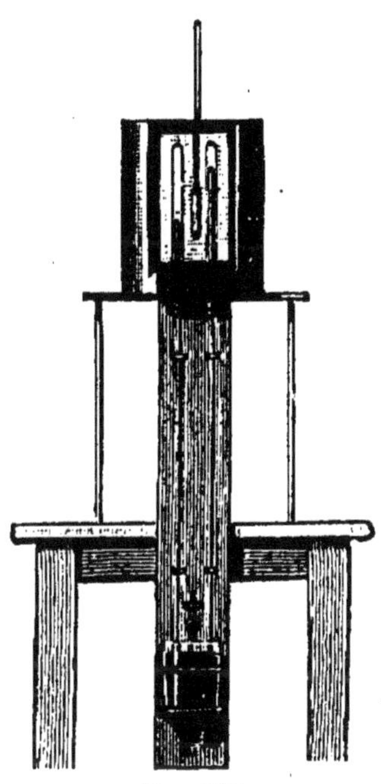

Fig. 162.

Dans cette méthode, comme dans celle de Dalton, la différence de hauteur h qui mesure la force élastique de la vapeur est exprimée en colonne de mercure, à la température t de l'expérience ; il faut la ramener à la température de zéro pour rendre les observations comparables. Enfin, s'il y a de l'eau sur le mercure dans le baromètre mouillé, il faut aussi en tenir compte. La hauteur de l'eau h' correspondrait à une hauteur de mercure égale à $\dfrac{h'}{d}$, d étant la densité du mercure relativement à l'eau ; la tension maxima de la vapeur sera donc exprimée finalement par la formule :

$$\frac{h}{1 + mt} - \frac{h'}{d},$$

m représentant le coefficient de dilatation absolue du mercure.

L'appareil de Regnault ne peut guère être employé pour des températures supérieures à 60°; au-dessus de 60°, la différence de niveau du mercure dans les deux baromètres serait trop grande, les dimensions et le poids de la caisse deviendraient incommodes.

2° méthode. — *Détermination de la force élastique de la vapeur d'eau au-dessus de 60 degrés. Appareil de Regnault.* — Pour déterminer la force élastique de la vapeur d'eau à des températures supérieures à 60°, Regnault s'est appuyé sur un principe sur lequel nous reviendrons longuement par la suite, et que nous avons indiqué plus haut, à propos des expériences de Dalton, à savoir qu'un liquide se met à bouillir à la température où sa tension de vapeur devient égale à la pression extérieure. Il suffit donc de déterminer la température à laquelle un liquide entre en ébullition, et de mesurer au même moment la pression que supporte le liquide; cette pression représente exactement la force élastique cherchée.

Pour réaliser l'expérience, Regnault met de l'eau dans une chaudière de cuivre C (*fig.* 163), qui communique au moyen d'un tube incliné, constamment refroidi par un courant d'eau extérieur, avec un réservoir métallique B dans lequel on comprime ou on raréfie de l'air. Tout l'appareil est hermétiquement clos, de sorte que l'eau de la chaudière supporte exactement la pression de l'air contenu dans le réservoir. La pression est évaluée au moyen d'un manomètre à air libre. Le couvercle de la chaudière est muni de thermomètres qui indiquent la température de la chaudière. Enfin le réservoir à air plonge dans une bâche pleine d'eau froide à température constante, afin d'éviter les variations de pression de l'air comprimé.

La vapeur formée par l'ébullition dans la chaudière passe dans le tube MN, refroidi par un courant d'eau qui parcourt le manchon DE : cette vapeur se condense et retombe en eau dans la chaudière. — Or, d'après le principe précédent, lorsque l'ébullition a lieu régulièrement dans la chaudière, *la force élastique de la vapeur est égale à la pression que l'on a établie dans le ballon B.*

Il suffira d'observer la marche des thermomètres; lorsqu'ils sont devenus stationnaires, l'eau sera en ébullition; on notera alors la température moyenne *t* des thermomètres et la force élastique de l'air comprimé mesurée par le manomètre; en faisant varier la pression, on dressera la table des tensions maxima de la vapeur d'eau à toutes les températures comprises entre 60° et 250°. Pour les températures inférieures à 100°, Regnault raréfiait l'air contenu dans le réservoir B.

3° Expériences de Gay-Lussac au-dessous de 0°. — La

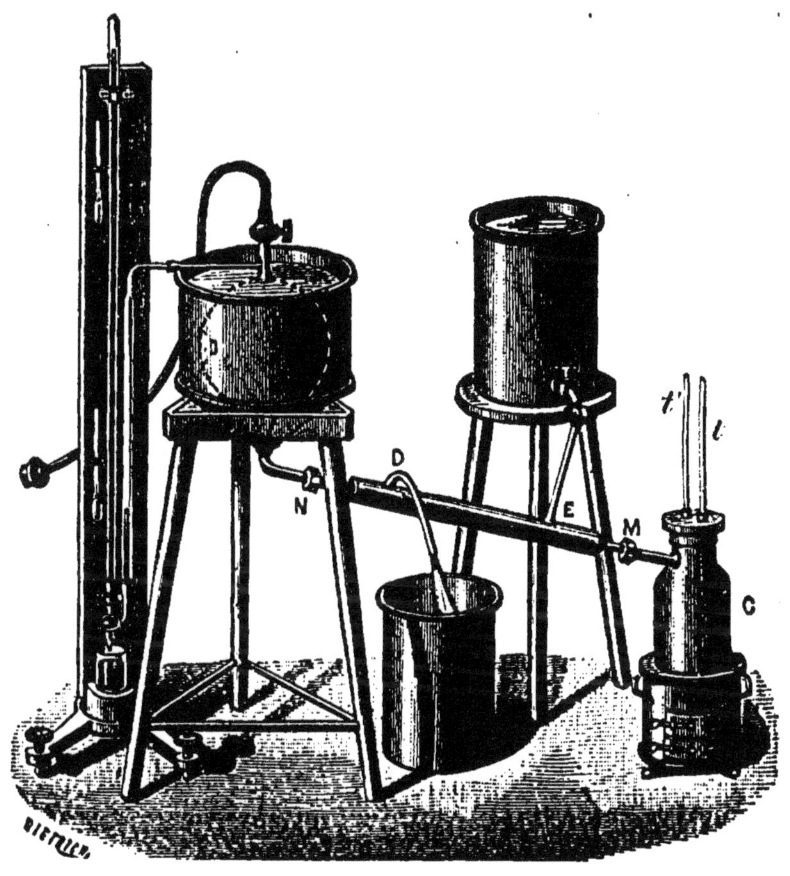

Fig. 163.

méthode de Gay-Lussac est fondée sur le *principe de Watt:*

Lorsqu'un liquide émet de la vapeur dans une enceinte dont les différentes parties n'ont pas la même température, le liquide distille peu à peu, de la région plus chaude où il est placé, vers la région plus froide dans laquelle il finit par arriver en totalité; et si la disposition de l'enceinte permet au liquide distillé de ne pas retomber dans le compartiment échauffé, la force élastique finale de la vapeur représente la tension maxima correspondant au point le plus froid de l'enceinte.

Partant de là, Gay-Lussac se servait, pour la mesure des forces élastiques de la vapeur d'eau au-dessous de 0°, d'un appareil analogue à celui de Dalton ; il faisait plonger seulement l'extrémité recourbée du baromètre à vapeur dans un mélange réfrigérant R (*fig.* 164) de température connue. Toute l'eau introduite dans la chambre barométrique de T' allait se solidifier à la partie extrême du tube dans la région la plus froide, et la tension finale de la vapeur, qu'on évaluait par la différence des niveaux en T et T', était celle qui correspondait à la température du mélange réfrigérant.

Gay-Lussac a trouvé que l'eau, même à l'état de glace, émettait des vapeurs jusqu'à — 32° ; M. Regnault a repris les expériences de Gay-Lussac, et on peut aujourd'hui dresser un tableau exact des tensions maxima de la vapeur d'eau entre — 32° et + 230°. Voici quelques nombres extraits de ce tableau :

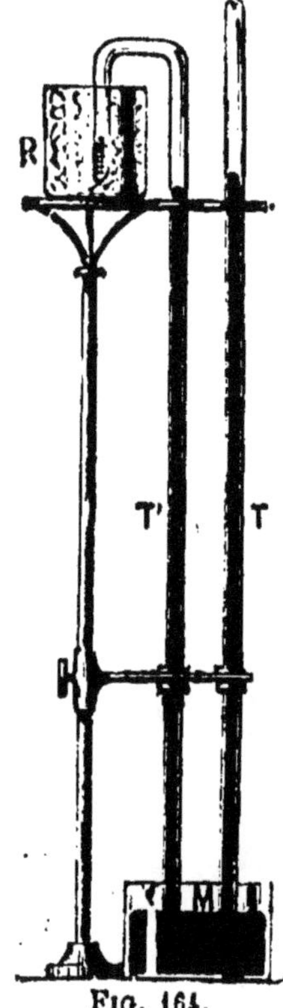

Fig. 164.

Températures.	Tension en millimètres.	Températures.	Tension en millimètres.
— 32	0,32	65	186,95
— 25	0,61	70	233,09
— 15	1,40	75	288,52
— 5	3,11	80	354,64
0	4,60	85	433,04
+ 5	6,53	90	525,45
10	9,17	95	633,78
15	12,70	100	760,00
20	17,39	121	1539,25
25	23,55	134	2285,92
30	31,55	144	3040,26
35	41,83	152	3777,74
40	54,91	159	4534,36
45	71,39	165	5274,54
50	91,98	200	11688,96
60	148,75	230	20926,40

On remarquera, à l'inspection de ce tableau, que la force élastique de la vapeur d'eau croît beaucoup plus rapidement que la température; à 100°, la tension est d'une atmosphère; à 121°, de 2 atmosphères environ; à 134°, de 3; à 144°, de 4; et à 230°, elle est de plus de 27 atmosphères.

M. Rossetti a dressé une table donnant les tensions maxima de la vapeur d'eau de dixième en dixième de degré entre 85° et 100°. Cette table permet de substituer le thermomètre au baromètre pour la mesure des différences d'altitude; on emploie à cet effet l'instrument appelé *hypsomètre*. Il se compose de plusieurs tuyaux cylindriques, s'emboîtant l'un dans l'autre, comme ceux d'une longue-vue à plusieurs tirages; le tuyau inférieur porte une petite chaudière remplie d'eau distillée, qu'on peut faire bouillir avec une lampe à alcool placée au-dessous. Le tuyau supérieur, percé de deux trous pour laisser sortir la vapeur, soutient le thermomètre qui y est fixé à l'aide d'un bouchon. Quand l'eau bout, on note l'indication stationnaire du thermomètre, et on trouve, dans la table dont nous venons de parler, la pression correspondante de l'atmosphère qu'eût donnée un baromètre placé à la même station. Cette même table servira encore à fixer avec rigueur le second point fixe d'un thermomètre qu'on veut graduer; il suffira, cette fois, de consulter le baromètre au moment même où le thermomètre plonge dans la vapeur d'eau bouillante, et la table de M. Rossetti donnera la vraie température à inscrire.

209. Tension des vapeurs des divers liquides. — En appliquant les méthodes précédentes aux divers liquides, on a pu déterminer leur tension maxima de vapeur aux différentes températures. On a trouvé ainsi que quelques liquides émettent des vapeurs à toutes les températures, comme l'eau, l'alcool, l'éther; d'autres liquides ne se vaporisent qu'à partir d'une température déterminée : ainsi les huiles fixes, l'acide sulfurique normal n'émettent pas de vapeur à la température ordinaire. La tension maxima de la vapeur de mercure aux températures ordinaires de l'atmosphère est très faible, et peut être négligée dans les observations barométriques et manométriques : en effet, entre — 40° et + 40° la tension maxima de la vapeur de mercure est inférieure à $0^{mm},12$.

DENSITÉS DES VAPEURS.

210. *On appelle* **densité** *d'une vapeur le rapport entre les poids de volumes égaux de vapeur et d'air dans les mêmes circonstances de température et de pression.*

L'expérience montre que la densité d'une vapeur varie avec les conditions de température et de pression : *la densité d'une vapeur croît au fur et à mesure qu'elle tend à devenir saturante.*

Au contraire, au fur et à mesure que la vapeur s'éloigne de son point de saturation, sa densité diminue progressivement et tend vers une certaine limite, qui est la *densité théorique* de la vapeur, assez éloignée de son point de liquéfaction pour se comporter comme un gaz parfait et pour suivre la loi de Mariotte et la loi de Gay-Lussac. Ainsi, la densité de la vapeur de soufre est égale à 9,51 à 500° sous la pression atmosphérique ; à 1 040°, elle est égale à 2,23 et presque identique à la densité théorique 2,21 déterminée par les considérations chimiques.

En résumé, les vapeurs possèdent toutes les propriétés des gaz : ce sont des gaz très rapprochés de leur point de liquéfaction ; de même, on peut dire que les gaz proprement dits sont des vapeurs très éloignées de leur point de liquéfaction : en réalité, il n'y a aucune distinction à faire entre les unes et les autres ; dans le langage courant, on donne le nom de vapeurs aux gaz produits par les corps solides ou liquides à la température ordinaire sous la pression atmosphérique ; et on appelle gaz proprement dits ceux dont la liquéfaction est difficile et que nous avons l'habitude de considérer seulement à l'état gazeux dans les conditions ordinaires.

Voici le tableau des densités théoriques des principales vapeurs :

Alcool......................	1,613
Eau......................	0,625 ou $\frac{5}{8}$
Éther......................	2,586
Iode......................	8,716
Mercure......................	6,976
Phosphore......................	4,420
Soufre......................	2,200

211. Calcul de la masse d'un volume de vapeur.
— Soit V le volume de la vapeur à une température t, et f sa tension. La formule donnée pour déterminer la masse d'un gaz s'applique aux vapeurs, il suffit de remplacer dans cette formule la pression H du gaz par la tension f de la vapeur, et la densité d par la densité de la vapeur par rapport à l'air.

Dans le cas de la vapeur d'eau, la densité étant 0,625 ou $\frac{5}{8}$, on aura :

$$M = \frac{V}{1 + \alpha t} \times \frac{f}{760} \times 0,001293 \times \frac{5}{8}$$

Pour une vapeur quelconque dont la densité est d, on aura :

$$M = \frac{V}{1 + \alpha t} \times \frac{f}{760} \times 0,001293 \times d$$

La valeur de M est exprimée en unités correspondantes aux unités de volume; dans le système C. G. S. la masse M est évaluée en grammes.

Si la vapeur est saturante, f se remplace par la tension maxima.

APPLICATIONS.

1er problème. — Une vapeur a pour volume 10 litres et pour force élastique 72 millimètres; on réduit son volume à 6 litres; quelle est sa nouvelle tension, sachant que sa force élastique maxima F à la température de l'expérience est égale à 96 millimètres?

La vapeur n'est pas saturante; donc on peut lui appliquer la loi de Mariotte; désignons par f la force élastique cherchée; on aura :

$$10 \times 72 = 6 \times f.$$

D'où : $f = 72 \times \dfrac{10}{6} = 120$ millimètres. Or, je remarque que 120 est supérieur à 96; donc la vapeur est devenue saturante sous son nouveau volume et l'excès de vapeur s'est condensé en gouttelettes liquides sur les parois du récipient.

Cet exemple a pour but de montrer aux élèves que le nombre donné par le calcul peut parfaitement ne pas convenir aux conditions physiques du problème. Dans toutes les questions de ce genre, il faut toujours comparer le résultat obtenu avec la force élastique maxima de la vapeur pour la température de l'expérience. Si l'on a : $f < F$, la valeur trouvée répond au problème; si l'on a $f = F$, la vapeur est devenue saturante, et elle est *sèche*; si l'on a $f > F$, une partie de la vapeur s'est condensée; la vapeur restée gazeuse est saturante et elle a F pour force élastique.

2° problème. — Reprenons les données précédentes et proposons-nous de calculer le poids du liquide condensé. Soit 18° la température de l'expérience et soit 2,586 la densité de la vapeur; la vapeur initiale avait pour poids, en appliquant la formule ci-dessus :

$$P = \frac{10}{1 + 18\alpha} \times \frac{72}{760} \times 1,293 \times 2,586 \text{ grammes;}$$

la vapeur restée gazeuse a pour poids :

$$p = \frac{6}{1 + 18\alpha} \times \frac{96}{760} \times 1,293 \times 2,586 \text{ grammes;}$$

la vapeur condensée a évidemment un poids P' égal $P - p$. On aura donc :

$$P' = P - p = \frac{1,293 \times 2,586}{(1 + 18\alpha) \times 760} \times [10 \times 72 - 6 \times 96] \text{ grammes.}$$

MÉLANGE DES GAZ ET DES VAPEURS.

212. Lorsqu'un liquide est placé dans un espace clos renfermant un gaz, la vaporisation n'est plus *instantanée;* elle demande un temps assez long; mais, lorsqu'elle est aussi complète que possible, la vapeur formée possède la même force élastique que celle qu'elle possède dans le vide à la même température et dans les mêmes conditions de formation.

1er cas. *La vaporisation du liquide est complète.* — Dans ce cas, la *vapeur non saturante* formée se comporte comme un gaz; les lois du mélange des gaz sont applicables au mélange du gaz et de la vapeur.

2° cas. *La vapeur est saturante.* — Le phénomène est alors soumis aux *lois de Dalton :*

1re loi. *Toute vapeur saturante en contact avec un gaz possède la même force élastique maxima que celle qu'elle posséderait dans le vide à la même température.*

2° LOI. *Quand plusieurs vapeurs saturantes sont mélangées, chacune d'elles se comporte comme si elle était seule.*

Ces lois ont été vérifiées très exactement par Gay-Lussac et par M. Regnault.

243. Appareil de Gay-Lussac. — Il se compose d'un gros tube de verre A (*fig.* 165) communiquant à sa partie inférieure avec un tube plus étroit B, servant de manomètre à air libre; la garniture inférieure en fonte porte un robinet R; à sa partie supérieure, le tube A est mastiqué dans une garniture en fonte portant un robinet R', et sur laquelle peuvent être vissés divers appareils. On commence par faire passer dans l'appareil un courant d'air chaud pour le dessécher complètement; puis on le remplit de mercure tiède; on ferme les deux robinets et on laisse refroidir l'appareil. On visse sur la garniture supérieure un ballon de verre M fermé par un robinet R″ et contenant de l'air pur et sec; on ouvre les robinets R' et R″ et on fait écouler un peu de mercure par le robinet R; une partie de l'air du ballon passe dans le tube A. On ferme tous les robinets, on verse du mercure par le tube B de manière que les niveaux du mercure dans les deux tubes soient sur un même plan horizontal, et on repère

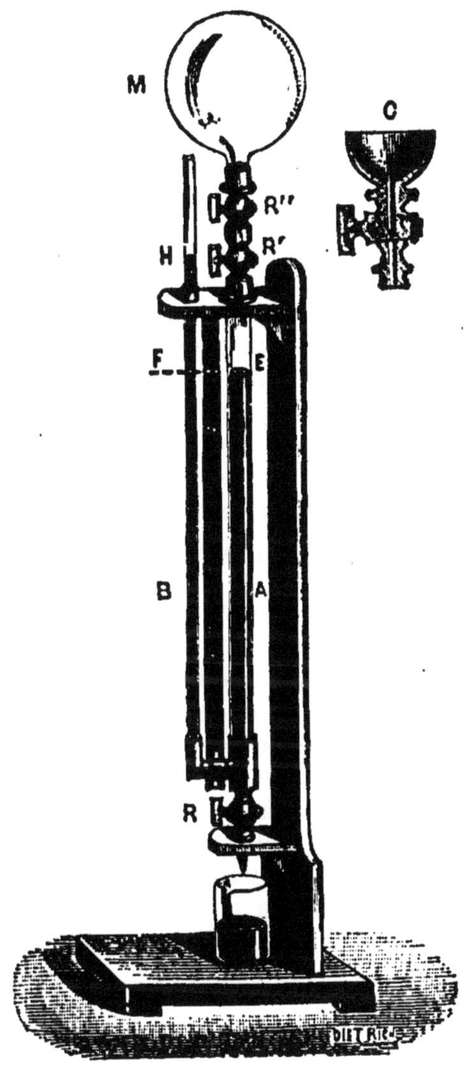

Fig. 165.

avec soin le niveau E du mercure dans le tube A. On dévisse le ballon M et on le remplace par un robinet à gouttes C. Ce robinet, au lieu d'être percé de part en part, ne porte qu'une petite cavité et est surmonté par une cuvette que l'on remplit d'un liquide quelconque. Dans la position que représente la petite figure, la cavité du robinet se remplit de liquide; mais si l'on tourne de 180°, cette goutte de liquide tombe en dessous, dans le tube, sans qu'aucune trace d'air ait pu y pénétrer en même temps. On introduit ainsi goutte à goutte du liquide dans le gros tube; ce liquide se vaporise, et en même temps le niveau du mercure baisse dans le tube A et monte dans le manomètre B. Au bout de quelque temps, les nouvelles gouttes de liquide que l'on ajoute conservent leur état sans se réduire en vapeur.

La partie supérieure du tube A est alors saturée de vapeur; on verse du mercure par le tube B, de manière à ramener en E le niveau du mercure dans le tube A sur le plan horizontal FE; on lit alors la différence de niveau FH du mercure dans les deux branches du manomètre; elle représente la force élastique maxima de la vapeur, puisque l'air a été ramené à son volume primitif et a ainsi repris sa pression primitive; en comparant cette force élastique avec celle de la vapeur saturante dans le vide à la même température, on trouve qu'il y a concordance absolue entre les deux nombres considérés.

Regnault, à l'aide d'expériences précises, a montré que les lois de Dalton étaient exactes : la vaporisation des liquides dans les gaz diffère de la vaporisation dans le vide par le temps employé par la vapeur pour devenir saturante.

214. Air humide. — Considérons une masse d'air humide de volume V, à la température t^o et sous la pression H. Cette masse se compose de vapeur d'eau et d'air sec. D'après la loi du mélange des gaz, si on désigne par f la force élastique de la vapeur d'eau, celle de l'air sec sera H — f. Donc la masse m de la vapeur d'eau sera :

$$m = \frac{V}{1 + \alpha t} \times \frac{f}{760} \times 0{,}001293 \times \frac{5}{8}.$$

La masse de l'air sec sera :

$$m' = \frac{V}{1 + \alpha t} \times \frac{H - f}{760} \times 0{,}001293.$$

La masse M de l'air humide sera, en remarquant que

$$\left(\text{H} - f + \frac{5}{8}f\right) = \text{H} - \frac{3}{8}f :$$

$$M = m + m' = \frac{V}{1 + \alpha t} \times \frac{\text{H} - \dfrac{3}{8}f}{760} \times 0,001203$$

Cette dernière formule est fréquemment employée ; V est exprimé en *centimètres cubes*, H et f en millimètres et M en grammes.

Exercices. — 1. Une vapeur a pour volume 12 litres, pour température 18° et pour force élastique 16 millimètres. On réduit son volume à 10 litres ; quelle est sa force élastique ? (F = 26^{mm}).

2. Dans un récipient de 10 litres, on introduit 20 milligrammes d'eau à 18°. Quelle est la force élastique de la vapeur formée ? (F = 26^{mm}).

3. Une masse d'air humide a pour volume 10 litres et pour pression 752^{mm}. On réduit le volume à 5 litres et on constate que la pression est égale à 1492^{mm}. Quelle était la force élastique de la vapeur d'eau sous son volume initial ? (F = 30^{mm}).

4. Quel est le poids de 10 litres d'hydrogène humide, sachant qu'il est saturé de vapeur d'eau, que sa température est de 28° et sa pression égale à 764^{mm} ? (F = 28^{mm}).

5. Une masse de vapeur d'eau pèse 10 milligrammes à 30° sous la pression de 18^{mm}. Quel est son volume ? On porte cette vapeur à 40° sous le volume précédent ; quelle sera la force élastique de la vapeur ?

6. Une masse de vapeur d'eau à 18° a pour force élastique 18^{mm} ; on la porte à la température de 8° sous le même volume. Quelle est sa nouvelle force élastique ? (F$_8$ = 8^{mm}).

7. Un ballon de verre supposé inextensible renferme de l'air saturé de vapeur d'eau à 30°,5 et à 760^{mm}. On refroidit le ballon à 10° : quelle sera la pression intérieure ? (F$_{30}$ = 27^{mm} ; F$_{10}$ = 9^{mm}).

8. Quel est le volume d'air qui, saturé d'humidité à 28°, renferme 1 kilogramme de vapeur d'eau ? (F = 17^{mm}).

CHAPITRE VII

ÉVAPORATION. — ÉBULLITION. — CALÉFACTION

Sommaire. —**1.** L'évaporation est la formation de vapeurs à la surface libre d'un liquide.

2. La rapidité de l'évaporation dépend de la température, de l'étendue de la surface d'évaporation, du milieu ambiant, de l'agitation de l'air, de la pression atmosphérique et de la nature du liquide.

3. L'ébullition est la production de bulles de vapeur au sein d'un liquide. Ce phénomène est soumis à deux lois : 1° *Sous une pression déterminée, un liquide bout à une température telle que la force élastique maxima de la vapeur est égale à la pression supportée par le liquide. 2° Pendant toute la durée de l'ébullition la température de la vapeur reste constante.*

4. On peut faire bouillir un liquide à des températures très différentes en faisant varier la pression que supporte le liquide : l'eau à 0° bout lorsqu'on raréfie l'air au-dessus d'elle de façon qu'elle possède une force élastique de 4 millimètres.

Dans la marmite de Papin, on peut reculer indéfiniment l'ébullition d'un liquide.

5. L'absence de bulles gazeuses dans un liquide retarde son ébullition ; il en est généralement de même quand le liquide renferme des substances salines en dissolution.

6. L'ébullioscope Malligand, fondé sur le phénomène de l'ébullition, permet d'évaluer avec une très grande approximation et rapidement le degré alcoométrique des vins.

ÉVAPORATION.

215. On appelle *évaporation* la formation de vapeurs à la surface libre d'un liquide. L'évaporation peut avoir lieu en vase clos ou à l'air libre.

1° Évaporation en vase clos. — La production de la vapeur s'arrête lorsque l'espace qui surmonte le liquide est saturé, c'est-à-dire lorsque la vapeur formée a acquis la force élastique maxima correspondant à la température de l'expérience.

2° Évaporation à l'air libre. — L'évaporation continue jusqu'à ce que tout le liquide ait disparu. La rapidité de l'évaporation dépend d'un certain nombre de causes dont l'influence est liée aux propriétés des vapeurs.

216. Conditions qui exercent une influence sur la rapidité de l'évaporation. — 1° Influence de la température. — Chacun sait que les liquides s'évaporent plus rapidement en été qu'en hiver; en effet, la tension maxima d'une vapeur augmente avec la température; donc l'évaporation doit être d'autant plus rapide que la température s'élève davantage.

2° Étendue de la surface d'évaporation. — Il est évident que, dans les mêmes conditions, la quantité de vapeur formée en un temps donné est proportionnelle à l'étendue de la surface libre du liquide. On applique ce principe dans l'extraction du sel marin dans les marais salants; on favorise la rapidité de l'évaporation en donnant aux bassins une superficie considérable.

3° Influence du milieu ambiant. — La vitesse de l'évaporation dépend de la quantité de vapeur qui existe déjà dans l'atmosphère placée au-dessus du liquide. Si l'atmosphère est près d'être saturée, l'évaporation est très lente et presque nulle; elle devient au contraire très rapide quand l'atmosphère est sèche. Dalton avait cru démontrer que *la vitesse d'évaporation est proportionnelle à la différence entre la force élastique maxima que peut acquérir la vapeur et la force élastique qu'elle possède déjà dans l'atmosphère.* Cette loi montre bien le sens du phénomène; mais elle n'est à peu près exacte que si la différence entre ces deux forces élastiques est très faible.

4° Influence de l'agitation de l'air. — L'agitation de l'air favorise également l'évaporation; car si l'air était calme, il se formerait au-dessus du liquide une couche presque saturée, et l'évaporation s'arrêterait. L'agitation de l'air enlève cette couche à mesure qu'elle tend à se produire, et amène incessamment à la surface du liquide de l'air qui ne contient pas encore de vapeurs.

On explique ainsi l'action desséchante des vents du nord secs qui, même pendant l'hiver, sèchent plus vite le sol que ne le fait la chaleur de l'été. On applique ce principe dans les *séchoirs;* on dispose des persiennes aux quatre faces des hangars pour favoriser la circulation rapide de l'air dans leur intérieur.

5° Influence de la pression atmosphérique. — L'expérience montre que l'évaporation se fait, *dans le vide,* avec une excessive rapidité et qu'elle est d'autant plus lente que la pression supportée par la surface libre du liquide est plus considérable. Dalton a constaté que le poids de liquide évaporé en un temps donné est inversement proportionnel à la pression atmosphérique.

6° Influence de la nature du liquide. — Dalton a trouvé que dans l'air sec, la vitesse d'évaporation était d'autant plus grande que la force élastique maxima de la vapeur du liquide était plus considérable. Il suit de là que les liquides qui s'évaporent le plus facilement sont ceux dont le point d'ébullition est le plus bas. Ainsi l'éther, l'alcool sont très volatils ; au contraire, le mercure ne s'évapore que très lentement à la température ordinaire de l'atmosphère et l'acide sulfurique n'émet pas de vapeurs sensibles à la température ordinaire.

ÉBULLITION.

217. Description du phénomène. — Plaçons de *l'eau ordinaire* dans un vase de verre et chauffons ce récipient par sa partie inférieure (*fig.* 166) ; au bout de quelques instants nous verrons des bulles de gaz très petites apparaître sur tous les points chauffés de la paroi. Ces bulles grossissent peu à peu et bientôt chacune d'elles est le siège de la production de bulles de vapeur qui s'élèvent

Fig. 166. — **Ébullition de l'eau.** — Les bulles de vapeur se forment sur les parois du vase et viennent crever à la surface.

vers la surface de l'eau ; au commencement, ces bulles se condensent dans les parties supérieures du liquide et on entend un bruissement particulier que l'on exprime en disant que *l'eau chante*. Bientôt, les bulles deviennent plus grosses et s'élèvent jusqu'à la surface du liquide où elles crèvent : *l'ébullition est alors commencée* et un bouillonnement continu se manifeste dans la masse entière du liquide.

L'ébullition est donc la production de bulles de vapeur au sein d'un liquide.

Essayons de déterminer comment se produit ce phénomène. A cet effet, introduisons au sein de l'eau une bulle d'air pur dont le volume est V sous la pression P à laquelle elle se trouve soumise. Cette bulle va se saturer de vapeur d'eau ; et, comme la force élastique de la masse d'air humide doit toujours être égale à P, cette masse devra augmenter de volume jusqu'à ce que la force élastique de la masse d'air sec soit devenue égale à $P - F$, en désignant par F la tension maxima de la vapeur d'eau pour la température du liquide. Son volume V′ sera alors défini par la relation :

$$\frac{V'(P - F)}{1 + \alpha t} = VP.$$

D'où :

$$V' = V \times \frac{P(1 + \alpha t)}{P - F}.$$

Si l'on chauffe graduellement le liquide, F augmente et par suite V′ croît progressivement ; pour $F = P$, V′ devient infini.

Pour faire l'expérience, introduisons au milieu d'une masse d'eau échauffée une petite cloche A (*fig.* 167) contenant un volume connu d'air. Si l'on élève progressivement la température de l'eau, il arrive un moment où une série de bulles se dégagent de l'orifice de la cloche ; ce dégagement persiste aussi longtemps que l'on maintient la température constante, si petite que soit la masse d'air primitive contenue dans la cloche : une bulle d'air initiale de 1 millimètre cube peut ainsi fournir plus de 500 000 bulles de 5 millimètres de diamètre. Si l'on cesse de chauffer, la production de vapeur s'arrête et l'on constate, au sommet de la cloche, la présence d'une très petite bulle d'air (*Gernez*).

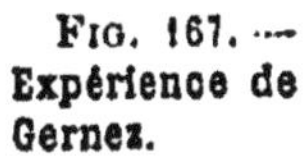
Fig. 167. — Expérience de Gernez.

Le phénomène d'ébullition artificielle que nous venons d'étudier se produit naturellement dans le cas où l'on chauffe un liquide dans un vase dont les parois n'ont pas été complètement débarrassées de toute trace de gaz. On constate alors que le liquide bout à une température telle que la force élastique maxima de la vapeur qui se forme soit égale à la pression que supporte la surface libre du liquide. De plus, les bulles de vapeur se forment en certains points du vase, toujours les mêmes, où préexistait une bulle d'air qui devient, au sein du liquide, un centre d'évaporation comparable à la cloche de l'expérience de M. Gernez.

Il est à remarquer que l'ébullition ne peut avoir lieu que si la vapeur peut se condenser au-dessus du liquide chauffé, comme cela a lieu quand on fait bouillir un liquide à l'air libre; la vapeur se condense en arrivant en contact avec l'atmosphère extérieure, qui est à une température inférieure à celle du liquide.

En outre, un thermomètre plongé dans la vapeur qui se dégage reste stationnaire pendant toute la durée de l'ébullition.

On peut alors formuler les lois de l'ébullition :

1re LOI. *Sous une pression déterminée, un liquide bout à une température telle que la force élastique maxima de la vapeur soit égale à la pression supportée par le liquide.* — Cette condition nécessaire n'est pas suffisante; il faut, en outre, que le liquide présente dans sa masse des corps gazeux interposés.

2e LOI. *Pendant toute la durée de l'ébullition, la température de la vapeur reste constante.*

On appelle **point d'ébullition normal** d'un liquide la température à laquelle ce liquide bout sous la pression *d'une atmosphère.*

POINTS D'ÉBULLITION NORMAUX DE DIVERS LIQUIDES.

	Points d'ébullition.		Points d'ébullition.
Eau	100°	Acide azotique ordinaire	123°
Alcool absolu	78,5	Acide sulfurique normal	326
Esprit de bois	66	Mercure	360
Benzine	80	Soufre	400
Éther ordinaire	35,5	Phosphore	290
Sulfure de carbone	48	Huile de lin	316

248. Ébullition sous de faibles pressions. — D'après la première loi sur l'ébullition, la température d'ébullition d'un liquide doit s'élever ou s'abaisser suivant que la pression augmente ou diminue. On peut montrer cette variation du point d'ébullition en faisant, à l'aide de la machine pneumatique, le vide dans un vase renfermant une petite quantité d'eau à 20° par exemple; l'expérience montre que l'eau bout dès que la force élastique de l'air est descendue à 17 millimètres. L'ébullition persiste quoiqu'elle se produise en vase clos, parce que la vapeur est aspirée par la machine au fur et à mesure de sa production.

Ce phénomène peut être réalisé plus simplement sous la forme suivante, qui est due à Franklin [1]. On fait pendant quelque temps bouillir de l'eau dans un ballon de verre à long col: quand on juge que la vapeur d'eau a dû entraîner presque tout l'air contenu dans le ballon, on le ferme avec un bouchon et même on renverse le col dans un vase plein d'eau (*fig.* 168) pour s'opposer complètement à la rentrée de l'air. L'ébullition continue pendant quelque temps, puis s'arrête. Si on verse alors sur le sommet du ballon de l'eau plus froide que celle qui est dans l'intérieur, on condense une partie de la vapeur; en même temps, la tem-

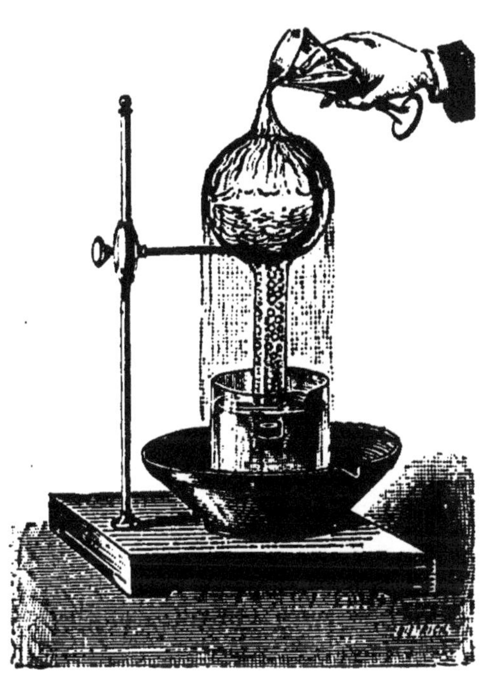

Fig. 168. — Expérience de Franklin.

pérature de celle-ci s'abaisse, sa force élastique diminue; la pression que supporte le liquide devient inférieure à la force élastique maxima des vapeurs qu'il peut émettre, et l'ébullition recommence dans le ballon; elle continue jusqu'au moment où la température de l'eau s'abaisse au même point que celle de la portion refroidie du ballon; les lois de l'ébullition se trouvent donc vérifiées dans tous les cas.

219. Ébullition sous des pressions élevées. —

1. **Franklin** (Benjamin), célèbre homme d'État américain, économiste, diplomate et physicien, né à Boston en 1700, mort en 1790. Il a fait entre autres inventions celle du paratonnerre.

Lorsque la pression supportée par la surface libre du liquide augmente, l'ébullition a lieu à une température de plus en plus élevée. Ainsi, sous la pression de 2 atmosphères, l'eau ne bout qu'à 120°,6.

Si, au lieu d'échauffer un liquide à l'air libre on le chauffe en vase clos, la tension de la vapeur formée exerce sur la surface libre du liquide une pression de plus en plus considérable, et celui-ci peut être porté à une température très élevée sans que l'ébullition se produise. On le démontre à l'aide de la **marmite de Papin** [1].

Elle se compose (*fig.* 169) d'une chaudière cylindrique en bronze M fermée par un couvercle en bronze maintenu par une vis de pression. Ce couvercle porte une soupape de sûreté sur laquelle s'appuie un levier L dont l'extrémité A, en forme de fourche, s'engage dans deux anneaux fixes et dont l'extrémité B est chargée d'un poids P exerçant sur la soupape une pression que l'on peut faire varier en déplaçant le poids.

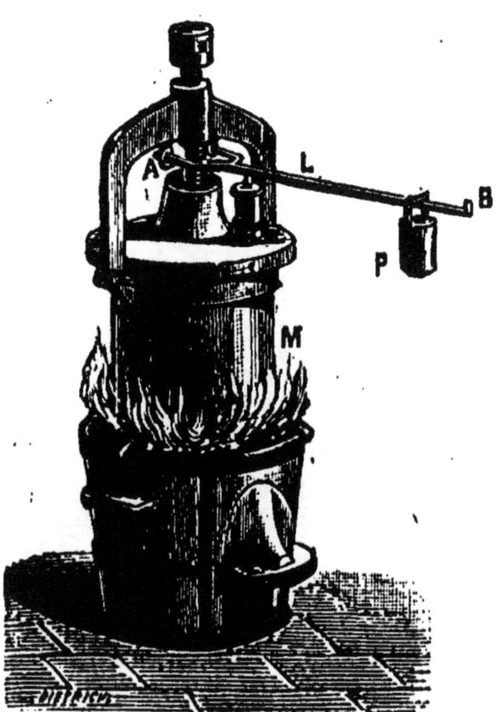

Fig. 169. — Marmite de Papin. — M, chaudière; L, levier s'appuyant sur la soupape de sûreté.

On met de l'eau dans la chaudière et on la chauffe sur un fourneau. Le liquide peut ainsi être porté beaucoup au-dessus de 100°, et la tension de la vapeur atteindre 5 à 6 atmosphères, suivant la charge de la soupape de sûreté. Si on l'ouvre alors, un jet de vapeur s'échappe avec sifflement et s'élève à une grande hauteur. L'eau qui jusque-là n'avait

1. Papin (Denis), savant français, né à Blois en 1647, mort vers 1714, reconnut le premier la force élastique de la vapeur.

pas bouilli, entre immédiatement en ébullition, et sa température s'abaisse jusqu'à 100°.

Usages. — La marmite de Papin peut être utilisée pour augmenter l'action dissolvante des liquides, en donnant le moyen de les porter à une température supérieure à celle de leur point d'ébullition; de là le nom de *digesteur* donné à l'appareil. On s'en sert pour extraire la gélatine des os.

220. Retard à l'ébullition. — Nous avons vu que la présence d'un gaz au sein du liquide était nécessaire à la production de l'ébullition. On conçoit alors que, si l'on fait en sorte de purger les parois du vase et le liquide de tout gaz interposé, l'ébullition sera retardée et pourra devenir très difficile. Chacun sait que, si l'on veut faire bouillir une seconde fois l'eau qui a déjà bouilli, l'ébullition ne se fait plus que par soubresauts, et la température d'ébullition s'élève au-dessus de 100°.

De même, si l'on chauffe de l'eau dans un ballon de verre préalablement lavé avec de l'acide sulfurique et dont, par conséquent, les parois ont été débarrassées de l'air qui s'y trouve toujours adhérent, l'ébullition se produit au-dessus de 100°.

La nature du récipient exerce une influence sur le point d'ébullition, suivant que les parois sont plus ou moins aptes à retenir l'air à leur surface. L'eau bout à une température plus élevée dans un récipient en cuivre que dans un vase en terre.

M. Dony a pu porter à 135° de l'eau purgée d'air dans un tube de verre épais lavé à l'acide sulfurique et fermé à la lampe après en avoir chassé l'air, sans que l'ébullition se produisît.

Inversement, si l'on fait bouillir pendant longtemps de l'eau dans un ballon de verre, l'ébullition cesse quand on retire le ballon du feu; mais elle reprend spontanément avec violence si l'on y projette de la limaille de fer ou une baguette de verre supportant quelques brins de ficelle, retenant de l'air à leur surface.

On doit conclure de toutes ces expériences que la présence d'un gaz libre est nécessaire au phénomène de l'ébullition.

Les substances salines en dissolution retardent généralement l'ébullition de l'eau, et le retard est d'autant plus grand que la dissolution approche davantage de la saturation. Nous donnons ici les températures d'ébullition sous la pression de 760 millimètres, de quelques dissolutions salines saturées.

Eau saturée de carbonate de soude............ 104°,6
—   de sel marin..................... 108°,4
—   d'azotate de potasse.............. 115°,7
—   de carbonate de potasse........... 135°,6
—   de chlorure de calcium............ 179°,5

Toutes les influences précédentes modifient la température du liquide soumis à l'ébullition; *mais la température de la vapeur*, **prise à une certaine distance au-dessus de la surface libre du liquide,** *est égale à la température pour laquelle la force élastique de la vapeur d'eau pure est égale à la pression que supporte la surface libre du liquide.*

221. Ébullition des mélanges de plusieurs liquides. — Si au lieu d'une dissolution d'un solide dans un liquide, on soumet à l'ébullition un mélange de deux liquides qui se dissolvent réciproquement (eau et alcool, alcool et éther), les résultats sont complètement différents. La température d'ébullition est supérieure à celle du liquide le plus volatil. A une température donnée, la force élastique des vapeurs qu'émet le mélange dans le vide est inférieure à celle qu'émettrait le liquide le plus volatil. Elle se rapproche d'autant plus de cette dernière que le liquide le plus volatil est en plus grande proportion dans le mélange.

Enfin, s'il s'agit de liquides qui se mélangent sans se dissoudre (eau et benzine, eau et sulfure de carbone), on trouve qu'à une température donnée, la force élastique des vapeurs qu'ils émettent est sensiblement égale à la somme des forces élastiques que posséderait chaque vapeur prise isolément.

222. Ébullioscope Malligand. — Il est fondé sur ce fait que la température d'ébullition d'un alcool du commerce ou d'un vin n'est pas sensiblement modifiée par la petite quantité de matières solides qu'il tient en dissolution. L'appareil (*fig.* 170) se compose d'une bouillotte B en forme de cône tronqué et qui est mise en communication à sa partie inférieure avec un anneau creux (thermosiphon) traversant une cheminée S au-dessous de laquelle se trouve une lampe à alcool.

Sur la bouillotte se visse un couvercle percé de deux ouvertures, l'une servant à fixer le réfrigérant R, l'autre livrant passage à un thermomètre T coudé horizontalement. Ce thermomètre est appuyé sur une large plaque contre laquelle peut se *mouvoir*, en regard du thermomètre, une règle plus étroite où se trouvent gravés les degrés alcooliques de 0° à 25°. Ces divisions sont obtenues en faisant bouillir de l'eau, puis des mélanges contenant 5, 10, 15 d'alcool pour 100 volumes de liquide et en inscrivant en regard du point d'arrêt du mercure, 0, 5, 10, 15.

Un curseur facilite la lecture des degrés.

Pour opérer, on commence par introduire un peu d'eau dans la bouillotte, 3 centilitres environ, puis on visse le couvercle muni du thermomètre et l'on allume la lampe à alcool; quand l'eau est en pleine ébullition et que l'extrémité de la colonne de mercure est fixe, on amène le *zéro* de la règle E en regard de cette extrémité. Puis on

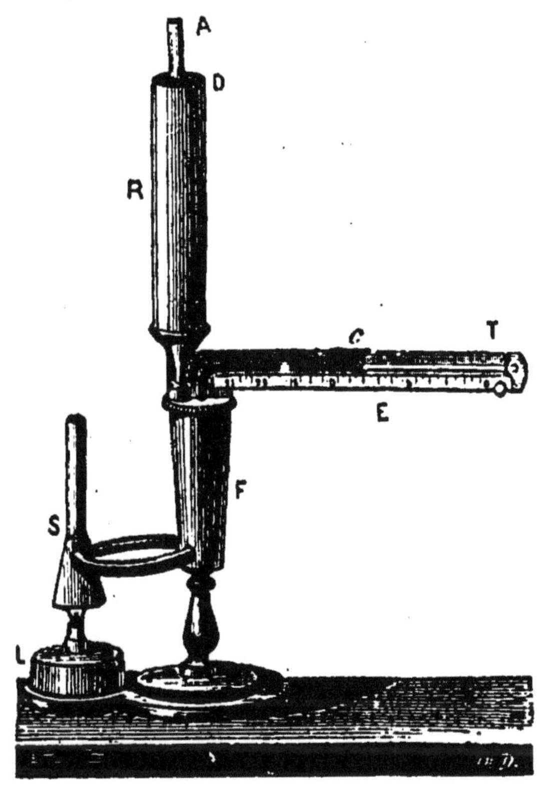

Fig. 170.— Ébullioscope Malligand.— F, bouillotte mise en communication à sa partie inférieure avec un anneau creux (thermosiphon) traversant une cheminée S; T, thermomètre dont la tige est coudée et appuyée sur une plaque métallique, le réservoir plonge dans la bouillotte; E, petite règle sur laquelle sont gravés les degrés alcooliques, cette règle est mobile de façon à pouvoir amener son zéro en regard de l'extrémité de la colonne de mercure quand le réservoir du thermomètre est dans de la vapeur d'eau bouillante et sous la pression atmosphérique; R, réfrigérant formé de deux tubes concentriques, le tube A qui communique avec la bouillotte, le tube D qui contient de l'eau froide; C, petit curseur; L, lampe à alcool.

dévisse le couvercle, on vide l'eau et on la remplace par le liquide alcoolique, en quantité suffisante pour que le réservoir du thermomètre soit complètement immergé.

On revisse ensuite le couvercle, on adapte le réfrigérant R

que l'on remplit d'eau froide, de façon à refroidir et condenser constamment la vapeur alcoolique qui s'élève dans le tube A. On porte à l'ébullition, et la graduation de la règle E qui se trouve en regard de l'extrémité de la colonne de mercure, quand ce dernier est fixe, indique le degré alcoolique du liquide.

Il est à remarquer qu'à chaque expérience, il faut d'abord déterminer la température de l'ébullition de l'eau à la pression du moment, température qui porte ici le nom de **zéro**, puisque le liquide ne renferme pas d'alcool.

CALÉFACTION.

223. Description du phénomène. — Si l'on projette de l'eau sur une plaque métallique chauffée à une haute température, comme les plaques de tôle qui recouvrent les fourneaux, on la voit se séparer en petits globules à peu près sphériques, qui se déplacent en tous sens sur la plaque et diminuent peu à peu de volume en s'évaporant, mais sans présenter les caractères spéciaux de l'ébullition. Ce phénomène, étudié d'abord par Boutigny, a été désigné sous le nom de *caléfaction*, ou d'état sphéroïdal des liquides, mot impropre, puisqu'il ne désigne nullement un état spécial.

La caléfaction ne se produit que si la température de la plaque dépasse une certaine limite; si on laisse la plaque se refroidir, il arrive un moment où les globules d'eau s'aplatissent contre elle et se résolvent brusquement en vapeur.

Lorsque la caléfaction se produit, il n'y a pas de contact entre le liquide et le métal. On peut le montrer de diverses manières : si la plaque est percée de petits trous, le liquide ne passe pas à travers; si l'on produit la caléfaction en versant de l'acide azotique sur une lame chauffée de cuivre ou d'argent, la lame n'est pas attaquée; si l'on fait communiquer les deux fils qui partent des pôles d'une pile, l'un avec la lame, l'autre avec le globule liquide, le courant ne passe pas tant que la caléfaction subsiste; enfin, on peut produire la caléfaction en versant sur une lame parfaitement horizontale un globule d'eau que l'on maintient en place en y faisant pénétrer un fil de platine; en plaçant l'œil d'un côté du globule et une bougie de l'autre (*fig.* 171), on aperçoit la lumière entre le globule et la lame de métal. L'expérience peut même être projetée avec le soleil ou la lumière Drummond.

D'autre part, pendant toute la durée de la caléfaction, la température du liquide reste légèrement inférieure à celle de l'ébullition, comme l'a prouvé M. Boutan. On montre dans les cours, par l'expérience suivante, qu'il peut se maintenir ainsi une grande différence de température entre le liquide et le métal chauffé : dans un creuset de platine chauffé au rouge blanc, on projette de l'anhydride sulfureux liquide,

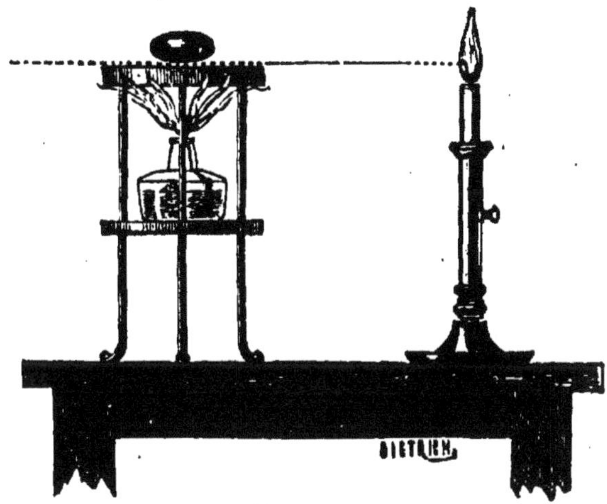

Fio. 171.

puis quelques gouttes d'eau ; on retourne vivement le creuset, et il en sort de la glace. En effet, l'anhydride sulfureux liquide bout à — 10° ; il reste donc en caléfaction dans le creuset à cette basse température, et l'eau qui est mise en contact avec lui se congèle instantanément. En remplaçant l'anhydride sulfureux par le protoxyde d'azote liquide, qui bout à — 88° environ, on peut de même congeler le mercure dans un creuset de platine chauffé au rouge.

La caléfaction s'explique de la manière suivante : au voisinage de la plaque métallique chauffée, le liquide s'évapore rapidement ; les vapeurs formées soulèvent le globule et l'empêchent de toucher le métal ; l'effet est d'autant plus certain que la formation des vapeurs est plus rapide, c'est-à-dire que le métal est plus chaud. Quand la température s'abaisse, l'évaporation se ralentit ; bientôt les vapeurs sont en quantité insuffisante pour supporter le liquide qui arrive au contact du métal, et comme celui-ci est à une température très supérieure à celle de l'ébullition du liquide, l'ébullition se produit avec violence. Le liquide, supporté ainsi par sa vapeur, prend la forme globulaire, qui est toujours celle des liquides en équilibre d'eux-mêmes ; la basse température du globule en caléfaction s'explique à la fois par le faible pouvoir absorbant des liquides pour la chaleur, et surtout par l'évaporation rapide dont la surface du globule est le siège, évaporation qui produit toujours du froid, comme nous le verrons au paragraphe suivant. Toutes ces particularités du phénomène s'expliquent donc sans qu'il soit nécessaire de recourir à l'hypothèse d'un état spécial des liquides.

La caléfaction permet de rendre compte du plus grand nombre des explosions qui se produisent dans les machines à vapeur. Il se forme fréquemment dans les chaudières des dépôts de matière calcaire, des incrustations qui laissent passer difficilement la chaleur, et permettent ainsi aux parois de la chaudière de rougir. Si les incrustations se fendent alors, l'eau ne peut se mettre en contact immédiat avec la chaudière, à cause de la caléfaction ; mais dès que le feu baisse un peu et que la chaudière cesse d'être rouge, l'eau arrive brusquement sur le métal, une ébullition violente se produit et l'excès de pression qui résulte de ce développement excessif de vapeur fait éclater la chaudière.

Il est facile de mettre en évidence cette vaporisation instantanée au moment de la cessation de la caléfaction et par suite l'excès de pression qui en résulte. On porte au rouge un ballon métallique à l'aide d'un brûleur à gaz, puis on y projette un peu d'eau et l'on ferme hermétiquement le ballon qu'on laisse ensuite se refroidir. L'eau introduite commence d'abord par se caléfier, puis quand le refroidissement est suffisant, elle arrive au contact de parois encore très chaudes, se vaporise brusquement en faisant sauter le bouchon.

Le phénomène de la caléfaction rend aussi compte de faits qui au premier abord semblent difficiles à admettre. Après avoir mouillé légèrement le doigt avec un liquide volatil comme l'alcool, l'éther, l'eau même, on peut le plonger dans du plomb fondu, non seulement sans éprouver la moindre brûlure, mais en ressentant même une sensation de fraîcheur. Le liquide qui imprègne la surface du doigt se caléfie en effet, ce qui établit un petit intervalle entre lui et le liquide, en sorte que le doigt est préservé du contact immédiat de la surface chaude, et comme le liquide dont il est imprégné peut se refroidir notablement au-dessous de son point d'ébullition, il en résulte une impression de fraîcheur.

C'est par ce même phénomène que l'on explique qu'il est

pussible de couper avec la main mouillée et sans danger un jet de fonte liquide s'écoulant du haut fourneau, comme le font souvent les ouvriers fondeurs.

CHAPITRE VIII

LIQUÉFACTION DES VAPEURS. — DISTILLATION. — LIQUÉFACTION DES GAZ

Sommaire. — 1. Pour liquéfier une vapeur, il faut la refroidir au-dessous du point où sa force élastique maxima est égale à la pression extérieure, ou bien la comprimer de façon que la pression devienne supérieure à sa force élastique maxima.

2. La liquéfaction des gaz se fait également par refroidissement ou compression, ou par les deux méthodes réunies.

3. Le *point critique* d'un corps est la température à laquelle ce corps à l'état liquide et l'atmosphère gazeuse formée par le liquide évaporé se dissolvent mutuellement en toutes proportions, de telle sorte qu'on ne les distingue pas l'un de l'autre. Au-dessus du point critique, le corps paraît être toujours à l'état gazeux, quelle que soit la pression qu'il supporte.

4. L'évaporation d'un liquide abaisse la température de ce liquide et des corps au contact desquels il s'évapore.

5. MM. Carré, Pictet et Tellier ont mis à profit le froid produit par l'évaporation de l'eau, de l'anhydride sulfureux et de l'éther méthylique pour la fabrication artificielle de la glace.

LIQUÉFACTION DES VAPEURS. — DISTILLATION.

224. Liquéfaction des vapeurs. — On donne plus particulièrement le nom de **vapeurs** aux fluides élastiques obtenus par la vaporisation des corps qui sont liquides ou solides à la température ordinaire. On conçoit alors facilement qu'il suffit de refroidir ces vapeurs pour en opérer la **liquéfaction**, c'est-à-dire le retour à l'état liquide.

Les lois de la liquéfaction des vapeurs sont inverses de celles de la vaporisation : pour liquéfier une vapeur, il suffira de la refroidir au-dessous du point où sa force élastique maxima est égale à la pression extérieure, ou bien de la comprimer de façon que la pression devienne supérieure à sa force élastique maxima. Ces lois ne subissent aucune exception, de même que celles de la fusion.

Ainsi, par exemple, pour liquéfier la vapeur d'eau, il suffit de la faire passer à travers un récipient entouré d'eau froide.

225. Distillation de l'eau. — Une application importante des lois de la liquéfaction des vapeurs est la **distillation**, qui permet d'obtenir les différents liquides à l'état de

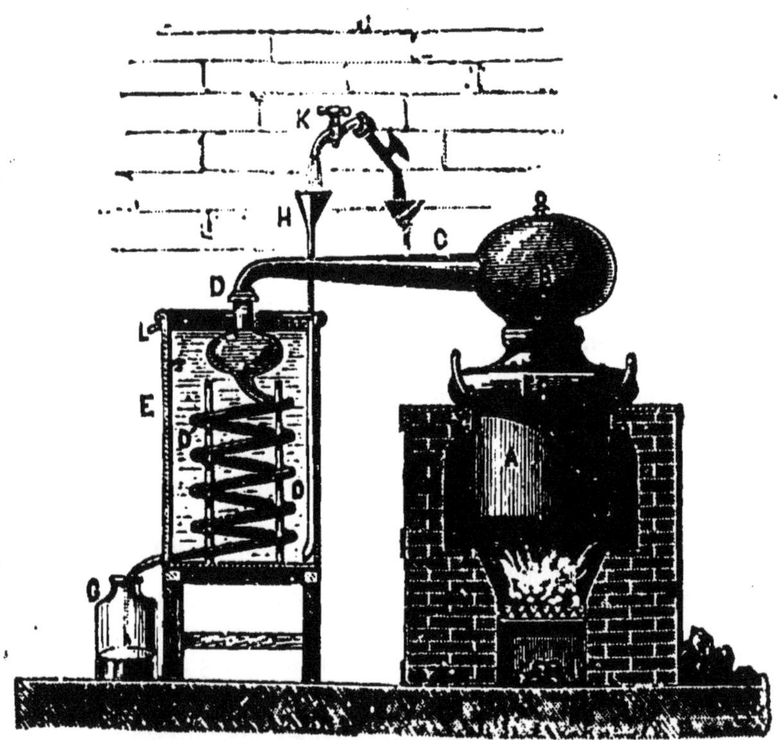

Fig. 172. — A, cucurbite; B, chapiteau; D, serpentin; E, réfrigérant. La vapeur d'eau produite dans l'alambic vient se condenser dans le serpentin.

pureté parfaite. Prenons par exemple la distillation de l'eau.

Quand on porte à l'ébullition de l'eau contenant un sel en dissolution, la vapeur est toujours exempte de matières étrangères; si donc on condense cette vapeur, on obtiendra de l'eau parfaitement pure. Cette ébullition suivie de la condensation de la vapeur s'appelle *distillation*; l'opération s'effectue d'ordinaire dans un *alambic*.

C'est une chaudière de cuivre A (*fig.* 172), appelée *cucurbite*, fermée par un *chapiteau* B qui communique par un tube C avec un autre tube D contourné en hélice, et plongé dans un vase E plein d'eau froide ; ce tube D est connu sous le nom de *serpentin*. On introduit de l'eau dans la cucurbite par un tube latéral F, que l'on ferme ensuite, puis on chauffe. La vapeur formée, passant dans le serpentin qui est toujours refroidi, se condense, et le liquide est recueilli à la sortie du serpentin dans un récipient G. C'est de cette façon que l'on obtient de l'eau chimiquement pure, ou eau distillée.

La condensation de la vapeur échauffe l'eau qui entoure le serpentin : pour remédier à cet inconvénient, un tube vertical, terminé par un entonnoir H, descend jusqu'au fond du vase E ; dans l'entonnoir H tombe constamment d'un robinet K un filet d'eau froide qui se rend au fond de E ; à mesure que l'eau s'échauffe, elle devient plus légère, s'élève et s'écoule par un trop-plein latéral L placé en haut du réfrigérant ; de cette façon le serpentin est toujours entouré d'eau froide.

On remplace souvent en chimie l'alambic par une simple cornue, et le serpentin par un tube droit, entouré d'un manchon dans lequel circule constamment de l'eau froide.

226. Distillations fractionnées. — Dans l'industrie, on a fréquemment à séparer un mélange de liquides inégalement volatils ; on emploie alors la méthode des distillations fractionnées. En chauffant progressivement le mélange, le liquide le plus volatil commence à bouillir le premier ; pendant ce temps, la température reste à peu près constante, et les vapeurs de ce liquide distillent sensiblement seules ; on a donc séparé ainsi le liquide le plus volatil de la plus grande partie de ceux qui l'accompagnaient. En recommençant l'opération une deuxième et une troisième fois sur le produit de la première distillation, on arrive à obtenir un liquide parfaitement pur. On opère de même pour tous les autres. Cette opération est effectuée en grand pour *rectifier* l'alcool, c'est-à-dire lui enlever l'eau avec laquelle il est mélangé. Pour séparer les uns des autres les différents carbures d'hydrogène liquides (benzine, essence minérale, pétrole, etc.) que l'on obtient comme résidus de la fabrication du gaz d'éclairage, on emploie toujours la méthode des distillations fractionnées ; quant à la forme et aux dimensions des appareils distillatoires, elles varient suivant la nature de l'opération.

LIQUÉFACTION DES GAZ.

227. Liquéfaction des gaz par refroidissement. — Les gaz doivent être considérés comme des vapeurs qui, à la température ordinaire, sont plus ou moins éloignées de leur point de saturation. Il en résulte que ceux d'entre eux, dont la force élastique maxima est égale à 760^{mm} à une température peu différente de la température ordinaire, pourront être liquéfiés par simple refroidissement.

Ainsi, par exemple, le gaz sulfureux SO^2 possède à $-8°$

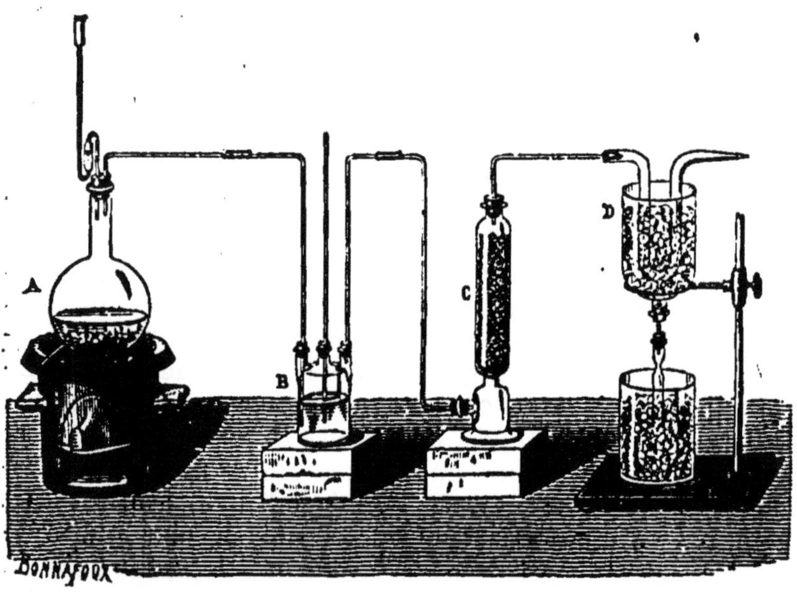

FIG. 173. — **Liquéfaction de l'anhydride sulfureux.** — A, ballon producteur du gaz ; B et C, appareils desséchants ; D, tube en U entouré d'un mélange réfrigérant. Le gaz sulfureux se liquéfie dans le tube D.

une tension maxima égale à 760 millim.; donc, si l'on fait passer (*fig.* 173) ce gaz à travers un tube en U entouré d'un mélange réfrigérant de glace et de sel marin, le gaz se liquéfiera dans le tube. De même avec un mélange réfrigérant de neige et de chlorure de calcium, on peut liquéfier le cyanogène et le gaz ammoniac.

228. Liquéfaction des gaz par compression — Les gaz, dont la force élastique maxima, à la température ordinaire, ne dépasse pas 60 atmosphères, peuvent se liquéfier par simple compression. Faraday a pu liquéfier ainsi *le chlore*, *l'acide sulfhydrique*, etc. Thilorier a pu liquéfier l'acide carbonique, le protoxyde d'azote, etc. Nous donnerons ici une description du procédé employé par M. Cailletet pour liquéfier l'acide carbonique.

L'acide carbonique possède à 6° une force élastique maxima égale à 36 atmosphères. L'appareil de M. Cailletet se compose d'un cylindre en fonte très épais B (*fig.* 174), dans lequel un piston plongeur P est animé d'un mouvement rectiligne alternatif à l'aide d'un balancier mis en mouvement par un homme ou par un moteur quelconque; des *cuirs emboutis* A, et une couche de mercure qui surmonte le piston s'opposent à toute déperdition du gaz et à toute rentrée d'air. Sur le côté du corps de pompe est pratiqué un canal muni d'un orifice C communiquant avec un robinet R, ouvert ou fermé au moment voulu par le moyen de deux cames qui suivent le mouvement du piston. Quand le piston est au bas de sa course, le mercure laisse découvert l'orifice C, et le robinet R est ouvert laissant l'acide carbonique arriver dans le corps de pompe, qui, par RO, communique alors avec le réservoir contenant le gaz. Lorsque le piston monte, le robinet R se ferme de lui-même; le gaz comprimé soulève une soupape d'ébonite, passe dans la chambre supérieure et se rend par un tube flexible en cuivre T dans un récipient en

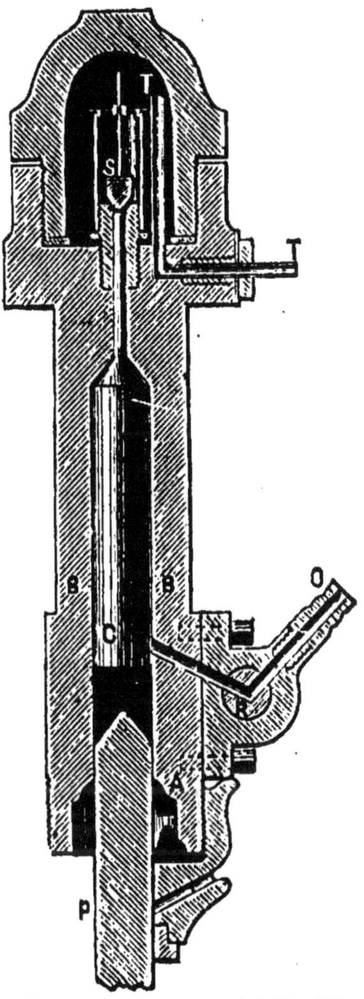

Fig. 174. — Appareil à liquéfier l'acide carbonique. — B, corps de pompe en fonte; P, piston plongeur recouvert de mercure; A, cuirs emboutis; R, robinet de distribution; C, orifice par lequel arrive le gaz provenant d'un gazomètre relié à l'orifice O; S, soupape d'ébonite; T, tube servant à relier l'appareil avec le récipient N de la figure 175.

fer forgé N (*fig.* 175) entouré de glace dans lequel le gaz se liquéfie. A chaque mouvement alternatif du piston, le volume de gaz comprimé est de $\frac{1}{3}$ de litre environ, de sorte qu'au bout d'une heure, avec un travail mécanique peu considérable, on peut liquéfier de 400 à 500 grammes d'acide carbonique. Le graissage des différentes pièces de l'appareil se fait avec de la *vaseline*.

Fio. 175. — Récipient en fer forgé entouré de glace pour recevoir l'acide carbonique qui s'y condense.

Le récipient destiné à recueillir le gaz condensé consiste en un faisceau de tubes métalliques verticaux, dont les extrémités se rejoignent dans un robinet à pointe conique (*fig.* 176) par où l'on extrait le liquide; il suffit de coucher l'appareil en l'inclinant légèrement, la vis V étant placée en bas; en tournant cette vis, le liquide s'échappe par le tube M.

229. Liquéfaction d'un gaz par refroidissement et par compression. — Faraday a condensé, à l'aide d'une pompe foulante, le gaz à liquéfier dans un tube de verre très épais entouré d'un mélange réfrigérant d'acide carbonique solide et d'éther. Six gaz avaient résisté à la liquéfaction : c'étaient l'*hydrogène*, l'*azote*, l'*oxygène*, le *bioxyde d'azote*, l'*oxyde de carbone* et le *formène*. Nous verrons plus loin que ces gaz ont été liquéfiés par des procédés spéciaux.

230. Point de liquéfaction des gaz. — Nous avons vu que les gaz possèdent toutes les propriétés des vapeurs; il nous reste à rechercher si un gaz peut toujours être amené à l'état liquide. Il est d'abord évident qu'en comprimant suffisamment un gaz, on pourra l'amener à avoir

Fio. 176. — N, récipient; V, vis pour ouvrir ou fermer le récipient; M, ouverture par laquelle arrive le gaz comprimé ou par laquelle on peut faire écouler l'acide carbonique liquide.

une très grande densité, comparable à celle des liquides communs; ainsi M. Cailletet a comprimé une masse d'air de manière que sa densité fût égale aux 0,6 de celle de l'eau. Inversement, si l'on chauffe de l'acide carbonique liquide enfermé dans un tube de verre dont il occupe une fraction, on constate que, entre 0° et 30°, ce liquide se dilate quatre fois plus qu'un égal volume d'air. Ces expériences ont porté les physiciens à se demander s'il n'existe pas, entre un liquide et sa vapeur, une série continue d'intermédiaires à l'aide desquels le corps passerait sans transition brusque de l'état liquide à l'état gazeux. Les expériences de Cagniard de Latour, de Drion, d'Andrews et de M. Cailletet ne laissent aucun doute à cet égard. On peut, d'une manière très simple, rendre ces phénomènes manifestes.

Prenons un tube de verre scellé à la lampe après avoir été rempli à moitié d'acide carbonique liquide; à la température ordinaire, on aperçoit nettement sous la forme d'un ménisque la surface de séparation du liquide et du gaz; mais si l'on échauffe le tube en le plongeant dans de l'eau chaude, ou tout simplement en le frottant quelques instants avec la main, on verra d'abord le liquide se dilater et remplir la presque totalité du tube; puis, quand la température atteint 32°, on voit le ménisque disparaître; alors le liquide semble être entièrement transformé en vapeur. MM. Cailletet et Collardeau ont montré que, dans ces conditions, le liquide et l'atmosphère gazeuse qui le surmonte se dissolvent mutuellement dans la région occupée précédemment par le ménisque; alors, si on suit le tube de bas en haut, on passe de l'état liquide parfait à l'état gazeux parfait en rencontrant sur son chemin tous les intermédiaires possibles. En agitant le tube, on obtiendra un mélange homogène de liquide et de gaz.

On a donné le nom de **point critique** à la température à laquelle le liquide et l'atmosphère qui le surmonte sont susceptibles de se dissoudre mutuellement en toutes proportions. Le point critique de l'acide carbonique est + 32°.

Il suit de là que, si l'on comprime très fortement un gaz, à une température supérieure à son point critique, le gaz se liquéfie en partie; mais le liquide, au lieu de se séparer de la masse gazeuse non encore liquéfiée, y reste dissous, et l'on n'aperçoit pas de surface de séparation nette entre le liquide et le gaz. On en conclut que, *pour liquéfier mani-festement un gaz, il faut tout d'abord le refroidir au-dessous de son point critique.* On s'explique ainsi pourquoi les six gaz, dits autrefois *permanents*, avaient résisté aux pressions excessives auxquelles on les avait soumis; ces gaz n'avaient pas été suffisamment refroidis.

M. Cailletet a exécuté une série d'expériences destinées à montrer la possibilité de liquéfier tous les gaz.

231. Expériences de M. Cailletet. — Reprenons l'expérience du *briquet à air* (§ 4), après avoir eu soin de placer un peu de coton-poudre au bout du piston; si nous comprimons brusquement l'air contenu dans le briquet, le coton-poudre s'enflamme. Donc, *la compression brusque d'un gaz dégage de la chaleur.* Par conséquent, inversement, *la détente brusque d'un gaz comprimé doit donner naissance à un abaissement de température considérable.* Pour une détente de 300 atmosphères, l'abaissement de température théorique est de 233 degrés.

On peut le constater facilement en mettant la main dans la vapeur d'eau qui s'échappe de la marmite de Papin, au moment où l'on ouvre la soupape: la vapeur, en se détendant, s'est assez refroidie pour que l'on n'éprouve sur la main que l'impression produite par un corps à la température de 30° environ, tandis que primitivement sa température dans la marmite était de 135° à 145°. Un phénomène analogue se produit quand on souffle avec la bouche sur un liquide chaud pour le refroidir. Une autre expérience facile à répéter est celle qui consiste à comprimer dans un récipient de l'air sous une pression de 8 à 10 atmosphères et à ouvrir brusquement le robinet du récipient : le gaz qui s'échappe, reçu sur le réservoir d'un thermomètre, le fait baisser instantanément.

Fig. 177. — Tube de M. Cailletet pour liquéfier les gaz.

M. Cailletet a fondé sur ce principe un procédé très simple de liquéfaction des gaz par refroidissement. On commence par comprimer le gaz aux plus fortes pressions que l'on peut obtenir; puis, quand il a repris la température ordinaire, on le laisse brusquement se détendre. Dans cette détente, l'abaissement de température peut être assez considérable pour que le gaz se liquéfie malgré la diminution de pression.

L'appareil employé par M. Cailletet se compose d'un tube de verre TO (*fig.* 177), large à sa partie inférieure et se terminant en haut par un tube très étroit et très épais T'. Ce tube est mastiqué dans un gros écrou de bronze D qui se

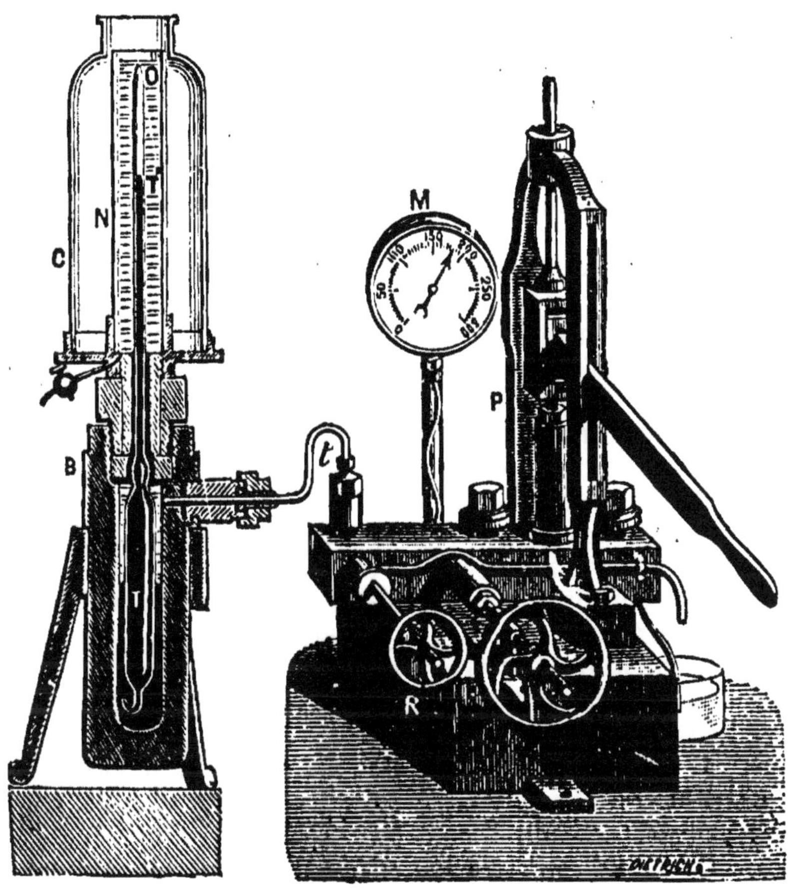

Fig. 178. — **Appareil Cailletet.**— TT'O, tube pour liquéfier le gaz ; N, manchon destiné à recevoir les corps réfrigérants ; C, cloche protectrice ; B, cuve à mercure, en fonte ; *t*, tube de jonction avec la presse hydraulique ; P, presse hydraulique.

visse sur une cuve de fonte B à parois très résistantes (*fig.* 178).

On commence par remplir le tube de verre du gaz que l'on veut liquéfier ; puis on le descend dans la cuve B remplie de mercure, et l'on serre l'écrou de façon à obtenir une fermeture hermétique. Le tube contenant le gaz ne sort donc dans l'atmosphère que par sa portion étroite et résistante. La cuve de fonte B communique à sa partie supérieure par un tube de cuivre épais avec une presse hydraulique P, au moyen de laquelle on injecte de l'eau dans l'appareil. Le mercure baisse dans la cuve, monte dans le tube T et comprime le gaz devant lui. On peut ainsi arriver à faire occuper seulement quelques centimètres de hauteur dans le tube étroit T' à tout le gaz qui remplissait le tube entier à la pression atmosphérique; la pression que supporte le gaz atteint aisément 300 atmosphères; on la mesure approximativement au moyen d'un manomètre métallique M. On attend un peu pour que la chaleur développée par la compression ait disparu, et même on refroidit le tube en l'entourant d'un manchon de verre N plein d'eau à la température ambiante (on pourrait, s'il était nécessaire, refroidir avec de l'anhydride sulfureux liquide ou du protoxyde d'azote). Puis on ouvre un robinet à vis R, que porte la presse hydraulique; la pression retombe brusquement à une atmosphère et le gaz chasse devant lui le mercure en reprenant son volume primitif. A ce moment, on s'aperçoit, si l'expérience est bien faite, qu'un brouillard épais remplit tout le tube T' : ce brouillard est constitué par des particules qui se sont liquéfiées sous l'influence du grand froid produit par la détente. En partant de la température ordinaire et d'une pression de 300 atmosphères, ce brouillard est extrêmement apparent avec l'oxygène, l'oxyde de carbone, le bioxyde d'azote, l'acétylène et le gaz des marais. On obtient également le brouillard avec l'hydrogène et l'azote, mais l'expérience est plus difficile; il faut comprimer un peu plus, et surtout avoir bien soin de refroidir le gaz avant la détente. Le brouillard se dissipe, du reste, assez vite, à cause du réchauffement que les parois communiquent au gaz.

232. Expériences de M. Pictet. — La méthode de M. Pictet est celle de Faraday : il emploie simultanément le froid et la compression. On dispose dans un obus de fer, pouvant résister à des pressions de plus de 1 500 atmosphères, les substances qui doivent, sous l'action de la chaleur, produire le gaz dont on tente la liquéfaction : ce sont du chlorate de potasse pour l'oxygène, du formiate de potasse et de la potasse caustique pour l'hydrogène. L'obus est relié avec un tube de fer très épais, dans lequel doit se produire la liquéfaction, et que l'on refroidit aux plus basses températures que l'on peut obtenir. Pour cela, ce tube est renfermé dans deux enveloppes concentriques. Dans l'enveloppe extérieure, on fait arriver de l'anhydride sulfureux liquide, au-dessus duquel on fait le vide, de sorte que le froid produit par l'évaporation de cet acide est considérable et abaisse la température de l'enveloppe intérieure à — 65° et même souvent à — 72°. Dans l'enveloppe intérieure on a placé de l'acide carbonique liquide ou du protoxyde d'azote, au-dessus duquel on fait le vide à l'aide d'une pompe puissante. On peut ainsi arriver, d'après M. Pictet, à obtenir un abaissement de température pouvant aller à — 140°; ce qui permet d'amener les gaz à une température assez basse pour qu'on puisse les liquéfier par pression.

233. Expériences actuelles. — MM. Wroblewski et Olzewski ont liquéfié les gaz dits *permanents*, en entourant un tube de verre d'éthylène liquide au-dessus duquel ils faisaient le vide; le tube de verre renfermait le gaz à étudier, que l'on soumettait à de fortes pressions à l'aide d'une presse hydraulique. Il est encore plus commode, comme le fait M. Cailletet, de substituer à l'éthylène le formène qui, en s'évaporant *dans l'air*, donne une température évaluée à — 160°. L'*oxygène* se présente alors sous forme d'un liquide transparent, moins dense que l'eau; il bout dans l'air vers — 184°; son point critique est — 113°. Le même procédé peut servir à liquéfier l'*oxyde de carbone*.

Quand on veut obtenir de l'*azote* liquide, on comprime ce gaz au sein d'un bain d'oxygène liquide en ébullition dans l'air, c'est-à-dire à une température de — 184°. On obtient un liquide incolore qui, par l'évaporation rapide dans le vide, abaisse la température à — 213°.

C'est au moyen d'un bain d'azote liquide à — 213° que l'on peut liquéfier l'*hydrogène*. La compression seule ne suffit pas; mais si on laisse se détendre l'hydrogène qui a été comprimé à cette température de — 213°, on obtient un liquide transparent et incolore.

En employant le froid produit par la détente, le Dʳ Linde, de Munich, est parvenu, non seulement à liquéfier tous les gaz, mais encore à *solidifier* l'hydrogène et l'oxygène. L'oxygène se présente sous la forme d'une masse ressemblant à de la glace bleue. L'hydrogène se liquéfie sous la forme d'une masse blanche transparente. La température correspondant à la solidification de l'hydrogène est supérieure de quelques degrés à la température du zéro absolu. Le Dʳ Linde a pu aussi opérer par la même méthode la liquéfaction de l'air.

234. Conclusion. — On doit donc conclure des expérieuces précédentes qu'il n'y a pas de différence essentielle entre les gaz et les vapeurs.

Il n'existe pas de gaz permanents : tous peuvent être liquéfiés ; toutefois l'expérience n'est manifeste que si le gaz est refroidi au préalable au-dessous de son point critique. Au-dessus de cette température, variable avec chaque corps, il n'y a pas de liquéfaction manifeste, quelque grande que soit la pression ; et on ne voit pas un liquide se rassembler au fond du récipient.

235. Froid produit par l'évaporation. — La vaporisation d'un liquide exige de la chaleur ; or, quand un liquide s'évapore sans qu'il soit soumis à l'action calorifique d'un foyer, il ne peut emprunter qu'à lui-même et à son récipient la chaleur nécessaire à la formation de la vapeur ; il en résulte un abaissement de température plus ou moins considérable.

On le montre aisément par l'expérience suivante, due à

Fig. 179. — Congélation de l'eau dans le vide.

Leslie : sous le récipient de la machine pneumatique, on dispose un vase contenant de l'acide sulfurique, et au-dessus, soigneusement isolé (*fig.* 179), un bouchon de liège, sur la partie supérieure duquel on a creusé une petite cavité, et que l'on a légèrement fait brûler à la surface. Dans cette cavité on verse un peu d'eau qui, grâce à la carbonisation du liège, ne le mouille pas et reste ainsi isolée. On fait alors le vide rapidement ; l'ébullition se produit ; mais les vapeurs sont absorbées par l'acide sulfurique à mesure qu'elles se forment, de sorte que la pression ne peut jamais augmenter sous le récipient; l'ébullition continue donc, et comme la goutte d'eau est soigneusement isolée, c'est elle-même qui fournit la chaleur nécessaire; elle se refroidit et se transforme au bout de quelques minutes en un petit morceau de glace.

On peut encore montrer le froid produit par l'évaporation en plaçant un tube à essai plein d'eau au milieu d'un tampon d'ouate que l'on imbibe d'éther; au moyen d'un courant d'air que l'on projette sur le tampon avec un soufflet, on accélère l'évaporation de l'éther; la chaleur nécessaire est empruntée au tube et à l'eau, qui est bientôt congelée.

Le *cryophore* de Wollaston[1], fondé sur le principe de Watt, met encore en évidence le froid produit par l'évaporation. Il se compose (*fig.* 180) d'une boule de verre A réunie par un tube recourbé à une boule de verre B terminée en pointe effilée. On a d'abord mis de l'eau dans la boule A et on l'a portée à l'ébullition; quand tout l'appareil a été purgé d'air, on a fermé à la lampe l'extrémité de la pointe de la boule B.

Si maintenant on plonge la boule B dans un mélange réfrigérant, il s'établit une distillation continue de la boule A vers la boule B et, au bout de quelques minutes, l'eau contenue dans la boule A est entièrement congelée.

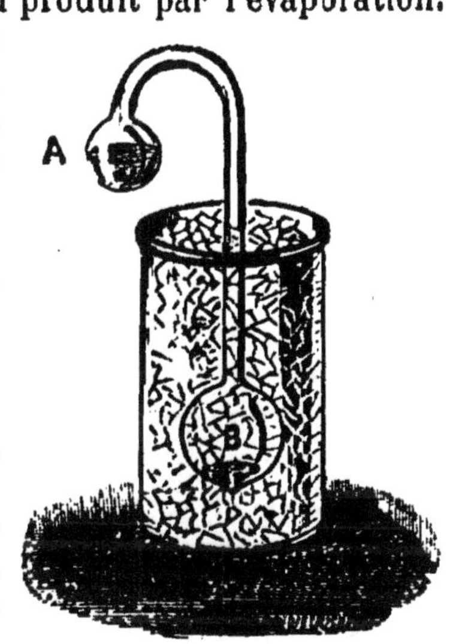

Fig. 180. — Cryophore de Wollaston.

236. Machine pneumatique de M. Carré pour congeler l'eau. — On utilise fréquemment dans l'industrie le phénomène de l'évaporation pour la production du froid. M. Carré a imaginé, sur le principe de l'expérience de Leslie, un appareil qui permet de congeler assez facilement l'eau d'une carafe. C'est un réservoir en plomb (*fig.* 181), contenant de l'acide sulfurique; dans ce réservoir s'ouvre un tuyau S à l'extrémité duquel on fixe, avec un bouchon en caoutchouc, une carafe A contenant de l'eau. Le réser-

---

1. Wollaston (William), physicien anglais (1766-1828), inventeur de la pile qui porte son nom, du goniomètre à réflexion, du cryophore, etc.

voir communique par un autre tube avec une petite machine
pneumatique de Carré, que l'on manœuvre au moyen d'un
levier. Avec cette machine on fait le vide dans la carafe ; l'eau
entre en ébullition ; et sa vapeur est absorbée à mesure par
l'acide sulfurique ; l'ébullition continue donc, et le refroidis-

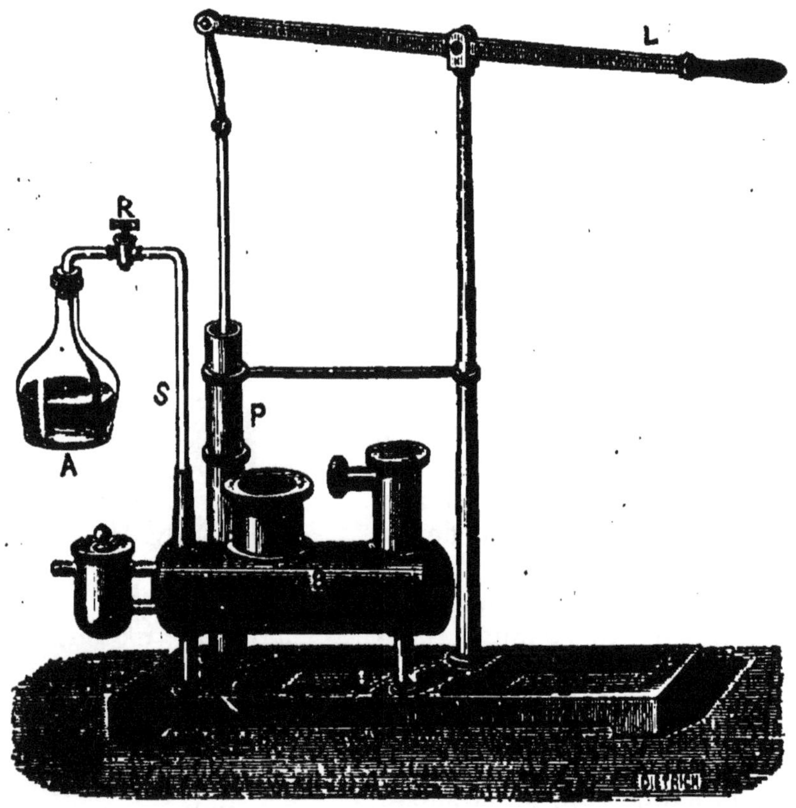

Fig. 181. — Machine de Carré ; B, réservoir en plomb renfermant de l'acide
sulfurique ; S, tube de communication avec la carafe A ; P, machine pneumatique ;
L, levier ; R, robinet.

sement produit par la vaporisation de l'eau suffit pour
amener la congélation du liquide.

237. Applications diverses. — Alcarazas. — Le froid
produit par l'évaporation est utilisé dans les pays chauds
pour rafraîchir l'eau dans les *alcarazas*. On nomme ainsi
des vases de terre assez poreux pour que l'eau, filtrant lentement à travers leurs parois, vienne s'évaporer à leur surface,
surtout si on les place dans un courant d'air.

Évaporation dans le vide. — Dans les laboratoires, on a

souvent besoin d'enlever l'excès d'eau que contiennent certaines substances. On ne peut pas toujours opérer cette concentration par l'action de la chaleur, parce que les substances se décomposeraient; alors on opère dans le vide; pour cela, on place un triangle en verre au-dessus d'un cristallisoir renfermant de l'acide sulfurique; sur le triangle on pose une capsule contenant la substance à concentrer; on met le tout sur la platine d'une machine pneumatique; on recouvre d'une cloche; on fait le vide et on ferme le robinet de communication de la platine avec le corps de pompe de la machine; l'eau s'évapore rapidement; la vapeur d'eau est absorbée par l'acide sulfurique et la concentration s'effectue sans que la matière soit décomposée.

238. Froid produit par l'évaporation des gaz liquéfiés. — Nous avons vu que la vaporisation d'un liquide exige une certaine quantité de chaleur, puisque, pendant toute la durée de l'ébullition du liquide, la température de la vapeur formée reste constante; la chaleur fournie par le foyer est uniquement employée au changement d'état. Cette chaleur, transformée en travail, a reçu le nom de **chaleur de vaporisation**. Si le liquide se vaporise sans l'intervention d'une source de chaleur, il empruntera à lui-même et aux corps qui y sont plongés la chaleur nécessaire à la vaporisation. On utilise cette absorption de chaleur pour produire de basses températures. Ainsi, en activant l'évaporation de l'anhydride sulfureux liquide, on obtient un froid capable de solidifier le mercure. M. *Carré* a construit sur ce principe un appareil destiné à fabriquer de la glace artificielle à l'aide de l'ammoniaque liquéfiée. M. *Pictet* produit artificiellement la glace à l'aide de l'anhydride sulfureux liquide. M. *Tellier* se sert dans le même but de l'éther méthylique.

239. Solidification de l'anhydride carbonique. — L'évaporation rapide d'un gaz liquéfié peut en déterminer la solidification; ainsi, si l'on ouvre le robinet du récipient renfermant le gaz carbonique liquéfié, un jet liquide s'échappe dans l'atmosphère et se vaporise instantanément en partie, en empruntant à lui-même la chaleur nécessaire à sa vaporisation; la partie qui se vaporise refroidit suffisamment l'autre partie pour en opérer la solidification. On obtient alors une neige blanche, dont la température est de —80° et qui ne se transforme que très lentement en gaz carbonique.

240. Production des basses températures. — Faraday avait déjà employé le mélange d'anhydride carbonique solide et d'éther pour obtenir une température de —100°; MM. *Cailletet* et *Collardeau* ont montré que l'éther dissout la neige carbonique et que le froid maximum est atteint lorsque l'éther est saturé. En entretenant la saturation de l'éther par de petites quantités de neige carbonique ajoutées peu à peu, on obtient une température constante de — 77°, tandis que la neige carbonique seule donne une température de — 60°. Dans le vide, la température s'est abaissée jusqu'à — 103°.

En opérant avec d'autres dissolvants, on obtient une température d'autant plus basse que la solubilité de la neige carbonique est plus grande. Avec le *chlorure de méthyle*, la température est de — 82° sous la pression ordinaire et de — 106° dans le vide.

On peut obtenir des températures plus basses encore par l'évaporation des gaz liquéfiés, soit à l'air libre, soit dans le vide. Voici le tableau de quelques basses températures obtenues par ce procédé :

Éthylène liquide...	à la pression atmosphérique...	— 102°
— ...	dans le vide..................	— 140° env.
Formène liquide...	à la pression atmosphérique..	— 155° env.
Oxygène...........	—	— 184° env.
—	dans le vide..................	— 200° env.

CHAPITRE IX

HYGROMÉTRIE

Sommaire. — 1. L'état hygrométrique de l'air est le rapport entre la tension actuelle f de la vapeur d'eau dans l'air et la tension maxima F de la vapeur d'eau à la même température :

$$e = \frac{f}{F}.$$

2. Les principaux hygromètres sont : l'hygromètre chimique, l'hygromètre de condensation, l'hygromètre d'absorption.

241. L'air atmosphérique renferme toujours de la vapeur d'eau ; il suffit, pour s'en assurer, d'abandonner à l'air des *sels déliquescents*, comme du chlorure de calcium fondu ou du carbonate de potasse ; au bout de très peu de temps, l'augmentation de poids éprouvée par ces corps indique qu'ils ont absorbé de la vapeur d'eau. De même, en été, une carafe d'eau fraîche que l'on place sur une table ne tarde pas à se recouvrir de rosée par suite de la condensation de la vapeur d'eau contenue dans l'air, au contact de la paroi froide de la carafe. — Lorsque l'air est presque saturé de vapeur d'eau, il suffit d'un petit abaissement de température pour qu'une partie de la vapeur se condense : on dit alors que l'air est *très humide*. Si au contraire l'air est loin d'être saturé, il faudra un notable abaissement de température pour provoquer la condensation de la vapeur : on dit alors que l'air est *sec*. L'air est donc plus ou moins *humide* suivant que la vapeur d'eau qu'il renferme est plus ou moins rapprochée de son point de saturation. Supposons par exemple que la vapeur d'eau contenue dans une masse d'air ait une force élastique égale à 8 millim. et que la température soit de 10°, cette masse d'air sera très humide puisque, à 10°, la tension maxima de la vapeur d'eau est de 9 millim. et qu'il suffira par conséquent d'un abaissement de 1 ou 2° pour que la vapeur devienne saturante et commence à se transformer en pluie. Au contraire, si la vapeur conservant sa force élastique de 8 millim., la température était de 20°, cet air serait très sec, car à 20° la tension maxima de la vapeur d'eau est de 17 millim., et il faudrait un refroidissement de 11 à 12° pour obtenir un commencement de condensation.

L'état hygrométrique ne peut donc s'apprécier que par la comparaison entre la tension actuelle f de la vapeur et la tension maxima F à la même température. — On appelle *état hygrométrique* de l'air le rapport entre la tension actuelle f de la vapeur d'eau dans l'air et la tension maxima F de la vapeur d'eau à la même température. On le désigne par e et l'on pose :

$$c = \frac{f}{F}.$$

Or la valeur maxima de f est F, alors $e = 1$; l'état hygrométrique sera donc toujours exprimé par une quantité plus petite que l'unité; aussi l'appelle-t-on parfois *fraction de saturation*.

Les instruments à l'aide desquels on détermine l'état hygrométrique de l'air ont reçu le nom d'**hygromètres**.

Il est à remarquer que, F étant toujours donné par les

tables des tensions maxima de la vapeur d'eau à toutes
les températures, les hygromètres auront pour but de déterminer f, soit directement, soit indirectement.

242. Hygromètre chimique. — Le plus précis de
tous les hygromètres est l'*hygromètre chimique*, imaginé par
Brünner ; il se compose d'une série de tubes en U · (*fig.* 182)
contenant des fragments de pierre ponce imbibés d'acide

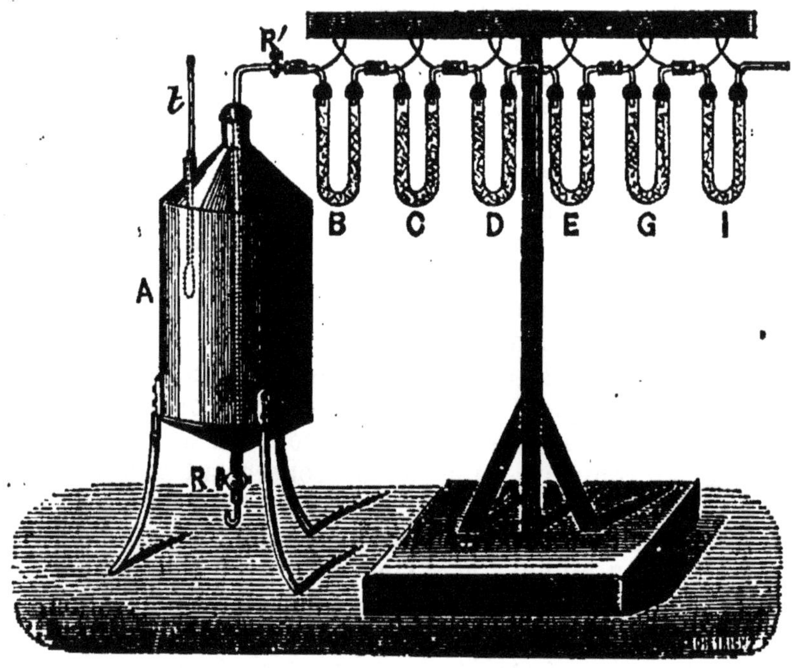

Fig. 182. — Hygromètre chimique. — A, aspirateur ; B, tube en U destiné à
arrêter la vapeur d'eau provenant de l'aspirateur ; C, tube témoin ; D, E, G, I,
tubes en U destinés à absorber la vapeur d'eau contenue dans l'air qui traverse
l'appareil ; t, thermomètre.

sulfurique ; ces tubes communiquent d'une part avec l'atmosphère et d'autre part avec un aspirateur A, rempli d'eau
que l'on fait écouler par un robinet placé à la partie inférieure. Le vide formé dans l'aspirateur par l'écoulement du
liquide est comblé par de l'air extérieur qui est obligé de
traverser les tubes en U et de s'y débarrasser de la vapeur
d'eau qu'il contient. Le tube B est destiné à absorber la
vapeur d'eau émise par l'aspirateur ; le tube C est un tube
témoin dont le poids doit rester invariable pendant toute la
durée de l'expérience ; les tubes D, E, G et I ont été pesés
avec soin avant l'expérience. Pour faire une expérience, on

remplit l'aspirateur d'eau et on met les tubes en U en place;
puis on fait écouler très lentement l'eau de l'aspirateur
en ouvrant les robinets R et R', on recueille l'eau dans un
récipient gradué et on détermine le volume V' de l'eau écoulée, lorsqu'on arrête l'expérience. On détache les tubes D,E,
G et I et on les pèse; leur augmentation de poids p donne le
poids de la vapeur d'eau contenue dans la masse d'air
humide qui a traversé l'appareil et occupant actuellement la
capacité V' de l'aspirateur. Mais dans l'atmosphère, cette
masse d'air, qui n'était pas saturée, avait un volume V plus
petit que V'; elle renfermait, en effet, une masse d'air sec de
volume V, de température t et de pression H-f, en désignant
par H la pression atmosphérique et par f la force élastique
de la vapeur d'eau dans l'air; elle renfermait, en outre, une
masse de vapeur d'eau de volume V, de température t et de
pression f; le poids p de cette vapeur a pour expression:

$$p = \frac{V}{1 + \alpha t} \times \frac{f}{760} \times 0{,}001293 \times \frac{5}{8}.$$

Si, dans cette formule, nous remplaçons le volume V qui
est inconnu par sa valeur, en fonction du volume V' de
l'eau qui s'est écoulée, nous pourrons obtenir f qui sera la
seule inconnue. Or, la masse d'air sec occupe maintenant le
volume V' de l'aspirateur sous la pression H-F, en supposant
que la pression atmosphérique n'ait pas changé; nous pouvons donc écrire, d'après la loi de Mariotte :

$$V\,(H - f) = V'\,(H\text{-}F);$$

d'où :
$$V = V' \times \frac{H - F}{H - f}.$$

En remplaçant dans (1) V par cette valeur, on a :

$$p = V' \times \frac{H - F}{H - f} \times \frac{1}{1 + \alpha t} \times \frac{f}{760} \times 0{,}001203 \times \frac{5}{8}.$$

équation d'où l'on tirera la valeur de f.
L'état hygrométrique de l'air sera alors :

$$e = \frac{f}{F}.$$

Ce procédé est excellent en théorie; en pratique il présente
quelques inconvénients : pour que toute la vapeur d'eau soit

bien retenue dans les tubes absorbants, il faut que l'air y passe lentement; l'expérience dure donc assez longtemps, et pendant ce temps la quantité de vapeur contenue dans l'air peut changer : on n'obtient donc que l'état hygrométrique moyen pendant la durée de l'expérience, et non l'état vrai à un moment donné.

243. Hygromètres de condensation. — Le principe de ces instruments est le suivant : *Quand un corps se refroidit dans l'atmosphère, il refroidit la masse d'air humide qui l'entoure, sans que la force élastique de la vapeur d'eau qu'elle contient soit modifiée, non plus que la pression totale.* Ce principe est la conséquence de l'état d'équilibre qui doit exister entre la masse d'air refroidie et l'atmosphère entière.

On sait, d'autre part, que la tension maxima nécessaire pour saturer l'air est d'autant plus faible que la température est plus basse, ce qui fait que la tension actuelle f, insuffisante pour saturer l'air à la température du moment, pourra, avec la *même valeur*, le saturer à une température moins élevée.

Considérons donc un corps placé dans l'atmosphère et dont la température s'abaisse progressivement; il arrivera un moment où la masse d'air humide refroidi sera saturée par sa propre vapeur; et si ce refroidissement continue, une partie de la vapeur d'eau se condensera à l'état de *rosée* sur la surface du corps refroidi. Soit t la température à laquelle le dépôt de rosée commence à s'effectuer, c'est-à-dire la température où la tension f est devenue saturante; nous aurons la valeur de f en cherchant dans les tables quelle est la tension maxima relative à cette température t. Cherchons maintenant dans les tables la force élastique F de la vapeur d'eau correspondant à la température T de l'atmosphère; l'état hygrométrique de l'air aura pour expression :

$$ e = \frac{f}{F}. $$

En résumé, le procédé revient à déterminer la température t à laquelle la rosée commence à se déposer : t s'appelle le *point de rosée.*

On se servait autrefois à cet effet, de l'*hygromètre de Daniell*[1];

---

1. Daniell (Jean-Frédéric), physicien anglais (1790-1845), fit de nombreux travaux sur l'électricité et sur la chaleur. Il inventa la pile électrique de Daniell remarquable par la constance du courant qu'elle produit.

aujourd'hui on emploie l'*hygromètre de Regnault* ou celui d'*Alluard*.

L'hygromètre de Regnault se compose d'un dé mince en argent D (*fig.* 183) contenant de l'éther, et sur lequel on a mastiqué un tube de verre dont le bouchon est traversé par un thermomètre très sensible T et par un tube de verre *t* qui plongent tous deux dans l'éther. Une tubulure latérale met

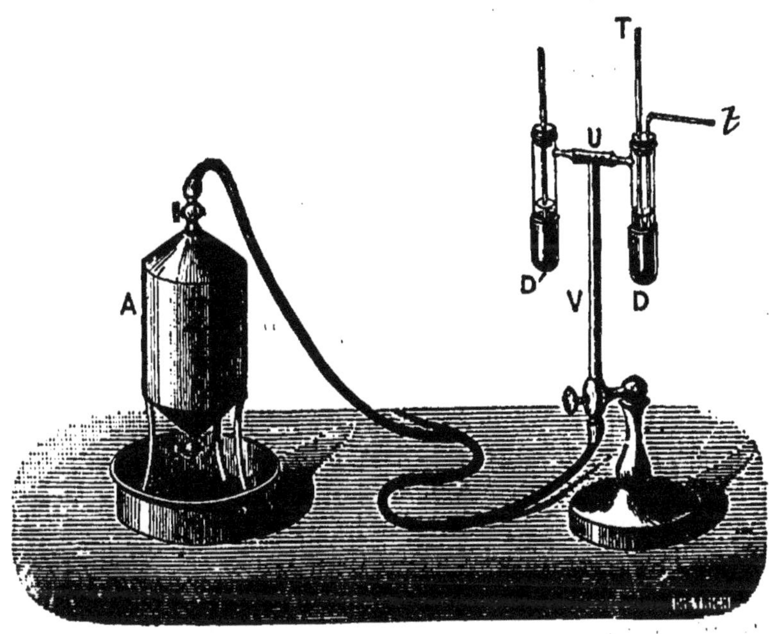

Fig. 183. — **Hygromètre de Regnault.** — D, dé en argent contenant de l'éther, sur lequel s'effectue le dépôt de rosée; D', dé témoin; A, aspirateur; T, thermomètre.

l'intérieur en communication avec un aspirateur A par un tuyau V, contenu dans le pied de l'appareil, et un long tube de caoutchouc. Quand on fait écouler l'eau de l'aspirateur, le vide se produit en D, et l'air rentre par le tube *t* en traversant la couche d'éther. Il en résulte une évaporation rapide de ce liquide, et par suite un refroidissement qui se communique immédiatement au dé de métal; l'air extérieur se refroidit au contact et arrive bientôt à la saturation, comme dans le cas précédent. On note alors le point de rosée *t* indiqué par le thermomètre T.

Comme on pourrait n'apercevoir le dépôt de rosée qu'un peu après le moment où il a commencé à se former, ce qui donnerait une température trop basse, on arrête l'aspirateur et on laisse l'hygromètre se réchauffer spontanément; la rosée disparaît à une température t' qui est un peu plus haute que le point de rosée vrai, puisqu'il faut à l'eau un certain temps pour s'évaporer; on aura le point de rosée exact en prenant la moyenne $\dfrac{t + t'}{2}$.

Pour rendre le dépôt de rosée plus apparent, on dispose un second dé d'argent D' identique au premier, mais ne contenant pas d'éther; sa surface reste donc toujours brillante, et le contraste permet de mieux discerner les premières traces de rosée au moment où elles commencent à se déposer en D.

Avec un peu d'habitude, on arrive à ce que les températures t et t' d'apparition et de disparition de la rosée ne diffèrent pas de plus de $0°,2$: on a donc le point de rosée à moins de $0°,1$. On voit que la méthode est très exacte ; de plus, on dispose l'aspirateur assez loin de l'hygromètre, et on observe le thermomètre T avec une lunette, de façon que rien ne puisse modifier la composition de l'air dans le voisinage de l'appareil.

M. Alluard a récemment donné à cet appareil une forme un peu plus commode encore. Le dé d'argent est remplacé par une petite boîte de laiton doré ayant la forme d'un prisme droit à base carrée, de sorte que le dépôt de rosée se produit sur une face plane. Cette face plane est encadrée dans une lame de laiton doré qui ne la touche pas et conserve alors tout son éclat. Les deux surfaces, que l'on doit regarder en même temps pour bien juger de la formation de la rosée, sont donc très voisines et dans un même plan, ce qui rend l'observation plus facile.

244. Hygromètre d'absorption.—Un grand nombre de matières organisées, telles que les *cheveux*, les *cordes à boyaux*, exposées à l'air humide, s'allongent quand l'état hygrométrique de l'air augmente et se raccourcissent quand l'air devient moins humide. L'*hygromètre à capucin* est fondé sur cette propriété. Le même principe a présidé à la construction de l'**hygromètre à cheveu**, imaginé par *de Saussure*.

Il prit un cheveu blond, long et fin, préalablement dégraissé par des lavages dans une solution faible de carbonate de soude, dans l'alcool et dans l'éther. Il le saisit dans une pince A fixée à un cadre en laiton (*fig.* 184), et il fixa l'autre extrémité du cheveu en un point de la gorge d'une poulie très légère B, pouvant tourner autour d'un axe horizontal passant par son

centre de gravité. La poulie porte une seconde gorge sur
laquelle s'enroule en sens contraire un fil de soie supportant
un poids très léger C, maintenant le cheveu constamment
tendu. L'axe de la poulie porte une aiguille légère ayant son
centre de gravité sur l'axe de rotation et se trouvant par conséquent toujours en équilibre dans toutes ses positions. Lorsque
le cheveu s'allonge, l'aiguille tourne de
haut en bas par suite de l'enroulement du
cheveu; lorsque celui-ci se raccourcit,
l'aiguille tourne en sens contraire.

L'extrémité de l'aiguille se déplace devant un cadran gradué de la manière suivante : l'instrument est placé sous une
cloche fermée dans laquelle on a mis de
l'eau; l'aiguille tourne vers le bas, à
mesure que le cheveu s'allonge, et, quand
elle est devenue bien stationnaire, on note
l'endroit où elle s'arrête, et on y marque
le chiffre 100 : c'est l'humidité absolue.
Puis on place le cheveu sous une autre
cloche contenant, au lieu d'eau, de l'acide
sulfurique; l'air de cette cloche est donc
parfaitement sec; on marque 0 à l'endroit du cadran où vient se fixer l'aiguille: c'est la sécheresse absolue; puis
on divise l'intervalle en 100 parties
égales.

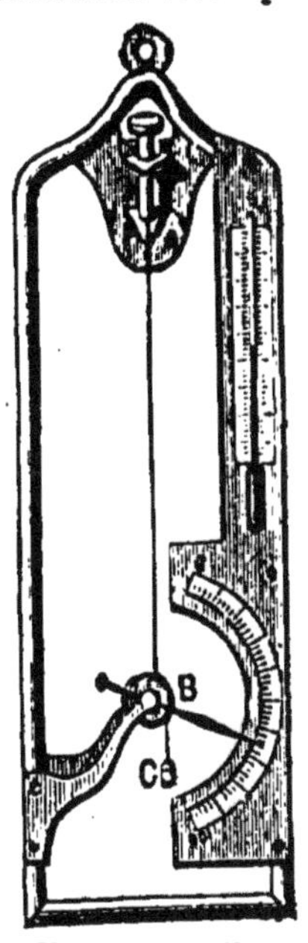

Fig. 184. — Hygro-
mètre à cheveu. —
Le cheveu s'allonge
par l'humidité et se
raccourcit par la sé-
cheresse.

Les divisions ainsi obtenues ne représentent pas l'état hygrométrique de l'air,
comme l'ont montré Gay-Lussac et Re-
gnault; ainsi, quand l'instrument marque 50, l'état hygrométrique n'est réellement que 0,28 environ. Il faut donc construire, pour chaque instrument, une table qui donne l'état
hygrométrique correspondant à une division quelconque. On
emploie pour cela un procédé dû à Gay-Lussac. On place
l'instrument sous une cloche contenant un mélange de proportions quelconques d'eau et d'acide sulfurique. La tension
de vapeur émise par ce mélange est plus faible que celle de
l'eau pure; on la mesure en introduisant quelques gouttes
du mélange dans un baromètre, et en opérant comme on a
fait pour la force élastique maxima de la vapeur d'eau. En
divisant la force élastique ainsi obtenue par la force élastique
maxima de la vapeur d'eau pure à la même température, on

obtient l'état hygrométrique de l'air de la cloche, qui correspond au chiffre indiqué par l'aiguille. En répétant l'expérience avec des mélanges d'eau et d'acide en différentes proportions, on arrive à construire une table qui donne l'état hygrométrique correspondant à chaque division du cadran. Il est nécessaire de graduer séparément chaque hygromètre, car les moindres différences dans la structure du cheveu, la manière dont on l'a préparé et même sa couleur suffisent pour changer les indications de l'instrument. Regnault a, du reste, beaucoup facilité cette graduation en publiant les tables de la force élastique de la vapeur émise, aux températures ordinaires, par des mélanges en proportions déterminées d'eau et d'acide sulfurique.

L'hygromètre à cheveu est certainement le plus simple de tous à observer, et il peut donner de bons résultats, si l'on a soin de se conformer aux précautions suivantes :

Il faut toujours éviter de placer le cheveu dans une atmosphère absolument sèche, car on l'altère alors d'une manière permanente ; on doit donc déterminer le point 100 comme il a été dit plus haut ; mais, au lieu du point 0, on prend comme limite inférieure une humidité quelconque connue, 10 par exemple, donnée par un mélange d'eau et d'acide sulfurique.

Enfin, on doit contrôler de temps en temps l'hygromètre en déterminant son point 100, et en le comparant avec un hygromètre à condensation, de Regnault par exemple, pendant les temps secs.

Problème. — Quel est le poids d'une masse d'air humide ayant pour volume V, pour température t, pour état hygrométrique e. la pression atmosphérique étant H ?

Solution. — D'après la formule qui donne l'état hygrométrique, $e = \dfrac{f}{F}$, la vapeur d'eau contenue dans l'air humide a pour force élastique e F ; l'air sec a pour force élastique $H - e$ F ; donc le poids de la masse d'air humide sera, en appliquant la formule établie précédemment :

$$ P = \frac{V}{1 + \alpha t} \times \frac{H - \frac{3}{8} e F}{760} \times 0{,}001293. $$

Problème. — Une masse d'air humide a pour état hygrométrique $\dfrac{2}{5}$; on réduit son volume au tiers de ce qu'il était primitivement, on demande quel est son nouvel état hygrométrique la température restant constante?

Solution. — Puisque la température reste constante, la tension maxima F de la vapeur ne change pas, mais la force élastique f de la vapeur tend, par la compression, à devenir trois fois plus forte, en sorte que l'état hygrométrique tend à devenir $\dfrac{2 \times 3}{5} = \dfrac{6}{5}$.

Mais l'état hygrométrique ne peut être supérieur à l'*unité*, donc le nouvel état hygrométrique est 1 et une partie de la vapeur d'eau s'est condensée.

Exercices. — **1.** Dans un mètre cube d'air à 20°, on a trouvé 11ᵍʳ,56 de vapeur d'eau. Quel est l'état hygrométrique de cet air? On sait que, à 20°, la tension maxima de la vapeur d'eau est 17ᵐᵐ,4 ; 1 litre d'air à 0° pèse 1ᵍʳ,3 sous la pression de 0ᵐ,76; la densité de la vapeur est les $\dfrac{5}{8}$ de celle de l'air.

2. Trouver le poids de la vapeur d'eau contenue dans un mètre cube d'air humide, dont la température est 20° et l'état hygrométrique 0,3 — Trouver aussi le poids de cet air humide lui-même, sachant que sa force élastique totale est 756 millimètres.

3. Un espace de un mètre cube de capacité, entretenu à la température de 20°, renferme de l'air humide dont l'état hygrométrique est $\dfrac{3}{4}$. La température venant à s'abaisser jusqu'à zéro, on demande de trouver le poids de la vapeur qui devra se liquéfier. — On prendra pour poids du mètre cube d'air, dans les conditions normales de température et de pression, 1ᵏⁱˡ,293 ; pour poids spécifique de la vapeur, 0,622; on sait, d'ailleurs, que la tension maxima de la vapeur est, à 20°, de 17ᵐᵐ,391 ; à zéro, de 4ᵐᵐ,6.

4. Une masse d'air humide a pour pression 764 millimètres et pour volume 10 litres. On réduit le volume à 6 litres et la pression est devenue égale à 1260 millimètres. On demande quel était l'état hygrométrique initial? (F $=$ 28ᵐᵐ).

5. On mélange dans un récipient de 10 litres : 1° 12 litres d'hydrogène dont l'état hygrométrique est $\dfrac{1}{3}$; 2° 6 litres d'azote dont l'état hygrométrique est $\dfrac{1}{2}$; 3° 8 litres d'oxygène dont l'état hygrométrique est $\dfrac{1}{4}$. Quel est l'état hygrométrique du mélange?

CHAPITRE X

MÉTÉORES AQUEUX

Sommaire. — 1. La présence de la vapeur d'eau contenue dans l'air en quantité plus ou moins considérable est la cause des divers météores aqueux qui s'y produisent.

2. Les *brouillards* sont dus à la condensation de la vapeur d'eau que renferment les couches inférieures de l'atmosphère.

3. Les *nuages* ne sont autre chose que des brouillards se formant à des altitudes plus ou moins considérables; les principales formes sont : les cirrus, les cumulus, les stratus et les nimbus.

4. La *pluie* est due au refroidissement des nuages, ce qui fait que les globules qui les constituent s'accroissent par la condensation de la vapeur environnante et tombent sur la terre.

5. La *neige* et le *grésil* sont formés par des aiguilles de glace résultant de la condensation de la vapeur d'eau à une température égale ou inférieure à 0°.

6. La *grêle* est formée d'un morceau de glace autour duquel de nouvelle glace s'est déposée par couches concentriques.

7. Le *verglas* est dû à la solidification instantanée de la pluie tombant à l'état de surfusion.

8. La *rosée* est la vapeur condensée en gouttelettes qui se déposent pendant la nuit sur les corps placés sur le sol et dont le pouvoir émissif est assez considérable.

9. La *gelée blanche* se produit quand les objets sur lesquels la rosée s'est déposée atteignent une température inférieure à 0°. Les vignerons la combattent parfois par des nuages artificiels.

245. Quantité de vapeur d'eau répandue dans l'air. — L'air renferme toujours de la vapeur d'eau, ce qui le rend plus ou moins humide; à la surface du sol, et dans nos climats, l'état hygrométrique est en moyenne représenté par la fraction $\frac{1}{2}$; il ne descend jamais au-dessous de $\frac{1}{7}$, et par les temps de brouillard et de dégel il peut atteindre l'unité.

A mesure qu'on s'élève dans l'atmosphère, l'hygromètre se rapproche du point zéro : Gay-Lussac a constaté qu'à 7 000 mètres d'altitude la fraction de saturation n'était plus que $\frac{1}{8}$.

L'état hygrométrique ne nous renseigne pas exactement sur la quantité de vapeur d'eau contenue dans l'air, puisque cet état dépend aussi de la température de l'atmosphère au moment considéré. C'est ainsi qu'au lever du soleil l'air est le plus humide de la journée, quoique contenant la plus petite quantité absolue de vapeur d'eau; cela tient à ce qu'à ce moment a lieu le minima de température.

De même, c'est à la fin de décembre que l'air est le plus humide, et c'est à la fin de juillet qu'il est le plus sec ; or, la quantité absolue de vapeur d'eau que renferme l'air est beaucoup moindre en hiver qu'en été.

A 35° un mètre cube d'air saturé renferme 40 grammes de vapeur d'eau; à la même température, mais à l'état hygrométrique de 0,25 il n'en renferme plus que 10 grammes.

Lorsque l'air humide est soumis à un refroidissement croissant, il est bientôt saturé; puis, à partir de ce moment, une portion de la vapeur se condense. C'est ainsi que se forment les brouillards, les nuages, la pluie, la neige, le grésil, la grêle, le givre, le verglas, la rosée et la gelée blanche.

246. Brouillards. — Si le refroidissement envahit une grande masse d'air, la vapeur se transforme sur place en très petites gouttelettes d'eau qui donnent à l'air une opacité plus ou moins grande; ces gouttelettes restent en suspension à cause de la résistance que l'air oppose à leur chute. Si cette condensation se fait près du sol, on a un *brouillard;* c'est un **nuage** si elle se produit dans les couches élevées de l'atmosphère.

Les brouillards se forment surtout dans le voisinage des mers, des fleuves, des étangs, parce que l'eau se refroidissant moins vite que l'atmosphère, donne des vapeurs qui arrivent au milieu de l'air, et y subissent un abaissement de température suffisant pour les rendre plus que saturantes.

Le soir, au-dessus des prairies, on voit assez souvent se former un brouillard que l'on appelle le **serein** : cela tient à ce que, à cette heure de la journée, le sol se refroidit rapidement; il refroidit alors les couches d'air qui le recouvrent et qui sont chargées de vapeur d'eau, ce qui détermine la condensation de cette vapeur.

Dès que le soleil se montre, l'air réchauffé peut contenir une plus grande quantité de vapeur d'eau, les gouttelettes se vaporisent, le brouillard disparaît et l'air reprend sa transparence.

Au contraire, si le refroidissement de l'atmosphère continue à s'accentuer, ou si le temps reste couvert, les gouttelettes grossissant, ne peuvent plus rester en suspension : on dit que le brouillard *tombe*.

247. Nuages. — L'air qui touche le sol se charge de vapeur d'eau et s'échauffe pendant une partie de la journée; pour ces deux raisons il devient plus léger et s'élève dans l'atmosphère. Par suite de la détente qu'il éprouve et à cause de l'abaissement progressif de la température des régions où il arrive, cet air ne tarde pas à devenir saturé, puis la condensation commence, un véritable brouillard se produit dans les hauteurs de l'atmosphère et constitue un **nuage.**

Les nuages se forment encore lorsque les vents froids du nord soufflent dans une région chaude et humide, ou bien quand un vent humide venu du sud ou du sud-ouest rencontre l'air froid des régions supérieures.

Les formes des nuages sont très variables; on peut cependant les ramener à quatre types principaux :

1° Les **cirrus** (représentés en 1) sur la figure 185; ce sont des nuages blancs, très déliés offrant l'apparence de flocons de laine ou de barbes de plumes; leur altitude peut atteindre de 7 à 10 kilomètres. Ils sont souvent formés de petits glaçons et c'est ce qui explique la formation des cercles blanchâtres ou colorés. les **halos** en particulier, autour du soleil ou de la lune par le passage de leurs rayons lumineux à travers ces nuages.

Dans nos contrées, les cirrus annoncent le retour des vents du sud-ouest et présagent la pluie.

2° Les **cumulus** (représentés en 2) sont les gros et magnifiques nuages blancs, à contours arrondis, entassés les uns sur les autres et ayant l'aspect de montagnes couvertes de neige; leur hauteur varie entre 400 et 6 000 mètres. Ils annoncent un temps incertain : des pluies, des orages imminents.

3° Les **stratus** (représentés en 3) sont de longues bandes horizontales que l'on remarque souvent au coucher du soleil; ils ne constituent pas un type distinct : ce sont des nuages d'un autre type, généralement des cumulus, que la perspective nous montre par la tranche.

Les stratus rouges du soir annoncent en général le beau temps.

4° Les **nimbus** (représentés en 4) sont de gros nuages

sombres, occupant parfois une étendue considérable et inter-
ceptant la lumière du soleil. Ils planent beaucoup plus bas
que les précédents et peuvent raser le sol.

Ils se résolvent généralement en pluie.

La suspension des nuages s'explique de la même façon
que celle des brouillards; il faut remarquer d'ailleurs que

Fig. 185. — Principales formes des nuages. — 1° cirrus; 2° cumulus;
3° stratus; 4° nimbus.

les fines gouttelettes qui les constituent ne se meuvent pas
seulement horizontalement, lorsqu'elles sont poussées par
le vent, mais qu'elles tombent sans cesse quoique très lentement. Leur chute est, en effet, ralentie par la résistance de
l'air et par les courants ascendants qui s'élèvent du sol; en
outre, dans leur descente progressive, elles rencontrent
des couches d'air plus chaudes et non saturées, aussi se
vaporisent-elles à nouveau : la vapeur produite s'élève, reforme un peu plus haut de nouvelles gouttelettes qui recom-
mencent à tomber et ainsi de suite.

Le nuage se dissipe pour ainsi dire à la partie inférieure,
tandis qu'il se reforme par la partie supérieure. Il suffit

d'ailleurs, pour vérifier ce fait, d'observer un nuage pendant quelques instants; on y constatera vite des changements de forme incessants.

248. Pluie. — Quand la température s'abaisse au sein d'un nuage, les globules s'accroissent par la condensation de la vapeur environnante; ils se soudent entre eux et alors descendent jusqu'à terre sous la forme de gouttes à peu près sphériques, constituant la *pluie*.

Lorsque les couches d'air que la pluie traverse sont loin de leur point de saturation, les gouttes d'eau s'évaporent superficiellement pendant leur chute et ne forment en arrivant à terre qu'une pluie très fine ; c'est ce qui arrive dans nos climats quand la pluie est le résultat du mélange d'air chaud et humide venant des régions équatoriales avec le courant d'air froid venant des régions polaires.

Si au contraire les couches d'air sont presque saturées, les gouttes de pluie qui les traversent, se trouvant plus froides qu'elles, condensent à leur surface une partie de la vapeur et acquièrent un diamètre considérable; ce dernier cas se produit en particulier quand les courants atmosphériques descendants amènent des cirrus dans la région moins élevée des cumulus; il se produit une condensation rapide : les cristaux fondent et deviennent le centre de formation de grosses gouttes qui tombent parfois de très haut. Les pluies d'été ou d'orage semblent avoir cette origine.

249. Pluviomètre. — Il est important de rechercher pour les divers points de la surface de la terre la quantité d'eau qui tombe à chaque période de pluie, et par suite pendant l'année entière. Les instruments servant à cet usage sont appelés *udomètres* ou *pluviomètres*.

Le plus simple (*fig.* 186) se compose d'un cylindre B surmonté d'un entonnoir E de même diamètre et en communication par sa partie inférieure avec un tube de verre D dans lequel l'eau s'élève au même niveau que dans le cylindre. On place l'appareil bien verticalement dans un endroit très découvert, au sommet d'un édifice par exemple. Une règle divisée en centimètres et millimètres

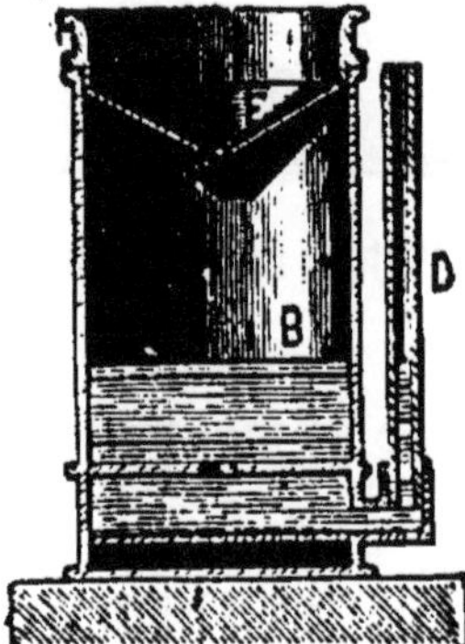

Fig. 186. — Pluviomètre. — La pluie tombe en E et s'accumule en B, elle s'élève en D au même niveau qu'en B.

permet, après chaque pluie, d'apprécier la couche d'eau tombée. Marque-t-elle 4 millimètres, on en conclut que si la pluie était tombée à la surface du sol, supposé horizontal et imperméable, elle l'aurait recouvert d'une nappe de 4 millimètres.

Le même appareil, légèrement modifié de façon à recevoir une petite lampe servant de réchaud, permet de mesurer l'eau provenant de la neige.

A Paris, la hauteur moyenne de la couche d'eau qui tombe annuellement est de $0^m,57$; à Brest $0^m,9$; à Nantes, $1^m,35$; à Lyon, $0^m,89$; à Madrid, $0^m,45$; à La Plata $1^m,72$.

250. Neige. — Lorsque la condensation de la vapeur se fait dans une région de l'atmosphère dont la température est 0° ou un peu au-dessous de 0°, au lieu de gouttes d'eau, il se forme des aiguilles de glace qui se groupent généralement en étoiles régulières, que l'on peut étudier en les recevant sur une étoffe de laine noire, préalablement refroidie à une température inférieure à zéro. Ces cristaux ou **fleurs de neige** affectent des formes très diverses : la figure 153 de la page 214 reproduit quelques-uns de ces groupements.

Grésil. — Le grésil qui est aussi de l'eau solidifiée est formé de petites aiguilles de glace pressées les unes contre les autres d'une manière confuse. On attribue sa formation à la congélation brusque des gouttelettes d'un nuage dans un air agité. C'est sous cet état que, sur les hautes montagnes, la neige tombe presque toujours.

251. Grêle. — La grêle ne se produit que dans certains nuages orageux. Elle est formée d'un morceau de glace, autour duquel de nouvelle glace s'est déposée par couches concentriques.

On peut expliquer sa formation en supposant que les aiguilles de glace des cirrus tombent dans un cumulus dont les gouttelettes, à une température inférieure à 0°, sont en surfusion, en sorte qu'autour de chaque aiguille se forment les couches de glace non cristallisées dont le nombre croît rapidement. Pour expliquer les dimensions parfois très considérables des grêlons, Volta suppose que, se formant dans un nuage électrique, ils doivent être soutenus en l'air par l'attraction des nuages qui se trouvent au-dessus et qui sont chargés d'une électricité contraire. Ils sont alors alternativement attirés et repoussés d'un nuage à l'autre, et par suite augmentent rapidement de volume.

Ils tombent lorsque leur poids est plus grand que l'attraction électrique, ou plutôt lorsque le nuage qui les attire est subitement déchargé, c'est-à-dire au moment d'un éclair.

On observe, en effet, que la grêle tombe presque toujours à la suite d'une forte décharge électrique et les grêlons arrivent par ordre de grosseur, les plus gros les premiers, comme si tous avaient été abandonnés au même instant.

252. Givre. — Le givre est un dépôt de glace ayant l'apparence de feuilles de fougère qui se fait sur les arbres et les autres objets refroidis au-dessous de 0° pendant un brouillard épais en surfusion.

Le givre est très fréquent en hiver, surtout dans les régions montagneuses.

253. Verglas. — Le verglas est une couche de glace unie et transparente qui se dépose sur le sol et les arbres quand la pluie tombe à l'état de surfusion, après avoir traversé des couches dont la température est inférieure à 0°; elle se solidifie alors instantanément, grâce au choc, et bien que parfois les corps qu'elle rencontre soient à une température un peu supérieure à 0°.

254. Rosée. — On donne le nom de *rosée* à la condensation de la vapeur d'eau atmosphérique qui est déposée pendant la nuit sous la forme de gouttelettes liquides à la surface des corps placés sur le sol.

C'est un physicien anglais, Wells, qui a donné l'explication aujourd'hui admise de ce phénomène. Dès que le soleil a disparu de l'horizon, le refroidissement du sol et de l'atmosphère se produit; mais le sol dont le pouvoir émissif est plus considérable que celui de l'air se refroidit plus rapidement que ce dernier; il est facile, en effet, de constater que, par une nuit sereine, un thermomètre posé sur le gazon accuse une température inférieure de 5 à 6 degrés à celle de l'air situé à un mètre plus haut. La couche d'air qui est en contact immédiat avec la terre sera donc à une température plus basse que les couches supérieures, et si la vapeur qu'elle contient n'est pas trop éloignée de son point de saturation, il arrivera un moment où elle se condensera partiellement et formera la rosée.

C'est d'ailleurs le même phénomène qui a lieu quand, en été, on remplit une carafe d'eau fraîche; c'est aussi sur ce phénomène que reposent les hygromètres de condensation.

255. Circonstances influant sur le dépôt de rosée. — Diverses causes influent sur la production de la rosée; ce sont : la nature des corps, l'exposition, l'état du ciel et l'agitation de l'air.

1° **Nature des corps.** — Les corps dont le pouvoir émissif est le plus considérable sont ceux qui se recouvrent le plus facilement de rosée, attendu que ce sont ceux-là qui se refroidissent le plus vite. Tels sont : l'herbe, le bois, les tuiles, etc. Sur les métaux polis, au contraire, dont le pouvoir émissif est très faible, la rosée ne se dépose presque jamais.

2° **Exposition.** — Quand la surface d'un corps est abritée et qu'une partie du ciel lui est cachée, le dépôt de rosée est faible, car si le corps perd toujours de sa chaleur en rayonnant dans tous les sens, celle qu'il envoie vers l'abri lui est restituée en quantité plus grande que celle que lui enverrait le ciel s'il était à découvert.

Il se formera donc peu de rosée ou même pas du tout sous les hangars, sous les arbres, dans le voisinage des habitations, sous une simple toile tendue au-dessus des plantes et qui leur cache le ciel.

3° **État du ciel.** — Lorsque le ciel est couvert d'épais nuages, ces nuages forment abri et on n'observe aucun dépôt de rosée.

4° **Agitation de l'air.** — Un vent très léger favorise le dépôt de rosée en chassant les couches d'air qui se sont dépouillées en partie de leur humidité et en les remplaçant par de nouvelles couches plus humides. Un vent fort, au contraire, est un obstacle à la production de la rosée, car l'air en contact avec les plantes étant constamment renouvelé, n'aura pas le temps de se refroidir de façon à atteindre son point de saturation.

256. Gelée blanche. — Il arrive parfois qu'après le dépôt de rosée, le rayonnement continuant à se produire, le refroidissement soit assez grand pour amener la température des plantes au-dessous de zéro; bien que la température de l'air même soit plus élevée, les gouttelettes de rosée se congèlent alors à l'état de *givre* ou de *gelée blanche*.

Elle se forme surtout avant le lever du soleil et un peu après.

Les gelées blanches de la fin d'avril et du commencement de mai sont très pernicieuses, car elles détruisent les bourgeons, les fleurs et compromettent les récoltes.

On attribuait autrefois la cause de ce dégât à l'influence de la pleine lune d'avril que l'on appelle encore *lune rousse*, parce que, prétendait-on, elle roussit les bourgeons et les feuilles lorsqu'elle brille.

C'est pour préserver les plantes contre les gelées tardives du printemps que les horticulteurs les recouvrent de paillassons pendant la nuit. C'est aussi dans le même but que les viticulteurs, à la même époque, brûlent dans leurs vignes des substances goudronneuses pour les recouvrir d'un nuage artificiel et protecteur de fumée lorsque le ciel est très clair.

CHAPITRE XI

CALORIMÉTRIE. — CHALEUR SPÉCIFIQUE. — CHALEUR DE FUSION. — CHALEUR DE VAPORISATION

Sommaire. — **1.** La **calorie** est la quantité de chaleur nécessaire pour élever de 0° à 1° la température de 1 kilogramme d'eau.

2. La **chaleur spécifique** d'un corps est le nombre de calories nécessaires pour élever de 1° la température de 1 kilogramme de ce corps.

3. La détermination de la chaleur spécifique d'un corps par la méthode des mélanges consiste à plonger un poids P de la substance, à la température T, dans un poids p d'eau à la température t et à écrire, lorsque l'équilibre de température est obtenu, que la chaleur abandonnée par le corps qui s'est refroidi est égale à la quantité de chaleur absorbée par celui qui s'est échauffé.

4. Dulong et Petit ont reconnu que : *les atomes des différents corps simples exigent la même quantité de chaleur pour la même élévation de température.*

5. La chaleur spécifique des gaz sous *pression constante* est plus grande que leur chaleur spécifique sous *volume constant.*

6. La **chaleur de fusion** d'un corps est le nombre de calories nécessaires pour faire passer 1 kilogramme de ce corps de l'état solide à l'état liquide, **sans variation de température.** On la détermine par la méthode des mélanges.

7. La **chaleur de vaporisation** d'un liquide à $t°$ est le nombre de calories nécessaires pour transformer un kilogramme de ce liquide en **vapeur saturante** à $t°$ sans changement de température. La méthode de Despretz, pour déterminer la chaleur de vaporisation de l'eau, repose sur le principe de la méthode des mélanges.

8. La chaleur **totale** de vaporisation de l'eau à une température T est donnée par la formule de Regnault : $Q = 606{,}5 + 0{,}305 \, T$.

257. Quantités de chaleur. — Calorie. — La calorimétrie est la partie de la physique qui a pour but l'étude des *quantités de chaleur* nécessaires pour donner lieu aux différents phénomènes calorifiques. On compare entre elles les quantités de chaleur mises en jeu en les rapportant à une quantité de chaleur prise pour unité : cette unité est la **quantité de chaleur nécessaire pour élever de 0° à 1° la température d'un kilogramme d'eau** ; on lui a donné le nom de **calorie**. Il est évident d'ailleurs que, pour élever de 0° à 1° la température de P kilogrammes d'eau, il faut lui fournir P calories.

On emploie souvent aussi la petite calorie, c'est-à-dire la quantité de chaleur nécessaire pour porter de 0° à 1° la température d'un gramme d'eau.

Mélangeons **un** kilogramme d'eau à 0° et **un** kilogramme d'eau à 60° ; l'expérience montre que l'on obtient **deux** kilogrammes à 30° ; nous en conclurons que un kilogramme d'eau, en se refroidissant de 60° à 30°, perd une quantité de chaleur égale à celle qu'absorbe un kilogramme d'eau pour s'échauffer de 0° à 30° ; de même, si on mélange **un** kilogramme d'eau à 0° avec **un** kilogramme d'eau à 40°, on obtiendra **deux** kilogrammes d'eau à 20° ; d'une manière générale, si on mélange **un** kilogramme d'eau à $t°$ avec un kilogramme d'eau à $t'°$, on obtiendra **deux** kilogrammes d'eau à $\left(\dfrac{t+t'}{2}\right)°$.

On en conclut que, pour échauffer 1 kilogramme d'eau de 1°, il faut toujours lui fournir la même quantité de chaleur, quelle que soit sa température initiale, pourvu qu'elle ne dépasse pas 60°. On peut dire alors que *un kilogramme d'eau absorbe toujours une calorie pour élever sa température de 1°.*

Dès lors, P kilogrammes d'eau, dont la température varie de $t°$ à $t'°$, absorbent une quantité Q de chaleur ayant pour expression :

$$Q = P\,(t' - t) \text{ calories.}$$

Il est évident que, pour se refroidir de $t'°$ à $t°$, la même masse d'eau perdrait $P\,(t' - t)$ calories.

258. Chaleur spécifique. — Sous le même poids et pour subir une même variation de température, les corps perdent ou absorbent des quantités de chaleur différentes. En effet, mélangeons **un** kilogramme d'eau à 0° avec **un** kilogramme de mercure à 10° ; la température finale du mélange sera égale à 0°,3 ; donc, un kilogramme de mercure, en abaissant sa température de 9°,7, perd seulement 0,3 de calorie, tandis que, dans les mêmes conditions, *un kilogramme d'eau* aurait perdu 9,7 calories; par conséquent, à poids égal, le mercure, pour la même variation de température, perd ou absorbe moins de chaleur que l'eau; il en est de même pour l'argent, le fer, l'essence de térébenthine, etc.; on en conclut que *la quantité de chaleur absorbée ou perdue par l'unité de poids d'un corps, pour élever sa température de* **un degré** *varie avec la nature de ce corps :* on donne à cette quantité de chaleur le nom de *chaleur spécifique* du corps.

On appelle **chaleur spécifique** *d'un corps le nombre de calories nécessaires pour élever de* 1° *la température de* **1 kilogramme** *de ce corps.*

Désignons par c la chaleur spécifique d'un corps; dès lors, la quantité Q de chaleur absorbée ou perdue par P kilogrammes de ce corps pour une variation de température de $t°$ à $t'°$ a pour expression :

$$Q = Pc\,(t' - t) \text{ calories.}$$

Le produit Pc s'appelle *l'équivalent du corps en eau :* Pc représente le poids d'eau qui, dans les mêmes conditions, absorberait ou perdrait la même quantité de chaleur que celle absorbée ou perdue par P kilogrammes du corps.

259. Détermination de la chaleur spécifique d'un corps solide. — Méthode des mélanges. — La méthode des mélanges repose sur ce fait, que lorsqu'on mélange deux corps de diverses natures, à des températures différentes et dont l'un au moins est liquide, il s'établit bientôt un équilibre de température; alors on peut écrire que la chaleur abandonnée par le corps le plus chaud égale la chaleur absorbée par l'autre. Un poids P de la substance dont on cherche la chaleur spécifique x est plongé à la température T, dans un poids p d'eau à la température t; le corps et l'eau arrivent bientôt à une température commune θ que l'on observe, et d'où l'on conclut aisément la chaleur spécifique x. En effet, pour 1° d'abaissement de température, 1 kilogramme du corps cède x calories; le poids P cédera donc Px calories, et pour un abaissement de T — θ degrés, il en cédera Px (T — θ). D'autre part, pour chaque élévation de température de 1°, le poids p d'eau gagne p calories et pour une élévation de θ — t degrés, $p(\theta - t)$. En égalant la chaleur gagnée par l'eau à la chaleur perdue par le corps, on a l'équation :

$$P x (T - \theta) = p (\theta - t),$$

d'où l'on tirera la valeur de x.

M. Regnault a appliqué cette méthode à l'aide de l'appareil suivant : l'eau est renfermée dans un récipient cylindrique en laiton très mince A (*fig.* 187), appelé **calorimètre**, bien poli extérieurement; le calorimètre est placé dans une enveloppe cylindrique en laiton poli intérieurement; les deux vases ne se touchent pas; le calorimètre repose sur deux fils de soie tendus en croix près du fond de l'enveloppe; des taquets en bois placés à la partie supérieure de l'enveloppe empêchent tout contact entre les deux vases; de cette façon, on protège, autant que possible, le calorimètre contre les pertes de chaleur qu'il peut subir par con-

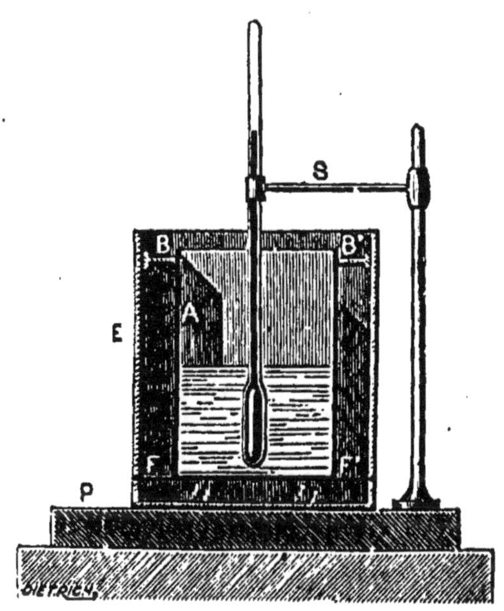

Fig. 187. — A, calorimètre; E, enveloppe; F,F', fils de soie; B,B', taquets en bois; P, planchette; S, support du thermomètre.

ductibilité et contre les gains ou les pertes de chaleur qu'il peut subir par rayonnement. Un thermomètre T plonge dans l'eau du calorimètre; ce thermomètre est fixé à un support en bois relié à la planchette sur laquelle est placé l'appareil.

Le corps, *cassé en petits fragments*, est contenu dans une petite corbeille en toile métallique de laiton très fine G (*fig.* 188), munie d'un fil de soie B pour la soutenir; on place la corbeille dans une étuve C à doubles parois entre lesquelles circule un courant de vapeur d'eau; l'espace dans lequel est placé le corps se trouve ainsi à une température constante marquée par un thermomètre S dont le réservoir entre dans un petit tube de toile métallique ménagé au centre de la corbeille. L'étuve est fermée à sa partie supé-

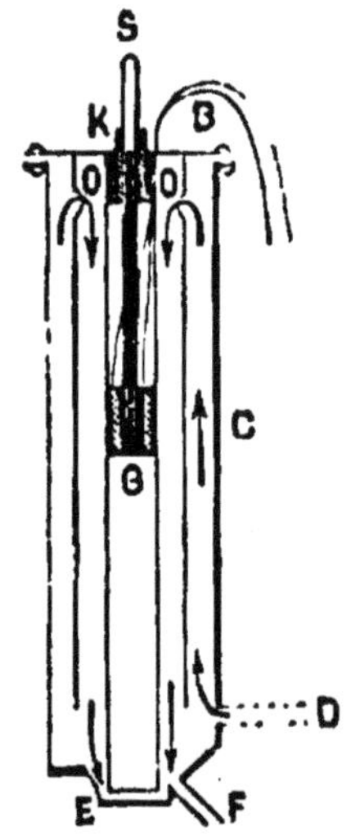

Fig. 188. — **Étuve de Regnault.** — La vapeur entre par le tube D, circule dans la double enveloppe et sort par F pour se condenser dans un appareil réfrigérant ; O, corbeille soutenue par un fil de soie B ; S, thermomètre ; E, registre.

rieure par un bouchon qui laisse passer le fil de soie B et le thermomètre S ; inférieurement l'étuve est close par un *registre* E que l'on peut ouvrir à volonté.

L'étuve est portée par une boîte métallique N (*fig.* 189) dans laquelle circule un courant continu d'eau froide pour arrêter les rayons calorifiques émis par la chaudière V qui produit la vapeur ; un écran M en bois est placé à la partie antérieure de l'appareil. La table qui porte l'appareil est munie d'un *rail* en bois à l'extrémité duquel est placé le calorimètre.

Pour faire une expérience, on place le calorimètre à l'extrémité du rail, l'écran M étant abaissé ; on fait circuler la vapeur dans l'étuve et on attend que le thermomètre S accuse une température invariable. On lit alors la température T indiquée par le thermomètre S et on note la température t du calorimètre. On lève l'écran, on fait glisser le calorimètre sous l'étuve ; on ouvre le registre E et l'on coupe le fil de soie B ; la corbeille tombe dans le calorimètre ; on amène celui-ci à l'extrémité du rail, on abaisse l'écran M et on observe le thermomètre du calorimètre ; celui-ci monte pendant un certain temps et indique bientôt une température maxima θ que l'on note avec soin. Il ne reste plus qu'à écrire que la chaleur gagnée par le calorimètre est égale à la chaleur perdue par la corbeille et son contenu.

Soit p le poids de l'eau du calorimètre ; p_1 le poids du calorimètre et c_1 sa chaleur spécifique ; p_2 le poids du verre du thermomètre et c_2 sa chaleur spécifique ; p_3 le poids du mercure du thermomètre et c_3 sa chaleur spécifique ; la chaleur gagnée par le calorimètre est représentée par :

$$(\theta - t)\,[p + p_1 c_1 + p_2 c_2 + p_3 c_3].$$

Soit P le poids du corps, x sa chaleur spécifique; P' le poids de la corbeille et c' sa chaleur spécifique; la quantité

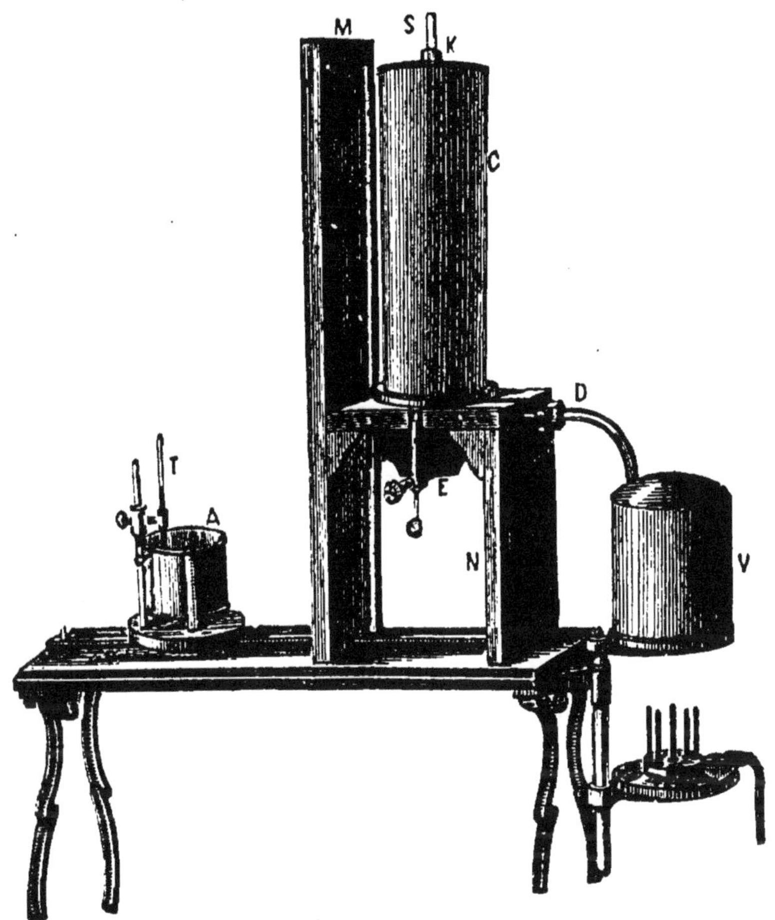

Fıɢ. 189. — **Appareil de Regnault.** — V, alambic, dans lequel la vapeur se produit et se rend par le tube D dans l'étuve C; N, écran pour arrêter la chaleur rayonnée par l'alambic; E, registre; M, écran en bois; A, calorimètre placé sur un rail en bois.

de chaleur perdue par la corbeille et son contenu a pour expression :

$$(Px + P'c')\ (T - \theta).$$

On a donc l'équation :

$$(Px + P'c')\ (T - \theta) = (\theta - t)[p + p_1 c_1 + p_2 c_2 + p_3 c_3].$$

On en tirera la valeur de x.

Remarquons que le terme $p_1c_1 + p_2c_2 + p_3c_3$ est constant; désignons-le par E; l'équation devient :

$$[Px + P'c'] (T - \theta) = (\theta - t) (p + E).$$

Dès lors, en faisant trois expériences avec des valeurs de P et de p différentes, on aura trois équations permettant de déterminer x, c' et E.

Le terme $p + E$ s'appelle quelquefois l'*équivalent* en eau du calorimètre et de son contenu.

Il reste une cause d'erreur: quand le calorimètre s'échauffe de $t°$ à $\theta°$, il perd, par rayonnement, une certaine quantité de chaleur. M. Regnault en tient compte en appliquant les lois du refroidissement[1]. On peut en tenir compte aussi en employant la méthode de Rumford, dite *méthode des compensations*.

Par une première expérience grossière, on détermine à peu près la valeur de l'élévation de température $(\theta - t)$ que doit subir le calorimètre ; dans l'expérience définitive, on s'arrange pour que la température de l'eau du calorimètre soit inférieure à celle de l'air de la moitié de cette quantité $\theta - t$: à la fin de l'expérience, elle lui sera donc supérieure de la même quantité ; pendant la première partie de l'expérience, le calorimètre est plus froid que l'air et il en reçoit de la chaleur ; il lui en donne, au contraire, pendant la seconde, et l'on peut admettre que les deux effets se compensent. Ceci n'est pas tout à fait exact, parce que l'ascension du thermomètre ne se fait pas d'une manière proportionnelle au temps; elle est rapide tout d'abord, mais elle se ralentit à mesure que l'on approche de la température finale ; aussi la compensation sera-t-elle plus exacte si l'on a soin que la température initiale du calorimètre soit plus basse que celle de l'air des deux tiers de la quantité dont la température doit s'accroître pendant l'expérience.

TABLEAU DE LA CHALEUR SPÉCIFIQUE DES PRINCIPAUX SOLIDES.

Aluminium	0,2181	Or	0,0324
Argent	0,0570	Phosphore	0,1887
Cuivre	0,0952	Platine	0,0324
Étain	0,0562	Plomb	0,0314
Fer	0,1138	Potassium	0,1698
Mercure solide	0,0314	Soufre	0,2026
Glace (eau solide)	0,5040	Zinc	0,0956

1. Cette correction dépasse les limites des connaissances élémentaires.

260. Chaleur spécifique des liquides. — On enferme le liquide dans un réservoir clos en cuivre ou en platine, à parois très minces, et on opère comme précédemment.

CORPS LIQUIDES.

Eau................	1,0000	Plomb fondu........	0,0402
Étain (fondu)........	0,0639	Phosphore (liquide)..	0,2405
Mercure...........	0,0333	Alcool............	0,5475

261. Résultats généraux. — 1° Pour un même corps, la chaleur spécifique est plus grande à l'état liquide qu'à l'état solide. Exemples :

Eau liquide..........	1	Brome solide........	0,084
Eau solide...........	0,5	Mercure liquide.....	0,0333
Brome liquide........	0,111	Mercure solide......	0,0325

2° Pour un même corps pris sous le même état, la chaleur spécifique croît avec la température. Ainsi :

	CHALEUR SPÉCIFIQUE	
	ENTRE 0° ET 100°	ENTRE 0° ET 200°
Zinc....................	0,0927	0,1015
Cuivre.................	0,0910	0,1013
Argent.................	0,0557	0,0611

3° Pour une même substance chimique, la chaleur spécifique dépend de la constitution moléculaire et des actions mécaniques ou physiques auxquelles elle a été antérieurement soumise. En général, à une augmentation de poids spécifique correspond une diminution de chaleur spécifique.

	Poids spécifique.	Chaleur spécifique.
Charbon de bois.........	2,00	0,241
Graphite...............	2,50	0,202
Diamant...............	3,50	0,1468

262. Loi de Dulong et Petit. — Ces deux expérimentateurs ont reconnu que le produit de la chaleur spécifique d'un corps simple, à l'*état solide*, par son poids atomique est un nombre constant et égal à 6,4 environ.

263. Loi de Neumann. — Pour les composés chimiques ayant une même fonction chimique, *le produit de la chaleur spécifique par le poids moléculaire est le même.*

264. Calorimètre de Bunsen. — Le calorimètre de Bunsen se compose d'un gros réservoir de verre A (fig. 189

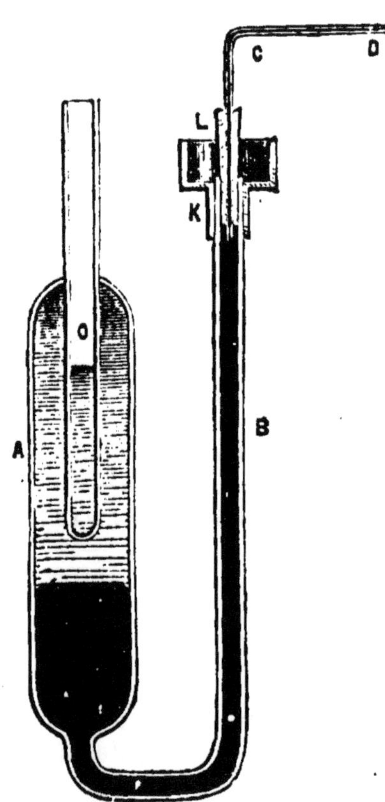

Fig. 189 *bis.*

bis) contenant à sa partie supérieure de l'eau bien pure et bien privée d'air et contenant à sa partie inférieure du mercure bouilli Aux parois du réservoir est soudé un tube de verre O pénétrant à une certaine profondeur dans l'eau du réservoir; ce tube O servira de *tube laboratoire* et recevra les corps dont on veut déterminer la chaleur spécifique.

A la partie inférieure du réservoir A est soudé un tube vertical B communiquant avec A par l'intermédiaire d'une partie recourbée en siphon. Le tube B est fermé par un bouchon de liège L traversé par une tige creuse CD très fine, semblable à la tige d'un thermomètre et pouvant s'enfoncer plus ou moins dans l'intérieur du tube B; une douille en fer K et un joint en caoutchouc assurent la fermeture hermétique de l'appareil à la jonction de la tige CD et du tube B. La quantité de mercure contenue dans l'appareil est assez grande pour que la surface libre du mercure soit toujours située dans la tige CD. Le canal intérieur de la tige CD est bien calibré, et la tige porte une graduation en parties d'égale capacité intérieure.

Pour congeler l'eau contenue dans le réservoir A, on

place dans le tube O un tube d'essai un peu plus étroit en verre très mince et on coule du mercure entre les deux tubes pour assurer la conductibilité calorifique entre les deux tubes. Ensuite on verse dans le tube d'essai quelques grammes de *chlorure de méthyle* liquide dont on provoque l'évaporation. Cette évaporation détermine un froid suffisant pour congeler, au bout de quelques minutes, l'eau du réservoir A. Quand la congélation est *presque complète*, on retire le tube d'essai et on enlève le mercure. Pendant cette opération, on desserre la douille de fer K et on enlève la tige CD, car, au moment de la congélation, la brusque augmentation de volume de l'eau pourrait briser l'appareil si le mercure ne pouvait pas s'épandre librement. On verse alors dans le tube laboratoire O quelques grammes d'eau.

On laisse l'appareil exposé à l'air, le manchon de glace fond légèrement par sa surface externe; on est bien certain que la glace est à 0°. Alors on porte l'appareil dans un vase en terre percé de trous et rempli de neige fondante ou de glace fondante pilée. On met la tige CD en place, on serre les douilles K et on observe l'appareil.

On attend que l'extrémité de la colonne de mercure soit devenue stationnaire. On introduit alors dans l'eau du tube A un petit fragment m du corps à expérimenter porté préalablement à une température connue t. Ce corps se refroidit jusqu'à 0° et cette chaleur perdue sert à faire fondre une certaine quantité de glace. Cette fusion de la glace est accompagnée d'une diminution de volume et la colonne de mercure rétrograde de n divisions. On a alors :

$$n = Kmxt,\qquad(1)$$

en appelant x la chaleur spécifique cherchée.

On introduit ensuite dans ce tube laboratoire O une masse connue M d'eau tiède à T°. La colonne de mercure rétrograde de N divisions. On a alors :

$$N = KMT.\qquad(2)$$

En divisant (1) et (2) membre à membre, on a :

$$\frac{n}{N} = \frac{mxt}{MT}$$

D'où :
$$x = \frac{n}{N} \times \frac{MT}{mt}.$$

CHALEUR DE FUSION.

265. On appelle **chaleur de fusion** d'un corps le nombre de calories nécessaires pour faire passer 1 kilogramme de ce corps de l'état solide à l'état liquide, **sans variation de température**.

266. Méthode générale. — On a recours à la méthode des mélanges. Proposons-nous par exemple de déterminer la chaleur de fusion du *plomb*; prenons un poids connu P de plomb, qui fond à 332°; chauffons-le à une température T supérieure à 332°, et plongeons-le dans un calorimètre renfermant de l'eau à $t°$, le mélange prendra une température finale $θ°$. Écrivons que la chaleur gagnée est égale à la chaleur perdue. Le plomb est descendu à l'état liquide de T° à 332° : il a perdu Pc (T — 332) calories; il s'est solidifié, il a perdu P x calories, en désignant par x la chaleur de fusion du plomb; à l'état solide le plomb est descendu de 332° à $θ$; il a perdu P c' (332 — $θ$) calories; d'autre part le calorimètre est monté de $t°$ à $θ°$: il a gagné M ($θ — t$) calories, en désignant par M l'équivalent en eau du calorimètre et de son contenu. On aura donc :

$$\text{P } c \text{ (T — 332)} + \text{P } x + \text{P } c' \text{ (332 — } θ) = \text{M } (θ — t).$$

De cette équation on tirera la valeur de x.

267. Chaleur de fusion de la glace. — MM. de La Provostaye et Desains ont employé la méthode des mélanges. Un fragment de glace bien pure à 0° était essuyé avec du papier buvard, puis introduit dans un poids p d'eau à $t°$, contenu dans un calorimètre; la température finale était $θ°$; l'augmentation de poids P du calorimètre donnait le poids P de glace fondue.

La quantité de chaleur perdue par le calorimètre, qui était primitivement à $t°$ et qui est ensuite descendu à $θ$, est égale à M ($θ — t$) calories. Cette chaleur a servi à fondre la glace, qui a exigé pour sa fusion Px calories; de plus l'eau provenant de cette fusion est montée de 0° à $θ°$, ce qui a nécessité l'emploi de P$θ$ calories. On aura donc l'égalité :

$$\text{M } (t — θ) = \text{P } x + \text{P}θ, \text{ d'où } x = \frac{\text{M } (t — θ) — \text{P}θ}{\text{P}}.$$

Par cette méthode, la chaleur latente de fusion de la glace a été trouvée égale à 79,25.

Par une méthode différente, Bunsen a trouvé que la chaleur de fusion de la glace était égale à 80 calories : ce nombre est universellement adopté aujourd'hui.

CHALEUR DE VAPORISATION

268. Chaleur de vaporisation. — On appelle chaleur de vaporisation d'un liquide à T°, le nombre de calories nécessaires pour transformer un kilogramme de ce liquide en *vapeur saturante* sans variation de température. La méthode de détermination est la méthode des mélanges, dans un calorimètre contenant de l'eau froide à $t°$ on fait condenser une masse M de vapeur saturante à T°; la température du calorimètre s'élève à $\theta°$, le calorimètre a donc gagné E $(\theta - t)$ calories, en appelant E l'équivalent en eau du calorimètre. La vapeur, en se condensant, a abandonné Mx calories; le liquide provenant de la liquéfaction de la vapeur a abandonné Mc $(T - \theta)$ calories. On aura donc :

$$M x + Mc (T - \theta) = E (\theta - t).$$

On tirera de cette équation la valeur de x.

Pour déterminer la chaleur de vaporisation on emploie **l'appareil de Berthelot,** qui évite toutes les causes d'erreur inhérentes aux appareils anciens. L'appareil de Berthelot se compose d'une fiole en verre A (fig. 190) fermée à sa partie supérieure et dont le fond est traversé par un large tube de verre vertical B B soudé au fond F de la fiole; le tube B B monte

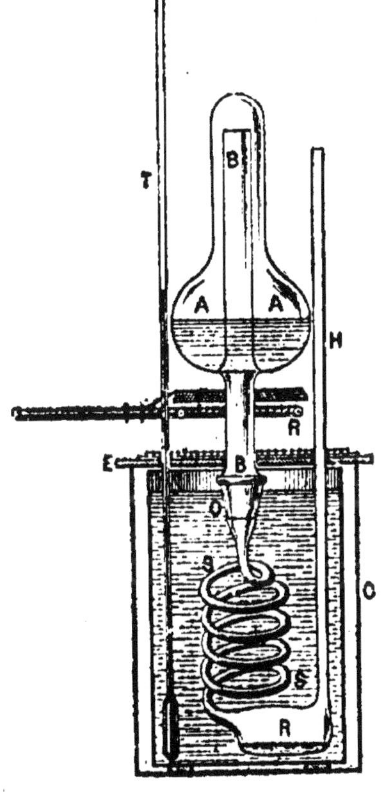

Fig. 190.

dans la fiole jusqu'au haut de la fiole et se prolonge au-dessous du fond sur une longueur de 4 centimètres. Le bas du tube B B s'engage à l'émeri dans le goulot O d'un serpentin en verre S S′ terminé inférieurement par une ampoule R qui communique avec l'atmosphère par un tube de verre étroit H. Le serpentin est plongé dans un calorimètre G contenant de l'eau, protégé contre le rayonnement par une première enveloppe en cuivre argenté et par une double enveloppe en fer blanc remplie d'eau non représentées sur la figure : le calorimètre est rempli d'eau jusqu'à la jonction du tube B B et du serpentin. Un thermomètre calorimétrique très sensible T est plongé dans le calorimètre. Au-dessous de la fiole est une rampe circulaire à gaz R munie d'une toile métallique pour chauffer la fiole. Un système d'écrans E est interposé entre le calorimètre et la fiole ; ces écrans sont percés d'une ouverture permettant le passage du tube B B presque à frottement.

Mode d'opération.—On introduit dans la fiole une certaine quantité du liquide à étudier et, à l'aide d'une balance, on pèse la fiole bouchée. On ajuste la fiole sur le serpentin ; on allume la rampe à gaz et on laisse le liquide s'échauffer et distiller de la fiole dans le serpentin ; la distillation doit durer fort peu de temps ; la masse du liquide évaporé varie entre 20 et 30 grammes ; le thermomètre indique une élévation de température de 3 ou 4 degrés au plus. On éteint le feu ; on enlève la fiole, on la bouche, on la laisse refroidir et on la pèse de nouveau ; la différence de poids entre les deux pesées donnera la masse de liquide vaporisée. L'observation du thermomètre pendant la phase qui précède la distillation, pendant la phase de la distillation et pendant la phase qui suit la distillation, fournira les données nécessaires à la mesure de la chaleur de vaporisation, mesure dans les détails de laquelle nous ne pouvons entrer ici. L'appareil de Berthelot sert surtout pour déterminer la chaleur de vaporisation des liquides dont on ne possède qu'une très petite quantité, comme les liquides organiques.

269. Chaleur de vaporisation de l'eau. — La chaleur de vaporisation d'un liquide varie avec la température de la vapeur saturante formée. Pour la vapeur d'eau, on trouve que la chaleur de vaporisation se représente par la formule empirique :

$$606,5 - 0,695\, T.$$

Pour $T = 0$, $x = 606,5$ et pour $T = 100$, $x = 537$ calories. La formule précédente montre que x décroît à mesure que la température d'ébullition s'élève.

On appelle *chaleur totale* de vaporisation de l'eau la quantité de chaleur nécessaire pour faire passer un kilogramme d'eau liquide à 0° à l'état de vapeur saturante à T°; elle a pour expression :

$$Q = 606,5 + 0,305\ T.$$

CHALEUR DE VAPORISATION DES PRINCIPAUX LIQUIDES.

	Chaleur de vaporisation.
Eau..	537 calories.
Alcool méthylique (esprit de bois).........	264 —
— ordinaire..........................	208 —
Acide acétique.............................	102 —
Éther sulfurique...........................	91 —
Essence de térébenthine...................	69 —

Ces nombres correspondent au *point d'ébullition normal* de chacun des liquides.

Exercices. — **1.** Un morceau de fer, pesant 200 grammes, chauffé à 200°, est introduit dans un calorimètre en cuivre, pesant 60 grammes, contenant 200 grammes d'eau à 10°. On demande quelle est la température finale du mélange?

Chaleur spécifique du fer : 0,1127. — Chaleur spécifique du cuivre : 0,1.

2. Un litre d'alcool (mesuré à 0°), chauffé dans un vase de laiton du poids de 10 grammes, et introduit dans 1 kilogramme d'eau à 10° contenu dans un vase de laiton du poids de 200 grammes, a élevé de 10° à 27° la température de cette eau. — Quelle est la chaleur spécifique de l'alcool, sachant que la densité de l'alcool est 0,8 et que la chaleur spécifique du laiton est 0,1?

3. Une masse d'eau pesant 60 grammes, à la température de 70°, reçoit un morceau de glace fondante pesant 10 grammes. Quelle est la température finale du mélange ?

4. Un fragment de glace pesant 200 grammes est introduit dans une masse d'eau à 20° pesant 100 grammes. Quelle est la température finale du mélange?

Solution. — Soit x la température du mélange; en supposant que toute la glace ait été fondue, écrivons que la chaleur perdue est égale à la chaleur gagnée. La glace a absorbé pour fondre $\dfrac{200 \times 80}{1000}$ calories; l'eau provenant de la fusion de la glace est montée de 0° à x°; elle a absorbé $\dfrac{200\,x}{1000}$ calories; la chaleur gagnée est donc égale à $\dfrac{200}{1\,000}$ $(80 + x)$ calories. La chaleur perdue par l'eau primitive est

égale à $\dfrac{100\,(20 - x)}{1\,000}$ calories. On aura donc l'équation :

$$200\,(80 + x) = 100\,(20 - x).$$

La racine est $x = -\dfrac{140}{3}$. Cette valeur de x n'est pas compatible avec l'hypothèse que nous avons faite. Donc, toute la glace n'a pas été fondue. Cherchons quel est le poids de glace fondue. Dans ces conditions, la température finale est égale à 0°. Soit y le poids de glace fondue ; on aura :

$$80\,y = 100 \times 20.$$

$$y = \dfrac{200}{8} = 25 \text{ grammes.}$$

Réponse. — La température finale du mélange est 0°, et il a été fondu 25 grammes de glace.

5. On fait condenser 20 grammes de vapeur d'eau à 100° dans une masse d'eau liquide à 20° pesant 3 kilogrammes. Quelle est la température finale du mélange ?

6. On fait arriver 120 grammes de vapeur d'eau à 100° dans 60 grammes d'eau à 40° ; quelle est la température finale du mélange ?

Solution. — Supposons que toute la vapeur d'eau se soit condensée ; soit x la température finale du mélange. On aura l'équation :

$$120\,(537 + 100 - x) = 60\,(x - 40).$$

D'où : $x = 438°$. Cette valeur de x n'est pas acceptable, puisque x ne peut dépasser 100°. On en conclut que toute la vapeur d'eau ne s'est pas condensée et que la température finale du mélange est égale à 100°.

Cherchons quel est le poids de vapeur d'eau condensée ; désignons-le par y. On aura :

$$537\,y = 60\,(100 - 40).$$

D'où : $\qquad y = \dfrac{3\,600}{537} = 6,69 \text{ grammes.}$

7. Partager *un* kilogramme d'eau à 50° en deux parties telles que la chaleur perdue par l'une en se solidifiant fasse passer l'autre à l'état de vapeur saturante à 100°.

8. On introduit 500 grammes de glace à — 20° dans une masse d'eau à 6° pesant 100 grammes. Quels sont les phénomènes qui se produiront ? — Chaleur spécifique de la glace : 0,5.

9. Une masse d'eau pesant 6 grammes est placée sous le récipient d'une machine pneumatique, à la température de 0°. On fait le vide et l'eau se vaporise peu à peu ; la vapeur formée est absorbée par l'acide sulfurique. A un moment donné, il reste un glaçon pesant 8,7 grammes. Quelle est la chaleur de vaporisation de l'eau à 0°?

10. Un morceau de phosphore liquide, chauffé à 70° est plongé dans une masse d'eau à 10°. Quelle est la température finale du mélange ?

        Poids du phosphore.....   300 grammes.
        Poids de l'eau..........   150   —

    Chaleur spécifique du phosphore sous les deux états.   0,2
    Chaleur de fusion du phosphore.......   5,03

11. Dans un bloc de glace on a creusé une cavité ; on a desséché celle-ci avec soin et on y a introduit 200 grammes de fer à 200° ; on a recueilli un poids d'eau égal à 55 grammes. Quelle est la chaleur spécifique du fer ?

CHAPITRE XII

CONDUCTIBILITÉ

Sommaire. — **1.** La chaleur se propage par *conductibilité* et par *rayonnement*.

2. Les corps solides sont plus ou moins bons conducteurs. Tous les liquides, sauf le mercure, sont mauvais conducteurs ; tous les gaz, sauf l'hydrogène, sont dénués de tout pouvoir conducteur.

3. L'appareil d'Ingenhouz permet de comparer entre eux les pouvoirs conducteurs des corps solides.

4. L'une des principales applications de la conductibilité des corps est la lampe de Davy.

270. Propagation de la chaleur. — Plaçons dans un foyer l'extrémité d'une barre de fer ; nous constaterons que la chaleur se propagera de proche en proche d'une tranche de la barre à la suivante ; on dit alors que la chaleur s'est propagée **par conductibilité.** Plaçons-nous à une certaine distance d'une cheminée, nous éprouverons une impression de chaleur, bien que l'air ambiant ne soit pas chaud. Faisons tomber les rayons du soleil sur une lentille de glace et plaçons la main au foyer de la lentille : nous éprouverons une impression de chaleur. La chaleur solaire s'est propagée jusqu'à nous sans élever la température de la lentille qui est restée égale à 0°. On dit alors que la chaleur peut se propager **par rayonnement** d'un point à un autre, sans que les points intermédiaires s'échauffent sensiblement.

271. Conductibilité. — Chacun sait qu'on peut tenir à la main, sans se brûler, un morceau de charbon de bois incandescent à l'une de ses extrémités, tandis que l'on se brûle en touchant l'extrémité d'une barre de cuivre dont l'autre extrémité est portée au rouge. On dit alors que le charbon de bois est *mauvais conducteur de la chaleur*, tandis que le cuivre est dit être *bon conducteur de la chaleur*.

272. Conductibilité des corps solides. — Pour comparer entre eux les pouvoirs conducteurs des corps solides pour la chaleur, il faut les placer dans des conditions identiques de forme et de refroidissement. Ingenhouz a réalisé ces conditions d'une façon très simple. Son appareil se compose (*fig.* 191) d'une caisse rectangulaire de cuivre dont l'une

FIG. 191. — **Appareil d'Ingenhouz.** — La cire fond sur une longueur d'autant plus grande que la tige est meilleure conductrice de la chaleur.

des faces verticales est munie de tubulures dans lesquelles passent des tiges cylindriques de diverses substances, de même longueur et de même diamètre. On commence par les plonger toutes ensemble dans de la cire fondue, puis on les retire, et elles restent ainsi recouvertes d'une mince couche de cire qui se solidifie rapidement. On verse alors de l'eau bouillante dans la caisse ; la chaleur se communique aux tiges, et l'on voit la cire fondre sur leur surface et la fusion se propager peu à peu jusqu'à une certaine distance. On peut juger de la conductibilité des barres par la longueur sur laquelle la fusion de la cire s'est produite. On reconnaît ainsi que l'argent est le plus conducteur des métaux : c'est celui sur lequel la cire fond le plus loin ; viennent ensuite le cuivre, le laiton, le zinc, le fer, le platine, puis le verre et en dernier lieu le bois, sur lequel la cire fond à peine sur une longueur de quelques millimètres.

En représentant le pouvoir conducteur de l'argent par 100, on trouve pour les autres corps les plus usuels, les nombres suivants :

Argent............	100,0	Fer..............	11,9
Cuivre...........	73,6	Acier............	11,8
Or..............	53,2	Plomb...........	8,5
Laiton..........	23,6	Platine........	8,1
Zinc...........	19,0	Palladium........	6,3
Étain...........	14,5	Bismuth..........	1,8

273. Conductibilité des liquides et des gaz. — Lorsqu'on échauffe un liquide par sa partie inférieure, il se produit un mode d'échauffement particulier appelé **échauffement par convection**, que l'on peut rendre manifeste en chauffant de l'eau contenue dans un vase profond (*fig*. 192). Dans ces conditions, les couches inférieures deviennent plus légères que les couches superficielles ; il s'établit un courant ascendant d'eau chaude, tandis qu'un courant descendant d'eau froide se manifeste le long des parois ; de la sciure de bois projetée dans le liquide est entraînée par les divers courants et les met en évidence.

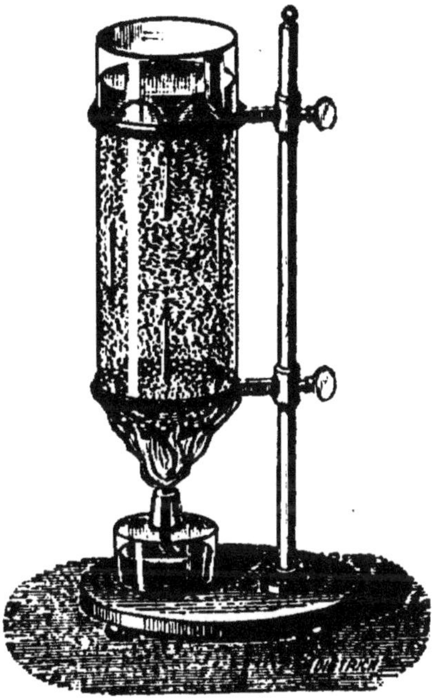

Dès lors, pour étudier la conductibilité des liquides, il est nécessaire de les échauffer par la partie supérieure ; on reconnaît alors que, à l'exception du mercure, tous les liquides sont très mauvais conducteurs de la chaleur.

Fig. 192. — **Convection des liquides.** — Un courant ascendant d'eau chaude se produit au centre et un courant descendant d'eau froide se manifeste le long des parois.

La conductibilité des gaz pour la chaleur est très difficile à étudier par suite des courants qui se produisent dans leur masse ; les expériences faites par **Magnus** ont montré, qu'à l'exception de l'hydrogène, tous les gaz doivent être considérés comme dénués de tout pouvoir conducteur.

274. Applications de la conductibilité. — Si l'on met la main sur une barre de fer, puis sur un morceau de bois, le fer paraît plus froid que le bois ; en effet, la chaleur transmise par la main se répand dans toute la masse du fer et par suite ne l'échauffe pas d'une manière sensible ; au contraire, comme le bois est mauvais conducteur de la chaleur, au contact de la main, les couches superficielles seules s'échauffent et prennent une température plus élevée que celle des couches intérieures. — Pour préserver nos appartements contre le refroidissement, il faut des murs épais en pierres ou mieux en briques. Des doubles fenêtres, en interposant une couche d'air confiné entre l'appartement et l'air extérieur, sont excellentes pour empêcher la déperdition de la chaleur. Les animaux ont une fourrure qui les protège contre le froid de l'hiver ; l'homme pour s'en préserver, se revêt d'étoffes de laine ou de vêtements ouatés ; dans tous les cas, la couche d'air maintenue immobile par les poils de la fourrure ou par les filaments de l'étoffe entoure le corps d'une gaine mauvaise conductrice, qui l'empêche de se refroidir ; le vêtement le plus chaud est celui qui présente une grande épaisseur pour un poids relativement faible. Les couvertures et les édredons nous protègent contre le froid par suite de la couche d'air emprisonnée entre les brins de la laine ou entre les plumes de l'édredon.

Inversement, pour préserver un corps de tout gain de chaleur par rayonnement extérieur, il suffit de l'entourer d'une gaine d'air ou de gaz immobile ; nous en avons déjà vu une application en calorimétrie ; en été, pour conserver la glace, on l'enveloppe dans une couverture de laine ou on l'entoure de sciure de bois. Les parois des *glacières* où l'on conserve, jusque pendant l'été, la glace qu'on y a accumulée pendant l'hiver, sont formées par une maçonnerie qui s'oppose à la pénétration de la chaleur du sol ; souvent même on les garnit d'une double paroi de bois, et, entre les deux parois, on entasse de la poussière de charbon. — On a soin d'ailleurs de fermer la cavité par un toit que l'on recouvre de paille.

275. Propriétés des toiles métalliques. — Lorsqu'on abaisse une toile métallique à mailles serrées, sur la flamme d'une bougie ou d'un bec de gaz, la combustion n'a lieu qu'*au-dessous* de la toile. Ce résultat est dû à ce que les gaz inflammables, en traversant la toile, cèdent aux fils métalliques une grande quantité de chaleur, qui se propage en tous sens dans le tissu : la toile métallique refroidit donc rapidement les gaz qui la traversent, et quand ceux-ci arrivent de l'autre côté, leur température est inférieure à la température de combustion.—Il est d'ailleurs facile de montrer que les gaz traversent réellement la toile métallique. Il suffit, pour cela, de placer une allumette enflammée *au-dessus* de la toile : on constate qu'il se produit en ce point une nouvelle flamme, qui peut ensuite continuer à brûler indéfiniment.

Davy[1] a fondé sur ce principe une lampe de sûreté pour les mineurs. -- Le *formène* se dégage spontanément dans les houillères et s'accumule dans les parties supérieures des galeries, où, mélangé à l'air, il forme un mélange explosif, détonant avec une violence extrême lorsqu'un mineur pénètre dans la galerie avec une lampe allumée. Le grisou, en faisant explosion, projette les malheureux ouvriers mineurs contre les parois des galeries ou les ensevelit sous les quartiers de rochers détachés de la mine par la violence de l'explosion.

Davy eut l'idée de substituer aux tubes de verre qui forment la cheminée de la lampe des mineurs un cylindre en toile métallique, ne présentant aucune solution de continuité : il

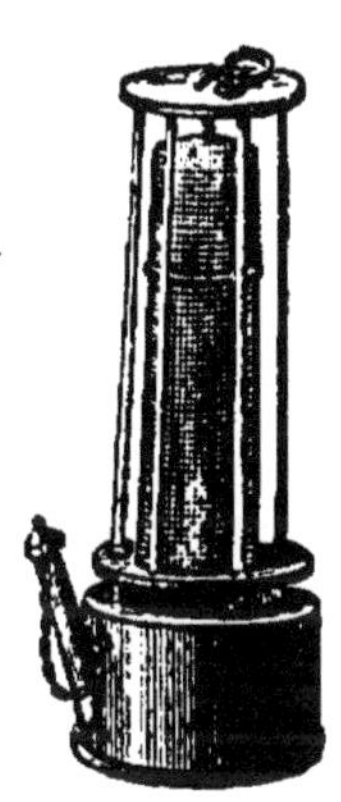

FIG. 193. — Lampe de Davy.

FIG. 194. — Lampe de Combes.

construisit ainsi la lampe de sûreté connue sous le nom de *lampe de Davy* (*fig.* 193). **M. Combes**, pour rendre la lampe plus éclairante, remplace la partie inférieure de la toile métallique par un tube en verre très fort (*fig.* 194).

L'explosion se produit dans l'intérieur de la toile métallique ; mais elle ne peut pas se propager au dehors, eu égard à ce fait que la toile métallique refroidit au-dessous du rouge la flamme qui s'est produite dans l'intérieur de la cheminée ; en outre, la lampe s'éteint faute d'oxygène.

1. **Davy** (Humphry), chimiste anglais (1778-1829), indiqua le premier quelle était la composition véritable des acides et des sels ; c'est un des plus grands savants du 19e siècle.

CHAPITRE XIII

ÉMISSION ET ABSORPTION DE LA CHALEUR

276. Rayonnement de la chaleur. — Plaçons-nous à une certaine distance d'une cheminée dans laquelle on fait du feu, nous éprouverons l'impression de chaleur, bien que l'air ambiant ne soit pas chaud. Faisons tomber les rayons du soleil sur une lentille de glace à 0° et plaçons la main au foyer de la lentille : nous éprouverons une impression de chaleur. La chaleur solaire s'est propagée jusqu'à nous sans élever la température de la lentille de glace, qui est restée égale à 0°. On dit alors que la chaleur peut se propager **par rayonnement** d'un point à un autre, sans que les points intermédiaires s'échauffent sensiblement.

277. Pouvoir émissif. — Prenons comme source de chaleur un cube de laiton R (fig. 195) plein d'eau bouillante

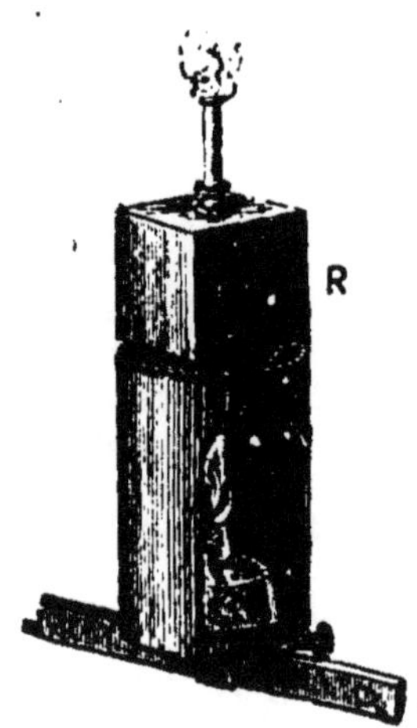

FIG. 195.

et dont les faces ont été recouvertes de diverses substances : *noir de fumée, blanc de céruse, argent poli, or en feuilles*; puis, tournons successivement chacune des faces du cube vers le réservoir d'un thermomètre vertical très sensible placé à quelques centimètres de distance du cube, nous constaterons que le thermomètre accuse une élévation de température variable avec la face du cube tournée vers lui. Avec la face recouverte d'argent poli ou d'or poli, l'élévation de température est moindre qu'avec la face enduite de noir de fumée, donc, *dans les mêmes conditions*, le noir de fumée émet plus de chaleur que l'argent poli.

On appelle *pouvoir émissif* d'un corps le rapport entre la quantité de chaleur qu'il émet et la quantité de chaleur émise par le noir de fumée dans les mêmes conditions.

Noir de fumée............................ 1
Céruse................................... 1
Argent mat............... 0,51
Argent poli............... 0,025
Or en feuille......... 0,01

278. Absorption de la chaleur. — Devant une source de chaleur plaçons un thermomètre dont le réservoir a été recouvert de noir de fumée et un autre thermomètre dont le réservoir a été recouvert d'argent poli; nous constaterons que le premier thermomètre accuse une élévation de température supérieure à celle accusée par le second, donc le noir de fumée absorbe plus de chaleur que n'en absorbe l'argent poli dans les mêmes conditions. Chacun de nous a pu remarquer que, pendant l'été, on a plus chaud quand on porte des vêtements noirs que quand on porte des vêtements blancs. On fait bouillir de l'eau plus rapidement en se servant d'une bouilloire enfumée qu'en se servant d'une bouilloire bien polie extérieurement.

279. Isolement thermique. — Tout corps placé dans une enceinte dont la température est inférieure à la sienne se refroidit d'autant plus rapidement que son pouvoir émissif est plus considérable et que sa surface est plus grande.

Dès lors, pour conserver des boissons chaudes, on les renfermera dans des vases sphériques en argent poli ou en métal poli. Les locomotives de la compagnie d'Orléans sont recouvertes d'une enveloppe brillante en laiton; par contre, un poêle, pour émettre plus de chaleur, devra être recouvert de plombagine.

Nous avons vu plus haut (§ 274) les procédés fondés sur la conductibilité et employés pour l'isolement thermique des glacières, pour nous protéger contre le froid, etc.

La chaleur émise à distance par une source ou *chaleur rayonnée* peut traverser certaines substances comme le verre par exemple; seulement, tandis que la chaleur solaire ou *chaleur brillante* traverse le verre, la chaleur émise par un boulet chauffé au-dessous du rouge, ou *chaleur obscure*, ne traverse pas le verre. On explique ainsi le rôle des serres, des châssis et des cloches, pour activer la végétation : en effet, le verre laisse passer les rayons à la fois chauds et *lumineux* du soleil, de sorte que le sol de la serre et tous les objets qui y sont placés s'échauffent. Mais cette chaleur ne peut pas traverser à nouveau le verre de dedans en dehors, car une fois absorbée par les corps, elle devient obscure; elle séjourne donc dans la serre et y maintient une température élevée.

De même, si pendant l'hiver, on chauffe une serre avec un calorifère, la chaleur *obscure*, rayonnée par les tuyaux de conduite, ne peut pas traverser les vitraux.

Les vitraux des appartements, les serres, les cloches à melon sont des *isolateurs thermiques*.

280. Appareils de chauffage. 1°. **Cheminée.** — Une cheminée est un foyer ouvert dans lequel est brûlé un combustible (bois, coke, charbon), auquel fait suite un long conduit en briques ou en tôle destiné à assurer le *tirage* de la cheminée, c'est-à-dire un appel d'air par les fissures des portes et des fenêtres de l'appartement; l'oxygène de cet air entretiendra la combustion du combustible.

Si la cheminée est trop large, il se produit à l'intérieur de la cheminée deux courants inverses : l'un, d'air chaud, qui s'élève, l'autre, d'air froid, qui descend et qui ramène dans la chambre une partie de la fumée.

La cheminée ventile très bien; mais elle est peu économique : la quantité de chaleur rayonnée utilement par le combustible est environ le dixième de la chaleur de combustion; le reste s'échappe par la cheminée. Si la cheminée chauffe peu, par contre, elle offre un mode de chauffage *très hygiénique*, à cause du renouvellement continuel de l'air dans l'appartement. Ce renouvellement entretient dans la pièce une proportion d'oxygène plus que nécessaire à la respiration et entraîne dans la cheminée les gaz insalubres.

2° **Poêles.** — Les poêles sont des appareils en fonte ou en faïence dans lesquels on place le combustible; l'air nécessaire à la combustion pénètre par un orifice inférieur, et les produits gazeux s'échappent par un tuyau débouchant dans une cheminée ou au dehors. Ici la plus grande partie de la chaleur produite est utilisée puisque le poêle rayonne par toute sa surface. La quantité d'air qui pénètre dans le poêle est à peine supérieure à celle qu'exige la combustion.

Mais à côté de ces avantages existent parfois de graves inconvénients, notamment pour les poêles de fonte. L'appel d'air étant moins considérable, la ventilation est moins active. En outre, des gaz insalubres se dégagent à travers les pores du métal surtout lorsque le poêle est porté au rouge. On s'explique ainsi le malaise éprouvé souvent dans une chambre bien close et chauffée par un poêle métallique.

Pour éviter ce dernier inconvénient, on ne fait usage, dans les pays du Nord, que de poêles en briques recouvertes de faïence; ces poêles offrent en outre l'avantage de se refroidir moins vite.

3º **Poêles roulants.** — Depuis quelques années, une variété de poêles, dits **poêles roulants** ou **mobiles**, est devenue fort à la mode, et le serait sans doute davantage encore sans les avis réitérés de l'Académie de médecine, justement émue des nombreux accidents occasionnés par ces cheminées roulantes.

Ces appareils sont construits de façon à utiliser la presque totalité de la chaleur de combustion par la production d'un tirage *aussi faible* que possible. Il y a donc pénurie d'*oxygène* par rapport au charbon et par suite grande production **d'oxyde de carbone.** Ce gaz traverse les parois du poêle et se répand dans l'appartement, et en rend l'atmosphère insalubre, car l'oxyde de carbone est **très vénéneux.** A la longue, il détermine une intoxication qui entraîne dans l'économie animale de très graves désordres, tels que la décomposition lente du sang, l'anémie, et finalement la mort.

Fig. 196. — Calorifère à air chaud.

4º **Calorifères.** — Lorsqu'il s'agit de chauffer un grand nombre de pièces à la fois, on a recours à des calorifères à air chaud, à eau chaude ou à vapeur.

1º *Calorifère à air chaud.* — Le calorifère à air chaud se compose d'un foyer F (*fig.* 196), muni de sa cheminée O.

La flamme du foyer échauffe des tubes de fer AB, s'ouvrant dans l'air extérieur par leur base A et venant, à leur partie supérieure B, appelée *bouche de chaleur*, déverser l'air chaud dans les salles à échauffer.

2° *Calorifère à circulation d'eau chaude.* — Le calorifère à circulation d'eau chaude (*fig.* 107) se compose d'une chaudière C à foyer intérieur et communiquant avec des tubes ou réservoirs placés dans toutes les pièces. Dès que le foyer est allumé, l'eau chaude, plus légère, monte par le tuyau central B dans un réservoir A placé au sommet de la maison et muni d'une soupape de sûreté s pour permettre à la vapeur de s'échapper. De A l'eau descend à chaque étage par les tubes D, H, arrive dans des récipients E, E', ayant la forme de poêles, et retourne à la chaudière par le tuyau T.

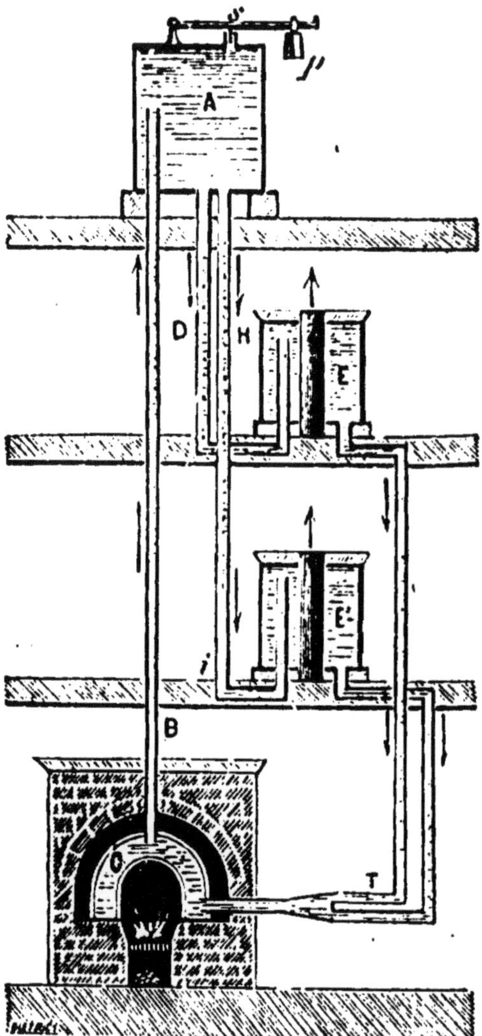

Fig. 107. — Calorifère à circulation d'eau chaude. — L'eau chaude s'élève par le tube B jusqu'en A; de là elle descend dans les poêles E et E' par les tubes D et H, puis elle revient à la partie inférieure de la chaudière par le tube T.

Ce mode de chauffage est économique, c'est celui qui est exclusivement employé pour le chauffage des serres et pour bon nombre d'établissements.

CHAPITRE XIV

MOUVEMENTS DE L'ATMOSPHÈRE.

281. Pression atmosphérique. — Variations diurnes. — La pression atmosphérique conserve rarement en un même lieu la même valeur, même par un temps beau et clair. Si on observe en effet dans ces conditions un baromètre d'heure en heure, on le voit monter et descendre d'une manière très régulière et indiquer un maxima vers 10 heures du matin et 10 heures du soir et un minima vers 4 heures du matin et 4 heures du soir.

Ces oscillations diurnes, qui s'observent régulièrement dans les régions tropicales, sont souvent masquées dans nos climats par des variations irrégulières; toutefois on constate que la moyenne des observations faites chaque jour du mois à 10 heures du matin et du soir est toujours plus élevée que celle des observations de 4 heures.

La variation barométrique diurne, dont la cause principale est la variation de la température, a une amplitude moyenne qui dépend des saisons et des pays. Près de l'équateur elle atteint 7 millimètres, à Paris à peine 1 millimètre, à Christiania elle n'est que $0^{mm},3$.

Variations annuelles. — On obtient la *pression atmosphérique moyenne d'un jour* en prenant la moyenne des observations faites d'heure en heure par exemple, mais l'expérience a montré qu'une seule observation faite vers 1 heure de l'après-midi donne très sensiblement la moyenne du jour.

On calcule de même la pression moyenne de chaque mois, de l'année et enfin la pression moyenne du lieu.

L'expérience montre qu'en général les moyennes mensuelles sont plus fortes en hiver qu'en été.

282. Répartition de la pression atmosphérique à la surface du globe. — Lignes isobares. — Pour étudier la répartition de la pression atmosphérique à la surface du globe, il importe de faire disparaître l'influence de l'altitude sur la pression observée; c'est-à-dire qu'il faut chercher ce que seraient les diverses hauteurs barométriques si elles étaient mesurées à partir d'un même niveau qui est le niveau de la mer. La correction à faire est d'ailleurs déterminée, une fois pour toutes, pour chaque station météorologique.

Cette correction faite, on constate que la pression moyenne va en croissant depuis l'équateur, où elle est de $0^m,758$, jusqu'aux latitudes de 30° ou 40° où elle atteint un maxima de $0^m,763$; puis elle diminue en allant vers les pôles où elle n'est plus que de $0^m,756$ environ.

Si l'on relie sur une carte géographique les points ayant, à un moment donné, la même hauteur barométrique, *ramenée au niveau de la mer*, on obtient une ligne d'égale pression ou ligne *isobare*.

283. Vents. — La distribution inégale de la chaleur à la surface de la terre, ainsi que celle de la pression atmosphérique déterminent dans l'atmosphère des courants qui portent l'air des contrées froides vers les contrées chaudes et réciproquement.

Supposons, en effet, qu'en un point le sol soit plus fortement échauffé qu'ailleurs; en ce cas l'air s'échauffant à son tour deviendra plus léger et s'élèvera; de part et d'autre du point considéré, de l'air froid affluera pour le remplacer; puis celui-ci, échauffé à son tour, s'élèvera et se déversera à droite et à gauche dans les parties supérieures de l'atmosphère. Telle est, en général, la manière dont les **vents** prennent naissance.

Remarquons qu'il résulte de cette explication qu'au-dessus d'un même point, mais à des altitudes différentes, peuvent exister des vents de sens divers, ce que l'on constate parfois par la marche des nuages.

284. Vents réguliers. — On distingue les vents **réguliers** et les vents **irréguliers**.

Les vents réguliers sont **périodiques** lorsqu'ils soufflent alternativement dans un sens et dans le sens opposé; ils sont **constants** quand ils soufflent toujours dans la même direction.

Les principaux vents réguliers sont les brises, les moussons et les vents alizés.

Brises. — Les brises sont des vents périodiques qui se produisent au bord de la mer pendant toute l'année dans les pays chauds et en été seulement dans les climats tempérés. Ils soufflent pendant le jour de la mer vers la terre et pendant la nuit de la terre vers la mer. Leur explication est simple : sous l'influence des rayons solaires, la terre s'échauffe plus vite que la surface de la mer; il s'établit donc, au-dessus de la terre, tant que la température continue à s'élever, une colonne d'air ascendante qui est remplacée par de l'air plus frais venant de la mer : c'est la **brise de mer**. Après le coucher du soleil, l'inverse se produit; d'où, à la surface de la terre, un courant d'air allant de la terre vers la mer : c'est la **brise de terre**, beaucoup moins importante d'ailleurs que la première.

Les marins utilisent la brise de mer pour rentrer au port et celle de terre pour en sortir.

Moussons. — Le même phénomène, en se reproduisant dans de plus vastes proportions, donne lieu aux **moussons**, qui sont aussi des vents périodiques et que l'on observe surtout dans les mers des Indes, dans le golfe du Bengale, la mer de Chine, le golfe du Mexique. Ces vents soufflent six mois dans un sens et six mois dans l'autre. Dans notre hémisphère, la *mousson du printemps* commence au mois d'avril, c'est-à-dire au moment où la température du continent asiatique commence à devenir plus élevée que celle de la mer, aussi, la mousson du printemps est un vent de mer qui se continue jusqu'en octobre.

A cette époque commence la *mousson d'automne*, qui souffle de terre et qui est occasionnée non seulement par le refroidissement plus rapide du sol de l'Inde, mais aussi par l'échauffement des côtes orientales d'Afrique.

La mousson du printemps vient du sud-ouest, celle d'automne du nord-est.

C'est à des causes du même ordre que sont dus certains vents locaux qui se produisent dans certaines contrées avec une régularité plus ou moins grande : tels sont le *mistral*, qui souffle dans le midi de la France et qui vient du nord-ouest, le *sirocco* de la Syrie, le *simoun* de l'Arabie.

Alizés. — Les vents alizés sont des vents constants qui soufflent toute l'année dans le voisinage de l'équateur et dont l'influence se fait sentir à une très grande distance. Ils viennent du nord-est dans l'hémisphère boréal et du sud-est dans l'hémisphère austral.

Dans les contrées équatoriales, l'air est chauffé plus que sous les autres latitudes; il se produit, en outre, dans ces régions, où les eaux occupent une étendue considérable, une évaporation très active : ces deux causes ont pour effet de diminuer la densité de l'air, lequel s'élève dans les régions supérieures de l'atmosphère en produisant un appel d'air qui déterminerait, à la surface de la terre, si elle était immobile, un vent du nord dans l'hémisphère boréal et un vent du sud dans l'hémisphère austral. Mais on sait que la terre est animée d'un mouvement de rotation autour de son axe et ce mouvement, qui a lieu de l'ouest à l'est, se communique également à l'air. Il en résulte que partout l'air a un mouvement de l'ouest à l'est, et que la vitesse de ce mouvement est de moins en moins grande à mesure qu'on s'éloigne de l'équateur.

Par suite, l'air froid qui vient des régions polaires avec une vitesse de rotation très faible rencontre, en se rapprochant de l'équateur, des objets animés de vitesses de plus en plus grandes et dirigées de l'ouest à l'est; et, comme il ne peut prendre de suite lui-même la même vitesse qu'eux, il les choque de l'est à l'ouest, ce qui, combiné avec son mouvement vers l'équateur, produit un vent du nord-est dans notre hémisphère et un vent du sud-est dans l'hémisphère austral. En arrivant à l'équateur, ces deux vents donnent un vent d'est.

Quant à l'air chaud qui arrive dans les régions supérieures de l'atmosphère, il se dirige vers les pôles en produisant des courants de sens inverse qu'on appelle **contre-alizés**.

Ces contre-alizés s'abaissent au fur et à mesure qu'ils s'éloignent de l'équateur et perdent de leur régularité en se rapprochant des pôles; c'est ainsi que le contre-alizé de l'hémisphère boréal, qui souffle sur l'Atlantique du sud-ouest, donne naissance aux vents d'ouest et de sud-ouest, chargés de la vapeur d'eau puisée à l'équateur, et qui se font sentir habituellement sur les côtes d'Europe.

285. Vents irréguliers. — Les vents irréguliers s'observent surtout sur les continents; ils sont produits, d'une part, par les nombreux accidents du sol qui divisent en courants de directions diverses et variables les vents réguliers venant de la mer; et, d'autre part, à l'inégal échauffement du sol, ce qui tient à la configuration et à la nature du terrain, au voisinage et à l'orientation des montagnes, à la proximité plus ou moins grande de la mer.

Bourrasques. — Parmi les vents irréguliers, il en est dont il importe, au plus haut degré, de prévoir le retour : tels sont les bourrasques, les cyclones et les tempêtes, qui consistent tous en des phénomènes de transport de masses gazeuses n'affectant que des portions limitées de l'atmosphère. L'air, à un moment donné, s'y trouve animé d'un mouvement rapide de rotation autour d'un axe. Le sens de la rotation est à peu près constant : dans l'hémisphère boréal, il est inverse de celui des aiguilles d'une montre; dans l'hémisphère austral, c'est le contraire qui a lieu.

En même temps que s'accomplit autour de l'axe le tour-

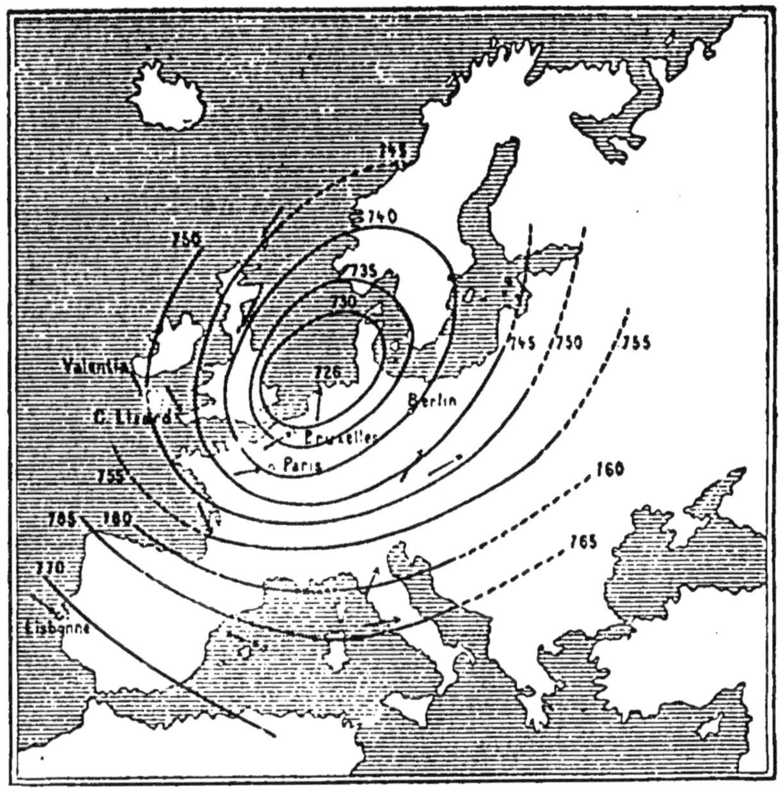

Fig. 198. — Carte de la tempête du 9 décembre 1874.

billonnement constituant la bourrasque, il y a translation de la masse entière dans une direction déterminée.

Si l'on observe les hauteurs barométriques au même moment, dans les différentes régions occupées par une bourrasque, on reconnaît, ces hauteurs étant ramenées au niveau de la mer, qu'au centre du mouvement tournant la pression atmosphérique est minima; puisque cette pression va croissant tout autour du centre de dépression. En portant sur une carte ces hauteurs correspondant à chaque station d'observation, puis traçant les lignes isobares qui réunissent les points où la pression est la même, on constate d'ordinaire qu'un certain nombre de ces isobares affectent la forme de courbes fermées s'enveloppant les unes les autres.

La figure 198 représente la carte d'une bourrasque ou tempête, dont le centre de dépression était d'abord en Irlande. Sur cette carte, à chaque station météorologique, se trouve tracée une ligne indiquant la direction **d'où vient** le vent; cette ligne est souvent munie vers son extrémité d'un nombre plus ou moins considérable de pennes représentant ainsi, par convention, l'intensité du vent.

D'après leur importance relative, ces mouvements tournants sont appelés : *dépressions barométriques, bourrasques* ou *cyclones.*

286. Marche des bourrasques. — Rotation du vent. — Les centres des basses pressions ne restent généralement pas immobiles. Ils cheminent le plus souvent dans nos pays de l'ouest à l'est, et on peut les suivre quelquefois pendant plusieurs jours de suite. Cette vitesse de translation est très variable, les unes vont avec une extrême lenteur, d'autres font plus de 100 kilomètres à l'heure.

La progression des bourrasques détermine des changements progressifs dans la direction des vents; elles produisent une **rotation du vent** dans tous les points soumis à son influence, rotation qui est de même sens que celui du mouvement giratoire de la bourrasque.

287. Cartes du temps et des orages. — Prévision du temps à courte échéance. — S'il était possible de dresser chaque jour une carte représentant la situation générale de l'atmosphère dans le monde entier, on connaîtrait alors les centres des basses ou hautes pressions et la direction de la trajectoire de chacun d'eux. Connaissant, d'autre part, par expérience, la route suivie habituellement par ces dépressions et la vitesse approximative de leur déplacement, on conçoit qu'il serait possible de prévoir les pays qui seraient atteints, ce qui permettrait de fournir d'utiles renseignements au marin et à l'agriculteur.

Ce système de prévision du temps a été imaginé par Le Verrier et appliqué en premier lieu en France. Aujourd'hui, un service de correspondance télégraphique est établi sur toute l'Europe pour l'échange quotidien des observations météorologiques.

En ce qui concerne Paris, chaque matin, le bureau central de météorologie reçoit des diverses stations organisées en Europe les observations faites à une même heure de la matinée et qui sont : 1° la hauteur barométrique ramenée à 0 degré et au niveau de la mer; 2° la température; 3° la direction et la force du vent; 4° l'état du ciel et de la mer; 5° la quantité de pluie tombée la veille.

Ces observations sont reportées sur une carte de l'Europe à l'aide de signes conventionnels; et, en se basant sur ces renseignements, le bureau central établit en quelques phrases la *situation générale*. Beaucoup de journaux quotidiens reproduisent actuellement cette situation ainsi que la carte des isobares.

La prévision du temps, telle que nous venons de l'indiquer, ne peut tenir compte que des grandes lignes de phénomènes, et dans les campagnes les influences locales peuvent modifier les prévisions de l'Observatoire Aussi pour pressentir quelques heures à l'avance les modifications atmosphériques qui doivent se produire, faut-il s'habituer à observer l'aspect du ciel, la direction du vent, ainsi que les variations du thermomètre et du baromètre.

Les orages ne sont autre chose que des dépressions analogues à celles que nous venons d'étudier, mais ayant des limites beaucoup plus restreintes; ils possèdent un mouvement de translation parfois très rapide.

288. Cyclones. — Dans les régions voisines de l'équateur, aux Antilles, dans les mers des Indes, du Japon, on observe parfois des dépressions très limitées comme étendue, mais dans lesquelles la pression est très basse. Le diamètre de la dépression ne dépasse pas 500 kilomètres, mais, pendant que le baromètre marque à l'extérieur 750 millimètres, par exemple, il descend parfois au centre à 700 millimètres et même moins.

Ces dépressions sont appelées, suivant les pays, cyclones, typhons, ouragans.

Les caractères généraux des cyclones sont les mêmes que ceux des dépressions de nos climats, mais, par suite de la grande différence de pression, le vent atteint une violence extraordinaire ; il déracine les arbres, renverse les maisons soulève les navires, etc.

Le cyclone qui ravagea le Bengale en 1876 démolit des

milliers de maisons, souleva la mer de façon à inonder la terre sur un espace de plus de 18 kilomètres et fit plus de 250 000 victimes.

Nos régions sont parfois aussi visitées par ces fléaux. Le 18 août 1890, un cyclone a pris naissance à Dreux et a parcouru du nord-ouest au nord-est, avec une extrême

Fig. 199. — Trombe.

vélocité (30 à 40 secondes) un chemin d'environ 10 kilomètres et large d'à peine 200 mètres; tout cet espace a été haché. A Dreux même, une centaine de maisons ont été à peu près complètement détruites : la manutention militaire, en particulier, a été réduite en poussière.

289. Trombes. — On appelle *trombe* un phénomène que l'on observe souvent en mer et quelquefois, bien que plus rarement, sur terre, et qui consiste en ce fait, qu'à un moment donné un nuage très foncé s'allonge par sa partie inférieure de manière à envoyer du côté du sol une sorte de colonne descendante. Quand le phénomène se produit en mer ou au-dessus d'une grande masse d'eau, on voit souvent celle-ci se soulever et former un second cône qui a la pointe en haut, rejoignant celui qui descend du nuage (fig. 199).

Tout le cône est d'ailleurs animé d'un mouvement giratoire très rapide, qui paraît être de même sens que celui des bourrasques.

La trombe est accompagnée d'un vent très violent qui renverse les maisons, déracine les plus gros arbres et les transporte à plus de 100 mètres. Sur mer, elles engloutissent les vaisseaux. On a vu des étangs subitement desséchés par le passage d'une trombe.

Dans nos climats, les trombes ne se produisent guère qu'en été et dans les temps d'orage. L'électricité atmosphérique semble jouer un rôle important dans leur formation.

SUPPLÉMENT

SPÉCIAL AUX SECTIONS A ET B.

MACHINES A VAPEUR

290. Moteurs à vapeur. — On a vu que, sous l'action de la chaleur, l'eau *se vaporise*. La vapeur formée possède une certaine *force élastique* qui exerce, sur les parois du récipient, une *pression* d'autant plus grande que la vapeur a été formée à une plus haute température.

On peut donc dire que les **moteurs à vapeur** sont des moteurs produisant du travail par dépense de chaleur, en prenant pour intermédiaire la vapeur d'eau.

La **machine à vapeur moderne** se compose : 1° d'une *chaudière* ou *générateur* dans laquelle est produite la vapeur nécessaire au fonctionnement de la machine; 2° d'un *cylindre* renfermant un *piston* mobile, sur les deux faces duquel on fait arriver successivement la vapeur, de telle sorte que ce piston exécute un *mouvement rectiligne alternatif*; 3° d'un distributeur de vapeur appelé *tiroir*; 4° d'un *mécanisme* destiné à la transmission du mouvement.

1° CHAUDIÈRE ET SES ACCESSOIRES

291. Chaudière ordinaire. — On adopte en France, pour les machines fixes, *la chaudière à bouilleurs*, que la figure 200 représente en coupe longitudinale.

Elle se compose d'un cylindre A (*fig.* 200) en tôle de fer laminé ou en cuivre rouge, terminé à ses extrémités par un hémisphère et communiquant à sa partie inférieure par des tubes appelés *évents* avec deux cylindres T, T' de même longueur mais de diamètre trois ou quatre fois plus petit, appelés *bouilleurs*, et plongés dans le foyer; ils sont construits aussi en tôle de fer laminé ou en cuivre rouge.

Le tout est maçonné dans un fourneau en briques, construit de telle sorte que la flamme du foyer échauffe d'abord le bas des bouilleurs, puis revienne en avant entre les bouilleurs et la chaudière, puis enfin retourne en arrière en léchant les côtés de la chaudière.

Par cette disposition, la flamme et les gaz du foyer passent trois fois successivement le long des différentes par-

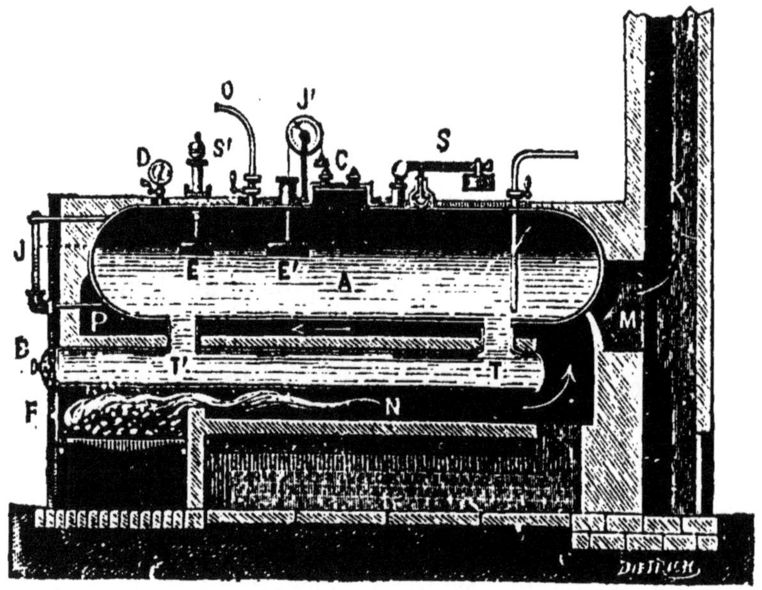

Fig. 200. — Chaudière ordinaire ou à bouilleurs.

ties de la chaudière, et la chaleur est utilisée aussi complètement que possible. Les dimensions de la chaudière sont telles qu'il y ait au moins un *mètre carré de surface de chauffe par cheval-vapeur*.

La vapeur produite dans les bouilleurs monte dans la chaudière par les évents et vient s'accumuler dans la partie supérieure du générateur A, d'où un tube O la conduit dans le cylindre.

292. Chaudière tubulaire. — Lorsque le générateur de vapeur ne doit occuper qu'un espace restreint et doit fournir cependant une grande quantité de vapeur, pour augmenter la surface de chauffe, on emploie les chaudières dites *tubulaires*, inventées par l'ingénieur français Séguin ; c'est le cas des locomotives, des locomobiles, ainsi que des machines marines.

Ces chaudières (*fig.* 201) se composent d'un seul cylindre de grande dimension ; le foyer est placé à l'une des extrémités, à l'*intérieur*; il communique avec la cheminée par un grand nombre de tubes qui traversent la chaudière dans toute sa longueur. La flamme produite dans le foyer

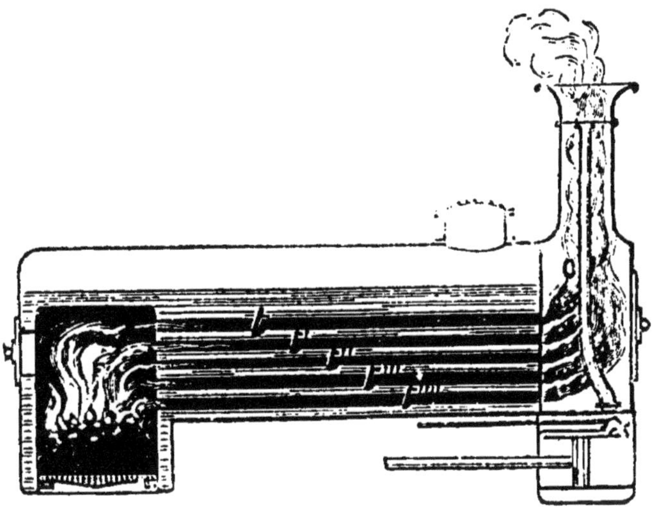

Fig 201. — Chaudière tubulaire.

traverse les tubes pour se rendre à la cheminée et elle se trouve ainsi en présence de l'eau sur une très vaste surface.

293. Accessoires de la chaudière. — Toute chaudière doit être munie :

1° D'un manomètre ;

2' D'une soupape de sûreté ;

3' D'appareils indicateurs du niveau de l'eau ;

4° D'un appareil d'alimentation ;

5° D'un dôme pour prise de vapeur.

Les manomètres généralement employés dans les machines à vapeur sont des manomètres métalliques ; ils indiquent la pression de la vapeur, en atmosphères ou en *kilogrammes* par *centimètre carré*. — Cette pression varie de 1 atmosphère 1/2 dans les machines à basse pression, à 10 atmosphères dans les machines à haute pression.

La soupape de sûreté S (*fig.* 200) est une pièce de bronze servant de bouchon à un tube communiquant avec la partie supérieure du générateur. — Un levier du deuxième genre, mobile autour d'un axe fixe, s'appuie sur cette soupape ; il est chargé à son extrémité libre d'un poids dont la valeur dépend du diamètre de la soupape et de la pression qu'elle doit supporter sans s'ouvrir. — Dans les locomotives, ce levier est remplacé par un ressort.

Indicateurs du niveau de l'eau. — Il est indispensable que, dans une chaudière, le niveau de l'eau ne s'abaisse jamais de manière à laisser à découvert une portion de paroi en contact avec la flamme sur sa face extérieure. — Cette paroi ne tarderait pas, en effet, à devenir incandescente et, au moment où l'on ferait arriver une nouvelle quantité d'eau dans la chaudière, il se produirait brusquement une énorme quantité de vapeur, ce qui pourrait occasionner une explosion.

Le niveau de l'eau est indiqué au chauffeur par divers appareils :

1º *Un tube indicateur* J (*fig.* 200), en cristal, mastiqué dans deux tubes métalliques coudés, communiquant, l'un avec la partie supérieure de la chaudière, l'autre avec la partie inférieure : le niveau de l'eau, dans ce tube, est le même que dans la chaudière.

2º *Un flotteur* E' (*fig.* 200) monte et descend en même temps que le niveau de l'eau, il est relié à une chaîne qui passe sur une poulie J' et qui est terminée par un contrepoids ; l'axe de la poulie porte une aiguille dont la position indique le niveau dans la chaudière.

3º Le *sifflet d'alarme* S' (*fig.* 200), qui ne fonctionne que si le niveau est descendu trop bas ; à ce moment, la tige du petit flotteur E ne ferme plus le pied du sifflet S' ; la vapeur s'échappe, vient raser les bords d'un disque métallique mince, et, le mettant en vibration, fait entendre un son très aigu.

Appareils d'alimentation. — Dans les machines fixes, l'eau est généralement introduite dans la chaudière à l'aide d'une pompe que la machine met elle-même en mouvement. Cette eau est amenée par le tuyau d'alimentation I (*fig.* 200) jusqu'au fond de la chaudière pour éviter que l'eau froide, en arrivant, ne condense la vapeur formée, ce qui troublerait la marche de la machine.

Sur les locomotives et sur les autres machines mobiles, on emploie l'**injecteur Giffard** (*fig.* 202), destiné à remplacer la pompe alimentaire de Watt. Il se compose essentiellement de deux *cônes*, l'un convergent *aa*, l'autre divergent *bb*, constituant une *trompe à vapeur d'eau*. La vapeur du générateur arrive par l'orifice *d* et s'échappe par l'extrémité F de la tuyère avec une vitesse considérable; il en résulte, dans la région H, un vide partiel, suffisant pour que l'eau d'un réservoir arrive par aspiration jusqu'à l'orifice F; cette eau est poussée par la vapeur et pénètre dans le cône divergent *bb*, en perdant peu à peu une fraction de plus en plus grande de sa vitesse initiale; elle arrive ainsi dans le tuyau d'alimentation V qui la conduit directement

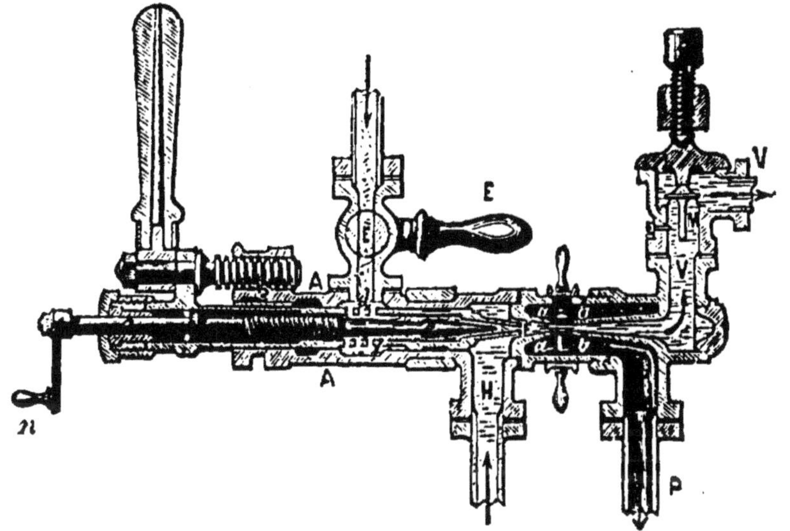

Fig. 202. — Injecteur Giffard.

dans la chaudière. Quant à l'eau non entraînée pas le jet et aux gaz qui ont pu se dégager de l'eau, ils se rendent dans l'espace L et s'échappent par le *tuyau de déversement* P. Une soupape M empêche l'eau de la chaudière de revenir dans l'injecteur, quand la pression tend à diminuer dans celui-ci. Une aiguille *e*, mue par une vis commandée par la manivelle *n*, règle le volume de la vapeur débitée par la tuyère; enfin la vitesse du courant d'eau arrivant par le tube H est réglée par un levier qui fait avancer ou reculer la tuyère parallèlement à son axe.

Prise de vapeur. — Dans la figure 200, O représente le tube par lequel la vapeur se rend au cylindre; ce tube est placé à la partie supérieure d'un **dôme** qui surmonte la chaudière. Ce dôme a pour but de permettre à la vapeur de déposer les gouttelettes d'eau qu'elle avait entraînées et qui, introduites dans le cylindre, gêneraient le mouvement du piston.

2° MÉCANISME MOTEUR

294. Cylindre et piston. — La vapeur produite dans la chaudière est conduite par le tube O (*fig.* 200) dans le *cylindre*, où se trouve un piston auquel elle doit imprimer un mouvement *alternatif* en agissant *alternativement* sur l'une et sur l'autre de ses faces. La vapeur s'échappe ensuite dans l'atmosphère ou se rend dans un récipient appelé *condenseur*.

295. Tiroir. — L'appareil le plus simple et le plus généralement employé pour faire arriver la vapeur successive-

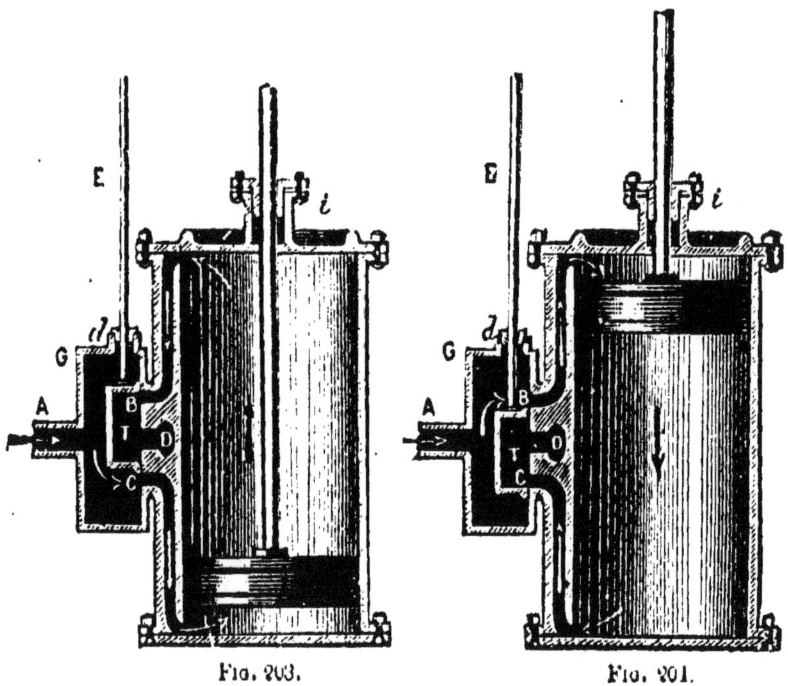

Fig. 203.   Fig. 204.

ment sur chacune des faces du piston est le **tiroir à coquille**. La vapeur du générateur se rend par le tube A (*fig.* 203 et 204) dans une boîte de fonte G fixée sur le côté du cylindre et appelée la *boîte à vapeur*. De celle-ci partent deux conduits B et C pratiqués dans l'épaisseur même des parois du cylindre et qui dirigent la vapeur l'un au-dessus, l'autre au-dessous du piston. Entre les deux orifices de ces conduits s'en trouve un troisième D, d'où part un tube débouchant dans l'atmosphère ou dans le condenseur.

Une pièce mobile T, appelée *tiroir*, en raison de sa forme, peut glisser en regard de ces orifices de façon à ne laisser jamais à découvert qu'un des premiers conduits, l'autre étant alors en communication avec le troisième.

La figure 203 représente l'appareil au moment où le piston est soulevé de bas en haut : l'ouverture C est libre et la vapeur y pénètre ; celle qui se trouve à la partie supérieure s'échappe par les conduits B et D.

L'appareil est disposé de telle sorte que la tige E qui commande le tiroir s'abaisse quand le piston est à l'extrémité de sa course ; il présente alors la disposition de la figure 204 : la vapeur entre par B et s'échappe par C.

296. Excentrique. — C'est la machine elle-même qui imprime au tiroir son mouvement de va-et-vient ; on emploie à cet effet une pièce E, que l'on appelle **excentrique** (*fig.* 205) ; c'est un disque circulaire fixé perpendi-

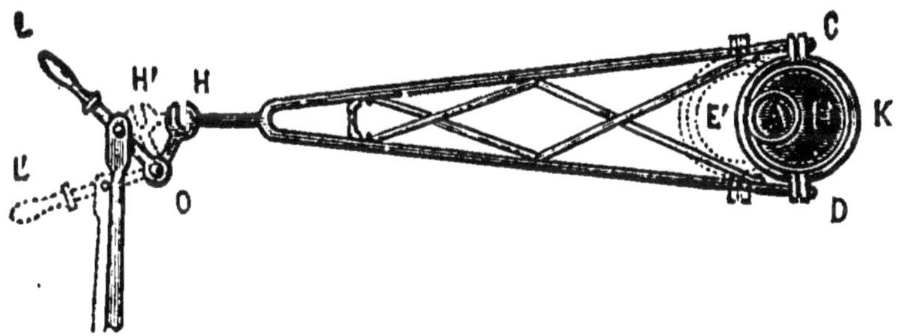

Fig. 205. — Excentrique.

culairement à l'arbre de la machine A, mais de telle sorte que son centre ne coïncide pas avec l'axe de rotation. Un collier mobile K, auquel est adapté un bâti CDH, entoure le disque ; le point H du bâti est articulé en O avec l'extrémité de la tige du tiroir, et ne peut prendre qu'un mouvement de va-et-vient rectiligne.

La rotation de l'arbre de la machine détermine le mouvement de l'excentrique qui tourne dans l'intérieur du collier et prend la disposition indiquée en pointillé sur la fig. 205 ;

quand l'arbre a fait un demi-tour le collier s'est alors
avancé horizontalement en entraînant vers la gauche le
point H qui agit à son tour sur le levier L : H vient en H'
et L en L'; par suite, la tige du tiroir s'abaisse. Après un
demi-tour de l'arbre, ce sera l'inverse qui aura lieu.

L'excentrique est construit de telle sorte que la course
HH' soit égale à la course que doit parcourir le tiroir.

297. Détente de la vapeur. -- Quand on laisse
arriver la vapeur d'un côté du piston pendant toute la longueur de sa course, sa force élastique reste sensiblement
la même et l'on dit que la machine fonctionne *sans détente*;
mais, dans la plupart des machines, le tiroir est disposé de
telle sorte que l'entrée de la vapeur dans le cylindre ne se
fasse que pendant une partie de la course du piston; alors,
la vapeur introduite augmente de volume et se **détend**, en
diminuant de pression. Le travail produit est évidemment
moindre que si la vapeur avait continué à pénétrer dans le
corps de pompe; mais il se trouve obtenu sans dépense;
d'où une réelle économie.

Supposons, en effet, que la vapeur fournie par la chaudière ait une force élastique de 3 atmosphères, et qu'elle
n'arrive dans le cylindre que pendant la *moitié* seulement
de la course du piston; pour le même nombre de coups de
piston on dépensera *deux fois moins* de vapeur, et cependant le travail total produit par le piston ne sera pas *deux
fois plus petit*. En effet, pendant la première moitié de la
course du piston, la vapeur, conservant une force constante
de 3 atmosphères, produit un travail égal à la moitié du
travail total qu'elle aurait produit sans la détente; et
pendant la seconde moitié de la course, le piston sera
soumis à l'action d'une force motrice qui variera de 3 atmosphères à 1 atmosphère et qui sera, par conséquent, toujours
supérieure à la résistance de 1 atmosphère qui se fait sentir
sur l'autre face.

A dépense égale de vapeur et, par suite, de combustible,
la machine à détente produit donc *plus* de travail qu'une
machine sans détente.

Pour qu'une machine fonctionne avec détente, on règle
la marche ou les dimensions du tiroir, de manière que
l'arrivée de la vapeur dans le cylindre soit interceptée
quand le piston n'a parcouru qu'une fraction de sa course
totale.

Dans certaines machines ont fait commander la détente

par le régulateur de vitesse, de telle sorte que la détente diminue et qu'il entre ainsi plus de vapeur quand le mouvement commence à se ralentir.

298. Condenseur. — Dans les machines à *haute* pression et dans la plupart des machines mobiles, la vapeur, après avoir agi sur le piston, s'échappe par le conduit D (*fig.* 206) dans l'atmosphère.

Il résulte de cette disposition que la paroi du piston opposée à celle ou agit la vapeur supporte la pression atmosphérique ; en sorte que si, dans la chaudière, la pression est de 8 atmosphères par exemple, la force qui fera mouvoir le piston sera de 7 atmosphères : d'où une perte de force de $\frac{1}{8}$.

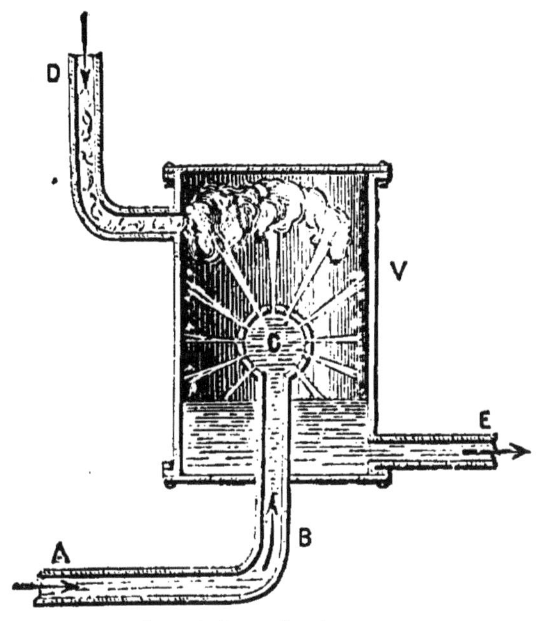

Fig. 206. — Condenseur.

Si la machine est à *basse* pression, 2 atmosphères par exemple, la force effective qui fera mouvoir le piston ne sera plus que de 1 atmosphère seulement et alors la perte de force est de $\frac{1}{2}$.

Au moyen du condenseur imaginé par Watt, on peut supprimer presque entièrement cette perte de force.

Le condenseur (*fig.* 206) est un récipient V hermétiquement clos dans lequel arrive constamment, sous forme de pluie, par le tube ABC, un jet d'eau froide fourni par une pompe. A la partie supérieure de ce vase débouche le tuyau d'échappement D par lequel la vapeur, après avoir agi sur le piston, se trouve en communication avec l'intérieur du condenseur. Supposons que la température de ce dernier soit de 30° ; la vapeur se condense alors, d'après le principe de la paroi froide, jusqu'à ce que sa tension corresponde à la tension maxima de la vapeur d'eau à 30°, c'est-à-dire à 31^{mm} ou environ 0,05 d'atmosphère. La pression effective qui fera mouvoir le piston dans le deuxième cas cité plus haut sera alors $2 - \frac{1}{20}$, ou 1 atmosphère $\frac{19}{20}$, c'est-à-dire une pression presque double de celle qui agirait dans la machine sans condenseur.

Il est évident qu'il faut enlever au fur et à mesure l'eau injectée qui absorbe toute la chaleur abandonnée par la vapeur en se condensant; cette eau, ainsi échauffée, est aspirée en E par une pompe et envoyée en partie à la chaudière.

3° MÉCANISME DE TRANSMISSION

299. Bielle et manivelle. — Nous avons vu que la vapeur en agissant alternativement sur les deux faces du piston imprime à ce dernier un mouvement de va-et-vient. Or, dans la plupart des cas, la machine à vapeur est employée pour obtenir un mouvement de rotation continu : d'où la nécessité de **mécanismes de transmission** destinés à transformer en mouvement de rotation le mouvement alternatif du piston.

Ces mécanismes sont très nombreux. Le plus simple, qui est en même temps le plus employé, est le mécanisme dit à *action directe;* c'est le seul que nous décrirons.

Il faut faire tourner autour de son axe une longue tige de fer horizontale A, qu'on appelle l'*arbre de couche* (*fig.* 207); à cet effet, on munit l'une des extrémités de l'arbre d'une manivelle M et on ajoute également sur l'arbre une grande roue en fonte V entraînée par l'arbre de couche dans son mouvement; cette roue s'appelle le *volant*.

La vapeur arrive par le tuyau *a*, entre dans le tiroir *t*; elle passe de là dans le cylindre à vapeur C qui est horizontal et elle donne au piston un mouvement de va-et-vient.

La tête de la tige du piston s'engage dans une glissière *g*, cette tige *n'* se termine par une pièce métallique *m* dont les faces horizontales sont planes et glissent entre deux pièces horizontales également planes. — Une longue barre résistante *b* appelée la *bielle*, s'articule d'une part au point *o* sur la tige du piston, d'autre part, à l'extrémité de la manivelle M.

D'après la figure, le piston pousse en avant le point *o*, la bielle fait tourner de gauche à droite la manivelle. Lorsque le piston est au bout de sa course, la bielle et la manivelle sont en ligne droite : c'est le *point mort*. — La bielle ne peut alors revenir en arrière et faire tourner la manivelle, et la machine s'arrêterait s'il n'y avait pas de volant. Mais, en vertu de l'inertie, cette pesante roue de fonte continue

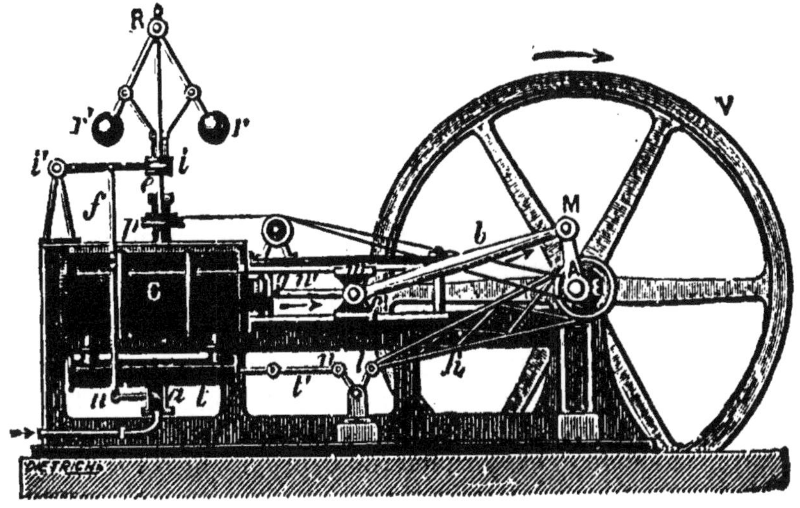

Fig. 207. — Machine à action directe.

à se mouvoir malgré les résistances que la machine doit vaincre; elle entraîne la manivelle, la bielle et tous les autres organes dont elle entretient le mouvement quelques instants : le point mort est alors dépassé et la bielle, faisant alors un angle avec la manivelle, peut transmettre à cette dernière le mouvement du piston.

300. Appareils régulateurs. — Le volant sert en outre à régulariser le mouvement de la machine : quand la vitesse tend à se ralentir, le volant, qui tend à conserver la sienne, entraîne la machine; si au contraire, l'action de la vapeur s'accroît à un certain moment, elle est employée en partie à augmenter la vitesse du volant, ce qui diminue d'autant l'accroissement de vitesse des autres parties de la machine. Dans les locomotives et sur les navires, la grande masse des corps mis en mouvement tient lieu de volant.

La machine est munie d'une autre pièce servant aussi à régulariser son mouvement : c'est le **régulateur à boules** R (*fig.* 207). Il se compose d'un axe vertical *c* auquel l'arbre transmet, par l'intermédiaire d'une corde sans fin, passant par la poulie *p*, un mouvement de rotation. A la partie supérieure R de cet axe sont articulées deux tiges terminées par des boules *rr'*; elles sont reliées par deux autres tiges à un anneau *i* qui peut glisser le long de l'axe *c*. Lorsque la machine est en mouvement, tout l'appareil que nous venons de décrire tourne autour de l'axe vertical. Un effet particulier de l'inertie est d'écarter de cet axe les centres des boules *rr'*; l'anneau *i* est par là même soulevé, et ce déplacement croît avec la vitesse de la rotation; si elle diminue, l'anneau s'abaisse. L'anneau *i* est relié, par l'intermédiaire de leviers coudés, *ii'-fu*, à une *valve* placée dans le conduit *a* qui amène la vapeur au cylindre. Cette liaison est telle que la valve se ferme quand l'anneau s'élève, c'est-à-dire quand la machine marche trop vite; la valve s'ouvre au contraire quand la machine se ralentit.

301. Locomotive. — Une locomotive n'est autre chose qu'une machine à vapeur à haute pression qui se traîne elle-même et qui dispose de son excès de puissance pour remorquer, outre sa provision d'eau et de combustible, un nombre plus ou moins considérable de véhicules composant son convoi. Nous avons vu que la chaudière des locomotives est **tubulaire.** Sur les indications de Séguin, l'ingénieur anglais Stephenson fit rendre dans la cheminée, à chaque coup de piston, la vapeur qui avait agi sur ce dernier; il obtint ainsi un tirage très énergique et put faire produire à la chaudière l'énorme quantité de vapeur nécessaire pour obtenir de grandes vitesses. De chaque côté de la chaudière, il y a une machine à haute pression, sans condenseur et à action directe analogue à celle qui vient d'être décrite.

La *figure* 208 représente en coupe les éléments essentiels d'une locomotive. Dans ce modèle, l'action motrice de la machine s'exerce sur une seule paire de roues, la paire du milieu; les autres ne servent qu'à soutenir la machine.

La vapeur formée dans la chaudière G (*fig.* 208) se rend dans le *dôme* D, pénètre dans un tuyau *p* qui la conduit par les tubes S et *u* dans chacun des corps de pompe A; les conduits *p, s, u*, sont entourés par la vapeur qui se dégage de la chaudière pour empêcher la condensation de la

Fig. 208. — Coupe d'une locomotive du système Stephenson.

vapeur dans ces conduits. Une clef q, commandée par une manette r, permet au chauffeur de mettre la locomotive en action ou de l'arrêter. La vapeur agit sur le piston a dont la tige est articulée avec une bielle $c\,c'$; une manivelle d, articulée avec la bielle, met en mouvement une grande roue m, appelée *roue motrice*, dont l'adhérence sur les *rails* détermine le mouvement de la locomotive. Quand la vapeur a agi sur le piston, elle s'échappe dans la cheminée K par le tube R. La chaudière est une chaudière tubulaire : la flamme et les gaz du foyer circulent dans une série de tubes en cuivre rouge et s'échappent dans la cheminée K, après avoir cédé à l'eau qui les environne la totalité de leur chaleur. La machine présente en outre une soupape de sûreté V, un sifflet d'alarme J, un chasse-pierres P. Les roues de la locomotive, sur lesquelles n'agit pas la bielle, sont appelées *roues porteuses*, pour les distinguer des roues m ou *roues motrices*.

302. Puissance d'une machine à vapeur. — La puissance des machines à vapeur s'évalue en *chevaux-vapeur*. On dit qu'une machine a une puissance d'un *cheval-vapeur* lorsqu'elle est capable d'effectuer un travail de 75 kilogrammètres par seconde.

On appelle *coefficient économique réel* ou *rendement* d'une machine, le rapport entre le travail utile de la machine et le travail total correspondant à la chaleur dégagée par la combustion du combustible employé. Dans les meilleures machines, le rendement ne dépasse jamais 0,125.

303. Calculs relatifs à la machine à vapeur. — 1° Supposons que la machine fonctionne sans détente et sans condenseur; la pression sur l'une des faces du piston sera de n atmosphères; sur l'autre face la pression sera de 1 atmosphère. Donc la pression effective sera de $(n-1)$ atmosphères. Désignons par S la section du piston en *centimètres carrés* et par h la course du piston en **mètres**. La force constante qui fait mouvoir le piston sera égale à $(n-1) \times S \times 0{,}076 \times 13{,}6$ **kilogrammes-force**; le travail correspondant à une course du piston sera égal à $(n-1) \times S \times 0{,}076 \times 13{,}6 \times h$ **kilogrammètres**.

Si la machine exécute p coups de piston par *seconde*, la puissance de la machine aura pour expression :

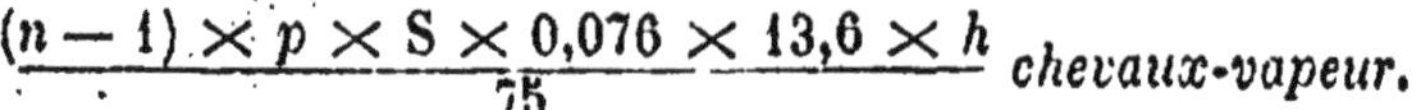

$$\frac{(n-1) \times p \times S \times 0{,}076 \times 13{,}6 \times h}{75} \text{ chevaux-vapeur.}$$

On peut aussi se proposer d'évaluer la puissance en *kilo-Watts;* on obtiendrait :

$$(n-1) \times p \times S \times 0,070 \times 13,6 \times h \times 0,00981 \ kilo\text{-}Watts.$$

2° Si la machine possède un condenseur, la pression de la vapeur dans ce condenseur sera égale à une fraction d'atmosphère que nous représentons par k; dans les calculs précédents, il suffira de remplacer $(n-1)$ par $(n-k)$.

3° Si la machine fonctionne avec détente, le calcul n'est plus assez simple pour pouvoir être exposé ici.

304. Représentation graphique de la tension maxima de la vapeur d'eau aux diverses températures. — La représentation graphique d'un phénomène est un excellent procédé de représentation, parce qu'il permet d'embrasser d'un seul coup d'œil l'ensemble du phénomène. Supposons que nous prenions pour *abscisses* les températures et pour *ordonnées* les tensions maxima de la vapeur d'eau en *mètres de mercure* pour les températures représentées par les abscisses; les extrémités des ordonnées constitueront autant

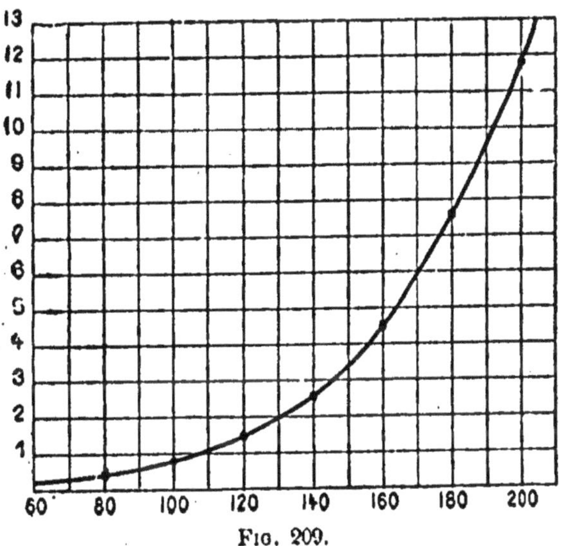

Fig. 209.

de *points figuratifs* du phénomène. En joignant par un trait continu les points figuratifs successifs, nous obtiendrons la *courbe* figurative du phénomène (fig. 209).

La courbe montre que la pression maxima de la vapeur d'eau croit plus rapidement que ne s'élève la température.

Le point critique de la vapeur d'eau est à 365°; la pression critique est égale à 200,5 atmosphères.

19.

TABLE ANALYTIQUE

NOTIONS PRÉLIMINAIRES

CHAPITRE PREMIER. — Propriétés générales des corps.

1. Corps. — 2. Molécules...... 1
3. Divers états physiques de la matière.................... 2
4. Résistance. — Viscosité. — Frottement.................. 4
5. Compressibilité.............. 5
6. Élasticité. — 7. Objet de la physique................... 6

CHAPITRE II. — Force. — Travail. — Puissance.

8. Mouvement. — 9. Forces... 7

10. Mesure des forces........ 8
11. Composition des forces.... 9
12. Équilibre d'un système de forces 10
13. Travail. — 14. Travail d'une force constante............ 11
15. Travail dans les machines simples................... 12
16. Conservation du travail. — 17. Levier 13
18. Treuil................... 17
19. Plan incliné............. 17
20. Puissance............... 18
21. Système C.-G.-S........... 18

LIVRE PREMIER

PESANTEUR

CHAPITRE PREMIER. — Direction de la pesanteur. — Centre de gravité.

22. Nature de la pesanteur.... 20
23. Direction de la pesanteur.. 21
24. Usages du fil à plomb.... 22
25. Poids des corps. — Centre de gravité................ 23
26. Détermination du centre de gravité 24
27. Conditions d'équilibre d'un corps pesant pouvant tourner autour d'un axe horizontal.. 25
28. Équilibre d'un corps reposant sur un plan horizontal.. 26
Applications................ 29

29. Chute des corps.......... 29
30. Effets de la résistance de l'air 30
31. Loi de la chute des corps.. 31

CHAPITRE II. — Poids. — Balance. — Poids spécifique.

32. Poids d'un corps. — 33. Balance.................... 33
34. Conditions de justesse. — 35. Vérification d'une balance. — 36. Conditions de sensibilité. 35
37. Méthode de la double pesée. — 38. Balance de Roberval. 36
39. Poids spécifique ou densité des corps. — Notion de masse. 37

LIVRE II

HYDROSTATIQUE

CHAPITRE PREMIER. — État liquide. — Principe de Pascal et ses conséquences.

40. Équilibre des liquides et des gaz...... 41
41. Force exercée par un liquide en équilibre. — Pression. — Unités usuelles de pression. 42
42. Conditions d'équilibre d'un liquide pesant...... 43
Principe fondamental...... 44
43. La surface libre d'un liquide homogène pesant en équilibre est horizontale. — Vérification. 45
44. Dans un liquide homogène pesant en équilibre, la pression croît avec la profondeur. — 45. Pression de bas en haut. — Vérification expérimentale 46
46. Différence des pressions supportées par deux éléments égaux horizontaux situés à des niveaux différents...... 47
47. Vases communicants. — Vérification expérimentale...... 48
48. Pression sur le fond horizontal d'un vase. — Principe. — Vérification expérimentale. 49
49. Pression sur le fond des mers. — 50. Pression sur les parois latérales...... 51
51. Effets des pressions sur les parois des vases...... 52
52. Pression sur l'ensemble des parois d'un vase. — 53. Niveau d'eau...... 54
54. Niveau à bulle d'air...... 56
Usage du niveau à bulle d'air. — 55. Sources. — Puits ordinaires. — Puits artésiens. — Jets d'eau. — Distribution de l'eau dans les villes. — Écluses...... 57

CHAPITRE II. — Principe d'Archimède. — Corps flottants. — Liquides superposés.

56. Pressions exercées par les liquides sur les corps qui y sont plongés...... 61
57. Principe d'Archimède...... 61
Vérification expérimentale. — 58. Conséquences du principe d'Archimède...... 63
59. Poids apparent d'un corps. — 60. Déterminer le volume d'un corps...... 64
61. Corps flottants. — 62. Équilibre des corps flottants...... 65
63. Réciproque du principe d'Archimède...... 66
64. Natation. — 65. Équilibre des liquides superposés dans un même vase...... 67
Vérification expérimentale. — 66. Vases communicants à deux liquides de poids spécifiques différents...... 68

CHAPITRE III. — Détermination des Densités des solides et des liquides. — Aréomètres usuels.

67. Détermination de la densité...... 71
68. Méthode du flacon...... 72
69. Méthode de la balance hydrostatique...... 74
70. Densité d'un corps solide soluble dans l'eau...... 75
71. Aréomètres usuels...... 76
72. Pèse-acides ou pèse-sels de Baumé. — 73. Pèse-esprits 77
74. Alcoomètre centésimal de Gay-Lussac. — Graduation. 78
Usage...... 79

CHAPITRE IV. — Capillarité. — Diffusion. — Endosmose.

75. Phénomènes de capillarité. 82
76. Ascension d'un liquide dans un tube qu'il mouille...... 83
77. Dépression d'un liquide dans un tube qu'il ne mouille pas. 84
78. Tension superficielle...... 84
79. Adhérence et teinture...... 85
80. Applications de la capillarité. 86
81. Diffusion...... 87
82. Endosmose...... 88
83. Filtration...... 88

LIVRE III

STATIQUE DES GAZ

CHAPITRE PREMIER. — Propriétés générales. — Pression atmosphérique. — Baromètres.

81. Propriétés générales des gaz.................... 89
85. Force élastique d'un gaz.. 90
86. Pression atmosphérique... 91
87. Mesure de la pression atmosphérique. — Expérience de Torricelli................... 91
88. Expériences de Pascal.... 96
89. En un même lieu, à la même température, la pression atmosphérique est proportionnelle à la hauteur barométrique. — 90. *Baromètres*.... 98
91. Baromètre normal ou baromètre de Regnault.......... 100
92. Baromètre à cuvette ordinaire.... 101
93. Baromètre de Fortin...... 102
Correction capillaire.......... 103
Transport du baromètre de Fortin. — 94. Baromètre à siphon de Gay-Lussac........ 104
95. Baromètres métalliques.... 105
96. Baromètre enregistreur.... 106
97. Mesure des hauteurs par le baromètre. — 98. Variations de la hauteur barométrique.. 107
99. — Prévision du temps. — 100. — Mesure de la force élastique d'un gaz.......... 108

CHAPITRE II. — Loi de Mariotte. — Mélange des gaz. — Solubilité des gaz dans l'eau.

101. Loi de Mariotte.......... 114
102-103-104. Expression analytique de la loi de Mariotte.. 117
105. Résumé. — 106. Mélange des gaz.................... 119
107. Lois du mélange des gaz. — *Vérification.* — 108. Expression analytique de ces lois.................... 120
109-110. Solubilité des gaz dans l'eau.................... 123
111. Coefficient de solubilité d'un gaz dans l'eau. — 112. Applications 124

CHAPITRE III. — Manomètres. — Machine pneumatique. — Pompe de compression. — Applications.

113. Manomètres : définition. — 114. Manomètres industriels. — Description........ 126
115. Manomètres de précision. 127
116-117. Machine pneumatique. 129
118. Limite de raréfaction. — 119. Machine pneumatique ordinaire.................... 132
120. Pompe de compression... 134
121. Applications.............. 135
122. Machine pneumatique à mercure. — Trompes....... 136

LIVRE IV

HYDRODYNAMIQUE

CHAPITRE PREMIER. — Pompes. — Siphons.

123. — Pompes : définition. — 124. Pompe aspirante....... 139
125. Pompe aspirante et élévatoire. — 126. Pompe foulante.................... 141
127. Pompe à incendie........ 142

128. Pompe aspirante et foulante. — 129. Pompes rotatives.................... 143
130. Presse hydraulique....... 145
131. Siphons.................. 147
132. Usages du siphon........ 148
133. Vase de Tantale.......... 149
134. Pipette. Tâte-vin......... 151

CHAPITRE II. — **Principe d'Archimède appliqué aux gaz. — Baroscope. — Aérostats.**

135. Le principe d'Archimède

136. s'applique aux gaz.......... 152
136. Aérostats................. 154
137. Force ascensionnelle..... 155
138. Direction des ballons..... 156

LIVRE V

CHALEUR

CHAPITRE PREMIER. — **Phénomènes généraux de la chaleur. — Dilatation. — Thermométrie.**

139. Nature de la chaleur..... 158
140. Effets généraux de la chaleur. — 141. Dilatation des corps solides............... 159
142. Dilatation linéaire........ 160
143. Dilatation des liquides. — 144. Dilatation des gaz...... 161
145. Thermométrie. — Température..................... 162
146. Choix de la substance thermométrique................. 163
147. Thermomètre à mercure... 164
148. Graduation du thermomètre...................... 165
149. Correction relative au point 100...................... 167
150. Comparabilité du thermomètre à mercure. Déplacement du zéro. — 151. Échelles thermométriques diverses... 168
152. Thermomètre à alcool.... 169
153. Sensibilité. — 154. Installation du thermomètre...... 170
155. Thermomètres servant aux observations météorologiques..................... 171
156. Thermomètres divers..... 172

CHAPITRE II. — **Dilatation des solides. — Applications.**

157. Dilatation cubique........ 173
158. Applications............. 175
159. Dilatation linéaire. — 160. Dilatation superficielle...... 176
161. Principe du comparateur. 177
162. Résultats des expériences faites sur les corps non cristallisés.................... 178

163. Connaissant la densité D_0 d'un corps à 0°, trouver quelle est sa densité D à la température $t°$..................... 179
164. Applications usuelles de la dilatation des corps solides. 180
165. Pendule compensateur... 181
166. Thermomètre métallique. 182

CHAPITRE III. — **Dilatation des liquides. — Maximum de densité de l'eau. — Applications diverses.**

167. Dilatation des liquides. — 168. Dilatation absolue...... 184
169. Dilatation apparente d'un liquide dans une enveloppe de verre.................... 185
170. Dilatation absolue du mercure........................ 186
171. Détermination du coefficient de dilatation d'une enveloppe de verre. — 172. Dilatation absolue d'un liquide quelconque 189
173. Dilatation absolue de l'eau. 190
174. Coefficient thermométrique........................... 191
175. Réduction des hauteurs barométriques à la température 0°............ 192

CHAPITRE IV. — **Dilatation des gaz. — Densité des gaz. — Thermomètre à air.**

176. Coefficient de dilatation des gaz.................... 195
177. Détermination du coefficient de dilatation des gaz sous pression constante..... 196
178. Résultats............... 198
179. Action de la chaleur sur un gaz à volume constant... 199

180. Formule fondamentale des gaz...... 200
181. Applications. Principes du thermomètre à air...... 201
Remarque...... 202
182. Comparaison du thermomètre à mercure avec le thermomètre à air. — 183. Densité des gaz...... 203
184. Masse spécifique de l'air à Paris...... 204
185 Variation de la densité d'un gaz avec la température et la pression. — 186. Correction des pesées effectuées dans l'air...... 205
187. Calcul de la force ascensionnelle d'un aérostat...... 206

CHAPITRE V. — Fusion et solidification.

188. Changements d'état des corps...... 208
189. Fusion. — 190. Lois de la fusion...... 209
191. Chaleur de fusion. — 192. Changement de volume pendant la fusion...... 210
193. Influence de la pression. — 194. Regel de la glace...... 211
195. Solidification. — 196. Changement de volume pendant la solidification. — 197. Propriétés de la glace...... 213
198. Surfusion...... 214
199. Solidification d'un liquide surfondu. — 200. Dissolution des corps solides dans les liquides...... 216
201. Cristallisation par voie de dissolution. — 202. Sursaturation...... 217
203. Mélanges réfrigérants...... 218
204. Usages des mélanges réfrigérants...... 219

CHAPITRE VI. — Propriétés générales des vapeurs.

205. Vaporisation et liquéfaction...... 220
206. Formation des vapeurs dans le vide...... 221
207. Vapeurs saturantes...... 222

208. Tension maxima de la vapeur d'eau...... 225
209. Tension des vapeurs des divers liquides...... 231
210. Densités des vapeurs...... 232
211. Calcul de la masse d'un volume de vapeur. — *Applications*...... 233
212. Mélange des gaz et des vapeurs...... 234
213. Appareil de Gay-Lussac...... 235
214. Masse d'un volume d'air humide...... 236

CHAPITRE VII. — Évaporation. — Ébullition. — Caléfaction.

215. Évaporation...... 238
216. Conditions qui exercent influence sur la rapidité de l'évaporation...... 239
217. Ébullition. — Description du phénomène...... 240
218. Ébullition sous de faibles pressions...... 242
219. Ébullition sous des pressions élevées...... 243
220. Retard à l'ébullition...... 245
221. Ébullition des mélanges de plusieurs liquides. — 222. Ébullioscope Malligand...... 246
223. Caléfaction. Description du phénomène...... 248

CHAPITRE VIII. — Liquéfaction des vapeurs. — Distillation. — Liquéfaction des gaz.

224. Liquéfaction des vapeurs. — Distillation...... 251
225. Distillation de l'eau...... 252
226. Distillations fractionnées...... 253
227. Liquéfaction des gaz par refroidissement. — 228. Liquéfaction des gaz par compression...... 254
229. Liquéfaction d'un gaz par refroidissement et par compression. — 230. Point de liquéfaction des gaz...... 256
231. Expériences de M. Cailletet...... 258
232. Expériences de M. Pictet...... 260
233. Expériences de MM. Wroblewski et Olzewski. — 234. Conclusion...... 261

235. Froid produit par l'évaporation ......,.......... 262
236. Machine pneumatique de M. Carré pour congeler l'eau. 263
237. Applications diverses..... 264
238. Froid produit par l'évaporation des gaz liquéfiés. — 239. Solidification de l'acide carbonique.............. 265
240. Production des basses températures................. 266

CHAPITRE IX. — **Hygrométrie**

241. Hygromètres. — État hygrométrique 266
242. Hygromètre chimique.... 268
243. Hygromètre de condensation 270
244. Hygromètre d'absorption. 272

CHAPITRE X. — **Météores aqueux.**

245. Quantité de vapeur d'eau répandue dans l'air........ 276
246. Brouillards.............. 277
247. Nuages................. 278
248. Pluie. — 249. Pluviomètre. 280
250. Neige. — 251. Grêle...... 281
252. Givre. — 253. Verglas. — 254. Rosée. — 255. Circonstances influant sur le dépôt de rosée................. 282
256. Gelée blanche........... 283

CHAPITRE XI. — **Calorimétrie. — Chaleur spécifique. — Chaleur de fusion. — Chaleur de vaporisation.**

257. Quantités de chaleur. — Calorie. — 258. Chaleur spéfique.................. 285
259. Détermination de la chaleur spécifique d'un corps solide. — Méthode des mélanges.................. 286

260. Chaleur spécifique des liquides. — 261. Résultats généraux. — 262. Loi de Dulong et Petit................. 291
263. Loi de Neumann. — 264. Calorimètre de Bunsen...... 292
265. Chaleur de fusion. — 266. Méthode générale.......... 293
267. Chaleur de fusion de la glace. — 268. Chaleur de vaporisation................ 294
269. Chaleur de vaporisation de l'eau.................... 295

CHAPITRE XII. — **Conductibilité.**

270. Propagation de la chaleur. 295
271. Conductibilité. — 272. Conductibilité des corps solides. 300
273. Conductibilité des liquides et des gaz................ 301
274. Applications de la conductibilité. — 275. Propriétés des toiles métalliques.......... 302

CHAPITRE XIII. — **Émission et absorption de la chaleur.**

276. Rayonnement de la chaleur. 303
277. Pouvoir émissif.......... 303
278. Absorption de la chaleur. 304
279. Isolement thermique..... 305
280. Appareils de chauffage... 306

CHAPITRE XIV. — **Mouvement de l'atmosphère.**

281. Variations de la pression atmosphérique.............. 309
282. Lignes isobares.......... 309
283. Vents.................... 310
284. Vents réguliers.......... 310
285. Vents irréguliers......... 312
286. Bourrasques............. 314
287. Cartes de prévision du temps.................... 314
288. Cyclones................ 315
289. Trombes................. 316

SUPPLÉMENT SPÉCIAL AUX SECTIONS A ET B.

MACHINES A VAPEUR

290. Moteurs à vapeur. — 291. Chaudière ordinaire........ 319
292. Chaudière tubulaire...... 320

293. Accessoires de la chaudière..................... 321
294. Cylindre et piston........ 324

295. Tiroir.. 321
296. Excentrique.. 325
297. Détente de la vapeur. . . 326
298. Condenseur.. 327
299. Bielle et manivelle...... 328
300. Appareils régulateurs . . 329
301. Locomotive.......... .. 330

302. Puissance d'une machine
à vapeur. — 303. Calculs
relatifs à la machine à vapeur.   332
304. Représentation graphique
de la tension maxima de la
vapeur d'eau aux diverses
températures   333

Coulommiers. — Imp. Paul BRODARD. — 574-1902.